W0260724

Thomas Plümer, Roland Multhaup · Integrierte Abfallwirtschaft

Integrierte Abfallwirtschaft

Dr. Thomas Plümer
Dr. Roland Multhaup

Die Deutsche Bibliothek - CIP-Einheitsaufnahme

Multhaup, Roland :
Integrierte Abfallwirtschaft / Roland Multhaup; Thomas Plümer. - Düsseldorf: VDI- Verl., 1995

NE: Plümer, Thomas:

Softcover reprint of the hardcover 1st edition 1995

ISBN-13: 978-3-540-62156-0 e-ISBN-13: 978-3-642-95757-4
DOI: 10.1007/978-3-642-95757-4

Vorwort

Die Erkenntnis von der Endlichkeit unserer lebensnotwendigen Rohstoffreserven und Energien ist in den letzten Jahren durch die gesellschaftspolitische Diskussion stärker ins allgemeine Bewußtsein gerückt. Gleichzeitig werden Störungen des ökologischen Gleichgewichts unserer Umwelt an vielen Stellen sichtbar. In diesem Zusammenhang ist auch das Problem der Abfallentsorgung in den Mittelpunkt des öffentlichen Interesses getreten. Verursacht durch schnell steigende Abfallmengen und Gefährdungen aus Sonderabfällen hat gegen Ende der sechziger Jahre ein verstärktes Abfallbewußtsein eingesetzt, das 1972 in der Bundesrepublik Deutschland mit der Verabschiedung des Abfallbeseitigungsgesetztes seinen ersten Höhepunkt gefunden hat. Von diesem Zeitpunkt an sind eine Reihe von weiteren Gesetzen sowie Verordnungen, die in Kapitel 2 kurz dargestellt werden, erlassen worden. Um den gesetzlichen Forderungen nach der Prioritätsstufe "Vermeiden – Verwerten – Beseitigen" gerecht zu werden, wird in dem dritten Kapitel eine Untersuchung der anfallenden Abfallarten und -mengen im Hausmüll bzw. des hausmüllähnlichen Gewerbeabfalls vorgenommen, so daß eine Konzentration auf die Hauptbestandteile des Abfalls bei der getrennten Erfassung von Wertstoffen durchgeführt werden kann.

Mit welchen Systemen diese Stoffe erfaßt werden bzw. inwieweit den Bürgern die Beteiligung an der Wertstoffsammlung sowie das sortenreine Sammeln von Wertstoffen vermittelt werden kann, wird in den folgenden Kapiteln untersucht. Um hohe Beteiligungsraten sowie eine hohe Sortenreinheit zu erhalten, sind Rückkopplungen zu den Bürgern durch empirische Untersuchungen zu dieser Thematik in der Stadt Hamm – mit dem Hintergrund "Einführung des Dualen Systems" – in unterschiedlichen Gebietsstrukturen durchgeführt worden. Dennoch werden in der nächsten Zeit Abfallstoffe anfallen, die letztendlich beseitigt werden müssen. Die Planung und die technischen Grundlagen der Abfallbeseitigung – Deponie und Verbrennung – sowie eine Akzeptanzanalyse mit einer ergänzenden empirischen Untersuchung in den Städten Dortmund und Hamm sind Gegenstand der Kapitel sieben und acht.

Die bis hier dargestellten Aspekte müssen in ein langfristig orientiertes, integriertes Abfallwirtschaftskonzept überführt werden. In den Kapiteln neun und zehn werden die entsprechenden Instrumente für die strategische Planung vorgestellt. Von den neuen gesetzlichen Rahmenbedingungen sind nicht nur die entsorgungspflichtigen Körperschaften und die abfallerzeugenden Haushalte betroffen, sondern – u.a. durch die Verpackungsverordnung – die auf dem Markt agierenden Handelsunternehmen. Daher werden in dem letzten Teil der Arbeit die lang- und kurzfristigen Einflußfaktoren für diesen Unternehmenstyp entwickelt und dargestellt.

Der Ansatz, ein integriertes Konzept zur Abfallwirtschaft – unter besonderer Analyse der bei den am Prozeß der Abfallwirtschaft beteiligten vorliegenden Präferenzen – zu formulieren, folgt der Erkenntnis, daß viele der bislang existierenden Lösungsversuche die ökologisch notwendige und aktuell juristisch erforderliche Effizienz hinsichtlich der Realisierung von Erfassungsquoten und Sortenreinheit der gesammelten Wertstoffe nicht realisieren konnten. Daher wurde mittels empirischer Erhebungen versucht, die Akzeptanz alternativer Entsorgungsverfahren zu überprüfen. Die hierbei gewählten statistischen Methoden, insbesondere die Clusteranalyse, ergeben nicht immer scharf zu trennende Werte. Wegen der insgesamt breiten Anlage der Arbeit wurde auf eine weitere Vertiefung dieser sozialwissenschaftlichen Analyse verzichtet.

Bei der redaktionellen Gestaltung haben uns besonders Herr cand. rer. pol Bernd Hegemann und Herr cand. dipl. inform. Paulo Calado zur Seite gestanden.

Dortmund, im Juli 1994

Dr. *Thomas Plümer*
Dr. *Roland Multhaup*

Inhalt

1 Grundlagen und begriffliche Abgrenzung

1.1 Gesetzliche Grundlagen

Die Anliegen des Umweltschutzes haben in der heutigen Zeit in viele Bereiche des täglichen Lebens Einzug gehalten. Es gibt kaum noch Teilgebiete, in denen keine Orientierung nach Prinzipien des Umweltschutzes im weiteren Sinne stattfindet. Das heißt, daß die Prinzipien des Umweltschutzes nicht direkt und unmittelbar ersichtlich sein müssen, sondern zum Teil indirekt, über angrenzende Rechts-, Sach- und Wissensbereiche, angesprochen werden.

Aufgrund dieser vielfältigen und nicht immer eindeutig durchschaubaren Verflechtungen sind auch die gesetzlichen Grundlagen für den Bereich der Entsorgungslogistik – spezieller der Abfallwirtschaft – mannigfaltig und umfassend.

Erste Anhaltspunkte zum Thema Umweltschutz sind im Grundgesetz verankert. Hier wird "Umweltschutz" nicht direkt angesprochen, doch lassen sich die "Prinzipien des Umweltschutzes" aus einer Vielzahl von Grundgesetzbestimmungen ableiten. Hierbei sind hauptsächlich die grundrechtlichen, die staatsprinzipiellen und die kompententiellen Bestimmungen von Bedeutung.[1]

In Art. 1 GG ff.[2] garantiert die Verfassung der Bundesrepublik Deutschland ein menschenwürdiges Dasein sowie das Recht auf Leben und Unversehrtheit. Der Staat wird auf die Beachtung des Sozialstaatsprinzips verpflichtet. In dem Terminus "Sozialstaatsprinzip" ist der umweltrechtliche Charakter des Grundgesetzes zu sehen. Dieses Prinzip steht für die Erhaltung der natürlichen Lebensgrundlage. Dieses Grundrecht kann von staatlicher Seite jedoch nur gewährleistet werden, wenn für bestimmte Bereiche des täglichen Lebens – z.B. die Abfallwirtschaft – entsprechende Rahmenbedingungen geschaffen werden, an denen sich jeder Bürger dieses Staates zu orientieren hat.

Wie im Rahmen der Gesetzgebung allgemein üblich, kann auch für den Bereich des Umweltschutzes das "allgemeine Gesetzgebungsschema" angewandt werden. Für dieses Schema sind die Art. 72 ff. GG von Bedeutung:

---

1 Vgl. STOBER, R.: Wichtige Umweltgesetze für die Wirtschaft; in Stober, R. (Hrsg.): Wirtschaftsverwaltungsrecht, 7. Auflage, Kohlhammer Studienbücher, Stuttgart 1991, S.7 ff.

2 Vgl. Grundgesetz der Bundesrepublik Deutschland.

1) Im Bereich der konkurrierenden Gesetzgebung haben die Länder die Befugnis zur Gesetzgebung, solange und soweit der Bund von seinem Gesetzgebungsrecht kein Gebrauch macht.

2) Der Bund hat in diesem Bereiche das Gesetzgebungsrecht, soweit ein Bedürfnis nach bundeseinheitlicher Regelung besteht, weil

   1. eine Angelegenheit durch die Gesetzgebung einzelner Länder nicht wirksam geregelt werden kann oder
   2. die Regelung einer Angelegenheit durch ein Landesgesetz die Interessen anderer Länder oder deren Gesamtheit beeinträchtigen könnte oder
   3. die Wahrung der Rechts- oder Wirtschaftseinheit, insbesondere die Wahrung der Einheitlichkeit der Lebensverhältnisse über das Gebiet eines Landes hinaus sie erfordert.

Die ausschließliche Gesetzgebung des Bundes bezieht sich – nach Art. 73 GG – auf Gegenstände und Sachverhalte, wie z.B. das Währungs-, Geld- und Münzwesen, das Post- und Fernmeldewesen, die Staatsangehörigkeit im Bunde, die Statistik für Bundeszwecke, usw.

In Art. 74 GG sind die Gegenstände der konkurrierenden Gesetzgebung des Bundes explizit aufgeführt. Hiernach steht den Ländern im Zuge der konkurrierenden Gesetzgebung für die Bereiche

- Abfallbeseitigung
- Luftreinhaltung und
- Lärmbekämpfung

die Befugnis zur eigenen Gesetzgebung zu. Die Art. 72 und Art. 74 GG müssen im Zusammenhang betrachtet werden.

Hinsichtlich der wichtigsten Regelungen des Abfallgesetzes zur Vermeidung und vorrangigen Verwertung von Abfällen hat die Bundesregierung ausdrücklich darauf verwiesen, daß die Vorschriften zur Abfallvermeidung und -verwertung als abschließende Regelungen zu betrachten sind.

Da für eine sinnvolle und gebietsübergreifende Abfallwirtschaftskonzeption eine bundeseinheitliche Regelung notwendig ist, hat der Bund nach Art. 72 Abs. 2 GG von seinem Gesetzgebungsrecht Gebrauch gemacht. Die Bundesländer sind gehalten, die Vorschriften des neuen Abfallgesetzes in Landesrecht zu transformieren.

Nach diesen Vorschriften des Abfallgesetzes können die Länder nur wenige Bereiche aus dem Komplex Abfallwirtschaft eigenständig regeln:

- Festlegung, welche Gebietskörperschaften Träger der Abfallentsorgung sind,
- Bestimmung der Behörden für Zulassung, Genehmigung und Kontrolle von Entsorgungsanlagen,
- Regelungen über die Kostenstruktur für den Bereich Abfallentsorgung und
- Regelungen über das Verfahren zur Aufstellung von Abfallentsorgungsanlagen.

Losgelöst vom Grundgesetz der Bundesrepublik Deutschland ist der internationale Aspekt des Umweltschutzes zu sehen. So hat sich die Bundesrepublik Deutschland mit der Ratifizierung des EWG-Vertrages[3] u.a. dazu verpflichtet, die umweltpolitischen Ziele der Europäischen Gemeinschaft im "Zuständigkeitsbereich" der Bundesrepublik Deutschland einzuhalten und zu unterstützen.

Unabhängig vom Grundgesetz haben auch mehrere Bundesländer das Oberziel Umweltschutz in ihren jeweiligen Landesverfassungen verankert. Die Vorgaben des Bundes werden teilweise konkretisiert und erweitert, so daß auch die kommunalen Ebenen in dieses durchgängige Umweltschutzprinzip mit einbezogen werden.

Die Adressaten der Umweltschutzprinzipien sind der Gesetzgeber, die Verwaltung und Gemeinden sowie die Rechtsprechung.[4] Der Gesetzgeber muß die Prinzipien des Umweltschutzes politisch manifestieren, währenddessen die anderen Staatsorgane den Umweltschutz bei der Auslegung von Rechtsnormen sowie bei der Anwendung von Ermessensspielräumen berücksichtigen müssen.

Als weitere gesetzliche Grundlage für den Bereich Umweltschutz und somit auch Abfallwirtschaft ist das Baugesetzbuch (BauGB) zu nennen.[5]

In § 1 wird der Begriff Bauleitplan definiert. Der Flächennutzungsplan wird als vorbereitender Bauleitplan und der Bebauungsplan als verbindlicher Bauleitplan beschrieben. Diese Bauleitpläne sollen nach § 1 Abs. 5 eine geordnete städtebauliche Entwicklung und eine dem Wohl der Allgemeinheit entsprechende sozialgerechte Bodennutzung gewährleisten und dazu beitragen, eine menschenwürdige Umwelt zu sichern und die natürliche Lebensgrundlage zu schützen und zu entwikkeln. Besonders zu berücksichtigen sind nach Ziffer 7 "die Belange des Umwelt-

---

3 Vgl. Vertrag zur Gründung der Europäischen Wirtschaftsgemeinschaft, ursprüngliche Fassung vom 25. März 1957, eingefügt durch Art. 23-25 der Einheitlichen Europäischen Akte vom 17./28. Februar 1986.

4 Vgl. STOBER, R.: Wichtige Umweltgesetze für die Wirtschaft; in Stober, R. (Hrsg.): Wirtschaftsverwaltungsrecht, 7. Auflage, Kohlhammer Studienbücher, Stuttgart 1991, S.7 ff.

5 Vgl. Baugesetzbuch, ursprüngliche Fassung vom 8. Dezember 1986, zuletzt geändert durch das Einigungsvertragsgesetz vom 23. September 1990.

schutzes, des Naturschutzes und der Landschaftspflege, insbesondere des Naturhaushalts, des Wassers, der Luft und des Bodens einschließlich seiner Rohstoffvorkommen sowie das Klima."

Im Flächennutzungsplan (§ 5 Abs. 2, Satz 4) können insbesondere "die Flächen für Versorgungsanlagen, für die Abfallentsorgung und Abwasserbeseitigung, für Ablagerungen sowie für Hauptversorgungs- und Hauptabwasserleitungen" dargestellt werden.

Die Verordnung über die bauliche Nutzung der Gundstücke (Baunutzungsverordnung – BauNVO)[6] legt unter anderem die Art der baulichen Nutzung bestimmter Teilbereiche eines Bebauungsplanes fest. So werden für die Bebauung vorgesehene Flächen nach der allgemeinen Art ihrer baulichen Nutzung dargestellt und z.B. als Wohn-, Industrie- oder Sondergebiete ausgewiesen.

Das Bundes-Immissionsschutzgesetz (BImSchG)[7] verfolgt den Zweck, "Menschen, Tiere und Pflanzen, den Boden, das Wasser, die Atmosphäre sowie Kultur- und sonstige Sachgüter vor schädlichen Umwelteinwirkungen und, soweit es sich um genehmigungsbedürftige Anlagen handelt, auch vor Gefahren, erheblichen Nachteilen und erheblichen Belästigungen, die auf andere Weise herbeigeführt werden, zu schützen und dem Entstehen schädlicher Umwelteinwirkungen vorzubeugen." Im zweiten Teil dieses Gesetzes werden Anforderungen und Voraussetzungen an "die Errichtung und den Betrieb von Anlagen gestellt, die auf Grund ihrer Beschaffenheit oder ihres Betriebes in besonderem Maße geeignet sind, schädliche Umwelteinwirkungen hervorzurufen oder in anderer Weise die Allgemeinheit oder Nachbarschaft gefährden zu können." Das Genehmigungsverfahren sowie die dazu erforderlichen Unterlagen, die Mitteilungs- und Anzeigepflicht sowie Anordnungen, die an eine Genehmigung gebunden sein können, werden hier ebenfalls vorgestellt und behandelt. Weiterhin werden im BImSchG die Ermittlung von Emissionen und Immissionen, sicherheitstechnische Prüfungen sowie der technische Ausschuß für Anlagensicherheit gesetzlich geregelt.

6 Vgl. Verordnung über die bauliche Nutzung der Grundstücke, in der Neufassung vom 23. Januar 1990, zuletzt geändert durch das Einigungsvertragsgesetz vom 23. September 1990.

7 Vgl. Gesetz zum Schutz vor schädlichen Umweltauswirkungen durch Luftverunreinigungen, Geräusche, Erschütterungen und ähnliche Vorgänge, in der Neufassung vom 14. Mai 1990, zuletzt geändert durch Gesetz vom 10. Dezember 1990.

In der Vierten Verordnung zur Durchführung des Bundes-Immissionsschutzgesetzes (Verordnung über genehmigungsbedürftige Anlagen – 4. BImSchV)[8] werden detailliert alle Anlagen aufgeführt, deren Errichtung und Betrieb einer Genehmigung bedürfen. Im Anhang sind unter Punkt 8 die Anlagen aufgeführt, die sich mit der Verwertung und Beseitigung von Rohstoffen befassen, beispielsweise Punkt 8.2 "Anlagen zur thermischen Zersetzung brennbarer fester oder flüssiger Stoffe unter Sauerstoffmangel (Pyrolyseanlagen)" oder Punkt 8.3 "Anlagen zur Rückgewinnung von einzelnen Bestandteilen aus festen Stoffen durch Verbrennen".

Die Störfall-Verordnung (12. BImSchV)[9] gilt ebenfalls für den Bereich der genehmigungsbedürftigen Anlagen, die nach dem Bundes-Immissionsschutzgesetz schon näher spezifiziert sind.

Die Technische Anleitung zur Reinhaltung der Luft (TA-Luft)[10] dient dem Schutze der Allgemeinheit und der Nachbarschaft vor schädlichen Umwelteinwirkungen durch Luftverunreinigungen sowie der Vorsorge gegen schädliche Umwelteinwirkungen durch Luftverunreinigungen.

Das Gesetz über die Vermeidung und Entsorgung von Abfällen, das Abfallgesetz (AbfG),[11] vom 27.08.1986 befaßt sich mit der umweltgerechten Entsorgung und Beseitigung von Abfällen. Nach der heutigen Intention des Abfallgesetzes hat eindeutig die Vermeidung und Verminderung des Abfalls sowie dessen Verwertung Vorrang vor der endgültigen Beseitigung.

Durch den § 14 AbfG wird die Bundesregierung ermächtigt, Maßnahmen zur Vermeidung, zur Verringerung sowie zur umweltgerechten Entsorgung von schädlichen Stoffen in Abfällen bzw. in Abfallmengen zu ergreifen. Hier ist die Möglichkeit eingeräumt worden, erstmals über die Bewältigung anfallender Abfallmengen hinaus, bereits an der Stelle der Abfallentstehung - und zwar vor allem bei den Produzenten - einzugreifen. Hierzu kann die Bundesregierung Zielfestlegungen treffen, die die Marktbeteiligten innerhalb bestimmter Fristen befolgen müssen. Die Bundesregierung kann weiterhin Rechtsverordnungen, etwa zur Kennzeichnung bestimmter Produkte, zur getrennten Haltung von Abfällen, zur Rücknahme durch

8 Vgl. Vierte Verordnung zur Durchführung des Bundes-Immissionsschutzgesetzes, in der Fassung vom 24. Juli 1985, zuletzt geändert durch Verordnung vom 28. August 1991.

9 Vgl. Störfall-Verordnung, in der Fassung vom 20. September 1991.

10 Vgl. Erste Allgemeine Verwaltungsvorschrift zum Bundes-Immissionsschutzgesetz, in der Fassung vom 27. Februar 1986.

11 Vgl. Gesetz über die Vermeidung und Entsorgung von Abfällen, in der Fassung vom 27. August 1986, zuletzt geändert durch Einigungsvertragsgesetz vom 23. September 1990.

Erzeuger und Vertreiber von Produkten oder zur Bepfandung sowie Beschränkung erlassen. Unter bestimmten Voraussetzungen kann sogar das Inverkehrbringen bestimmter Stoffe und Produkte verboten werden.

Die erste Konzeption zur Umsetzung des § 14 AbfG wurde am 3. November 1986 veröffentlicht. Sie umfaßt 4 Produktbereiche:

- schwermetallhaltige Batterien
- bleihaltige Staniolkapseln
- Getränkeverpackungen
- Altpapierverwertung

In Anlehnung an den § 14 AbfG ist 1991 die Verordnung über die Vermeidung von Verpackungsabfällen, die sog. Verpackungsverordnung (VerpackV),[12] verabschiedet worden. Die abfallwirtschaftlichen Ziele dieser Verordnung werden wie folgt in § 1 definiert:

1) Verpackungen sind aus umweltverträglichen und die stoffliche Verwertung nicht belastende Materialien herzustellen.

2) Abfälle aus Verpackungen sind dadurch zu vermeiden, daß Verpackungen

   1. nach Volumen und Gewicht auf das zum Schutz des Füllgutes und auf das zur Vermarktung unmittelbar notwendige Maß beschränkt werden,
   2. so beschaffen sein müssen, daß sie wiederbefüllt werden können, soweit dies technisch möglich und zumutbar sowie vereinbar mit den auf das Füllgut bezogenen Vorschriften ist,
   3. stofflich verwertet werden, soweit die Voraussetzungen für eine Wiederbefüllung nicht vorliegen.

Die Rücknahme- und Verwertungspflichten für Transport-, Um- und Verkaufsverpackungen sind in den § 4, 5 und 6 geregelt, die Rücknahme- und Pfanderhebungspflichten für Getränkeverpackungen sowie für Verpackungen für Wasch- und Reinigungsmittel und Dispersionsfarben sind im Abschnitt III (§ 7, 8, 9 und 10) explizit aufgeführt.

Im Anhang der VerpackV werden allgemeine Anforderungen an die Erfassungssysteme gestellt. Das Sammeln der Verpackungen muß gewährleistet sein. Es wird ausdrücklich darauf hingewiesen, daß bereits bestehende Sammelsysteme kommu-

12 Vgl. Verordnung über die Vermeidung von Verpackungsabfällen, in der Fassung vom 12. Juli 1991.

naler Gebietskörperschaften in das Gesamtsystem zu integrieren sind. Des weiteren werden quantitative Anforderungen an die Erfassungssysteme gestellt. Dies drückt sich derart aus, daß zum 1. Januar 1993 und im nächsten Schritt zum 1. Juli 1995 bestimmte Erfassungsquoten an Verpackungsmaterialien im Einzugsgebiet in Gewichtsprozent nachgewiesen werden müssen.

Als Materialien sind an dieser Stelle

- Glas
- Weißblech
- Aluminium
- Pappe, Karton
- Papier
- Kunststoff und
- Verbunde

aufgeführt.

Für den Zeitraum vom 1. Januar 1993 bis zum 30. Juni 1995 gelten die für die einzelnen Materialien angegebenen Quoten als erfüllt, wenn mindestens 50% der insgesamt anfallenden Verpackungsmaterialien tatsächlich erfaßt werden. Im III. Abschnitt der Anlage zur VerpackV werden quantitative Anforderungen an Sortieranlagen definiert. Die so aussortierten Wertstoffmengen sind einer stofflichen Verwertung zuzuführen.

Ein weiteres Gesetz, das in der Diskussion um abfallwirtschaftliche Fragen erwähnt werden muß, ist das Gesetz über die Umwelthaftung (Umwelthaftungsgesetz - UmweltHG).[13] Hier wird in § 1 eine Anlagenhaftung bei Umwelteinwirkungen gefordert. Anlagen aus dem Bereich der Entsorgungswirtschaft, für die dieser Paragraph zutreffend ist, sind im Anhang dieses Gesetzes unter den Punkten 68. bis 77. aufgeführt. Darunter fallen z.B. Kompostwerke oder auch Anlagen, die der Lagerung oder Behandlung von Autowracks im Sinne des § 5 des AbfG dienen.

Es existieren noch weitere gesetzliche Verordnungen, die sich direkt mit der Regelung von "Umweltsachverhalten" oder der Entsorgung von Abfällen befassen bzw. indirekt diese Themenbereiche tangieren.

Hier sind die "Allgemeine Verwaltungsvorschrift über genehmigungsbedürftige Anlagen nach § 16 Gewerbeordnung - Technische Anleitung zum Schutz gegen

13 Vgl. Gesetz über die Umwelthaftung, in der Fassung vom 10. Dezember 1990.

Lärm (TA-Lärm)",[14] die "Zweite allgemeine Verwaltungsvorschrift zum Abfallgesetz (TA-Abfall)",[15] das Wasserhaushaltsgesetz, (WHG),[16] das Raumordnungsgesetz und das "Gesetz über die Umweltverträglichkeitsprüfung (UVPG)"[17] zu nennen.

Die aufgeführten Gesetze werden um die Satzungen und Verordnungen, die durch die Länder, Gemeinden oder Kommunen erlassen werden, komplettiert und präzisiert.

Die Verflechtungen, die sich durch das Berühren und Überschneiden unterschiedlicher Rechts- und auch Zuständigkeitsbereiche ergeben, können nicht immer ohne weiteres nachvollzogen werden. Mit dem Abfallgesetz und den darauf aufbauenden Verordnungen ist ein erster Schritt unternommen worden, Umweltschutzfragen zentral zu regeln.

1.2 Definitionen und begriffliche Abgrenzungen

Da der Komplex der Abfallwirtschaft eine Vielzahl angrenzender Bereiche tangiert, ist es unerläßlich, an dieser Stelle einige begriffliche Abgrenzungen zu treffen.[18]

Als *Abfall* werden hier alle Stoffe, Produkte, Halb- oder Fertigerzeugnisse bezeichnet, deren Produktlebenszyklus beendet ist, bzw. deren Zweck zur Fertigung (oder auch Schutz = Verpackung) bestimmter Güter erfüllt ist und die nun nicht mehr benötigt werden. Das Abfallgesetz (AbfG) definiert Abfälle als bewegliche Sachen, derer sich der Besitzer entledigen will, oder deren geordnete Entsorgung zur

14 Vgl. Allgemeine Verwaltungsvorschriften über genehmigungsbedürftige Anlagen, in der Fassung vom 16. Juli 1968.

15 Vgl. Zweite allgemeine Verwaltungsvorschrift zum Abfallgesetz, in der Fassung vom 12. März 1991.

16 Vgl. Gesetz zur Ordnung des Wasserhaushalts, in der Fassung vom 23. September 1986, zuletzt geändert durch Gesetz vom 12. Februar 1990.

17 Vgl. Gesetz über die Umweltverträglichkeitsprüfung, in der Fassung vom 12. Februar 1990, zuletzt geändert durch Gesetz vom 20. Juli 1990.

18 Definitionen entnommen aus:
- Projektgruppe TA-Siedlungsabfall: Sechste allgemeine Verwaltungsvorschrift zum Abfallgesetz, Entwurf vom November 1991.
- Der Rat von Sachverständigen für Umweltfragen: Abfallwirtschaft-Sondergutachten, Metzler-Poeschel Verlag, Stuttgart 1991.
- STORM, P.-C.: Umweltrecht-Einführung, Erich Schmidt Verlag, Berlin 1991.

Wahrung des Wohls der Allgemeinheit, insbesondere des Schutzes der Umwelt, geboten ist.[19]

Unter dem Begriff *Hausmüll* werden Abfälle verstanden, die hauptsächlich aus Haushaltungen stammen. Diese werden von den Entsorgungspflichtigen selbst oder von beauftragten Dritten in genormten, im Entsorgungsgebiet vorgeschriebenen Behältern regelmäßig gesammelt, transportiert und der weiteren Entsorgung zugeführt.[20]

Siedlungsabfall umfaßt die Komponenten Hausmüll, Sperrmüll, hausmüllähnlicher Gewerbeabfall, Straßenkehricht, Straßenaufbruch, Garten- und Parkabfälle, Marktabfälle, Baustellenabfälle und Bauschutt, Bodenaushub, Klärschlamm aus kommunalen Anlagen, Fäkalien, Fäkalschlamm, Rückstände aus der Kanalisation und Wasserreinigungsschlämme aus kommunalen Anlagen, soweit sie als Abfälle im Sinne des § 1 Abfallgesetz (AbfG) anzusehen sind.[21]

Sonderabfälle sind Abfälle, die aufgrund ihrer Art und Menge von den entsorgungspflichtigen Körperschaften nicht zusammen mit Hausmüll entsorgt werden können. Sie gehören zu einer besonderen Gruppe von Abfällen, die nach § 2 Abs. 2 AbfG einer verschärften Überwachung bedürfen und in der Praxis als "besonders überwachungsbedürftige Abfälle" bezeichnet werden. Ihre Entstehung und ihr Verbleib werden mit Hilfe des sog. Begleitscheinverfahrens kontrolliert. Im speziellen sind das:

- Säuren, Säuregemische und (saure) Beizen,
- Lack- und Farbschlämme,
- Bohr- und Schleifölemulsionen sowie Emulsionsgemische,
- aluminiumhaltige Salzschlacken,
- halogenhaltige organische Lösemittel und -gemische,
- halogenfreie organische Lösemittel und -gemische und
- übrige Sonderabfälle.[22]

---

19 Vgl. Gesetz über die Vermeidung und Entsorgung von Abfällen, in der Fassung vom 27. August 1986, zuletzt geändert durch Einigungsvertragsgesetz vom 23. September 1990, § 1.

20 Vgl. WENDER, H.: Konzeption einer integrierten Abfallwirtschaft dargestellt am Beispiel des Recycling von Wertstoffen, Technische Hochschule Darmstadt, Dissertation 1980.

21 Der Rat von Sachverständigen für Umweltfragen: Abfallwirtschaft-Sondergutachten, Metzler-Poeschel Verlag, Stuttgart 1991, S.52.

22 Vgl. SCHENKE, W., u.a.: Entsorgung 2000 - Leitfaden für Kommunen, Wirtschaft und Politik, Bonner Energiereport, Bonn 1988, S.64.

Die *Abfallverwertung* bezieht sich auf das Zurückführen der bei der Produktion anfallenden Abfälle in den Wirtschaftskreislauf. Je nach Beschaffenheit können die Abfälle unbehandelt oder erst nach entsprechender Behandlung verwendet werden. Die Verwertung kann sowohl innerhalb des Betriebes als auch in anderen Unternehmen erfolgen.[23]

Die *Abfallwirtschaft* ist als ein, in die volkswirtschaftliche Bereiche Versorgung, Verbrauch und Entsorgung integriertes Subsystem der künstlichen Umwelt zu verstehen. Es umfaßt die Gesamtheit der Aufgaben, die mit

- der Vermeidung und Verwertung von Stoffen, die potentielle Abfälle darstellen,
- der Verwertung entstandener Abfallstoffe aus vorgeschalteten Produktionsprozessen und
- Beseitigung nicht verwertbarer Abfälle[24]

verbunden sind.

Unter einer *integrierten Abfallwirtschaft* wird eine ganzheitliche Planung, Organisation und Kontrolle von angebots-, preis-, kommunikations- sowie delegationspolitischer Instrumente nach ökologischen und ökonomischen Zielvorgaben verstanden.

"**Logistik** ist die wissenschaftliche Lehre der Planung, Steuerung und Überwachung der Material-, Personen-, Energie- und Informationsflüsse in Systemen."[25]

"Der logistische Auftrag besteht darin,
die richtige Menge
der richtigen Objekte als Gegenstände der Logistik (Güter, Personen, Energie, Informationen)
am richtigen Ort im System (Quelle, Senke)
zum richtigen Zeitpunkt
in der richtigen Qualität
zu den richtigen Kosten zur Verfügung zu stellen.

23 Vgl. Projektgruppe TA-Siedlungsabfall: Sechste allgemeine Verwaltungsvorschrift zum Abfallgesetz, Entwurf vom November 1991.

24 Vgl. Willing, E.; u.a.: Öffentlichkeitsarbeit in der Abfallwirtschaft aus der Sicht des Umweltamtes, in: Büro für Umwelt-Pädagogik (Hrsg.), Öffentlichkeitsarbeit in der Abfallwirtschaft, Grundlagen, Umsetzung, Wirkungen, Göttingen 1992, S.14.

25 Vgl. Jünemann, R.; u.a.: Materialfluß und Logistik: Systemtechnische Grundlagen mit Praxisbeispielen, Springer Verlag, Berlin 1989, S.11 ff.

Die sechs r's drücken die Ziele logistischen Denkens und Handelns aus. Es geht nicht um die Minimierung von Kosten, z.B. für einen einzelnen Transportvorgang, sondern um die ganzheitliche Planung, Steuerung und Überwachung von Systemen, um diese zu optimieren."[26]

Unter Entsorgungslogistik ist die konsequente Anwendung der Methoden der Logistik auf den Bereich der Entsorgung zu verstehen. Wird davon ausgegangen, daß die Probleme der Beschaffung und der Entsorgung gleich bzw. ähnlich gestaltet sind, so können auch zur Lösung der hierbei auftretenden Probleme die Methoden der Logistik Anwendung finden.[27]

Die Funktionsbereiche Beschaffung, Forschung/Entwicklung, Produktion und Distribution müssen bei der Lösung von Entsorgungsfragen eng zusammenarbeiten, wenn eine wirtschaftliche Lösung angestrebt wird. Sind die notwendigen Informationen vorhanden, kann für einzelne Abfälle die günstigste Entsorgungsmöglichkeit gesucht werden.[28] Ist eine Vermeidung nicht möglich, so muß eine Verwertung bzw. Veränderung des Abfalls überprüft werden. Die Deponierung, als letzte Stufe der Abfallentsorgung, ist erst dann in Betracht zu ziehen, wenn alle anderen Möglichkeiten der Abfallbehandlung ausgeschöpft sind.[29]

Seit Anfang 1990 befindet sich ein Erfassungssystem für Wertstoffe in der Erprobung, das als *Duales System* oder auch duale Abfallwirtschaft beschrieben werden kann. Hierbei geht es um die Reduzierung des Abfallaufkommens und die Entsorgung von Verkaufsverpackungen.[30] Ein besonderes Augenmerk liegt auf der Verminderung der Abfallmenge aus gebrauchten Verpackungen, die die öffentliche Entsorgung möglichst wenig belasten sollen. Der z.T. überflüssige Verpackungsaufwand der zurückliegenden Jahre ist zwar schon eingedämmt worden, dennoch halten Verpackungsmaterialien am Abfallaufkommen einen relativ großen Anteil.

Auf der Grundlage der Vermeidung und Verminderung von Abfällen ist in Anlehnung an § 14 AbfG die Verpackungs-Verordnung (VerpackV) geschaffen worden. Neben der Möglichkeit "Rücknahme- und Pfandpflicht" für Verpackungen ist auch

---

26 Vgl. JÜNEMANN, R.; u.a.: Materialfluß und Logistik: Systemtechnische Grundlagen mit Praxisbeispielen, Springer Verlag, Berlin 1989, S.18.

27 Vgl. MULTHAUP, R.; u.a.: Entsorgungslogistik, Verlag TÜV Rheinland 1990, S.3.

28 Vgl. JÜNEMANN, R.; u.a.: Materialfluß und Logistik: Systemtechnische Grundlagen mit Praxisbeispielen, Springer Verlag, Berlin 1989, S.59.

29 Vgl. Fachseminar "Entsorgungslogistik" der Universität Dortmund unter Leitung von Jansen, R.: 4. Dezember 1990

30 Vgl. Duales System Deutschland GmbH: Geschäftsbericht 1991, Bonn 1992, S.7 ff.

die Alternative "Duales System" möglich. Dieses "Duale System" ist jedoch an eine Reihe von Forderungen und Voraussetzungen geknüpft. Die gesamte Erfassung und Verwertung der Verpackungen zusätzlich zu der öffentlichen Entsorgung wird ermöglicht. Da dieses System privatwirtschaftlich organisiert ist, werden gleichzeitig rationale Maßstäbe für die Verminderung des Verpackungsaufwandes sowie die ökologische Optimierung der Verpackung gefordert. Auch eine Stabilisierung der vorhandenen Mehrwegsysteme soll dadurch erreicht werden.

Ziele, die sich an der Errichtung und Organisation des "Dualen System" anlehnen sind:

- haushaltsnahe Erfassung und Verwertung außerhalb der öffentlichen Entsorgung
- Anreize zur ökologischen Optimierung von Verpackungen
- fundierte Informationspolitik über die Vermeidung von Verpackungsabfällen in der Öffentlichkeit
- Entbindung des Einzelhandels von der Rücknahme- und Pfandpflicht für gebrauchte Verpackungen.[31]

Das System setzt sich aus einem Finanzierungssystem, einem haushaltsnahen Erfassungssystem für Verpackungen und einer Verwertungs- und Abnahmegarantie durch die Verpackungshersteller bzw. Vormateriallieferanten zusammen. Zur Koordination, Organisation und Abwicklung dieser vielfältigen Aufgabengebiete hat die Wirtschaft eine Trägergesellschaft gegründet, die sich "Duales System Deutschland - Gesellschaft für Abfallvermeidung und Sekundärrohstoffgewinnung mbH (DSD)" nennt. Zur Finanzierung des "Dualen Systems" vergibt die DSD Lizenzen, die das Recht zum Aufdruck des "Grünen Punktes" auf Verpackungen enthalten. Hierfür sind, je nach Füllvolumen, zwischen 0,00 und 0,20 DM aufzubringen.

Unter *Verpackung* versteht man die lösbare Umhüllung eines Gutes (Packgut), um dieses zu schützen oder andere Funktionen zu erfüllen. Nach DIN 55405 wird Verpackung definiert als eine Einheit, die aus Packstoff, Packmittel und Packhilfsmittel besteht.[32]

---

31 Vgl. Arbeitsgemeinschaft Verpackung und Umwelt e.V. (AGVU); in: Verpackung Aktuell, Umweltstrategien in der Verpackungswirtschaft - Langfristkonzept der AGVU, 2. Auflage, Bonn 1990, S.100.

32 Vgl. JÜNEMANN, R.: Materialfluß und Logistik: Systemtechnische Grundlagen mit Praxisbeispielen, Springer-Verlag 1989, S.126.

• **Packstoff**

Werkstoff, aus dem Packmittel hergestellt werden (Papier, Glas, Metall, Kunststoff, ect.)

• **Packmittel**:

Erzeugnis aus Packstoff, das dazu bestimmt ist, das Packgut zu umschließen oder zusammenzuhalten, damit es verkehrs-, lager- und/oder verkaufsfähig wird (Dosen, Beutel, Tüten, Eimer, Kanister, Flaschen, Säcke, Kisten, ect.)[33]

• **Packhilfsmittel**:

Hilfsmittel, die zusammen mit Packmitteln zum Verpacken, Verschließen, Versenden eines Packgutes dienen (Bänder, Deckel, Klammern, Plomben, Holzwolle, Chips, ect.)

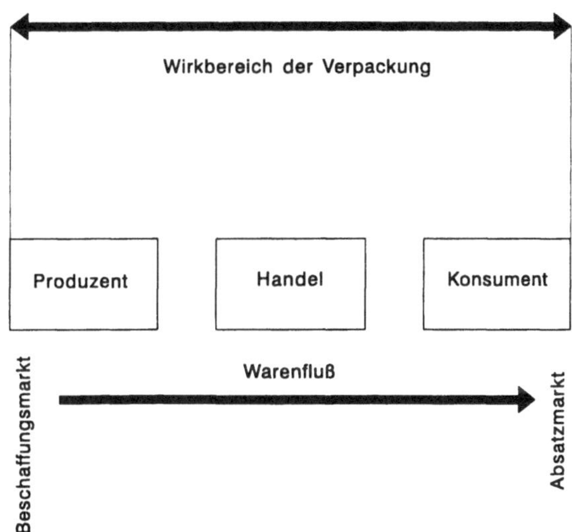

Abbildung 1. Wirkungsbereich der Verpackung[34].

33 In Anlehnung an JÜNEMANN, R.: Materialfluß und Logistik: Systemtechnische Grundlagen mit Praxisbeispielen, Springer-Verlag 1989, S.126.

34 Vgl. JANSEN, R.: Die Verpackungstechnik als integraler Bestandteil der Logistik, Skript, S.1.

Die Verpackung begleitet das Produkt in enger Verbindung von der Herstellung bis zum Verbrauch und ist somit vollkommen in den Prozeß von Herstellung, Transport, Lagerung, Entnahme und Gebrauch des Produktes eingebunden, was Abbildung 1 veranschaulicht.

Die Anforderungen an die Verpackung gehen in der modernen Industriegesellschaft über die klassische Funktion des Warenschutzes hinaus: Die Verpackung ist heute Garant für Produktqualität und Integrität; sie soll ein Maximum an Effizienz auf allen Stufen der Produktion, des Vertriebs bis hin zum Konsumenten, in der Logistik einschließlich Entsorgung, bei einem Minimum an ökologischer Belastung und ökonomischen Aufwand bringen. Sie hat während der gesamten logistischen Kette vielfältige Aufgaben zu genügen und ist je nach Funktion, die sie erfüllen muß, auszuwählen, zu prüfen und zu optimieren. Es lassen sich folgende vier Funktionsbereiche differenzieren:[35]

• **Produktionsfunktion**:

Eine Verpackung erfüllt die Produktionsfunktion optimal, wenn sie am Produktionsort ohne weitere Umschlagsvorgänge den Produktionsinput bereitstellt und den Produktionsoutput aufnimmt.

• **Marketingfunktion**:

Die Verpackung ist Teil der Kommunikationspolitik und dient als Werbeträger der Verkaufsförderung.

• **Verwendungsfunktion**:

Die Verpackung wird auf andere Anwendungsbereiche und auf umweltschonende Entsorgung geprüft.

• **Logistikfunktion**:

Die Verpackung soll alle Logistikprozesse erleichtern bzw. ermöglichen. Es lassen sich folgende fünf Logistikfunktionen unterscheiden:[36]

35 Vgl. KOTTKAMP, R.; u.a.: Grundlagen der Verpackungsplanung; in: Plümer, T., u.a. (Hrsg.), Die Verpackungsentsorgung, S.6.

36 Vgl. PFOHL, H.-C.: Logistiksysteme: Betriebswirtschaftliche Grundlagen, Berlin 1988, Springer-Verlag, S.143f.

Die *Schutzfunktion* der Verpackung ist die wichtigste der Logistikfunktionen. Das Packgut soll während des gesamten Logistikprozesses vor mechanischen, biologischen, chemischen und klimatischen Einflüssen so geschützt sein, daß es seine Beschaffenheit nach dem Verpackungsvorgang nicht mehr ändert. Die Verpackung soll Diebstahl verhindern bzw. erschweren und weiterhin die unmittelbare Umgebung nicht gefährden, d.h. das Handling der Verpackung darf für Mensch und technische Hilfsmittel keine Gefahren aufweisen. Die Verpackung muß die Lagerung eines Gutes erleichtern, wobei der vorhandene Lagerraum aus Kostengründen optimal genutzt werden sollte. Sie muß daher stapelfähig sein, zusätzlichen Druck durch Stapelung aushalten und weiterhin den Belastungen bei dem Handling während des Lagervorganges und in den Lagereinrichtungen gewachsen sein. Die einzelnen Logistikfunktionen stehen in enger Abhängigkeit zueinander und so wird auch die *Transportfunktion* erst durch die *Schutz- und Lagerfunktion* in vollem Maße garantiert. Die platzsparende Lagerung von Gütern bei entsprechendem Schutz ist für den rationellen Transport Voraussetzung. Bei der Bildung von Transporteinheiten, abgestimmt auf die Lade- und Verkehrsträger, können die Transporte kostengünstig beeinflußt werden. Die Verpackung soll hier, bei geringstmöglichem Gewicht, durch ihre Form und Abmaße den Transportraum so gut wie möglich ausnutzen.

Die *Manipulationsfunktion* ist das Verbindungsglied zwischen der Lager- und Transportfunktion. Auf dem Weg vom Produzenten zum Handel müssen Art und Form der Verpackungen die Bildung von Manipulationseinheiten gewährleisten, um so, z.B. durch Paletteneinsatz, Kosten einzusparen. Je länger die Verpackungen in dem Zustand, wie der Produzent das Gut verpackt hat, bestehen bleiben kann, um so größer wird der Rationalisierungsvorsprung. Wenn dies gewährleistet wird, können Umpackvorgänge vermieden und Handlingskosten eingespart werden. Es ist weiter darauf zu achten, daß sich Form, Abmessungen und Gewicht der Pakkung nach den Handhabungsmöglichkeiten des Menschen richtet und entsprechende Hilfen zu manuellen Handhabungen angebracht werden, wie z.B. Griffmulden und Tragegriffe.

Eine informative Verpackung kann den gesamten Logistikprozeß erleichtern und beschleunigen, insbesondere den Kommissioniervorgang. Bei automatischen Transportprozessen kann eine geeignete Kennzeichnung der Verpackung eine maschinenlesbare Identifikation ermöglichen. Informationen über Zerbrechlichkeit oder Verderblichkeit der Ware üben zusätzlich eine Schutzfunktion für das verpackte Gut aus.

2 Zusammensetzung, Aufkommen und Verwertungsmöglichkeiten des Abfalls

2.1 Abfallmengenentwicklung und -zusammensetzung

Für die Auslegung und Konzeptionierung von Abfallbehandlungsanlagen und deren Einzelaggregate ist eine genaue Kenntnis über die Mengen, die Zusammensetzung und die chemischen und physikalischen Eigenschaften der Abfallstoffe eine unabdingbare Voraussetzung. Nach heutiger Informationslage werden Entsorgungsanlagen auf der Basis von Jahresdurchschnittszahlen, erweitert um eine geschätzte Wachstumsrate, und zusätzlich auf Grundlage landesweiter Erhebungen durchgeführt. Die regionalen Besonderheiten, die aus abfalltechnischer Sicht durchaus gegeben sein können, werden hier entsprechend unterbewertet beachtet.

Für die einzelne Kommune oder den Landkreis sind darüber hinaus auch die lokalen Besonderheiten des Abfallanfalls von Bedeutung. Als Konsequenz für die Planer von Entsorgungseinrichtungen auf kommunaler Ebene ergibt sich somit die Notwendigkeit, die landesweiten Erhebungen und Analysen noch um weitere, für den eigenen Bereich erstellte Studien, zu ergänzen.

Für die bundesweiten Daten über Abfälle ist das Gesetz über Umweltstatistiken die Grundlage.[37] Bis zum Jahre 1978 gab es keine gesicherten Erkenntnisse über die in der Bundesrepublik Deutschland anfallenden Abfälle in Haushaltungen und deren Zusammensetzung. Erste gesicherte Daten über die Zusammensetzung des Hausmülls lieferte die "Bundesweite Hausmüllanalyse 1979/80", die in einer zweiten Analyse 1985 aktualisiert wurde.[38]

Die Ergebnisse über die Erhebungen für den Bereich "öffentliche Abfallbeseitigung" werden vom Statistischen Bundesamt regelmäßig veröffentlicht. Die aktuellen Daten beziehen sich auf das Jahr 1987. Diese Erhebungen umfassen neben den Sektor Hausmüll, hier

- Hausmüll von privaten Haushalten (Hausmüll i.e.S.)
- hausmüllähnliche Gewerbeabfälle

---

37 Vgl. Gesetz über Umweltstatistiken, in der Fassung vom 14. März 1980.

38 Vgl. Umweltbundesamt: Daten zur Umwelt 1989/1990, Erich Schmidt Verlag, Berlin 1989, S.420ff.

- Sperrmüll
- Straßenkehricht und Marktabfälle,

auch noch die Bereiche Industrie- und Sonderabfälle sowie Baustellenabfälle, Klärschlamm und Bauschutt.[39]

Das gesamte Abfallaufkommen lag im Jahre 1987 mit ca. 243 Mio. t leicht unter dem aus dem Jahre 1980 (265 Mio. t), 1982 (250 Mio. t) und 1984 (256 Mio. t). Der Anteil von Hausmüll, hausmüllähnlichen Gewerbeabfällen und Sperrmüll betrug etwas über 10% der Gesamtabfallmenge.[40]

Die Gesamtbevölkerung der Bundesrepublik Deutschland ist praktisch vollständig an die Hausmüllentsorgung durch die öffentliche Müllabfuhr angeschlossen. Lediglich 89 der insgesamt 9138 Gemeinden in der Bundesrepublik Deutschland waren 1982 nicht in die regelmäßige Hausmüllabfuhr eingebunden. Von diesen 89 befanden sich 87 Gemeinden in ländlichen Siedlungsstrukturen, d.h. die Bevölkerungsdichte betrug weniger als 200 Einwohner je Quadratkilometer.

Tabelle 1. Entwicklung und Prognosen des Hausmülls, hausmüllähnlichem Gewerbemülls und Sperrmülls aus Daten des Statistischen Bundesamtes[41]

Jahr	Gesamtmenge Mio. Mg	spez. Gewicht kg/(Einw. Jahr)	Spez. Volumen m^3/(Einw. Jahr)
1975	23,20	383,9	1,40
1977	23,43	366,6	1,74
1980	22,45	380,4	2,00
1982	23,07	374,9	2,34
1984	21,28	348,0	2,43
2000	18,30	312,0	2,84

39 In Anlehnung an Statistisches Bundesamt (Hrsg.): Statistisches Jahrbuch 1987 für die Bundesrepublik Deutschland, Verlag W. Kohlhammer, Stuttgart 1987.

40 Vgl. Der Rat von Sachverständigen für Umweltfragen: Abfallwirtschaft – Sondergutachten, Metzler-Poeschel Verlag , Stuttgart 1991, S.150.

41 In Anlehnung an Statistisches Bundesamt (Hrsg.): Statistisches Jahrbuch 1987 für die Bundesrepublik Deutschland, Verlag W. Kohlhammer, Stuttgart 1987.

Differenzen zwischen den Mengenanlieferungen auf Anlagen der öffentlichen Abfallentsorgung und der öffentlichen Müllabfuhr sind darauf zurückzuführen, daß den Anlagen der öffentlichen Abfallentsorgung auch Abfälle von anderen Anlieferern zugeführt werden. Diese Differenz betrug 1987 ca. 8,4 Mio. Tonnen.[42]

Auch die unterschiedlichen Entsorgungsmethoden für Hausmüllabfälle sind vor dem Hintergrund der konkret angeführten Abfallmengen zu analysieren. Noch 1984 wurde das Hausmüllaufkommen nahezu vollständig durch die Müllverbrennung und Deponierung entsorgt bzw. beseitigt. Andere Abfallbehandlungsmethoden, wie Kompostierung, Sortierung von Wertstoffen und die Pyrolyse nehmen derzeit einen geringen Stellenwert in der Entsorgung ein. Die Tabelle 2 gibt Aufschluß über den gegenwärtigen Stand und die Prognosen über die Entsorgungsmethoden und deren Anteil am gesamten Hausmüll und der öffentlichen Sammlung.

Tabelle 2. Stand und Prognosen der Entsorgungsmethoden und deren Anteil am Hausmüll und der öffentlichen Sammlung.[43]

Entsorgungsmethode	Anteil am gesamten Hausmüll in %					
	1977	1982	1984	1987	1990	2000
Deponie	74,70	76,10	72,96	67,77	63,80	49,35
Müllverbrennungsanlagen	22,40	22,30	24,57	26,20	28,80	35,10
Kompostierung	2,60	1,60	1,93	2,40	2,85	5,40
Pyrolyse	-	-	0,03	0,03	0,05	0,85
Sortierung, BRAM	-	-	0,51	3,60	4,50	8,30

Hieraus lassen sich einige Entwicklungen erkennen:

1) Die Abfallbeseitigungsmethode Deponierung wird im Jahre 2000 nur noch etwa die Hälfte der Gesamtentsorgung ausmachen.

2) Durch die Müllverbrennung wird - den Prognosen folgend - mit ca. 35% ein Großteil der anfallenden Abfälle entsorgt.

42 Vgl. Der Rat von Sachverständigen für Umweltfragen: Abfallwirtschaft - Sondergutachten, Metzler-Poeschel Verlag , Stuttgart 1991, S.154.

43 Vgl. BILETEWSKI, B., u.a.: Abfallwirtschaft – Eine Einführung, Springer Verlag, Berlin 1990, S.90.

3) Die Kompostierung und auch die Sortierung nach Wertstoffen gewinnt zunehmend an Bedeutung. In einem Betrachtungszeitraum von 10 Jahren werden sich die Anteile dieser Entsorgungsmethoden annähernd verdoppeln.[44]

Die zuvor festgestellten Entwicklungen können noch anhand anderer Kriterien gestützt werden. Die Anzahl, der sich im Betrieb befindlichen Anlagen, für die Abfallentsorgung kann hier ein Maßstab sein. So ist die Anzahl der Hausmülldeponien von 1355 im Jahre 1977 auf 332 im Jahre 1987 um mehr als 300% gesunken.

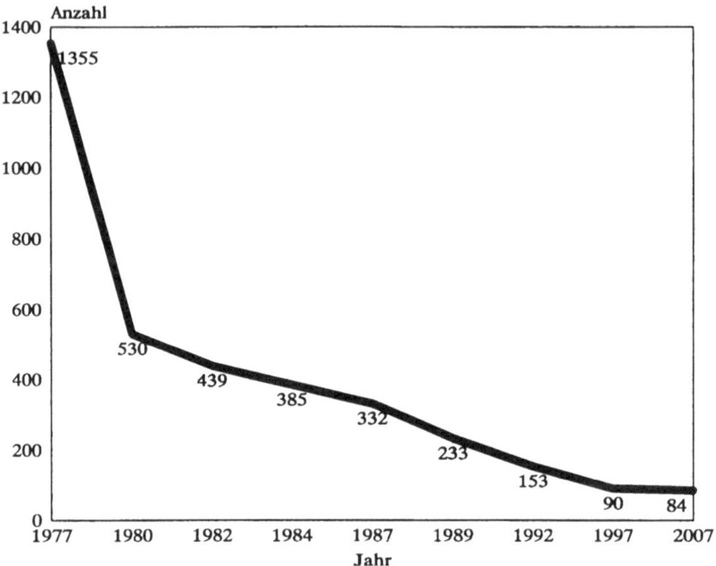

Abbildung 2. Abnahme der Hausmülldeponien im Zeitablauf[45]

44 Vgl. EDER, G: Entwicklung des Hausmüllaufkommens in der Bundesrepublik Deutschland, Prognoseszenarien Texte 19/89, Forschungsbericht 103 03 223/01 Umweltforschungsplan des Bundesministers für Umwelt, Naturschutz und Reaktorsicherheit: Abfallwirtschaft, Report-Nr. UBA FB 89073, Berlin 1989, auf der Basis der ARGUS Arbeitsgruppe Umweltstatistik des Fachbereichs Informatik an der TU Berlin: Bundesweite Hausmüllanalyse 1983-1985, Umweltbundesamt Berlin, UBA FB 103 03 508, Berlin 1986.

45 In Anlehnung an Der Rat von Sachverständigen für Umweltfragen: Abfallwirtschaft – Sondergutachten, Metzler-Poeschel Verlag, Stuttgart 1991, S.159.

Auch die Struktur der verbleibenden Deponien ist recht interessant. 99 Deponien verfügen über eine voraussichtliche Ablagerungsdauer von bis zu 2 Jahren und weitere 80 Hausmülldeponien von bis zu 5 Jahren. Mehr als die Hälfte der Restdeponien haben nur noch einen Nutzungshorizont von maximal 5 Jahren. Unter diesem Gesichtspunkt ist Deponieraum kostbar und wertvoll.

Tabelle 3. Deponien mit noch zu verfüllendem Restvolumen und voraussichtlicher Ablagerungsdauer (Stand 1987).[46]

Art der Deponie	Deponien insgesamt	zu verfüllendes Restvolumen	Deponien mit voraussichtlicher Ablagerungsdauer von ... bis ... Jahren				
			bis 2	3 bis 5	6 bis 10	11 bis 20	über 21
	Anzahl	1000 m^3					
Hausmüll	332	432738	99	80	63	56	34
Bodenaushub und Bauschutt	2458	188566	655	578	635	449	141
Bodenaushub (ausschließlich)	255	24675	98	62	61	24	10
Sonst. Deponie	37	14580	11	8	9	8	1
Deponien insgesamt	3082	660559	863	728	768	537	186

Die Zahl der Müllverbrennungsanlagen ist von 43 im Jahre 1977 auf 47 im Jahre 1984 angestiegen. Ein überproportional starker Anstieg ist bei Kompostieranlagen zu verzeichnen. Bereits 1987 waren 60 Anlagen im Betrieb. Ähnliches gilt auch für die sonstigen Anlagen der Abfallbehandlung. Für die Zukunft sind hier noch stärkere Steigerungsraten zu erwarten. Vor allem in Hinblick auf die getrennte Wertstofferfassung müssen noch zusätzliche Kapazitäten bereitgestellt und geschaffen werden.

Die Zusammensetzung des Hausmülls wurde in den Hausmüllanalysen von 1979/80 und 1983 bis 1985 ermittelt. Zu beachten ist bei diesen Werten, daß einerseits durch die Unterteilung in Fein- und Mittelmüll ein Teil des Abfalls unscharf definiert ist, und zweitens, daß in diesen Untersuchungen kein Abfall aus Klein-

46 Vgl. Der Rat von Sachverständigen für Umweltfragen: Abfallwirtschaft – Sondergutachten, Metzler-Poeschel Verlag, Stuttgart 1991, S.159.

betrieben sowie Sperrmüll enthalten ist. Folgend sind die Untersuchungsergebnisse nach Fraktionen geordnet, vergleichend gegenübergestellt.

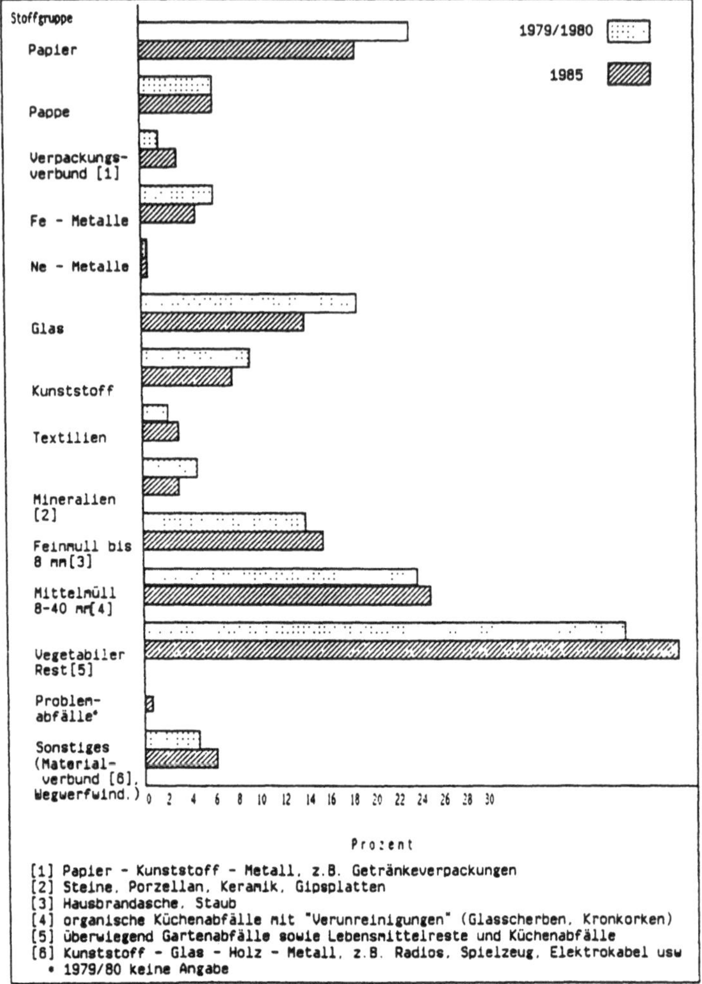

Abbildung 3. Zusammensetzung des Hausmülls[47]

47 In Anlehnung an SCHENKE, W., u.a.: Entsorgung 2000 – Leitfaden für Kommunen, Wirtschaft und Politik, Bonner Energiereport, Bonn 1988, S.84.

Es können eine Reihe von Aussagen aus dem vorhandenen Datenmaterial abgeleitet werden:

- die Gesamtabfallmenge ist von 15 Mio. t auf 14 Mio. t gesunken,
- die Fraktionen für Glas, Papier, Mineralien und Kunststoffe haben sich reduziert.

Diese Reduzierung kann - bei den genannten Fraktionen - z.T. darauf zurückgeführt werden, daß die ersten Glas- und Papiercontainer zu dieser Zeit im Bundesgebiet aufgestellt wurden. Die spezifische Abfallmenge, die als Kennziffer in Kilogramm pro Einwohner und Jahr dargestellt werden kann, ist in dem betrachteten Zeitraum von 243,7 kg auf 229,7 kg gesunken.[48]

Ein bewußterer Umgang mit Abfall scheint sich schon damals, in den Anfängen der getrennten Wertstoffsammlung, durchgesetzt zu haben.
Weiterhin kann noch eine Unterteilung in ländliche und städtische Strukturen vorgenommen werden. Zwischen städtischen und ländlich geprägten Siedlungsbereichen gibt es teilweise erhebliche Unterschiede in der Zusammensetzung des Mülls und dem spezifischen Müllaufkommen je Einwohner. Hausmüllaufkommen von unter 200 kg pro Einwohner und Jahr in ländlichen Gebieten sind keine Seltenheit, während in Verdichtungs- und Ballungsgebieten leicht Werte über 300 kg je Einwohner und Jahr anzutreffen sind.

Eine relevante Einflußgröße auf das spezifische Abfallaufkommen stellt u.a. das dargebotene Behältervolumen dar. Generell ist festzustellen, daß mit steigendem Behältervolumen die spezifische Hausmüllmenge - bis zu einem bestimmten Grenzwert - ansteigt.

Andererseits kann davon ausgegangen werden, daß sich gerade in ländlichen Bereichen die Kompostierung einer gewissen Beliebtheit erfreut. Diese Küchen- und Gartenabfälle werden in Ballungsräumen oftmals noch mittels der grauen Mülltonne entsorgt. Der hierdurch anfallende Abfallanteil ist nicht zu unterschätzen.

Tabelle 4 stellt spezifische Hausmüllmengen in einigen Städten und Landkreisen im Bundesgebiet gegenüber. Die Werte datieren aus dem Jahre 1985 und beziehen sich auf jährlich anfallende Abfallmengen je Einwohner (ohne Sperrmüll und Altstoffe). An dieser Stelle muß noch einmal darauf hingewiesen werden, daß für abfallwirtschaftliche Planungen detaillierte örtliche Erhebungen hinsichtlich Abfallauf-

48 Vgl. BILETEWSKI, B., u.a.: Abfallwirtschaft - Eine Einführung, Springer Verlag, Berlin 1990, S.14 ff.

kommen und -zusammensetzung und vorhandenem Behältervolumen unbedingt notwendig sind. Bundesdeutsche Mittelwerte können nur bedingt für örtliche Planungen benutzt werden. Die Gefahr der Fehldimensionierung von Entsorgungsanlagen wären bei einer solchen Vorgehensweise unvermeidlich.

Tabelle 4. Abfallmenge je Einwohner für spezifische Gebiete[49]

Region	jährlich pro Kopf anfallende Abfallmenge (kg)
Wiesbaden	353
Hamburg	350
Mainz	320
Braunschweig	315
Ludwigshafen	310
München	260
Landkreis Alzey-Worms	320
Landkreis Mainz-Bingen	297
Landkreis Rosenheim	259
Landkreis Freudenstadt	212
Landkreis Rottweil	203

Als Orientierung und zu Vergleichszwecken sind solche Mittelwerte allerdings geeignet.

Die nachfolgende Tabelle gibt Aufschluß über die Größenordnung des spezifischen Aufkommens an getrenntsammelfähigen Hausmüllbestandteilen in unterschiedlichen Gebietsstrukturen:

49 Vgl. SCHENKE, W., u.a.: Entsorgung 2000 – Leitfaden für Kommunen, Wirtschaft und Politik, Bonner Energiereport, Bonn 1988, S.85.

Tabelle 5. Größenordnung des spezifischen Aufkommens an getrenntsammelfähigen Hausmüllbestandteilen in Abhängigkeit von der Siedlungsstruktur[50]

		Potential für Getrenntsammlung							
Regionalstruktur	Einwoh.-dichte (E/qkm)	Papier*	Glas*	Metall*	Kunststoff*	Pflanzen*	Biomüll*	Summe*	Gesamt Hausmüll*
Ballungsraum	2000	60	50	15	15	20	50	210	250
Verdichtungsraum	1000	55	40	15	15	25	70	220	280
mittlere Dichte	500	50	35	15	15	30	90	235	310
ländlicher Raum	150	45	30	15	10	35	160	295	370

* alle Angaben in kg/Einwohner/Jahr

2.2 Recyclingmöglichkeiten

Die aus den Abfallwirtschaftsprogrammen resultierende Bewertung des Abfalls, in erster Linie unter dem Aspekt eines möglichen Wertstoffes, zeigt eine der Aufgaben einer Abfallwirtschaftskonzeption auf. Neben einer ökologisch sinnvollen Beseitigung der nicht mehr nutzbaren Abfälle ist das primäre Ziel die Erreichung einer optimalen Wertstoffausbringung und Rückführung der Sekundärrohstoffe in den Wirtschaftskreislauf.

Vor diesem Hintergrund ist eine Betrachtung der Abfallwirtschaft als volkswirtschaftliche Kehrseite der Primärwirtschaft durchaus sinnvoll.

Je nach Art der Prozeßführung werden drei Möglichkeiten des Recyclings unterschieden:

1) Die Wiederverwendung

Die wiederholte Benutzung eines Produktes oder Materials für den gleichen Verwendungszweck (z.B. Umlauf von Pfandflaschen).

50 Vgl.: SCHEFFOLD, K.-H.: Kompostierung und Altstoffverwertung, in: Entsorgungspraxis-Spezial, No.6, April 1989, S.3.

2) Die Weiterverwendung

Der Einsatz von Abfällen für neue Anwendungsbereiche (z.B. Herstellung von Dämmplatten aus Altpapier).

3) Die Weiterverwertung

Die Wiedergewinnung von chemischen Grundstoffen aus Abfällen und deren Rückführung in den Produktionsprozeß (z.B. Herstellung von Weißblechdosen aus Dosenschrott).[51]

Alle drei Alternativen entsprechen den Zielen des Abfallwirtschaftsprogramms. Sie unterscheiden sich lediglich bezüglich der Adressaten. Maßnahmen für die Wiederverwertung müssen im wesentlichen auf der Produzentenebene organisiert und koordiniert werden. Sie verfolgen das Ziel, Produkte überhaupt nicht oder erst nach mehreren Umläufen zu Abfall werden zu lassen.

Maßnahmen der Weiterverwendung und Weiterverwertung sind technisch nur nach entsprechender Aufbereitung und Behandlung der Abfälle möglich. Gerade diese Bereiche sind für ein funktionierendes Gesamtkonzept einer integrierten Abfallwirtschaft auf dem Gebiet der kommunalen Abfallproblematik von großer Bedeutung. Im Verlauf dieser Untersuchung wird diesen Aspekten erhöhte Aufmerksamkeit geschenkt.

2.2.1 Altpapierverwertung

In der deutschen Papier/Pappe -erzeugenden Industrie hat das Altpapier als Rohstoff schon jetzt eine bedeutende Stellung eingenommen. Neben dem Primärrohstoff Holz stellt der Altpapiereinsatz mit 42% (1981) in der Neupapierproduktion eine wesentliche Rohstoffquelle zur Gewinnung von Papierfasern dar.

Tabelle 6 zeigt eine differenzierte Betrachtung bezüglich des Altpapiereinsatzes für verschiedene Neupapiersorten. Eine Erhöhung der Einsatzquote bei den graphischen und hygienischen Papieren hängt vor allem von dem Anteil der höherwertigen Papiersorten im Altpapier ab. Dieser Anteil kann durch ein verstärktes Sammeln z.B. im Bürobereich gesteigert werden.

51 In Anlehnung an HAUCKE, M.: Stoffklassifizierung und Behandlung von Rest- und Abfallstoffen zum Zwecke einer Weiterverwertung; in: VDI (Hrsg.), Industrie und Siedlungsabfälle, VDI-Berichte 207, Düsseldorf 1973.

Tabelle 6: Altpapiereinsatz der bundesdeutschen Papierproduktion[52]

Neu-papier-sorte	Papierpro-duktion		Altpapier-einsatz		Anteil am ges. Alt-papier-einsatz	Papier-ver-brauch	als Altpapier erfaßt	als Abfall beseitigt
	Mio. t	%	Mio. t	%	%	Mio. t	Mio. t	Mio. t
Graphisches Papier	3,8	49	0,4	10,5	12	4,80	1,00	3,00
Verpackungs-papier	3,1	40	2,6	84,0	79	4,00	2,50	1,40
Hygienepa-pier	0,5	6	0,2	40,0	6	0,60	-	?
Spezialpapier	0,4	5	0,1	25,0	3	0,30	-	?
insgesamt	7,8	100	3,3	42,0	100	9,70	3,50	4,5 - 5

Der Lebenszyklus von Papier und ähnlichen Produkten ist – gerade in einem technisch sehr stark unterstützten Bereich – sehr kurz. Dementsprechend ist der Abfallanfall an Papier und Pappe mit 81%, bei einem Gesamtverbrauch von ca. 7,8 Mio. Tonnen im Jahre 1981, relativ hoch.

Ferner wird aus Tabelle 6 ersichtlich, wie sich die Papierproduktion in die verschiedenen Papierqualitäten sowie die Produktionsmengen, den Altpapiereinsatz und den Papierverbrauch unterteilt. Da 81% der Gesamtverbrauchsmenge von Papier und Pappe im gleichen Jahr zu Abfall werden, bleiben nur etwa 19% der Papierproduktion für langlebige Produkte. Dies können z.B. Bücher, Landkarten und Dokumente, aber auch Güter, bei deren Herstellungsprozeß der Papiercharakter verloren geht, wie z.B. Kabel und Isolierpappe, Dachpappe, Karosseriepappe sein.

2.2.1.1 Einsatzmöglichkeiten von Altpapier

Primärrohstoff in der Papierproduktion ist das Holz. Weltweit werden große Waldflächen für die Papierproduktion chemisch zu Zellstoff oder mechanisch zu Holzschliff verarbeitet. Neue Technologien machen es bereits heute möglich, diese Fasern aus den Harthölzern des tropischen Regenwaldes zu gewinnen. Die hergestellten Fasern werden im sogenannten Pulper mit Wasser zu einer breiigen

52 Vgl. HELM, W., u.a.: Der Schatz in der Mülltonne – Ein Leitfaden zum Müll-Vermeiden, Vermindern & Verwerten, Kölner-Volksblatt Verlag, Köln 1985, S.77.

Masse vermengt und anschließend über spezielle Sieb-, Press-, und Trockenmaschinen geführt, geglättet und – je nach Bedarf – oberflächenbehandelt. Das so erzeugte Papier hat eine gut bedruckbare Oberfläche mit eng neben- und übereinander liegenden Fasern, für die eine bestimmte Faserflexibilität und Faser-zu-Faser-Bindung sowie ausreichend lange und unzerstörbare Fasern erforderlich sind.

Manche Papiersorten werden nach dem Druck noch durch Kunststoffbeschichtung oder Kaschierung mit Karton, Kunststoff oder Metall weiterbearbeitet. Altpapier kann im Rahmen dieser Papiererzeugung, je nach Bedarf, in verschieden hohen Quoten beigemischt werden. Alternativ kann es auch zu Recycling- oder Umweltschutzpapier aus 100% Altpapier aufbereitet werden. Dabei wird das Altpapier zerkleinert und wie Zellstoff oder Holzschliff eingeweicht und weiterverarbeitet. Bei dem Recyclingpapier wird, um die Druckfarben zu entfernen, eine chemische Entfärbung vorgenommen.

Die Wiederverwendung von Papier ist nur begrenzt möglich, denn mit jedem Recyclingvorgang werden die Fasern kürzer und spröder. Es wird geschätzt, daß ein und dasselbe Papier ohne Zusatz von anderem Altpapier oder neuen Fasern ungefähr 5 bis 7 mal dem Stoffkreislauf zugeführt werden kann. Spätestens dann muß es ausgesondert werden, d.h. eine gewisse neu produzierte Menge an Zellstoff- und Holzschliffasern ist notwendig.[53]

Eine Entlastung des Altpapierkreislaufes muß parallel über den verstärkten Einsatz von Altpapier in Hygienepapieren erfolgen. Gleichzeitig ist die Verwertung von Altpapier außerhalb der papiererzeugenden Industrie voranzutreiben. Um den Produktionskreislauf nicht zu stören und die Qualität des neuen Papiers nicht zu mindern, muß das verwendete Altpapier besonderen Anforderungen genügen:

- Das Altpapier muß frei von Metall- und Glaspartikeln sein,
- Die gewonnenen Altpapierfasern müssen möglichst lang und unzerstört sowie frei von anhaftenden Verschmutzungen, wie Harz, Bitumen und Fett sein,
- kunststoffbeschichtete, kaschierte und sonstige wasserdurchlässige Papiere sollten nicht enthalten sein, da diese anderweitig aufbereitet werden,
- das Altpapier sollte wegen der Gefahr einer bakteriologischen Verseuchung keine organischen Verschmutzungen vorweisen.[54]

53 Vgl. WENDER, H: Konzeption einer integrierten Abfallwirtschaft dargestellt am Beispiel des Recyclings von Wertstoffen, Technische Hochschule Darmstadt, Dissertation 1980, S.75.

54 Vgl. HELM, W., u.a.: Der Schatz in der Mülltonne – Ein Leitfaden zum Müll-Vermeiden, Vermindern & Verwerten, Kölner Volksblatt Verlag, Köln 1985, S.79.

Tabelle 7. Aufwendungen zur Herstellung von einer Tonne Normalpapier bzw. Recyclingpapier aus 100% Altpapier.[55]

	Papier 1. Qualität Zellstoffpapier	Papier gewöh. Qualität Holzschliff-papier[1]	Original ap-Umweltschutz-papier[2]	Fortuna 100 umweltfreund-lich[3]
Holzmenge kg/t Papier	2385	1710	nur Altpapier	nur Altpapier
Frischwasser l/t	440000	280000	1.800	20.000
Energie kWh/t Papier	7600	4750	2750	800
Abwasserbelastung kg CSB*/t Papier kg BSB_5*/t Papier	ca. 250 60 bis 70**/ 300 bis 580***	100 --	-- --	12 keine Angaben

zu Tabelle 7:

* CBS = Chemischer Sauerstoffbedarf; BSB_5 = Biologischer Sauerstoffbedarf: Parameter der Abwasserbelastung, die aussagen, wieviel Sauerstoff benötigt wird, um die Verunreinigungen biologisch bzw. chemisch abzubauen.

** bei der Erzeugung von Sulfatzellstoff

*** bei der Erzeugung von Sulfidzellstoff

1) Angaben des Bundesministeriums für Forschung und Technologie, des Öko-Test Magazins und der Firma Stoecklin & Co. Arlesheim.

2) Angaben der Firma Stoecklin & Co. Arlesheim/Schweiz, ehemaliger Produzent des Original-ap-UWS-Papier, heute Fa. Widmer Walty, Oftringen/Schweiz und in Deutschland die Solinger Papierfabrik Jagenberg, Papier-, Karton- und Kunststoff-fabrik Leinfelder, Schrobenhausen und Papierfabrik Bonenberger, Niefern.

3) Angaben des Produzenten Firma Steinbies Papier GmbH, Werk Gemmrigheim.

55 Vgl. HELM, W., u.a.: Der Schatz in der Mülltonne - Ein Leitfaden zum Müll-Vermeiden, Vermindern & Verwerten, Kölner Volksblatt Verlag, Köln 1985, S. 80.

Die genannten Anforderungen sind bei der getrennten Sammlung von Altpapier sowohl vom Verbraucher wie auch vom Entsorger zu beachten. Zur Erhöhung des Altpapiereinsatzes ist es weiterhin erforderlich, daß qualitativ verschiedene Papiersorten getrennt gesammelt werden. Hierdurch kann das Altpapier auch als Ersatz von Zellstoff- und Holzschliffasern verwendet werden. Ziel ist es, den Altpapierfaseranteil in höherwertigen Neupapieren auszuweiten.

Wie gesehen, sind die Anforderungen an das verwendbare Altpapier relativ hoch. Besondere Beachtung ist daher dem mengenmäßig sehr stark anfallenden graphischen Papieren (holzfreies Schreib- und Druckpapier), holzhaltigen Papieren von z.B. Tageszeitungen und den Feinpapieren von Landkarten und Zeichenpapieren zu schenken.

Tabelle 7 gibt eine "Input-Output-Relation", wie sie bei der Altpapierverwertung anzutreffen ist, wieder. Einsparungen an Rohholz, Trinkwasser und Energie werden den Aufwendungen gegenübergestellt, die zwingend notwendig sind, um eine Tonne Normalpapier bzw. Recyclingpapier aus 100% Altpapier herstellen zu können. Papiere mit einem geringen Altpapieranteil liegen zwischen diesen Werten.

2.2.1.2 Bewertung

Der Altpapiermarkt vereinigt die Gesamtheit der teilweise mehrstufigen und komplexen Beziehungen zwischen Abfallanfallstelle, Entsorgern und Verbrauchern. Maßgeblich ist die Endnachfrage nach Altpapier, die wesentlich von den Absatzbedingungen für altpapierhaltige Neupapiere abhängt. Höherwertigerere Altpapiersorten sind in der Regel immer abzusetzen, da die latente Nachfrage höher ist als die praktische Verfügbarkeit. Gemischte Altpapiere, die für die Herstellung von Verpackungspapieren verwendet werden, sind in ausreichenden Maßen in der Bundesrepublik Deutschland verfügbar.

Seit Ende 1985 ist ein wachsender Angebotsüberhang an Altpapier festzustellen. Dies äußert sich derart, daß die Preise sinken und die Sammelüberschüsse um knappe Endverwertungsmöglichkeiten konkurrieren. Da die Verarbeitungskapazitäten der Papierindustrie für Altpapier begrenzt sind, sieht sie sich nicht in der Lage, das gesamte angesammelte Altpapier abzunehmen. Während für die Stufe der Vermarktung bei den Endabnehmern die Marktsysteme greifen, sind marktwirtschaftliche Spielregeln bei der Altpapiersammlung außer Kraft gesetzt worden.

Tabelle 8 veranschaulicht die Strukturdaten und Erfassungskosten für die Altpapiersammlung mit Depotcontainern im Bringsystem.

Tabelle 8. Strukturdaten und Erfassungskosten für die Altpapiersammlung mit Depotcontainern[56]

Regionalstruktur	Einwohnerdichte (E/qkm)	Anfalldichte (kg/qkm/ Woche)	Abfuhrleistung (kg/h)	Gesamtkosten Behälter + Abfuhr (DM/t)
Ballungsraum	2000	2308	1800	92
Verdichtungsraum	1000	1058	1300	114
mittlere Dichte	500	481	1000	140
ländlicher Raum	150	130	750	187

2.2.2 Altglasverwertung

Eine weitere Fraktion in den Siedlungsabfällen ist das Altglas. Der Anteil im Hausmüll liegt hier bei ca. 20%. Eine Unterscheidung des Glases ist nach folgenden Gesichtspunkten möglich:

1) Flachglas

Hierzu gehören z.B. Fensterglas, Gußglas, Spezialglas. Diese Erzeugnisse finden zum größten Teil im Bausektor und in der Automobilindustrie Verwendung.

2) Glasfasern

Hierzu rechnet man textile sowie nicht-textile Glasfasern. Diese Produkte werden nach der Aufbereitung als Wärme-, Kälte- und Schalldämmstoff in der Baubranche verwendet und sind somit als langlebige Materialien anzusehen.

56 Vgl. SCHEFFOLD, K.-H.: Kompostierung und Altstoffverwertung, in: Entsorgungspraxis-Spezial, No.6, April 1989, S.6.

3) Hohlglas

Zu diesem Bereich gehören alle Behältergläser, wie Getränkeflaschen, Konservengläser, Medizin- und Verpackungsgläser, das Wirtschaftsglas, wie Kelchglas und temperaturwechselbeständiges Glas, das Beleuchtungsglas, das Bau- und Hohlglas sowie das technische Labor- und Geräteglas. Die Erzeugnisse der Gruppen Wirtschaftsglas, Beleuchtungsglas, Labor- und Geräteglas und sonstiges Hohlglas sind nur in geringen Mengen an der Hohlglasproduktion beteiligt.

Die unter dem Behälterglas zusammengefaßten Gruppen sind dagegen als Verpackungsmittel normalerweise nur zum einmaligen Gebrauch bestimmt. Man findet sie daher, sofern es sich dabei nicht um Mehrwegverpackung handelt, durchschnittlich ca. 1 Jahr nach ihrer Produktion im Abfall.

Aus diesem Grund liegt hier im Behälterglasbereich auch das Kernproblem der abfallwirtschaftlichen Altglasverwertung. Flachgläser wie beispielsweise Fensterscheiben, können wegen einer anderen chemischen Zusammensetzung nicht gemeinsam mit dem Behälterglas weiterverwertet werden und gehören daher nicht in die Altglassammlung.[57]

Wie in Tabelle 9 angedeutet, stehen die Behälterglasproduktion und die Altglasverwertung insgesamt in einem starken Mißverhältnis. Die prozentualen Farbanteile der Behälterglasproduktion konnten bisher in keiner Weise vom Altglasaufkommen repräsentiert werden.

Nach verhältnismäßig geringem Mengenaufkommen an Altglas in den ersten Jahren des Glas-Recyclings (1970-1973) erhöhten sich die Sammelmengen nach Einschaltung der gewerblichen Unternehmen schlagartig. Seit 1974 konnte eine stetig steigende Altglaseinsatzquote, die etwa auch der Rücklaufquote von 35% entspricht, im Jahre 1985 erreicht werden.

Die prozentualen Farbanteile der Produktionsstruktur der Behälterglasindustrie ergeben sich aus den Absatzmärkten und den Anforderungen der Lebensmittel- und Getränkeindustrie. Der Bedarf an Weißglas- und Braunglasscherben wird nur zu 30% gedeckt, während der Grünglas- bzw. Mischglasscherbenanteil doppelt so hoch wie der Produktionsanteil ist.

57 Vgl. PLÜMER, T., u.a.: Recyclingverfahren im Überblick, in: Plümer, T., u.a. (Hrsg.): Die Verpackungsentsorgung, Verlag TÜV-Rheinland, 1992, Kap. 9.1, S.9.

Tabelle 9. Daten zum Behälterglas- und Altglasmarkt in der BRD[58]

Jahr	Behälterglas-Absatz inkl. Export (in t)	Altglasverwertung insg. (t)	% vom Behälterglas-Absatz	davon aus Containersammlung. (t)
1974	2.717.157	ca. 150.000	5,5	ca. 150.000
1976	2.847.067	264.786	9,3	264.786
1978	2.781.922	408.672	14,7	370.090
1980	2.844.620	566.474	19,9	492.489
1982	2.707.821	749.728	27,7	640.777
1984	2.817.672	883.489	31,4	794.757
1985	2.958.299	1.050.494	35,2	967.246
1986	3.130.000	1.139.769	36,4	1.075.851
	davon 1985: grün: 31 % braun: 22 % weiß: 47 %	davon 1985: grün: 77 % braun: 6 % weiß: 17 %		

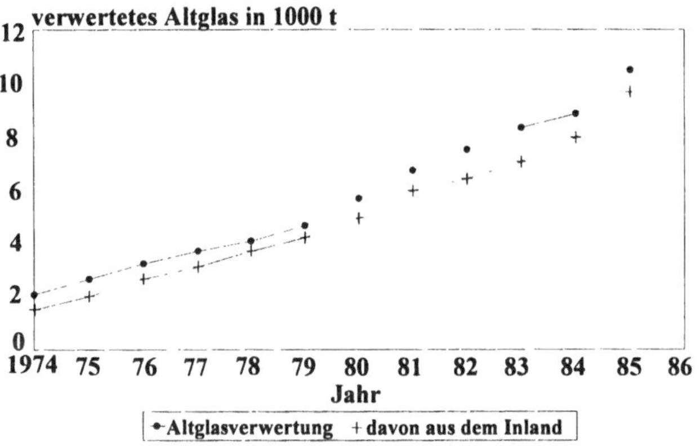

Abbildung 4. Altglasverwertung und Altglassammlung seit 1974.[59]

58 Vgl. GALLENKEMPER, B., u.a.: Getrennte Sammlung von Wertstoffen des Hausmülls – Planungshilfe zur Bewertung und Anwendung von Systemen der getrennten Sammlung, Erich-Schmidt Verlag, Berlin 1988, S.48.

59 Vgl. LUBISCH, G.: Glas - Abfälle, in: Müll - Handbuch, Band 5, Kennzahl 8525, Lfg. 2/87, Erich-Schmidt Verlag, Berlin 1987, S.10.

Selbst bei farbgetrennt aufgestellten Containern wird Grünglas erheblich mehr und Weißglas erheblich weniger, als es dem Produktionsanteil entsprechen würde, erfaßt. Dieses Mißverhältnis führte ab Anfang 1986 teilweise zu Absatzproblemen bei Misch- und Grünglasscherben.[60] Im Jahre 1987 hat die Behälterglasindustrie 1,25 Mio. t Altglas dem Produktionskreislauf als wiederverwertbares Glasmaterial zugeführt, was einer Altglaseinsatzquote von 36,4% entspricht.[61] Somit ist fast jeder zweite Glasbehälter für den deutschen Markt aus Altglas produziert worden. Der Scherbeneinsatz bzw. -bedarf der Behälterglasindustrie ist größer als die durch die Containersammlung aufgebrachten Mengen, so daß zusätzlich Altglas importiert wird. Mittel- bis langfristig beläuft sich die Zielvorstellung der Glasindustrie auf einen Scherbenzukauf von 1,5 Mio. t – farbseparierte Anlieferung in Anlehnung an die Produktionsstruktur vorausgesetzt. Das technische Aufnahmepotential liegt weit höher. Entscheidend ist, die ökonomischen Bedingungen der Scherbenerfassung entsprechend weiterzuentwickeln. Die abfallwirtschaftliche Bedeutung des Fremdscherbeneinsatzes zeigt sich besonders darin, daß die zu beseitigende Abfallmenge an Getränkeverpackungen insgesamt in der Bundesrepublik trotz gestiegenem Getränkeverbrauch stark rückläufig ist.

2.2.2.1 Einsatzmöglichkeiten von Altglas

Altglas kann bei der Glasproduktion in bestimmten Mengen mit eingeschmolzen werden. In Abhängigkeit von der Farbe ist der Prozentanteil zu sehen, der bei der Glasproduktion maximal als Sekundärrohstoff zugesetzt werden kann. Bei Grünglas sind bis zu 60%, bei Braun- und Weißglas jeweils bis zu 30% einsetzbar. In der Tabelle 9 ist der Stand der Altglas- oder Fremdscherbeneinsatzquote in der Glasproduktion zusammengestellt worden.

Die zuvor genannten Maximalwerte der Altglaseinsatzquote wurden, wie der Tabelle zu entnehmen ist, nur bei dem Grünglas erreicht bzw. überschritten. Dies hängt in erster Linie damit zusammen, daß für die Grünglaserzeugung das Altglas nicht farblich sortiert sein muß, während dies bei den anderen Farbsorten unbedingt notwendig ist.

---

60 Vgl. GALLENKEMPER, B., u.a.: Getrennte Sammlung von Wertstoffen des Hausmülls - Planungshilfe zur Bewertung und Anwendung von Systemen der getrennten Sammlung, Erich-Schmidt Verlag, Berlin 1988, S.50.

61 Vgl. Der Rat von Sachverständigen für Umweltfragen: Abfallwirtschaft-Sondergutachten, Metzler-Poeschel Verlag, Stuttgart 1991, S.259.

Tabelle 10. Einsatzmengen von Altglas in der deutschen Hohlglasindustrie.[62]

Neuglas-Farbsorte	Behälterglaserzeugung		Fremdscherben-Einsatzquote	
	1000 t/a	%	1000 t/a	%
farblos	1247	45,9	116,9	9,4
braun	632	23,2	43,7	6,9
grün	841	30,9	589,1	70,1
gesamt	2720	100	749,7	86,4

Dies ist der Problempunkt, der gelöst werden muß, um einen verstärkten Altglaseinsatz zu erreichen. Die Fremdscherben müssen nach Farben sortiert vorliegen. Bei der Weißglasproduktion sollten nicht mehr als 100 g farbiges Altglas je t untergemischt sein. Die Altglassammlung erfordert demnach zwingend eine Differenzierung nach den verschiedenen Farben. Dieser Umstand muß dem Verbraucher und potentiellen Sammler von Altglas plausibel dargestellt werden. Hierdurch soll eine gewissenhaftere und verantwortungsvollere Nutzung der – für jede Altglasfarbe auch entsprechend farblich gekennzeichneten – Container erreicht werden.[63]

Über die farbliche Differenzierung hinaus werden noch zusätzliche weitere Reinheitsforderungen an das gesammelte Glas gestellt. Diese sind ebenfalls von den sammelnden Haushalten einzuhalten. Konkret dürfen in 1000 kg Altglas maximal enthalten sein:

- 15 g Schwermetalle (nicht magnetisch)
- 5 g magnetische Metalle
- 100 g Porzellan, Tonscherben, Steine, Schlacken und andere Mineralien
- 1000 g Kunststoffe, Korken, Papiere und andere organische Stoffe (ohne die am Glas angehefteten Etiketten).[64]

62 Vgl. HELM, W., u.a.: Der Schatz in der Mülltonne - Ein Leitfaden zum Müll-Vermeiden, Vermindern & Verwerten, Kölner Volksblatt Verlag, Köln 1985, S.82.

63 Vgl. MULTHAUP, R., u.a.: Entsorgungslogistik, Verlag TÜV-Rheinland 1990, S.79.

64 Vgl. HELM, W., u.a.: Der Schatz in der Mülltonne - Ein Leitfaden zum Müll-Vermeiden, Vermindern & Verwerten, Kölner Volksblatt Verlag, Köln 1985, S.85.

2.2.2.2 Bewertung

Im Gegensatz zu Metall- und Zellstoffmärkten, die hohen Preisschwankungen unterliegen, wodurch eine regelmäßige und gleichbleibende Entsorgung erschwert wird, ist der Altglasmarkt weitgehend stabil. Ein Umstand, der sich sehr förderlich auf Recyclingbemühungen auswirkt. Die Erlöse für nicht aufbereitetes Altglas betragen frei Sortieranlage etwa

- 40 bis 65 DM/t Grün, Braun- bzw. Farbmischglas und
- 75 bis 90 DM/t Weißglas.[65]

Die anfallenden Kosten für Erfassung, Sortierung und Transport zur Hütte liegen bei durchschnittlich 110 bis 160 DM/t. Die Aufbereitungskosten sind mit ca. 30 DM/t anzusetzen. Die Differenz zwischen Kosten und Erlösen wird entweder direkt oder als Subvention getragen. Dies kann seitens der Kommune oder vom Bürger durch die Bezahlung höherer Abfallbeseitigungskosten geschehen. Durch eine zu erwartende Verschärfung in den Umweltschutzauflagen, auch bezüglich der Emission von Glashütten, wird vor allem die durch den Altglaseinsatz erzielbare Entlastung der Umwelt interessieren. Zum Beispiel sind Staub- und Schwefelemissionen, die bei dem Einschmelzen der Primärrohstoffe und bei der Sodaherstellung entstehen, durch den Einsatz von Sekundärrohstoffen stark zu reduzieren.[66]

2.2.3 Altmetallverwertung

Die im Hausmüll vorhandenen Metalle bestehen zum größten Teil aus

- dem magnetischen Weißblech
- und dem leichteren unmagnetischen Aluminium.

Da andere Metalle in vernachlässigbar kleinen Mengen anfallen, wird die Darstellung der Verwertungsverfahren auf die beiden oben genannten Metalle beschränkt.

Weißblech – Eisenschrott

Mit dem Hausmüll, Sperrmüll und dem hausmüllähnlichen Gewerbeabfällen werden jährlich etwa 1,3 Mio. t Eisen abgefahren, wovon knapp die Hälfte als Weißblech-

65 Vgl. SCHEFFOLD, K.-H.: Kompostierung und Altstoffverwertung, in: Entsorgungspraxis-Spezial, No.6, April 1989, S.5.

66 Vgl. Der Rat von Sachverständigen für Umweltfragen: Abfallwirtschaft – Sondergutachten, Metzler-Poeschel Verlag, Stuttgart 1991, S.260.

verpackungen in den Haushalten anfallen. Bereits 1984 wurden in der Schrottwirtschaft ca. 500.000 t Schrott aus dem Sperrmüll aussortiert. Dies geschah entweder durch einen Magneten in den Bunkern der Müllverbrennungsanlagen oder durch Handarbeit.

Im Jahre 1986 wurden in der Bundesrepublik Deutschland etwa 760.000 t Weißblech hergestellt. Davon verblieben etwa 418.000 t im Inland, ca. 102.000 t wurden in EG-Länder und ca. 240.000 t wurden in andere Länder exportiert. Den im Inland verbliebenen 418.000 t Weißblech müssen noch die importierten Weißblechmengen hinzuaddiert werden, wodurch sich die 1986 in der Bundesrepublik Deutschland benötigte Menge an Weißblech auf ca. 596.000 t beläuft.[67]

Dieser Einsatz an Weißblechen setzt sich wie folgt zusammen:

- Verpackungen für Nahrungs- und Genußmittel
- Konserven, Dosen für Milch, Getränke etc.
- Behälter für chemisch-technische Erzeugnisse, wie Farben, Lacke, etc.
- Verpackungen für Pharmazie und Kosmetik
- Verpackungsverschlüsse
- Sonstiges

Abbildung 5 zeigt die relativen Mengen der o.a. Anwendungen, wobei die Dominanz der Verpackungsmaterialien auffällt, die etwa 96% der Weißblech-Verarbeitung ausmachen.

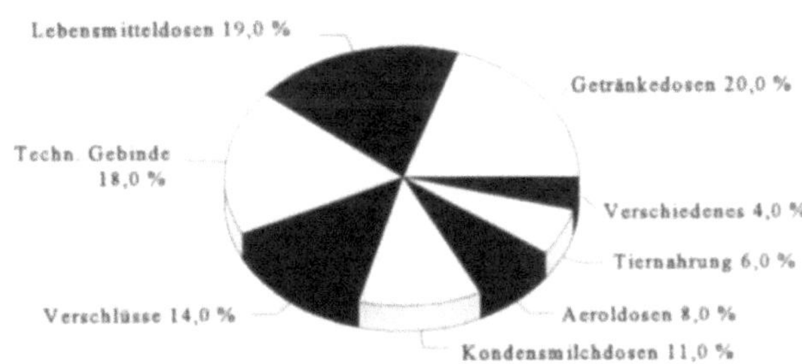

Abbildung 5. Anwendungsgebiet von Weißblech.[68]

67 Vgl. MULTHAUP, R., u.a.: Entsorgungslogistik, Verlag TÜV-Rheinland 1990, S.81.

68 Vgl. Informationszentrum Weißblech e.V.: Weißblech und Lebensmittel, Düsseldorf, o.J., S.2.

2.2.3.1 Einsatzmöglichkeiten von Altmetall

Schon seit längerer Zeit wird bei der Roheisenerzeugung ein gewisser Anteil an Eisenschrott in den Hochöfen mit eingeschmolzen. Hierdurch verringern sich die Zinn-, Kupfer- und Schwefelgehalte durch Verdünnung auf zulässige Werte. Bei den modernen, technisch ausgereiften Großhochöfen können jedoch, bedingt durch spezifische Aufschnittvorrichtungen, nur noch geringe Schrottmengen der Schmelze zugegeben werden. Der Einsatz von Weißblech und Eisenschrott hat sich ins Stahlwerk verlagert. Da im Hochofen andere metallurgische Verfahren ablaufen als im Stahlwerk, stellen letztere wiederum sehr hohe Ansprüche an den Schrott. Um die hohen Qualitätsmaßstäbe erfüllen zu können, muß zwangsläufig bei einer Beigabe von Schrott in Stahlwerken eine Abtrennung von Schlacke- oder Hausmüllresten sowie eine Reduzierung von Zinn- und Schwefelgehalten vorgenommen werden.

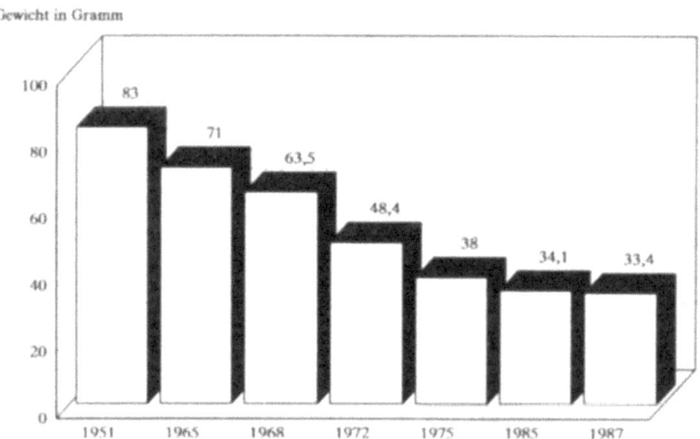

Abbildung 6: Gewichtsreduzierung der 0,33 l Getränkedose seit 1951.[69]

Auf der Ertragsseite bringt der Einsatz von Müllschrott den Stahlwerken eine Einsparung von ca. 40% der Energie, die für die Stahlerzeugung aus Eisenerz eingesetzt werden muß. Durch eine verbesserte Qualität des Stahls ist es möglich, dünnere Bleche für Weißblechverpackungen bei unveränderter Festigkeit zu produzieren und zu verwenden. Lag die Durchschnittsdicke des in der Bundesrepublik Deutschland hergestellten Blechs 1965 noch bei 0,26 mm, konnte diese bis 1987

69 Vgl. Informationszentrum Weißblech e.V.: Weißblech und Lebensmittel, Düsseldorf, o.J.

auf 0,223 mm vermindert werden. Dies entspricht etwa einer Gewichtersparnis von 15%. Durch moderne Fertigungsmethoden und ökonomische Konstruktionsweisen konnte das Gewicht der 0,33 l Getränkedose von 83 g im Jahre 1951 auf 33,4 g heute reduziert werden.

2.2.3.2 Bewertung

Wirtschaftlich konnte das Recycling von verbrauchten Weißblechverpackungen bisher fast ausschließlich mit technischen Rückgewinnungsverfahren durchgeführt werden. Bis auf den Muldenwechsel ist die Magnetscheidung ohne Personal zu bewerkstelligen.

Weniger aus ökonomischen als vielmehr aus öffentlichkeitswirksamen Gründen wird die – bisher kostenintensive – getrennte Sammlung per Container vorangetrieben und ausgebaut. An einer optimierten Sammel- und Transportlogistik wird verstärkt gearbeitet, da hier erfahrungsgemäß die größten Kosteneinsparungspotentiale liegen. Ein wichtiger Bestandteil sind die Verdichtungseinrichtungen, die höhere Schüttgewichte und damit niedrigere Transportkosten pro transportierter Gewichtseinheit ermöglichen.
Unter dem Gesichtspunkt der Energieeinsparung durch das Recycling von Weißblechverpackungen ist festzustellen, daß der Energieverbrauch für

- die Rohstoffgewinnung,
- die Materialherstellung und
- die Fertigung des Packmittels

um 33% sinkt, wenn der brennstoffintensive Hochofenprozeß umgangen wird.[70] Diese Sichtweise ist jedoch recht einseitig, da die negative Energiebilanz – hervorgerufen durch die Entzinnung des Müllschrotts – in die Gesamtbetrachtung noch integriert werden muß.

So liegt der Energiebedarf für das Sekundärzinn etwa dreimal so hoch wie für eine äquivalente Menge Importzinn. Der hohe energetische Aufwand für das Sammeln, Sortieren und das anschließende Transportieren der Dosen zu den wenigen Entzinnungsfabriken in der Bundesrepublik Deutschland muß in der Betrachtung und Abwägung entsprechend berücksichtigt und gewichtet werden. Die positive Gesamtenergieeinsparung des Recyclings bleibt aber erhalten, da Zinn nur einen geringen Teil des Weißblechmaterials darstellt.

---

70 Vgl. MAUCH, W.: Kummulierter spezifischer Energieverbrauch von Getränkedosen, in: Abfallwirtschaftsjournal, Nr. 1/2, 2. Jahrgang 1990, S.17.

2.2.4 Aluminiumverwertung

Das jährliche Aufkommen an Aluminium in den Haushalten beträgt ca. 70.000 t und stellt somit nur 0,4% des Hausmüllaufkommens dar. Der Wiederverwertung des Aluminiums stehen allerdings zwei gravierende Probleme entgegen. Erstens kann Aluminium nicht – wie etwa Metall – über einen Magnetabscheider aus dem Hausmüll separiert werden und zweitens fällt Aluminium in Haushalten in unterschiedlichen Formen an, beispielsweise als

- Dose
- Tube
- Folie oder
- Joghurtdeckel.

2.2.4.1 Einsatzmöglichkeiten von Altaluminium

Aluminiumbeschichtete Papier- oder Kunststoffolien können nicht wiederverwertet werden. Hieraus ergibt sich die Schwierigkeit, beschichtetes Aluminium zu erkennen und auszusortieren. Wegen der fehlenden Möglichkeit, durch einfache technische Maßnahmen Aluminium herausfiltern zu können, ist bei dem Recycling entweder eine getrennte Sammlung bei dem Verbraucher oder eine Sortieranlage erforderlich.

Für den einzelnen Haushalt ist es recht schwierig, verschiedene Metalle voneinander zu unterscheiden. Versuche einer getrennten Behandlung von Weißblechen bzw. Eisenschrott und Aluminium sind daran gescheitert, daß nur wenige Haushalte eine konsistente Unterscheidung bei der Vorsortierung vorgenommen haben.[71]

2.2.4.2 Bewertung

Der Nutzen des Aluminiumrecyclings ist trotz aller Schwierigkeiten und der relativ geringen Jahresmenge außerordentlich sinnvoll, da die Einsparung an Energie bis zu 95% betragen kann. Darüber hinaus wird auch die Umweltbelastung bei der Verwendung von Sekundäraluminium erheblich reduziert. Eine Übersicht über die möglichen Einsparungen, die durch Einschmelzen von einer Tonne Aluminium erzielt werden können, verdeutlicht diesen Sachverhalt:

71 Vgl. Der Rat von Sachverständigen für Umweltfragen: Abfallwirtschaft - Sondergutachten, Metzler-Poeschel Verlag, Stuttgart 1991, S.260.

Rohstoffe und Energie:

- 4 t Bauxit
- 12800 MJ Energie für den Schmelzvorgang
- 14000 kWh Strom für die Elektrolyse
- 660 kg Kohleelektroden
- Abbau und Transport des Gesteins Bauxit

Schadstoffmengen:

- 2,8 t alkalischer Rotschlamm (Deponieraumersparnis)
- 0,8 kg vegetationschädigender Fluorwasserstoff gelangen weniger in die Luft
- nicht genau quantifizierbare Menge an Schwefeldioxid, Kohlenmonoxid und Staub.[72]

Grundsätzlich scheint für diese Wertstoffe ein langfristiger Absatz möglich zu sein. Da es sich jedoch überwiegend um Dosenschrott (Weißblech) handelt und der Zinn- als auch der Aluminiumanteil nur schwer abzutrennen sind, werden diese Metallabfälle als geringwertiger Schrott gehandelt. Je nach Sauberkeit und Trennungsgrad lassen sich zwischen 40,- und 70,- DM pro t erzielen.[73]

2.2.5 Kunststoffverwertung

Eine nahezu unendliche Vielfalt von Kunststoffen findet im Haushalt Verwendung. Ein Großteil dieser Kunststoffe entfällt auf Verpackungsmaterialien, die wegen ihrer kurzen Verweildauer in hohem Maße im Abfall zu finden sind. In geringeren Ausmaßen fallen auch Gebrauchsgegenstände aus Kunststoff an.

Im Gegensatz zu Glas, wo nur drei unterschiedlich gefärbte Glassorten existieren, bestehen die jährlich im Hausabfall befindlichen ca. 1,1 Mio. t Kunststoff aus einem Gemisch unzähliger Sorten, die zudem durch die Verwendung unterschiedlichster Farbpigmente noch erheblich verunreinigt sind.

72 Vgl. HELM, W., u.a.: Der Schatz in der Mülltonne - Ein Leitfaden zum Müll-Vermeiden, Vermindern & Verwerten, Kölner Volksblatt Verlag, Köln 1985, S.85.

73 Vgl. PLÜMER, T., u.a.: Recyclingverfahren im Überblick, in: Plümer, T., u.a. (Hrsg.): Die Verpackungsentsorgung, Verlag TÜV-Rheinland, 1992, Kap 9.1, S.19.

Vereinfachend lassen sich Kunststoffe nach ihrem plastischen Verhalten in

- Thermoplaste
- Duroplaste
- Elastomere

unterscheiden.

Um die Eigenschaft und folglich die Einsatzgebiete der einzelnen Kunststoffarten je nach Anforderung variieren zu können, werden bei der Herstellung den chemischen Grundstoffen unterschiedliche Hilfsstoffe zugesetzt. Diese Beimischung von Hilfsstoffen wird allgemein als Additive bezeichnet.

Tabelle 11. Anwendungsbeispiele von Massenkunststoffen im Haushaltsbereich.[74]

Anwendungsbeispiele	Kunststoffe
Geschirr, Besteck, Küchenmaschinenteile und Gehäuse	PE, PP, PVC, PA, PS, PC
Tischdecken, Verkleidungen	PVC (weich)
Badezimmerausstattung	PVC
Verpackungsfolien	PE
Tragetaschen	PE, PVC
Kaschierfolien für Beutel	PP
Dichte Verbundfolien für Lebensmittel	PE (Aluminium), PETP
Verpackungen	PETP
Schrumpffolien für Verpackungen	PE, PVC
Kochbeutel	PE
Einstellbeutel für Flüssigkeiten (Getränke, Öle, Spül-, Lösemittel)	PVC, PE
Verpackungsdosen, Becher, Obstkörbe, Besteckeinsätze	PVC, PS, PE
Hohlkörper (Großbehälter, Flaschen, Kanister)	PE, PP, PVC

74 Vgl. HÄRDLE, G., u.a.: Recycling von Kunststoffabfällen, in: Müll und Abfall, Heft 27, Berlin 1986, S.12.

Die meisten Anwendungsgebiete erfordern vielseitige, stoffspezifisch aufgebaute Hilfsstoffsysteme. Hierbei sind neben der dauernden Verträglichkeit der einzelnen Bestandteile untereinander und gegenüber den Polymeren auch sicherheitstechnische und toxikologische Auflagen – insbesondere im Bereich der Lebensmittelindustrie – zu beachten.

Die Bundesrepublik Deutschland ist nach den USA und Japan weltweit der drittgrößte Produzent und Verarbeiter von Kunststoffen. 1987 wurden etwa 8,3 Mio. t verschiedenartiger Kunststoffe produziert. Mehr als ein Fünftel davon wird für den Verpackungsbereich eingesetzt.

Entsprechend dem jeweiligen Verwendungszweck lassen sich Kunststoffprodukte nach ihrer Nutzungsdauer differenzieren:

- Gebrauchsdauer der Produkte bis 1 Jahr 20%
- Gebrauchsdauer der Produkte 1 bis 8 Jahre 15%
- Gebrauchsdauer der Produkte 8 bis 50 Jahre 65%

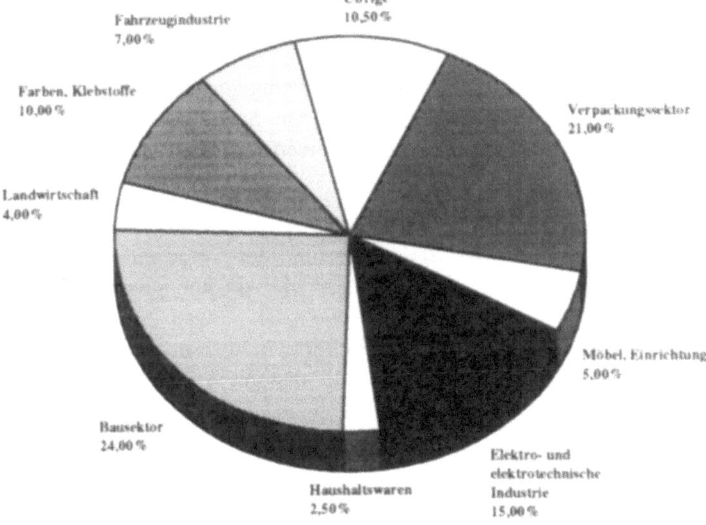

Abbildung 7. Einsatzgebiet von Kunststoffen.[75]

75 Vgl. SCHÖNBORN, H.: Verwertbarkeit von Kunststoffen, in: Technische Universität München (Hrsg.), Konzept zur Gewinnung von Wertstoffen aus Hausmüll, Berichte aus Wassergütewirtschaft und Gesundheitsingenieurwesen, 9. Mülltechnisches Seminar, München 1986, S.287.

Etwa 80% der Kunststofferzeugnisse befinden sich länger als 1 Jahr im Umlauf und nur 20% fallen bereits im Jahr der Herstellung wieder als Abfall an. Die Höhe des Kunststoffverbrauchs und die mittlere Nutzungsdauer sind entscheidend für die Entwicklung des Abfallaufkommens. Im Bausektor werden überwiegend langlebige Kunststofferzeugnisse eingesetzt, während Verpackungen im allgemeinen Produkte mit kurzer Nutzungsdauer sind. Hierdurch werden die Abfallmengen unmittelbar beeinflußt.

Ein beachtlicher Anteil der Kunststoffverpackungen, insbesondere Transportverpackungen, ist für eine längere Nutzungsdauer konzipiert, beispielsweise Fässer, Transportgefäße über 2 Liter, Flaschenkästen etc. sowie einige Verschlüsse und Deckel.

Bei Kunststoffverpackungen für Nahrungsmittel und sonstige Verbrauchsgüter kann allerdings davon ausgangen werden, daß sie ca. ein Jahr nach ihrer Herstellung als Abfall anfallen. Etwa 2,2 Mio. t Kunststoffe pro Jahr fallen zur Entsorgung an, von denen ca. 0,5 Mio. t stofflich verwertet werden.[76]

2.2.5.1 Einsatzmöglichkeiten von Altkunststoffen

Die Getrenntsammlung von Kunststoffen aus Haushaltungen hat trotz vielfacher Bemühungen noch keinen Durchbruch errungen.[77] Die Sammelkosten für Kunststoffe bei verschiedenen Pilotprojekten nach diversen Systemen lagen zwischen 2000,- und 5000,- DM/t.[78]

Die bisher bekannte Verwertung von Kunststoffen erstreckt sich fast ausschließlich auf sortenreine Abfälle, die bei der Herstellung und der Verarbeitung, also in Gewerbe und Industrie anfallen. Aufschluß über die Abbaumöglichkeiten von Kunststoffen veranschaulicht Abbildung 8.
Da die sortenreine Trennung der Kunststoffe im Bereich der Haushalte problematisch ist, werden diese in der Regel verbrannt oder deponiert.

Kunststoffe allgemein können mit Hilfe folgender Verfahren in den Wertstoffkreislauf zurückgeführt werden:

---

76 Vgl. Der Rat von Sachverständigen für Umweltfragen: Abfallwirtschaft – Sondergutachten, Metzler-Poeschel Verlag, Stuttgart 1991, S.261.

77 Vgl. SCHEFFOLD, K.-H.: Erfahrungen mit der Getrenntsammlung von Hausmüll, in: Entsorgungspraxis 4/90, S.137.

78 Vgl. GARBE, E.: Verwertungsgerechte Entsorgung von Kunststoffabfällen, in: Entsorgungspraxis, 10/91, S.622.

- Hydrolyse von Polyurethanschäumen, Polyamiden und verschiedenen Polyestern. Die Hydrolyse ist ein relativ neues und junges Verfahren. In der Bundesrepublik Deutschland befindet sie sich derzeitig noch im Entwicklungsstadium.

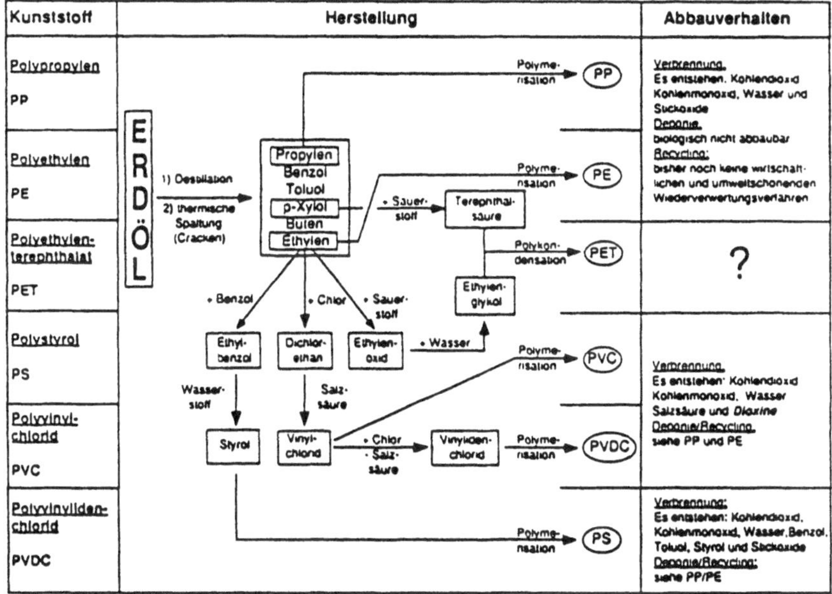

Abbildung 8: Abbaumöglichkeiten von Kunststoffen.[79]

Nur Forschungsanlagen sind in Betrieb. Das Problem bei der Hydrolyse sind die Ausgangsprodukte, die sortenrein und ohne Verschmutzung vorliegen müssen. Endprodukte der Hydrolyse, die durch Wasserdampf, hohen Druck und Temperatur auf die Struktur der Kunststoffe einwirkt, sind die für die Herstellung obiger Kunststoffe notwendigen Rohstoffe. Diese können dementsprechend wieder eingesetzt werden.

79 Vgl. AGNER, H., u.a.: Kommt gar nicht in die Tüte - Lebensmittelverpackungen und Müllvermeidung, Katalyse e.V. (Hrsg.), Verlag Kiepenheuer & Witsch, Köln 1991, S.141.

- Einschmelzen von Thermoplasten (sortenreines PE, PP, PVC, PS), die bei höheren Temperaturen (ca. 180 Grad) erweichen und plastisch verformbar werden. Ihre chemische Struktur verändert sich bei diesen Verfahren nur unwesentlich. Die erweichten Thermoplaste werden direkt zu Neukunststoffen gepreßt, oder zu einem Granulat verarbeitet, das bei der Kunststoffherstellung verwendet werden kann.
- Wirbelschichtpyrolyse von Kunststoff, wobei wiederverwertbares Pyrolyseöl und -gas entsteht. Die Rückstände, die als Ruß- und Feststoffe anfallen, müssen auf Sondermülldeponien entsorgt werden, da sie mit Füllstoffen und Schwermetallen belastet sein können. Die Menge der gewinnbaren und zu deponierenden Stoffe hängt stark davon ab, welche Kunststoffqualität eingesetzt wurde. Eine abschließende Beurteilung der Kunststoffpyrolyse in Bezug auf Zusammensetzung der Pyrolyseprodukte, Umweltverträglichkeit und Kosten ist noch nicht möglich, da die erste Pilotanlage in Ebenhausen erst seit kurzer Zeit betrieben wird.
- Mahlen von Duroplasten zu einem rieselfähigen Material. Dieses kann bei der Neuproduktion untergemischt werden. Es dient in erster Linie als Füllmittel, z.B. bei der Produktion von leichtschleiffähigen Kunststoffspachtelmassen auf Polyesterbasis.[80]

Die oben genannten Verfahren befinden sich mehr oder weniger noch in einer Erprobungsphase. Als Problem tritt die Notwendigkeit des Vorliegens sortenreiner Kunststoffe auf, d.h. die großen Mengen an vermischten, oft verunreinigten Haushaltskunststoffen sind erst nach einer aufwendigen Sortierung und Reinigung nutzbar. Da technische Einrichtungen für die automatische Sortierung noch nicht ausgereift sind, ist man auf die Vorsortierung in den Haushalten angewiesen. Hier tritt allerdings – ähnlich wie bei den Metallen und Aluminium – das Problem auf, daß die Haushalte mit einer sortenreinen Kunststoffsortierung überfordert sind.

2.2.5.2 Bewertung

Anhaltspunkte für den Markterlös von Kunststoffabfällen lassen sich derzeit nur aus dem gewerblichen Bereich ermitteln. Bei Kunststoffen aus dem Hausmüll ist davon auszugehen, daß die aufwendigen Sortier- und Aufbereitungsverfahren – zumindest zum heutigen Zeitpunkt – eine wirtschaftliche Nutzung des Kunststoffrecyclings unmöglich erscheinen lassen.

80 Vgl. MULTHAUP, R., u.a.: Entsorgungslogistik, Verlag TÜV-Rheinland 1990, S.86.

Als problematisch gestaltet sich zudem noch der Absatz von Produkten aus Sekundärkunststoffen. Bereits heute ist abzusehen, daß im Bereich der billigen Massenware aus Recyclingkunststoff nur geringe Innovationschancen liegen dürften. Dieser Bereich erlaubt weder eine kostendeckende Preisgestaltung, noch eine langfristige Marktausschöpfung. Mit Massenprodukten wie Schalen, Topfuntersetzern, Blumenkästen, Kübeln etc. wird das Kunststoffverwertungspotential der Zukunft nicht ausreichend genutzt. Hier muß eine verstärkte Grundlagenforschung betrieben werden, um zukunftsträchtige Produktionsbereiche aufdecken zu können.

2.2.6 Bioabfallkompostierung

Getrennt gesammelte Küchen- und Gartenabfälle werden in der Regel als Bioabfälle bezeichnet. Die Sammlung erfolgt im Holsystem über ein zusätzlich bereitgestelltes Müllgefäß, die Biotonne oder auch Komposttonne. Ausgangsstoffe, die so gesammelt worden sind:[81]

- Abfälle der Essensaufbereitung, z.B. Obst- und Gemüsereste, Eierschalen, Kaffee- und auch Teefilter,
- Abfälle aus dem Gartenbereich, z.B. Rasenschnitt, Laub, Baum-und Strauchschnitt oder auch Abdeckmaterial,
- sonstige organische Haushaltsabfälle, wie verwelkte Blumen, Topfpflanzen oder Haare,
- Schmutzpapiere, z.B. Papierservietten und Taschentücher, Haushaltspapier, Lebensmittelpackpapier,
- alle diejenigen Stoffe, die der Papierfraktion zugerechnet werden können.[82]

Problematisch ist die Erfassung von Fleisch- und gekochten Essenresten. Hier sind als negative Begleiterscheinungen

- eine unangenehme Geruchsentwicklung,[83]
- ein verstärktes Ungezieferaufkommen, speziell Ratten, Katzen, Fliegen, und

---

81 Vgl. ALSDORF, R.: Die getrennte Sammlung von wiederverwertbaren Abfällen und Schadstoffen mit den Systemen "Grüne Tonne", "Bio-Tonne", "Mobile Schadstoffsammlung", in: Schmidt-Tegge, J., u.a.: Kommunale und private Abfallbeseitigung, Expert-Verlag, Sindelfingen 1987, S.35.

82 Vgl. THOMÉ-KOZMIENSKY, K.-J., u.a.: Duale Abfallwirtschaft, in: Duale Abfallwirtschaft und Kompostierung von Bioabfällen, EF-Verlag, Berlin 1992, S.228.

83 Vgl. SCHÖN, M.: Zu Problemen bei der Kompostierung von Bio- und Grünabfällen, in: Abfallwirtschaftsjournal 4/92, Nr.7, S.580.

- ein Ansteigen der Salzgehalte im Kompost, wodurch dessen Vermarktung gefährdet sein könnte,

zu nennen. Als Empfehlung für die Stoffauswahl kann die nachfolgende Tabelle eine Übersicht geben.

Tabelle 12. Auflistung kompostierbarer Stoffe.[84]

kompostierbar	bedingt kompostierbar	nicht kompostierbar
Obst-und Gemüseabfälle Kartoffelschalen Tee- und Kaffeesatz (einschl. Filterpapier) Küchentücher Zeitungspapier als Zwischen-lage Garten- und Blumenabfälle Haustierstreu Eierschalen Haare	Speisereste Fleisch und Fisch Knochen und Gräten Milchprodukte Mehlprodukte Saucen, Mayonaise, Ketchup Altpapier	Kunststoff- und Alufolien sowie Verbundverpackungen behandelte Holzreste Asche Wegwerfwindeln

Unter Kompost aus Siedlungsabfällen wurden bisher Müll- und Klärschlammkomposte geführt. Seit geraumer Zeit werden allerdings – speziell im kommunalen Bereich – organische Abfälle wie Klärschlämme, Laub, Grasschnitt, Friedhofsabfälle und Gehölzschnitt mit dem Ziel kompostiert, insbesondere pflanzliche Reststoffe aus dem Abfallstrom herauszufiltern. Hierdurch sollen einerseits die natürlichen Ressourcen geschont und andererseits Deponien und Abfallverbrennungsanlagen entlastet werden. Ein weiteres Ziel liegt in der Erzeugung einsatzfähiger Produkte, die in Hinblick auf den Preis und die Qualität mit bereits am Markt bestehenden Produkten konkurrieren können.[85] Abbildung 9 zeigt schematisch den Transferprozeß des Biomülls in der Kompostierung.

Die Kompostierung, die als eine sehr umweltfreundliche und insbesondere auch natürliche Methode der Abfallverwertung gilt, hat als integrierter Bestandteil der

---

84 Vgl. GALLENKEMPER, B., u.a.: Getrennte Sammlung von Wertstoffen des Hausmülls – Planungshilfe zur Bewertung und Anwendung von Systemen der getrennten Sammlung, Erich-Schmidt Verlag, Berlin 1988, S.179.

85 In Anlehnung an Technische Universität München (Hrsg.), Konzept zur Gewinnung von Wertstoffen aus Hausmüll, Berichte aus Wassergütewirtschaft und Gesundheitsingenieurwesen, 9. Mülltechnisches Seminar, München 1986.

Abfallwirtschaft erst in den letzten Jahren an Bedeutung gewonnen. Gleichwohl gehört das Verfahren der Kompostierung, wie die Verbrennung und Deponierung auch, zu den klassischen Verfahren der Abfallbehandlung.

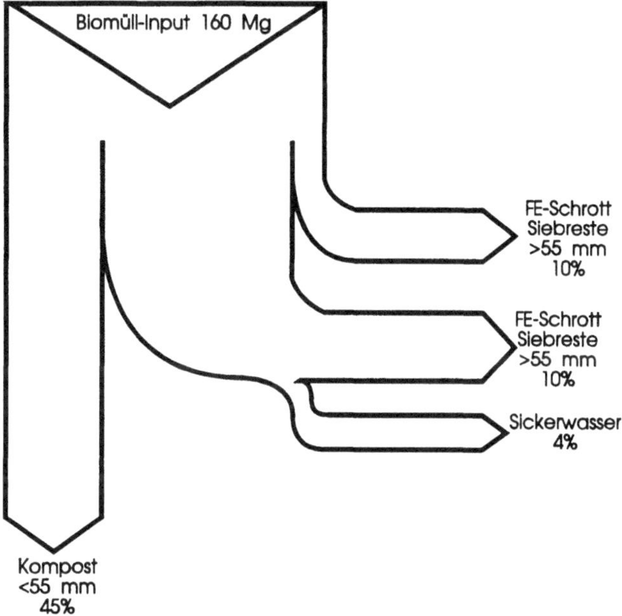

Abbildung 9. Vereinfachtes Schema der Kompostierung von Vegetabilien.[86]

Obwohl organische Küchen- und Gartenabfälle - mit einem Anteil von ca. 25 - 50% am häuslichen Abfall - die Hauptfraktion darstellen, wurden in der Vergangenheit lediglich 3% des Hausmülls, überwiegend über den Weg der Gesamtmüllkompostierung, verwertet.[87] Mit zunehmender Wertstoffabschöpfung aus dem Hausmüll wird die organische, kompostierbare Fraktion jedoch prozentual immer größer. Die Kompostierung als Abfallwirtschaftsmethode gewinnt zunehmend an Bedeutung.

86 Vgl. Lahl, U.: Möglichkeiten und Grenzen der Erfassung von Biomüll, in: Entsorgungspraxis 6/91, S.293.

87 Vgl. Thomé-Kozmiensky, K.-J., u.a.: Duale Abfallwirtschaft, in: Duale Abfallwirtschaft und Kompostierung von Bioabfällen, EF-Verlag, Berlin 1992, S.226.

Die Nutzung häuslicher, organischer Abfallstoffe läßt sich prinzipiell über drei unterschiedliche Wege realisieren. Alle drei "Entsorgungsalternativen" verfolgen den Zweck, die organischen Abfallstoffe wieder dem natürlichen Kreislauf zuführen zu können.

Als Variante 1 kann die sogenannte Eigenkompostierung der organischen Abfallstoffe im unmittelbaren Wohnumfeld angesprochen werden. Hierbei wird schon bei der Abfallentstehung eine Vorsortierung des organischen Mülls vorgenommen. Der so getrennt gesammelte organische Abfall wird in einen Komposter gegeben, wo er sich nach einer gewissen Zeit zu Kompost zersetzt. Dieser Kompost wird als Düngemittel erneut bei dem Anbau von Obst und Gemüse im eigenen Garten verwendet, wodurch der Kreislauf des organischen Abfalls geschlossen wird.[88] Als Variante 2 kann die Entsorgungsalternative aufgezeigt werden, bei der die Eigenkompostierung nicht möglich ist.

Der getrennt gesammelte organische Müll wird über eine "Biotonne" oder auch "Grüne Tonne" einer zentralen Kompostierungsanlage zugeführt. Hier wird der organische Müll zu Kompost umgewandelt. Über den Einsatz in der Landwirtschaft wird auch hier der natürliche Kreislauf mit der Nahrungsaufnahme von Obst, Gemüse und Getreide geschlossen.

Die dritte Nutzungsmöglichkeit der organischen Hausmüllfraktion läßt sich folgendermaßen umschreiben. Der Mischmüll wird über die Müllabfuhr einem Müllkompostwerk zugeführt. Hier findet eine Aufbereitung statt. Als Endprodukte fallen auf der einen Seite Kompost und auf der anderen Seite Reststoffe an. Die Reststoffe werden auf einer geordneten Deponie gelagert, wohingegen der Kompost weiterverarbeitet wird. Hier ist streng darauf zu achten, daß die gesetzlichen Schadstoffgrenzwerte nicht überschritten werden.[89] Entspricht der so gewonnene Kompost den gesetzlichen Mindestbestimmungen, kann er weiterverwendet werden und schließt somit in gewohnter Weise den natürlichen Kreislauf. Da die Qualitätsanforderungen an den Kompost in den letzten Jahren stark angestiegen sind, findet heutzutage faktisch nur noch eine Behandlung der sortenreinen Organikabfälle statt. Eine zentrale Kompostierung des gemischten Hausmülls kann die geforderten Kompostqualitäten nicht erreichen.

---

88 Vgl. SCHMIDT-TEGGE, J.; u.a.: Kommunale und private Abfallbeseitigung, Expert-Verlag, Sindelfingen 1987, S.36.

89 Vgl. WIEGEL, U.: Aspekte der Eigenkompostierung; in: Fachtagung der Fachhochschule Münster - Labor für Siedlungswasserwirtschaft unter Leitung von Gallenkemper, B.; u.a., Münster 3/91, S.211.

Sowohl die Bioabfallsammlung, wie auch die Eigenkompostierung zielen auf dieselben Abfallfraktionen ab. Dies legt den Schluß nahe, beide Entsorgungsmethoden in einem Arbeitsgang zu behandeln. Allerdings ist auch eine Kombination der Eigenkompostierung mit der Bioabfallsammlung von großem Interesse, weil:

1. sich erhebliche Reduktionspotentiale mit einfacher Verwertung verbinden,
2. kein bzw. wenig externer Transport- und Sammelaufwand notwendig ist,[90]
3. der Aufwand der Kompostvermarktung reduziert werden kann.

2.2.6.1 Systeme zur Erfassung von Bio- und Gartenabfällen aus Haushaltungen

Die seit mehreren Jahren verstärkt diskutierte Einführung von Maßnahmen zur Erfassung schadstoffarmer Kompostrohstoffe führte in den alten Bundesländern der Bundesrepublik Deutschland zu einer relativ großen Anzahl an Versuchsprojekten. Insgesamt wurden bislang 71 Versuche zur getrennten Sammlung von Bioabfällen durchgeführt. Der Stand der Projekte läßt sich anschaulich anhand der Tabelle 12 für das Jahr 1988 darstellen. Demnach lassen sich die Gesamtprojekte nach Tabelle 13 einteilen. Die hierbei erfaßten Bioabfallmengen belaufen sich derzeit auf durchschnittlich 88 kg/E/a, was einer Abfallreduktion von ca. 30% entspricht.[91]

Tabelle 13. Bioabfallprojekte.[92]

endgültig beendete Projekte	8
vorläufig beendete Projekte	4
andauernde Projekte	43
geplante Projekte	16
Summe	71

90 Vgl. GALLENKEMPER, B., u.a.: Vergleichende Untersuchungen zum Einsatz verschiedener logistischer Systeme bei der getrennten Erfassung kompostierbarer Stoffe, in: Entsorgungspraxis 10/91, S.618.

91 Vgl. Der Rat von Sachverständigen für Umweltfragen: Abfallwirtschaft – Sondergutachten, Metzler-Poeschel Verlag, Stuttgart 1991, S.340.

92 In Anlehnung an SELLE, M.; u.a.: Die Biomüllsammlung und -kompostierung in der Bundesrepuplik Deutschland; in: Schriftenreihe des Arbeitskreises für die Nutzbarmachung von Siedlungsabfällen, Heft Nr. 13, Wiesbaden 1988.

Über den Stand der Bioabfallkompostierung in den alten Bundesländern gibt Tabelle 14 Aufschluß:

Tabelle 14. Stand und Perspektiven der Bioabfallkompostierung in den alten Bundesländern.[93]

	Stand			Entwicklung
Bundesland	Angeschl. Einwohner	Angeschl. Quote (%)	Planung Anzahl EW	Anschl. Quote
Hessen	460.200	8,3	5.570.000	100
Schleswig-Holstein	205.500	2,8	2.482.000	34
NRW	921.400	5,5	6.947.200	40
Rheinland-Pfalz	233.600	6,2	1.801.000	48
Baden-Württemberg	322.400	3,3	4.417.700	45
Bayern	444.300	4	4.551.500	40
Saarland			200.000	
Berlin	32.000	1,5	32.000	2
Hamburg	11.500	0,7	1.100.000	70
Bremen	35.000	5,3	130.000	20
BRD (alte Länder)	2.747.500	4,5	28.156.900	46

Die Systeme der Gartenabfallerfassung sind im folgenden zusammengestellt:

- Erfassung von Gartenabfälle über Container im sogenannten Bringsystem. Die Aufstellung der Container erfolgt an zentralen Plätzen (mobil oder stationär) sowie an Annahmestellen bzw. Recyclinghöfen. In der Regel befindet sich hier Aufsichtspersonal, das die "sortenreine" Erfassung überwacht.
- Erfassung durch systemlose Sammlung (Holsystem). Hier werden die Gartenabfälle entsprechend den Abfuhrterminen gebündelt am Strassenrand bereitgestellt.

93 Vgl. SCHNORR, K.-E.: Bioabfallkompostierung als Entsorgungsmethode, in: Abfallwirtschaftsjournal 4/92, Nr.7, S.569.

- Erfassung der Gartenabfälle über eine Sackabfuhr
- Kombinierte Erfassungssysteme. Dies kann z.B. derart erfolgen, daß eine systemlose Erfassung in Kombination mit dem Bringsystem (Container) zum Einsatz kommt. Die Abfälle werden an wohnungsnahen zentralen Sammelstellen in Umleerbehältern erfaßt.[94]

Zur Erfassung von Bioabfällen ist die "Biotonne" das wohl bekannteste und weitverbreiteste System. Eingesetzt werden hier genormte Müllgroßbehälter (MGB 120/240/0,66/1,1), die durch braune oder grüne Behälterfarbe bzw. großflächige Aufkleber vom grauen Restmüllbehälter differenziert sind. Spezial-Biotonneneinsätze vermeiden durch verbesserten Luftzutritt anaerobe Prozesse mit Geruchsentwicklung in der Biotonne und führen durch Rotteverluste bereits nach einer Woche zu Gewichtsabnahmen von bis zu 25%.

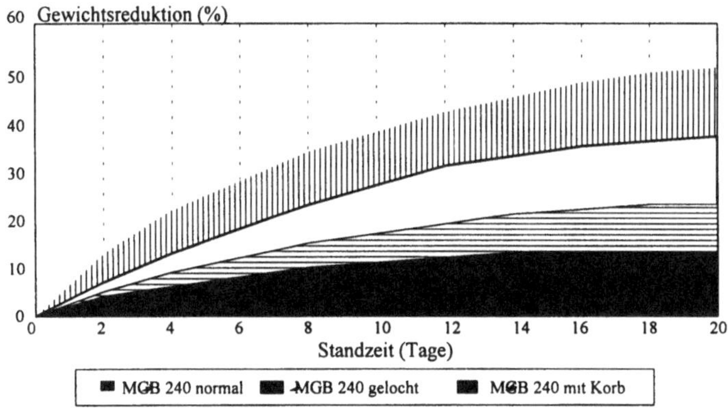

Abbildung 10. Prozentuale Gewichtsreduktion des Restmülls in drei Behältertypen.[95]

Neben dem alleinigen Einsatz eines zusätzlichen Behälters oder eines geteilten Behälters (MEKAM-Behälter), bieten sich hier unterschiedliche Ergänzungs- und Kombinationsmöglichkeiten an:

---

94 Vgl. GALLENKEMPER, B.; u.a.: Vergleichende Untersuchung zum Einsatz verschiedener logistischer Systeme bei der getrennten Erfassung kompostierbarer Stoffe, in: Entsorgungspraxis 10/91, S.618.

95 Vgl. GALLENKEMPER, B.; u.a.: Getrennte Sammlung von Wertstoffen des Hausmülls – Planungshilfe zur Bewertung und Anwendung von Systemen der getrennten Sammlung, Erich-Schmidt Verlag, Berlin 1988, S.177.

- Biotonne + Sack: Hierdurch sollen die jahreszeitlich bedingten Schwankungen des Bioabfalls durch zusätzliche Säcke aus Papier aufgefangen werden.[96]
- Biotonne + systemlose Sammlung: Durch die Organisation zusätzlicher Straßensammlungen sollen speziell sperrige Abfälle aus dem Garten fachgerecht entsorgt werden können.

Als die wohl wichtigsten Einflußfaktoren auf die Bioabfallmengenerfassung sind die Gebietsstruktur und das Behältersystem zu nennen.

Tabelle 15. Erfaßbare Garten- und Bioabfallmengen bei dem Einsatz verschiedener Erfassungssysteme.[97]

Erfassungssystem	Bio- / Gartenabfall (kg/(E*a))
Gartenabfall:	
Bringsystem (Container)	5 - 30
systemlose Sammlung (Holsystem)	
- 2 - 6/a	2 - 10
- 14 - tägig	20
Sackabfuhr	30 - 60
Systemlos + Bringsystem	
gedehntes Holsystem (Radevormwald)	ca. 31
Bioabfall:	
Biotonne	50 - 150
Biotonne + Sack	91 - 105
BRD-Durchschnitt über Ergebnisse mit der Biotonne	88

Die Kosten für die Behälter sollen nicht auf die angeschlossenen Einwohner umgerechnet werden. Dies ist in soweit sinnvoll, da gerade der Anteil der Gartenabfälle auf das Behältervolumen einen großen Einfluß hat. Die Behälterkosten je t Bioabfall sind hauptsächlich vom Füllgrad abhängig.

96 Vgl. DOEDENS, H.; u.a.: Verwertungspotentiale, Mengenbilanzen und Auswirkungen der getrennten Sammlung auf thermische Verwertung und Deponierung, in: Stoffliche Verwertung – getrennte Sammlung – Vermarktung – Bioabfall. Berichte aus der Fachhochschule Münster, Eigenverlag, Münster 1989.

97 Vgl. GALLENKEMPER, B.; u.a.: Systeme zur Bioabfallerfassung, in: Fachtagung der Fachhochschule Münster – Labor für Siedlungswasserwirtschaft unter Leitung von Gallenkemper, B., u.a., Münster 3/92, S.225.

Tabelle 16. Behälterkosten der Biotonne je t Bioabfall bei unterschiedlichem Raumgewicht der Bioabfälle.[98]

Behältersystem		MGB 120	MGB 240	MGB 0,66	MGB 1,1
Jahreskosten je Behälter	DM/B a	16,07	19,28	107,10	143,50
je t Bioabfall bei Raumgewicht:		26 Entleerungen je Jahr *			
100 kg/m³	DM/t	51,50	30,90	62,40	50,17
150 kg/m³	DM/t	34,33	20,60	41,60	33,45
200 kg/m³	DM/t	25,75	15,45	31,20	25,08

* bei 52 Abfuhren und gleichem Raumgewicht Halbierung der Behälterkosten in DM/t.

Die Abfuhrorganisation läßt sich auf verschiedene Art und Weise praktizieren. Als integrierte Abfuhr wird der Bioabfall wöchentlich mit der "normalen Restmüllentsorgung" gesammelt. Als Sammelfahrzeug dient ein Zweikammer-Fahrzeug, wodurch der getrennten Sammlung von Biomüll und Restmüll Rechnung getragen wird.[99]

Bei der teilintegrierten Abfuhrorganisation ist ein alternierender, wöchentlicher Wechsel zwischen Restmüll- und Biomüllabfuhr anzustreben. Die additive Abfuhr von Biomüll sieht vor, daß wöchentlich oder auch 14-tägig eine Biotonnen-Abfuhr organisiert wird. Diese findet allerdings zusätzlich zu der wöchentlichen Restmüllabfuhr statt.

Aus Kostengründen ist eine integrierte oder teilintegrierte Abfuhrorganisation anzustreben. Aus hygienischen Gründen sollte das Abfuhrintervall einen Zeitraum von 14 Tagen nicht überschreiten.

98 Vgl. GALLENKEMPER, B.; u.a.: Getrennte Sammlung von Wertstoffen des Hausmülls – Planungshilfe zur Bewertung und Anwendung von Systemen der getrennten Sammlung, Erich-Schmidt Verlag, Berlin 1988, S.178.

99 Vgl. THOMÉ-KOZMIENSKY, K.-J.; u.a.: Duale Abfallwirtschaft, in: Duale Abfallwirtschaft und Kompostierung von Bioabfällen, EF-Verlag, Berlin 1992, S.253.

In bisherigen Biotonnen-Versuchen wurden folgende Teilnehmerquoten ermittelt:

- Witzenhausen 70%
- Rösrath 70%
- Landkreis Uelzen 40 - 60%
- Göttingen 85 - 100%
- Dürkheim 84%[100]

2.2.6.2 Standortspezifische Rahmenbedingungen der Eigenkompostierung

Ob eine Eigenkompostierung durchgeführt wird, bzw. mit welcher Intensität sie betrieben wird, ist von einer Reihe von Einzelfaktoren abhängig. Diese Faktoren sind nicht isoliert zu betrachten, sondern es existieren eine Menge von Beziehungen und Verbindungen untereinander.

Als Einzelfaktoren können in diesem System

- die lokale Struktur,
- die Organisation der Hausmüllentsorgung,
- die Technik,
- die Motivation und
- der Kenntnisstand[101]

aufgeführt werden.

Die lokale Struktur hat einen wesentlichen Einfluß auf die Eigenkompostierung. Durch die Größe und Struktur des Gartens werden die Menge, die Art und z.T. auch die Qualität der anfallenden Gartenabfälle definiert. Durch den Bedarf an Bodenverbesserungs- und Düngemitteln wird die Anwendungsmöglichkeit für Kompost festgelegt. Speziell in kleineren Gärten können das Flächenangebot oder auch die technisch notwendige Stellfläche für den Kompost zu kritischen Größen der Eigenkompostierung werden.

100 Vgl. GALLENKEMPER, B.; u.a.: Getrennte Sammlung von Wertstoffen des Hausmülls – Planungshilfe zur Bewertung und Anwendung von Systemen der getrennten Sammlung, Erich-Schmidt Verlag, Berlin 1988, S.186.

101 Vgl. WIEGEL, U.: Aspekte zur Eigenkompostierung, in: Fachtagung der Fachhochschule Münster - Labor für Siedlungswasserwirtschaft unter Leitung von Gallenkemper, B.; u.a. Münster 3/91, S.212 ff.

Einen weiteren, nicht zu unterschätzenden Einfluß auf die Eigenkompostierung kann die Organisation und Struktur der Hausmüllentsorgung ausüben. So kann z.B. die Einführung einer Biotonne oder auch die Organisation von Containersammlungen für Grünabfälle, die Aktivitäten im Bereich der Eigenkompostierung dämpfen. Die Entsorgungsart, -struktur und auch -flexibilität der Hausmüllentsorgung kann sich somit relevant auf den Bereich der Eigenkompostierung auswirken.

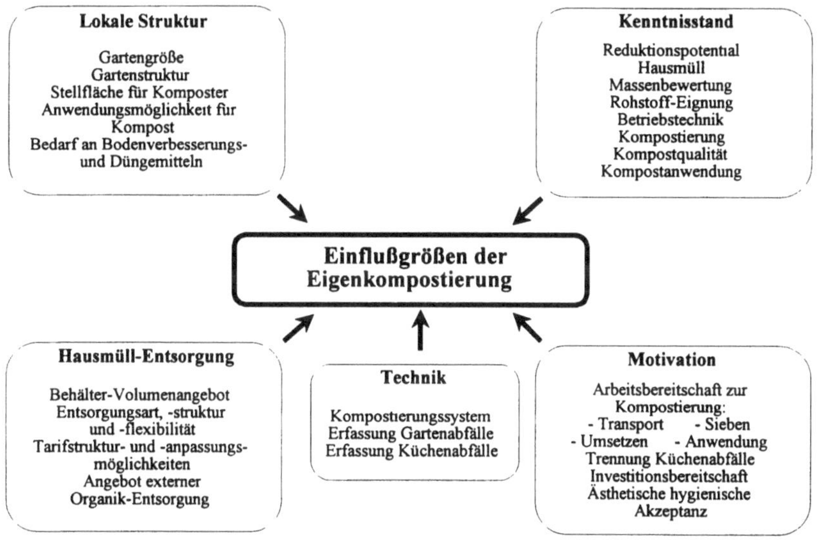

Abbildung 11. Einflußgrößen der Eigenkompostierung.[102]

Auch der technische Aspekt der Eigenkompostierung kann eine Einflußgröße darstellen. Das angewandte Kompostierungssystem beeinflußt den Rottefortschritt, den Arbeitsaufwand sowie auch die ästhetische Akzeptanz der Eigenkompostierung. Leichte Bedienbarkeit, Rottebeschleunigung und Ausgrenzung negativer Begleiterscheinungen, wie z.B. Ratten- und Ungezieferbefall, sind in erster Linie zu fordern. Dies trifft besonders für den innerstädtischen Bereich zu, zumal hier der Anteil der Küchenabfälle größer als der Anteil der Gartenabfälle ist.

102 Vgl. WIEGEL, U.: Aspekte zur Eigenkompostierung, in: Fachtagung der Fachhochschule Münster - Labor für Siedlungswasserwirtschft unter Leitung von Gallenkemper, B.; u.a., Münster 3/91, S.212.

Ferner sind im technischen Bereich die Durchführung der Siebung als zeitintensiver Arbeitsschritt sowie die Einrichtungen zur separaten Erfassung von organischen Küchenabfällen im Haushalt durchzuführen. Dies ist vor allem in räumlich eng begrenzten Küchen häufig problematisch.

Über die Kenntis der wichtigsten Randaspekte und Begleiterscheinungen der Eigenkompostierung wird maßgeblich die Motivation und Bereitschaft zur Teilnahme bestimmt. Abfallwirtschaftlich bedeutsam ist die Wertung des hausmüllspezifischen Reduktionspotentials durch Kompostierung organischer Abfälle sowie die Massenbewertung einzelner organischer Abfallstoffe.

Zudem muß ein gewisser Kenntnisstand über die Rohstoff-Eignung bestehen. Dies ist für hohe Erfassungsquoten bei gleichzeitiger Schadstoffarmut unbedingt notwendig. Zu wissen, wie die Kompostierung betriebstechnisch abgewickelt wird, reduziert das Risiko einer Fehlentwicklung. Notwendige Maßnahmen bei der Kompostierung von Küchenabfällen, der Vormischung der Rohstoffe und zum Ausschluß negativer Begleiterscheinungen müssen bekannt sein. Weiterhin muß Kenntnis über die Qualität des eigenerzeugten Kompostes vorhanden sein, damit speziell eine Überdüngung bei der Anwendung ausgeschlossen werden kann.

Konsequent durchgeführte Eigenkompostierung impliziert Arbeitsbereitschaft für die erforderlichen Maßnahmen, von denen das Umsetzen und die Siebung die zeitaufwendigsten darstellen. Während Gartenabfälle in der Regel im unmittelbaren Umfeld der Kompoststelle anfallen und demzufolge höchst unwahrscheinlich in die Hausmülltonne gelangen, erfordert die sorgfältige und vollständige Trennung der Küchenabfälle erhöhte Aufmerksamkeit.

Ferner ist die Einrichtung einer "kompletten" Kompoststelle mit einem gewissen Grad an Investitionsbereitschaft verbunden. Gerätschaften wie Komposter, Sieb und auch Grabgeräte sind anzuschaffen. Im Innenstadtbereich erhöhen sich diese Investitionskosten noch, da die technischen Anforderungen dort höher sind.

Selbst wenn die übrigen Rahmenbedingungen es zulassen, kann die Eigenkompostierung an fehlender ästhetischer und hygienischer Akzeptanz scheitern. Speziell organische Küchenabfälle heben sich im äußeren Erscheinungsbild deutlich von anderen recyclingfähigen Abfallstoffen ab. Zudem sind sie in der Küche nur begrenzt "lagerfähig", können bei offener Kompostierung Ratten und Vögel anlokken und beeinträchtigen als oberste Lage einer offenen Kompoststelle häufig das Gesamterscheinungsbild eines "gepflegten Gartens".

2.2.6.3 Einsatzmöglichkeiten der Eigenkompostierung

Über den Einsatz der Eigenkompostierung in gartenreichen Gebieten liegen verschiedene Resultate mit außerordentlich großen Spannweiten vor. Zur Abschätzung des Bestandes an kompostierenden Haushalten können die Ergebnisse eines Projektes im Landkreis Bad Segeberg herangezogen werden.[103] Hier wurde erstmalig eine landkreisweite Vollerhebung über den Zustand der Eigenkompostierung durchgeführt. Von 56.649 Haushalten des Kreises wurden insgesamt 35.064 Haushalte, die einen eigenen Garten besitzen, in die Erhebung integriert. Abbildung 12 zeigt den Anteil der gartenbesitzenden und kompostierenden Haushalte, bezogen auf die gartenbesitzenden Haushalte sowie die Gesamt-Haushaltszahl auf.

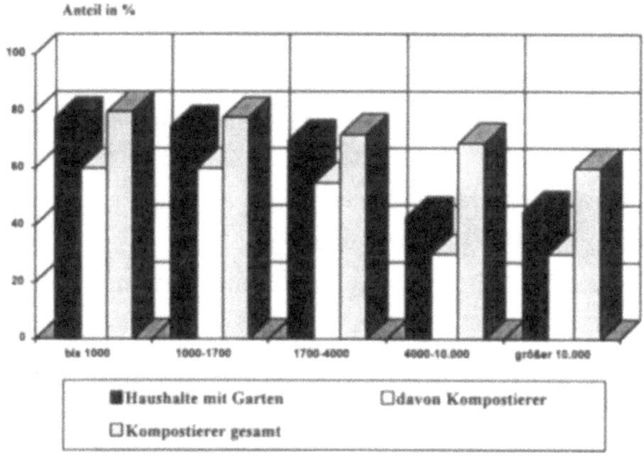

Abbildung 12. Siedlungsbereiche nach Einwohnerzahl.[104]

Die Darstellung ist gegliedert nach Einwohnerzahlen der Siedlungsbereiche. Die Palette umfaßt sowohl kleine Dörfer (unter 1000 Einwohner) als auch Kleinstädte (> 10000 Einwohner). Es ist erkennbar, daß der Anteil der kompostierenden Haushalte sinkt, je größer die Siedlungsstrukturen werden. Dies kann unter ande-

103 In Anlehnung an MIGGE, M.: Abschlußbericht zum Projekt der Förderung der privaten Kleinkompostierung im Kreis Segeberg; Wegezweckverband Kreis Segeberg, 1989.

104 Vgl. WIEGEL, U.: Aspekte zur Eigenkompostierung, in: Fachtagung der Fachhochschule Münster – Labor für Siedlungswasserwirtschft unter Leitung von Gallenkemper, B.; u.a., Münster 3/91, S.215.

rem darauf zurückgeführt werden, daß der Gartenbestand mit wachsender Einwohnerzahl in den Städten abnimmt. Im Landkreis München wurde im Jahre 1990 ein ähnliches Forschungsprojekt durchgeführt, das die zuvor herausgefundenen Ergebnisse untermauert.

2.2.6.4 Anwendungsgebiete für Komposte

Kompost gilt in erster Linie als Lieferant von organischer Masse und enthält neben den Pflanzennährstoffen alle essentiellen Spurennährstoffe und Schwermetalle.[105] Insbesondere ist die organische Substanz zur Erhaltung der Bodenfruchtbarkeit unbedingt erforderlich. Kompost bringt mit seinem hohen Anteil an organischer Masse:

1. aktiveres Bakterienleben in den Boden,
2. sorgt für eine bessere Durchlüftung des Bodens,
3. schafft die Voraussetzungen für eine intensive Ausnützung der Mineraldüngung,
4. zeichnet sich durch gute Streufähigkeit aus,
5. erfordert nur niedrige Ausbringungskosten und
6. ist in seinem Wert mit Stallmist und anderen Bodenverbesserungsmittel vergleichbar.[106]

Aufgrund der umfassenden Eigenschaften des Kompostes ist auch das Anwendungsgebiet von Kompost sehr weit gefächert.

2.2.6.4.1 Landwirtschaft

Es wird weithin angenommen, daß die Landwirtschaft der Hauptabnehmer für Komposte ist. Hier wurde jedoch trotz vielseitiger Bemühungen bislang wenig Interesse gezeigt. Hauptursachen hierfür sind z.B. eine mangelnde Aufklärung über die Einsatzmöglichkeiten sowie auch der oftmals preisgünstigere Dünger aus der Massentierhaltung.[107] Da die Gründe für die Abneigung der Landwirtschaft gegen

---

105 Vgl. KEHRES, B.: Garantierte Qualität für Komposte, in: Entsorga-Magazin 7/8.92, S.15.

106 Vgl. EERNST, A.-A.: Absatzmöglichkeiten von Kompost aus Siedlungsabfällen; in: Technische Universität München (Hrsg.), Konzept zur Gewinnung von Wertstoffen aus Hausmüll, Bericht aus Wassergütewirtschaft und Gesundheitsingenieurwesen, 9. Mülltechnisches Seminar, München 1986, S.263.

107 Vgl. TABARASAN, O.: Abfallbeseitigung und Abfallwirtschaft, VDI-Verlag, Düsseldorf 1982, S.169.

Kompost aus Siedlungsabfällen bekannt sind, kann es nur das erklärte Ziel der Abfallwirtschaft sein,

1) eine fundierte Öffentlichkeitsarbeit und
2) ein einfaches, optisch einwandfreies, aufbereitetes, kostengünstiges Produkt mit hohen Anteilen an organischer Substanz und geringen Anteilen an Schwermetallen zu schaffen. Dieser Kompost muß in seiner Qualität mit den preisgünstigen Düngern aus der Massentierhaltung konkurrieren können.

2.2.6.4.2 Weinbau

Der Bereich des Weinbaus stellt den derzeitig größten Kompostanwender dar. Neben der laufenden Humusversorgung gewinnt die Anwendung von Kompost im Weinbau größte Bedeutung als Erosionsschutz in Steillagen. Um die Risiken für Boden und Pflanzen möglichst gering zu halten, sollen nach den Richtlinien des Deutschen Weinbauverbandes vorwiegend Komposte mit abgschlossener Rotte verwendet werden.[108]

2.2.6.4.3 Gartenbau

Der Gartenbau kann mit Recht als die intensivste Form des Landbaus dargestellt werden. Hier haben sich im Laufe der Zeit folgende Fachrichtungen differenziert:

- Zierpflanzenbau
- Gemüse- und Obstbau
- Pflanzenzüchtung und Samenbau
- Garten- und Landschaftsbau
- Baumschulen und Friedhofsgartenbau.[109]

Ziergartenbau

Hier ist der Humusbedarf durch intensivste Nutzung am größten. Bei fast ganzjährigen Wachstumszeiten und Anbau mehrerer Kulturen werden hohe Anforderungen an die verwendeten Komposte gestellt.

---

108 Vgl. Technische Universität München (Hrsg.), Konzept zur Gewinnung von Wertstoffen aus Hausmüll, Berichte aus Wassergütewirtschaft und Gesundheitsingenieurwesen, 9. Mülltechnisches Seminar, München 1986, S.264 ff.

109 Vgl. TABARASAN, O.: Abfallbeseitigung und Abfallwirtschaft, VDI-Verlag, Düsseldorf 1982, S.171.

Gemüsebau

Bei dem Gemüsebau ist eine stärkere Differenzierung zwischen dem Unterglas- und Freilandanbau vorzunehmen. Kompost findet vorwiegend – wegen der weniger guten Mechanisierungsmöglichkeiten im Unterglasanbau – im Freilandanbau Verwendung.

Probleme in Bezug auf die Anwendung von Kompost im Gemüseanbau sind allerdings teilweise über zu hohe Schwermetallgehalte zu erwarten. Qualitätskontrollen des kompostierten Biomülls sind gerade für diesen Teilanwendungsbereich unbedingt regelmäßig durchzuführen.

Obstbau

Der Obstbau in geschlossenen Anlagen ist eine Intensiv-Kultur und kann aus Mangel an wirtschaftseigenen Humusstoffen seinen Bedarf nur über handelsübliche organische Masse decken.[110] Hier bietet sich ein weit gefächertes Spektrum an, jedoch sind aufgrund der Schwermetallgehalte einschlägige Vorschriften zu beachten. Einschränkungen bei der Anwendung vom Kompost im Obstbau können auftreten, wenn analog der Klärschlammverordnung Schwermetalle nur in tolerierten Mengen in den Boden gelangen dürfen. Im Obstanbau ist von Mengen in der Größenordnung von ca. 100 bis 200 t/ha Kompost alle drei Jahre die Rede.

Landschaftsbau

Im Garten- und Landschaftsbau bieten sich recht unterschiedliche Anwendungsmöglichkeiten für Komposte. So sind als Einsatzgebiete z.B. die Neuanlage oder auch die Unterhaltung von öffentlichen Grün- und Parkanlagen durch die Garten- und Friedhofsämter, die Neuanlage und Unterhaltung von Autobahn- und Straßenböschungen, die Verhinderung von Erosionen an Wasserschutzdeichen zur Dünenbefestigung, zur Begrünung von industriellen Abraumhalden und dergleichen erwähnenswert.[111]

Die Absatzmengen schwanken zwischen 300 und 600 t/ha. Einzelvorhaben mit einem Kompostbedarf von über 1000 t/ha sind heutzutage schon keine Seltenheit mehr. Auch können keine Probleme auf die Anwendung von Kompost aus Bioabfall in diesem Teilgebiet zurückgeführt werden.

---

110 Vgl. KEHRES, B.: Garantierte Qualität für Kompost, in: Entsorga-Magazin 7/8.92, S.15.

111 Vgl. TABARASAN, O.: Abfallbeseitigung und Abfallwirtschaft, VDI-Verlag, Düsseldorf 1982, S.174.

Friedhofsgartenbau

Hier wird Kompost hauptsächlich in Erdmischungen zum Niveauausgleich bei Gräbern und zur Bepflanzung von Blumentöpfen und Schalen benötigt.

2.2.6.4.4 Forstbau

Da Kompost aus Siedlungsabfall mit Klärschlamm verglichen wird, tritt der Forstbau als Kompostanwender überhaupt nicht in Erscheinung. Dies läßt sich durch das strikte Ausbringungsverbot der Klärschlämme (nach AbfKlärV) erklären.

2.2.6.4.5 Sonderkulturen

Komposte werden mit durchweg großem Erfolg in unterschiedlichen Sonderkulturen verwendet. Zu nennen sind an dieser Stelle der Champignon- und Spargelanbau sowie die Anwendung für Hobbygärtner in Dauerkleingartenanlagen.

2.2.6.4.6 Sonderanwendungen

Die Anwendungsmöglichkeiten für Komposte im pflanzenbaulichen Bereich müssen noch um die Einsatzmöglichkeiten durch Sonderanwendungen ergänzt werden. Kompost wird häufig zu Erdmischungen verwendet und zu Blumenerden von Kompost, Torf, Sand und Lauberden mit anderen organischen und mineralischen Düngern gemischt. Bei diesen Erdmischungen ist allerdings zu beachten, daß der Kompostanteil nicht mehr als 1/3 der Gesamtmischung ausmacht.

Eine neue Anwendungsmöglichkeit für Kompost ist im Aufbau von Lärmschutzwällen und -wänden zu sehen. Dies bietet sich hinsichtlich der besonderen Eigenschaften des Kompostes an. Erosionsfestigkeit und hohe Schallabsorption lassen einen Komposteinsatz hier sinnvoll erscheinen. Je nach vorhandenen Flächen werden Wälle aus Inertmaterialien aufgeschüttet, mit 20 bis 30 cm Kompost abgedeckt und anschließend begrünt. Auch sogenannte vegetative Lärmschutzwände werden mit Kompost aufgefüllt und begrünt.

2.2.6.5 Vergleich der Wirtschaftlichkeit von geförderter Eigenkompostierung und Bioabfallsammlung

Im folgenden werden anhand eines Versuchsgebietes die Kosten und Abfall-Massenminderung einer geförderten Eigenkompostierung in ihrer Wirksamkeit mit der eingeführten Bioabfallsammlung verglichen. Basis für das Zahlenmaterial bildet ein abgeschlossener Versuch im Landkreis München. Das Modellgebiet erstreckte sich über eine Population von 100.000 Einwohnern.[112]

2.2.6.5.1 Kosten/Nutzen der Fördermaßnahmen zur Eigenkompostierung

Für Haushalte mit der Möglichkeit zur Eigenkompostierung wurden die Kosten über 6 Jahre für die Ausweitung der Eigenkompostierung kalkuliert. Demnach wurden zwei Fördermethoden entwickelt:

Konzept I: Anteilige Förderung der vom Haushalt erworbenen Komposter

Konzept II: Kostenlose Ausgabe von Kompostern an interessierte Haushalte

Als Ergebnis kann eine Inanspruchnahme geförderter bzw. kostenlos abgegebener Komposter von 2 bzw. 7 Kompostern pro 100 Einwohner für Konzept I bzw. Konzept II angesehen werden. Bei Verteilung auf sechs Jahre ergeben sich somit Jahreskosten von ca. 145.000 DM für Konzept I und ca. 378.000 DM für Konzept II. Werden jedoch die durch die Förderkonzepte geminderten Hausmüllbeträge verrechnet, reduzieren sich die Jahresaufwendungen auf ca. 45.000 (Konzept I) bzw. rund 78.000 DM / a (Konzept II). Mit diesen Beträgen wird eine Kompostierungsgrundleistung von ca. 150 kg/E/a erreicht.[113]

Die zusätzlich kompostierten Mengen werden in vorsichtiger Hochrechnung nach den Ergebnissen der Versuche für Konzept I mit 10 kg/E/a veranschlagt, für Konzept II werden 30 kg/E/a kalkuliert. Hierdurch kann im Vergleich zu den derzeit entsorgten 25.000 mg/a an Hausmüll im Modellgebiet mit 100.000 Einwohnern eine Mengenreduzierung von 4 bzw. 12% erreicht werden.

Die spezifischen Kosten pro mg reduzierten Abfalls liegen bei ca. 45 (Konzept I) bzw. 26 DM/mg (Konzept II) unter Einrechnung eingesparter Verbrennungskosten. Selbst wenn die eingesparten Verbrennungskosten nicht mit einkalkuliert werden, liegen die einwohnerspezifischen Mehrkosten auch bei kostenloser Komposterbereitstellung und intensiver Öffentlichkeitsarbeit nach Konzept II mit DM 3,78 E/a unter 5% der Gesamt-Entsorgungskosten, bezogen auf die 100.000 ansprechbaren Einwohner im Modellgebiet.

112 Vgl. WIEGEL, U.: Möglichkeiten der Intensivierung der Eigenkompostierung am Beispiel des Landkreises München; Forschungsprojekt des Landkreises München mit Unterstützung des Bayerischen Staatsministeriums für Landesentwicklung und Umweltfragen, München 1990.

113 Vgl. WIEGEL, U.: Aspekte zur Eigenkompostierung, in: Fachtagung der Fachhochschule Münster – Labor für Siedlungswasserwirtschaft unter Leitung von Gallenkemper, B.; u.a., Münster 3/91, S.215 ff.

2.2.6.5.2 Kosten/Nutzenvergleich Biomüllsammlung/Eigenkompostierung

Zur Darstellung der abfallwirtschaftlichen Leistungsfähigkeit werden zunächst die Ergebnisse einiger Biomüll-Sammlungsprojekte den Resultaten der Eigenkompostierungsgebiete aus dem Forschungsprojekt "München" gegenübergestellt.

Aufgeführt sind für die Biomüllversuchsgebiete die separat bereitgestellten Biomüll- bzw. Gartenabfallmengen, das verbleibende Rest- oder auch Hausmüllaufkommen sowie die Summe beider Beträge als zu transportierende und zu behandelnde Gesamtmenge.

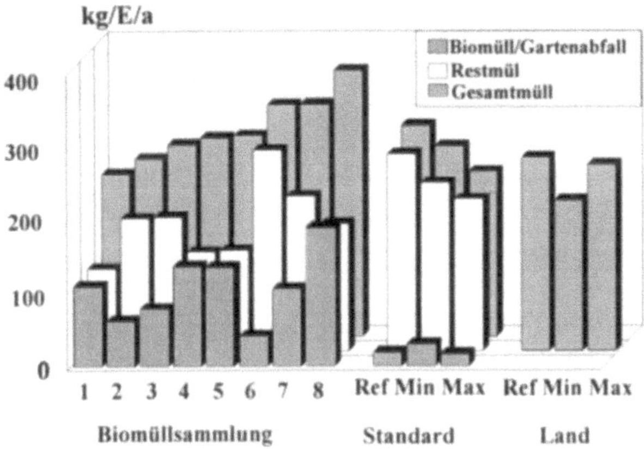

Abbildung 13. Vergleich Biomüllsammlung/Eigenkompostierung, Vergleich spezifischer Werte.[114]

Erläuterungen zu Abbildung 13:

Ref	=	unbeeinflußtes Gebiet	4	=	Landkreis Göttingen
Min	=	Förderung nach Konzept I	5	=	Türkheim[118]
Max	=	Förderung nach Konzept II	6	=	Stadt Bayreuth[119]
1	=	Landkreis Schweinfurt[115]	7	=	Landkreis Bad Dürkheim[120]
2	=	Stadt Schweinfurt[116]	8	=	Landkreis Alzey – Worms
3	=	Landkreis Bayreuth[117]			

114 Vgl. WIEGEL, U.: Aspekte zur Eigenkompostierung, in: Fachtagung der Fachhochschule Münster – Labor für Siedlungswasserwirtschft unter Leitung von Gallenkemper, B.; u.a., Münster 3/91, S.218.

Für die vergleichende Bewertung kann für die geförderte Eigenkompostierung ein Restmüll-Anfall von 210 kg/E/a sowie ein Gesamtmüllanfall von 230 kg/E/a abgeschätzt werden. Die Gesamtmüllmenge unterschreitet damit bis auf eine Ausnahme die korrespondierten Beträge der Biomüllsammlung, die in drei Fällen über 300 kg/E/a liegen. Bei guten Randbedingungen kann durch die Biomüllsammlung eine zusätzliche Restmüllminderung von 50 - 90 kg/E/a gegenüber der Eigenkompostierung erreicht werden.

Der Effekt der Biomüllsammlung kann nach den aufgeführten Ergebnissen recht unterschiedlich ausfallen. Aus diesem Grund wird in Tabelle 17 und 18 ein Vergleich mit der geförderten Eigenkompostierung durchgeführt. Dieser Vergleich wird nach vier Varianten durchgeführt, die sowohl die "innere Verteilung" auf Haus- und Biomüll als auch die Gesamtmüll-Zunahme durch zusätzlich erfaßte Gartenabfälle beschreiben. Ausgangspunkt ist ein für das Modellgebiet typisches Hausmüllaufkommen von ca. 250 kg/E/a.

115 In Anlehnung an POHLMANN, M.: Endbericht für den Modellversuch Bio-Tonne im Landkreis Schweinfurt, Berlin 1989.

116 In Anlehnung an Stadt Schweinfurt: Getrennte Sammlung von organischem Hausmüll, Voruntersuchung, Ergebnisfortschreibung vom Januar 1990.

117 In Anlehnung an SELLE, M.; u.a.: Die Biomüllsammlung und -kompostierung in der Bundesrepublik Deutschland, in: Schriftenreihe des ANS, Heft Nr. 13, Bad Kreuznach 1988.

118 In Anlehnung an Landratsamt Unterallgäu: Bericht zum Modellversuch Komposttonne Türkheim, Mindelheim 1988.

119 In Anlehnung an Stadt Bayreuth: Gesonderte Sammlung von Biomüll im Stadtgebiet Bayreuth, AZ R5/BF 636, Bayreuth, 1987.

120 In Anlehnung an JAGER, J., u.a.: Vergleichende Untersuchungen zur Gewinnung verwertbarer Altstoffe und schadstoffarmen Kompostrohstoffes aus Hausmüll durch 2 bzw. 3 Komponentensammlung, FuE-Bericht 143 03 738 des BMFT/UBA, 1986.

Tabelle 17. Vergleich Biomüllsammlung/Eigenkompostierung: Massenbilanz.[121]

Parameter	Einheit	Biomüllsammlung				Eigenkompostierung	
		Variante I	Variante II	Variante III	Variante IV	Konzept I	Konzept II
Massen pro Einwohner							
Biomüll/Eigenkomp.	kg/Ew,a	100	80	110	120	10	30
Restmüll	kg/Ew,a	150	170	160	180	240	220
Gesamtmüll *)	kg/Ew,a	250	250	270	300	240	220
Massen Modellgebiet:							
Biomüll/Eigenkomp.	Mg/a	10.000	8.000	11.000	12.000	1.000	3.000
Restmüll	Mg/a	15.000	17.000	16.000	18.000	24.000	22.000
Gesamtmüll *)	Mg/a	25.000	25.000	27.000	30.000	24.000	22.000
Zunahme Gesamtmüll *)	Mg/a	0	0	2.000	5.000	-1.000	-3.000
Abnahme Restmüll	Mg/a	10.000	8.000	9.000	7.000	1.000	3.000
Zunahme Gesamtmüll *)	Gew.-%	0	0	8	20	-4	-12
Abnahme Restmüll	Gew.-%	40	32	36	28	4	12

*) Gesamtmüll: Summe extern zu behandelnder Abfälle, bei Eigenkompostierung identisch mit Restmüll

121 Vgl. WIEGEL, U.: Aspekte zur Eigenkompostierung, in: Fachtagung der Fachhochschule Münster – Labor für Siedlungswasserwirtschft unter Leitung von Gallenkemper, B.; u.a., Münster 3/91, S.219.

Tabelle 18: Vergleich Biomüllsammlung/Eigenkompostierung: Gesamtkosten.[122]

Parameter	Einheit	Biomüllsammlung				Eigenkompostierung	
		Variante I	Variante II	Variante III	Variante IV	Konzept I	Konzept II
Behälter/Komposter	DM/a	426.667	426.667	426.667	426.667	25.000	17.000
Behälterentleerung							
14/14 tg. Rest/Bio	DM/a	0	0	0	0	0	0
7/14 tg. Rest/Bio	DM/a	1.109.333	1.109.333	1.109.333	1.109.333	0	0
7/7 tg. Rest/Bio	DM/a	1.996.800	1.996.800	1.996.800	1.996.800	0	0
Öffentlichkeitsarbeit	DM/a	200.000	200.000	200.000	200.000	120.000	203.333
Abfallbehandlung	DM/a	- 300.000	-240.000	-130.000	140.000	-100.000	-300.000
Gesamtkosten							
14/14 tg. Rest/Bio	DM/a	326.667	386.667	496.667	766.667	45.000	78.333
7/14 tg. Rest/Bio	DM/a	1.436.000	1.496.000	1.606.000	1.876.000	--	--
7/7 tg. Rest/Bio	DM/a	2.323.467	2.383.467	2.439.467	2.763.467	--	--
Gesamtkosten, einwohnerspezifisch							
14/14 tg. Rest/Bio	DM/Ew,a	3,27	3,87	4,97	7,67	0,45	0,78
7/14 tg. Rest/Bio	DM/Ew,a	14,36	14,96	16,06	18,76	--	--
7/7 tg. Rest/Bio	DM/Ew,a	23,23	23,83	24,93	27,63	--	--
Gesamtkosten, bezogen auf verminderte Tonne Restmüll							
14/14 tg. Rest/Bio	DM/Ew,a	32,67	48,33	55,19	109,52	45	26,11
7/14 tg. Rest/Bio	DM/Ew,a	143,60	187,00	178,44	268,00	--	--
7/7 tg. Rest/Bio	DM/Ew,a	232,35	297,93	277,05	394,78	--	--

122 Vgl. WIEGEL, U.: Aspekte zur Eigenkompostierung, in: Fachtagung der Fachhochschule Münster – Labor für Siedlungswasserwirtschft unter Leitung von Gallenkemper, B.; u.a., Münster 3/91, S.219.

2.2.6.6 *Grundlagen der Entscheidungsfindung*

Die wesentlichen Gesichtspunkte im Spannungsfeld zwischen Eigenkompostierung und Bioabfallsammlung werden in der folgenden Abbildung nochmals zusammengestellt. Die Orientierung auf eines der Konzepte zieht sowohl positive, als auch negative Folgen nach sich. Der obere Pfeil skizziert die Auswirkungen einer intensiveren Bioabfallsammlung, der untere die der verstärkten Eigenkompostierung.

Abhängig von der Ausführung der Bioabfallsammlung (Behältergröße, Informationsversorgung der Bevölkerung) kann die Eigenkompostierung ggf. auch parallel zur Bioabfallsammlung eine nicht unerhebliche Rolle spielen.

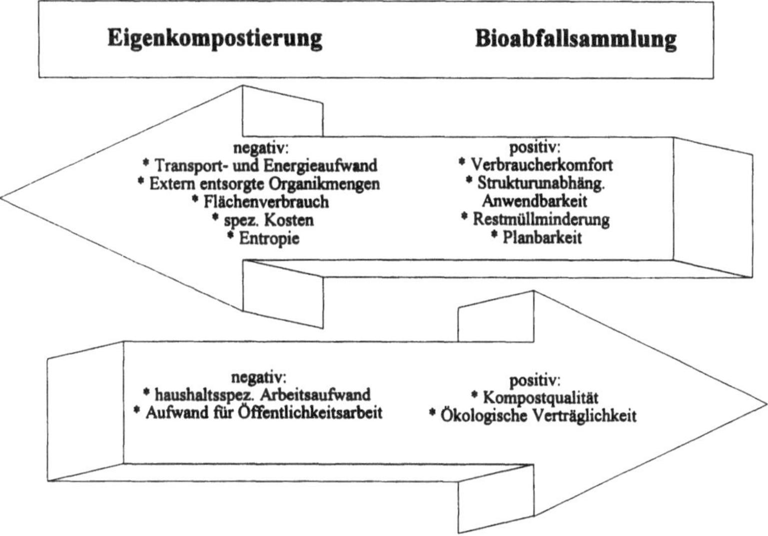

Abbildung 14. Qualitative Auswirkungen der Eigenkompostierung/Bioabfallsammlung.

Die Biomüllsammlung liefert als entscheidenen Vorteil einen kurzfristig mit hinreichender Sicherheit prognostizierbaren hohen Minderungsbetrag. Dieser ist jedoch mit dem Risiko zusätzlich erschlossener Organikmengen, Reduzierung der Eigenkompostierungsleistung sowie geringerer Kompostqualität verbunden. Weiterhin ist die Bioabfallsammlung mit einem höheren Investitions- und Betriebsmittelbedarf verbunden.

Die Eigenkompostierung bietet - gerade unter engagierter Förderung – langfristig die Chance, den Hauptteil des Hausmülls bei minimaler Umweltbelastung, geringen Kosten, hoher Kompostqualität und ohne relevanten apparativen Transport- und Behandlungsaufwand im häuslichen Umfeld zu nutzen. Das Risiko der Stagnation auf einem Minderungsniveau von ca. 10-15%, verbunden mit einer siedlungsstrukturell reduzierten Anwendbarkeit, sind in diesem Zusammenhang von Bedeutung.[123]

123 Vgl. WIEGEL, U.: Aspekte zur Eigenkompostierung, in: Fachtagung der Fachhochschule Münster – Labor für Siedlungswasserwirtschft unter Leitung von Gallenkemper, B.; u.a., Münster 3/91, S.221.

3 Sammlung verwertbarer Abfallstoffe und schadstoffhaltiger Abfälle

3.1 Grundlagen

Die getrennte Erfassung von Abfallbestandteilen und deren nachfolgende Aufbereitung zu neuen Produkten ist als wesentliche Maßnahme zur Verringerung der Abfallmengen anzusehen. Mittlerweile hat sich eine breite Palette von unterschiedlichen Erfassungssystemen auf dem Markt etabliert. Grundsätzlich stehen sich hierbei folgende Möglichkeiten gegenüber:

1) Sammlung gemischter Abfälle und manuelle oder mechanisierte Sortierung von Wertstoffen
2) Abtrennung von Wertstoffen bei dem einzelnen Abfallproduzenten, getrennte Sammlung und Aufbereitung.[124]

Die Wiederverwertung, die sich an die getrennte Erfassung anschließt, bietet gegenüber den herkömmlichen Methoden – Deponierung und Verbrennung – einen deutlichen Sympathievorteil. Dies äußert sich in der Reduzierung des Abfallvolumens, ohne konkrete Beeinträchtigungen der direketen Nachbarschaft erkennen zu können. Für das Gelingen ist allerdings das Engagement jedes einzelnen Gliedes der Entsorgungskette – vom Produzenten bis hin zum Konsumenten – erforderlich.

3.2 Entsorgungssituation im Siedlungsabfallbereich

Die Entstehung von Abfällen ist mit dem wirtschaftlichen Handeln eng verbunden. Die Abfälle sind in ihrer Gesamtheit ein Parameter für die Versorgung einer Volkswirtschaft mit Konsum- und Investitionsgütern. Probleme im Bereich der Abfallbeseitigung resultieren aus Veränderungen, insbesondere Lebensgewohnheiten, das heißt:

- bei einer ständigen Konsumsteigerung
- bei einem anhaltenden Produktionszuwachs

124 Vgl. GALLENKEMPER, B., u.a.: Getrennte Sammlung von Wertstoffen des Hausmülls - Planungshilfe zur Bewertung und Anwendung von Systemen der getrennten Sammlung, Erich Schmidt Verlag, Berlin 1988, S.5.

- bei der Verwendung immer kurzlebigerer Wirtschaftsgüter
- bei dem Verbrauch von mehr und aufwendigeren Verpackungsmitteln

Hierdurch wächst der "Müllberg" einer Volkswirtschaft überproportional an. Dieser Sachverhalt trifft auch auf die Bundesrepublik Deutschland zu. Auch hier sind im Zuge der wirtschaftlichen Entwicklung die Abfallmengen erheblich angestiegen. Die allgemein praktizierte Abfallentsorgung auf wilden Müllkippen irgendwo im Gelände ist noch bis zum Anfang der 70er Jahre praktiziert worden.

Erst gesetzliche Bestimmungen haben Industrie, Gewerbe und Haushalte, unter Androhung von Sanktionen gezwungen, dem Problem Abfallbeseitigung mehr Beachtung zu schenken. Die damit zwangsläufig einhergehende Verteuerung der Abfallbeseitigung hat sich positiv auf die industriellen Produktionsmethoden ausgewirkt. Der Entsorgung von Abfällen wird nun, mindestens in Teilbereichen, der gleiche Stellenwert eingeräumt wie z.B. der Produktion von Konsumgütern.

Dies ist vor allem vor dem Hintergrund zu sehen, daß die Konsumgüter von heute die Abfälle von morgen sind. Ohne eine gebietsübergreifende Gesamtplanung und -koordination, die die Wiederverwertung produzierter Güter beinhaltet, können der Produktion und dem Betrieb Grenzen gesetzt sein. Unabhängig von der Art der Erfassung ergeben sich aus dem Abfallgesetz Anforderungen an die zu sammelnden Stoffe und die Sammelsysteme:

- die Verwertung muß technisch möglich sein bzw. geschaffen werden können
- für die gewonnenen Stoffe muß ein Absatzmarkt vorhanden sein
- die Kosten für die Verwertung müssen vertretbar sein.[125]

3.3 Verfahren der Wertstoffsammlung

3.3.1 Gemischte Sammlung

Das Heraussortieren von Wertstoffen aus den gemischt gesammelten Abfällen setzt mehrere, hintereinandergeschaltete Prozeßschritte voraus. Hierbei werden Stoffe, wie z.B. Altglas (soweit nicht zerborsten), Kunststoff, Textilien sowie Metalle durch mechanische Sortieranlagen selektiert. Dieses Verfahren ist für den Abfallerzeuger mit keinem Aufwand verbunden, demgegenüber ist der Sortierprozeß

125 Vgl. Gesetz über die Vermeidung und Entsorgung von Abfällen: in der Fassung vom 27. August 1986, zuletzt geändert durch Einigungsvertragsgesetz vom 23. September 1990, § 3 "Verpflichtung zur Entsorgung".

durch einen erhöhten Energie-, Arbeits- und auch Betriebsmitteleinsatz charakterisiert. Die Qualität der so erfaßten Wertstoffe ist mit denen aus der getrennten Sammlung und Erfassung nicht zu vergleichen. Auch ist eine Vermarktung dieser "minderwertigereren" Stoffe recht problematisch.

3.3.2 Getrennte Sammlung

Bei der getrennten Erfassung einzelner Wertstoffe und Wertstoffgemische muß der Abfallerzeuger diese am Anfallort von nicht verwertbaren Abfallbestandteilen trennen und separaten Behältern zuführen.

Diese Behälter werden entweder in der Nähe des Anfallortes (Bringsystem) oder am Anfallort selbst (Holsystem) aufgestellt. Sie müssen zusätzlich zu den Restmüllbehältern geleert werden. Die Wertstoffe werden in der Regel in speziellen Sammelfahrzeugen abtransportiert. Hier entfällt die Notwendigkeit der nachträglichen Nachsortierung solange, wie die Wertstoffsammlung gewissenhaft und verantwortungsvoll durchgeführt wird. Die so eingesammelten Stoffe weisen durch ihre geringe Verschmutzung und Durchfeuchtung einen hohen Reinheitsgrad und eine hohe Qualität auf. Dieser Umstand erleichtert ihren Absatz erheblich. Aus der Zusammensetzung des Hausmülls ist ersichtlich, daß folgende Fraktionen in relevanten Mengen vorkommen:[126]

- Naßfraktionen (organische Küchen- und Gartenabfälle).
- Trockenfraktionen (Papier, Pappe, Glas, Metalle, Kunststoffe und Textilien).

Naßfraktionen:

- Organische Abfälle

Für die Verarbeitung von Garten- und Küchenabfällen bietet sich die Kompostierung an. Ziel ist die Erstellung eines schadstoffarmen Kompostes, der auf dem Markt konkurrenzfähig ist.

Trockenfraktionen:

- Altpapier

Über 43% des Faserrohstoffbedarfs wird von der Papierindustrie der Bundesrepublik Deutschland mittlerweile aus Altpapier gedeckt (Zahlen aus dem Jahre 1985).

---

126 Vgl. Verband kommunaler Städtereinigungsbetriebe (VkS): Wertstoffe in Siedlungsabfällen; Möglichkeiten der Wiederverwertung; 2. Auflage, Köln 1988, S.12 ff.

Durch neue technische Verfahren, z.B. dem De-Inking-Verfahren oder auch der Faserfraktionierung, kann die Qualität des Altpapiers wesentlich erhöht werden. Für die Papierindustrie bietet der Einsatz von Altpapier teilweise erhebliche Kostenvorteile.

- Altglas

Altglasverwertung wird in der Glasindustrie zunehmend seit 1974 betrieben. Bedeutenster Abnehmer ist die Behälterglasindustrie. Die Verwertungsquoten – bezogen auf das Altglaspotential – liegt hier bei ca. 50%. Auch die Glashütten können durch die Altglasverwertung ökonomische Vorteile verbuchen. Neben Energieeinsparungen ist ein höherer Mengendurchsatz erreichbar.

- Altmetalle

Die im Haushalt enthaltenen Metalle bestehen zu über 90% aus Weißblech und Eisenschrott (FE-Metalle). Die Einsatzbereiche für Müllschrott liegen in der Roheisenerzeugung und in den Stahlwerken.

- Kunststoffe

Der Wiedereinsatz gemischter Kunststoffabfälle, wie sie im Hausmüll anzutreffen sind, ist relativ problematisch. Bis heute sind noch keine technisch zufriedensstellende Verfahren entwickelt worden, um Altkunststoffe recyclen zu können.

- Alttextilien

Textilien werden in der Bundesrepublik Deutschland traditionell von gemeinnützigen oder caritativen Organisationen und gewerblichen Sammlern durch Haus-zu-Haus-Sammlungen erfaßt. Rund 20% der so aufgebrachten Mengen werden nach einer Reinigung wieder direkt verwertet. 30 bis 35% werden zu Putzlappen verarbeitet, der Rest geht – bis auf einen nicht verwertbaren Anteil – nach einer teilweise aufwendigen Aufbereitung als Sekundärfaser in die Textil- sowie Woll- und Fliesindustrie. Die konkreten Abfallmengen sind von einer Reihe von Faktoren abängig, z.B.:

- Entwicklung des Konsums, der Produktion und Verpackung
- Lebensstandard
- Wohnform (Gartenflächen, Eigenversorgungsgrad)

- Örtliche Lage und Gegebenheiten
- Art- und Volumenangebot der Müll- bzw. Wertstoffbehälter.[127]

Die Systeme der getrennten Sammlung lassen sich nach unterschiedlichen Kriterien einteilen. Nach der Abfuhrorganisation z.B. in:

Integrierte Systeme[128]

Die Sammlung von Wertstoffen und Restmüll erfolgt in einem geteilten oder in mehreren Behältern. Mit einem Mehrkammerfahrzeug werden sie in einem Arbeitsgang abtransportiert.

Teilintegrierte Systeme[129]

Die separate Wertstoffabfuhr erfolgt in besonderen Touren anstelle einer Restmülltour (alternierende Abfuhr).

Additive Systeme[130]

Die Sammlung von Wertstoffen erfolgt zusätzlich zur normalen Hausmüllabfuhr mit separaten Fahrzeugen und separaten Behältern.[131]

Unterstellt man die Kriterien des "Benutzerkomforts" ist eine Unterteilung in:

- Holsystem (Wertstoffe werden bei dem Abfallerzeuger abgeholt)
- Bringsystem (Wertstoffe werden durch den Abfallerzeuger zu zentralen Sammelstellen transportiert)[132]

möglich.

---

127 Vgl. GALLENKEMPER, B., u.a.: Getrennte Sammlung von Wertstoffen des Hausmülls - Planungshilfe zur Bewertung und Anwendung von Systemen der getrennten Sammlung, Erich Schmidt Verlag, Berlin 1988, S.7.

128 Vgl. Der Rat von Sachverständigen für Umweltfragen: Abfallwirtschaft – Sondergutachten, Metzler-Poeschel Verlag, Stuttgart 1991, S.289.

129 Vgl BILITEWSKI, B., u.a.: Abfallwirtschaft - Eine Einführung, Springer-Verlag, Berlin 1990, S.65.

130 Vgl. Der Rat von Sachverständigen für Umweltfragen: Abfallwirtschaft – Sondergutachten, Metzler-Poeschel Verlag, Stuttgart 1991, S.289.

131 Vgl. BILITEWSKI, B., u.a.: Abfallwirtschaft – Eine Einführung, Springer-Verlag, Berlin 1990, S.65.

132 Vgl. Der Rat von Sachverständigen für Umweltfragen: Abfallwirtschaft – Sondergutachten, Metzler-Poeschel Verlag, Stuttgart 1991, S.288 ff.

Die Auswahl der jeweiligen Verfahren hängt in starkem Maße von regionalen Besonderheiten ab. Hier sind vor allem

- die Abfallzusammensetzung,
- das bereits vorhandene Sammelsystem,
- die eingesetzten Abfallbehandlungs- und Beseitigungssysteme,
- die Bereitschaft zur Mitarbeit und Finanzierung und
- die Verwertungs- und Vermarktungsmöglichkeiten

entscheidend.

Die wichtigste Voraussetzung für den Erfolg der getrennten Wertstofferfassung liegt in der Annahme dieser Entsorgungsmethode seitens der Bevölkerung. Von ihrer Beteiligung hängt im wesentlichen die Sortenreinheit der Wertstoffraktionen und somit das Gelingen der getrennten Wertstofferfassung ab.

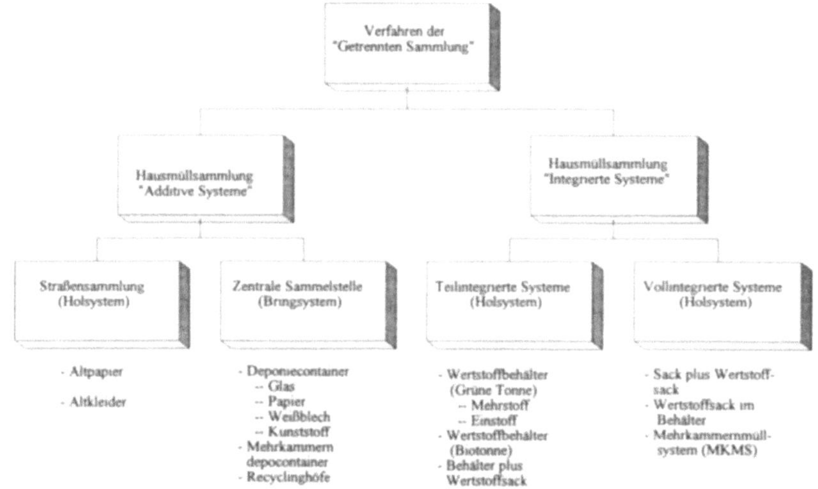

Abbildung 15. Verfahren der getrennten Sammlung[133]

133 Vgl. BILITEWSKI, B., u.a.: Abfallwirtschaft – Eine Einführung, Springer-Verlag, Berlin 1990, S.66.

Doch auch bei einer getrennten Erfassung der Abfallbestandteile darf nicht vergessen werden, daß ein unvermeidbarer Restabfall bestehen bleibt. Dieser ist in der Regel nur auf der Deponie oder vergleichsweise zu entsorgen.

Auch die Folgen für spezifische örtliche Gegebenheiten, wie zum Beispiel Siedlungsstrukturen, vorhandene Sammelsysteme, etc. müssen bei der Implementierung einer getrennten Wertstofferfassung berücksichtigt werden. Die Maßnahmen der getrennten Sammlung dürfen nicht im Widerspruch zur Abfallvermeidung stehen. Sammelsysteme sollen den Bürger zur kritischen und verantwortlichen Nutzung der Ressourcen anregen und die Eigenverantwortlichkeit des einzelnen für seinen Müll fördern. Anregungen zur Abfallvermeidung dürfen nicht zunichte gemacht werden.

Viele Verfahren des Stoffrecyclings befinden sich heute noch mehr oder minder im Versuchsstadium, so daß die Recyclingindustrie noch einen längeren Innovationszeitraum sowohl in technischer als auch in marktwirtschaftlicher Hinsicht benötigt. Derzeitig nimmt der Bereich Recycling im Rahmen der Abfallbehandlung noch einen geringeren Stellenwert ein als Deponierung und Müllverbrennung. Wenn die Zielvorgabe "So früh wie möglich trennen, so sortenrein wie möglich einsammeln" umgesetzt, eingehalten und praktiziert wird, sind in Zukunft hohe Zuwachsraten für das "Recycling" zu erwarten.

3.3.2.1 Anforderungen an Systeme der getrennten Sammlung

Die Forderung nach einem möglichst hohen Erfassungsgrad bei höchstmöglicher Reinheit der gesammelten Reststoffe setzt ein spezielles Anforderungsprofil voraus. Dies wird ebenfalls noch durch das Streben nach kostenminimalen Lösungen und auch vereinfachten technischen Verfahren der Abfallsammlung eindrucksvoll untermauert.

- Begrenzung des zusätzlichen Aufwandes für die getrennte Sammlung durch ein "einfach handhabbares" technisches System,
- geringe Kosten für Abfallerzeuger und Abfallbeseitiger,
- möglichst wenige zusätzliche Tätigkeiten im Bereich der kostenintensiven Abfuhr der Wertstoffe,
- Beschränkung der Zahl der getrennt gesammelten Stoffe auf wenige, die auch eine nennenswerte Entlastung der Abfallmengen ergeben,
- Flexibilität der Einrichtungen für die getrennte Sammlung, um auf veränderte Abfallmengen und -zusammensetzungen schnell reagieren zu können,
- genügend Behältervolumen für die Wertstoffe bei allen Systemen zur getrennten Sammlung,

- bei integrierten Systemen ausreichendes Angebot an Behältervolumen für den Restmüll, um so die Wertstoffe sortenrein sammeln zu können,
- Koordination der Wertstoffsammlung und Restmüllbeseitigung.[134]

3.3.2.2 Straßensammlung

Die Straßensammlung wird vor allem von caritativen Verbänden durchgeführt. Der Erfassungsgrad solcher Sammlungen hängt von der Informationsverbreitung der durchführenden Organisation ab. Die Kosten der Sammlung belaufen sich in der Regel auf 90 bis 190 DM/t.

3.3.2.3 Bringsysteme

Unter Bringsysteme versteht man Sammelmethoden, bei denen der Bürger die von ihm getrennt gesammelten Abfallstoffe zu einem zentralen Sammelplatz bringt. Der Erfolg von Bringsystemen ist in erster Linie von der Bereitschaft der Bürger abhängig, Wertstoffe zu Hause zu sammeln und regelmäßig zu den zentral bereitgestellten Sammelcontainern zu bringen.

Eine wesentliche Rolle spielt hierbei die Auswahl des Standplatzes und seine Erreichbarkeit, wobei im allgemeinen gilt, daß höhere Standplatzdichten auch eine größere erfaßte Stoffmenge zur Folge haben.[135]

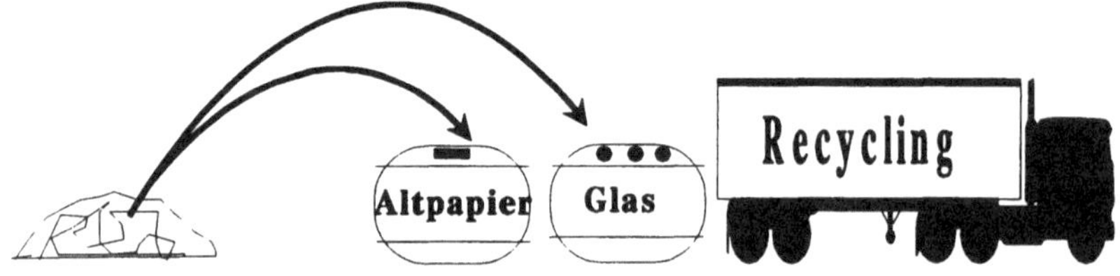

Abbildung 16: Depotcontainer - Verfahren[136]

134 Vgl. SCHENKE, W., u.a.: Entsorgung 2000 - Leitfaden für Kommunen, Wirtschaft und Politik, Bonner Energiereport, Bonn 1988, S.116 ff.

135 Vgl. Verband kommunaler Städtereinigungsbetriebe (VkS): Wertstoffe in Siedlungsabfällen, 2. Auflage, Köln 1988, S.25.

136 Vgl. THOMÉ-KOZMIENSKY, K.-J.: Recycling von Haushaltsabfällen 1, EF-Verlag, Berlin 1990, S.12.

Tabelle 19. Verwertbare Altstoffmengen und Verwertungsgrad.[137]

	Altpapier		*Altglas*	
	Menge kg/E·a	Verwertungsgrad %	Menge kg/E·a	Verwertungsgrad %
Bringsysteme (Container)				
2000 E / Standplatz	5 bis 15	8 bis 25	5 bis 15	13 bis 38
1000 E / Standplatz	10 bis 25	17 bis 42	10 bis 20	26 bis 51
500 E / Standplatz	15 bis 30	25 bis 50	15 bis 25	38 bis 64
	Altmetall	*Altkunststoff*	*trockene Wertstoffe gesamt*	
	kg/E·a	kg/E·a	kg/E·a	
Bringsysteme (Container)				
2000 E / Standplatz	0,5 bis 2,5	(1 bis 2)	15 bis 50	
1000 E / Standplatz	0,5 bis 2,5	(1 bis 2)	15 bis 50	
500 E / Standplatz	0,5 bis 2,5	(1 bis 2)	15 bis 50	

Depotcontainer stehen daher bevorzugt auf Parkplätzen bei Großmärkten, an Hauptverkehrsstraßen und auf öffentlichen Plätzen. Natürlich sind sie auch in Wohnstraßen zu finden.[138]

Auf Grund der befürchteten bzw. tatsächlichen Lärmbelästigungen ergeben sich dabei aber immer wieder Probleme mit Anwohnern, die im weiteren Verlauf auch schon zu Klagen vor Verwaltungsgerichten geführt haben. Jedoch sind diesbezüglich Klagen bislang abgewiesen worden, mit der Begründung, daß die Geräu-

137 Vgl. GALLENKEMPER, B.: Leistungsdaten und Kosten beim Einsatz verschiedener Depot-Containersysteme, in: Müll und Abfall 9/88, S.398.

138 Vgl. Der Rat von Sachverständigen für Umweltfragen: Abfallwirtschaft – Sondergutachten, Metzler-Poeschel Verlag, Stuttgart 1991, S.289 ff.

sche nicht vermieden werden können. Ein aktuelles Urteil des Verwaltungsgerichts Würzburg bestätigt, daß Anwohner, die in der Nähe von Altglas-Containern wohnen, den bei dem Einwerfen von Flaschen entstehenden Lärm ertragen müssen. Die Geräusche lassen sich nicht vermeiden und sind in einem Wohngebiet den Anliegern ebenso zuzumuten wie der von einem Kinderspielplatz ausgehende Lärm. Abfallverwertung ist nur möglich, wenn ausreichend Sammelbehälter dort aufgestellt werden, wo die Abfälle entstehen und wenn die Container für alle Bürger erreichbar sind."[139]

Bei dem Bringsystem lassen sich folgende Container-Systeme unterscheiden:

- Depotcontainer für Glas
- Depotcontainer für Papier
- Depotcontainer für Weißblech
- Depotcontainer für Kunststoffe
- Mehrkammerdepotcontainer

3.3.2.3.1 Anforderungen an Containerstellplätze

Standplätze für die unterschiedlichsten Depotcontainerarten sollen den nachfolgenden Anforderungen genügen. Diese ergeben sich aus den verschiedenartigen Erfahrungen, die mit Depotcontainern im Laufe der Zeit gemacht wurden:[140]

- Sichtbar an Verkehrspunkten mit ausreichend natürlichem Verkehrsaufkommen,
- zentrale Anordnung, um doppelte Wege zu vermeiden, d.h. in Nähe von Einkaufszentren, Fabriken, o.ä. um hierdurch eine Entlastung der Anlieferer zu erreichen,
- leichte Erreichbarkeit für Anlieferer und Ladefahrzeuge (freie Parkplätze in unmittelbarer Nähe der Container). Je nach Art der Altglascontainer wird eine reine Stellfläche zwischen 3 und 20 m^2 benötigt, zuzüglich einer Fläche von 25 bis 40 m^2 für das Laden der Container,
- die leichte Reinigung der Containerstandplätze muß gewährleistet sein, um so den Eindruck ein "Müllecke" zu verhindern,

139 Vgl. Aktuelles Urteil des Verwaltungsgerichts Würzburg, 1992.

140 Vgl. BILITEWSKI, B., u.a.: Abfallwirtschaft – Eine Einführung, Springer-Verlag, Berlin 1990, S.67.

- regelmäßige Beaufsichtigung der Stellplätze, um so eventuell bei ausgelasteten Containerkapazitäten diese zusätzlich zum normalen Rhythmus entleeren zu können und

- eine Belästigung der Anwohner durch den zusätzlichen Verkehr bzw. durch das Befüllen der Container (z.B. bei Altglas) muß weitestgehend unterbunden werden.

3.3.2.3.2 Depotcontainer für Glas

Seit ca. 20 Jahren wird Altglas zentral in Containern gesammelt. 1984 hat die erfaßte Menge 14 kg pro Einwohner und Jahr betragen, also etwa 30% aller Flaschen. Die Standplatzdichte beträgt im Durchschnitt 500 - 3000 Einwohner pro Altglasdepotcontainer. Viele Kommunen haben die Entsorgung der Altglascontainer privaten Entsorgungsfirmen übertragen.

Die Sammel- und Transport- sowie die Behälterkosten belaufen sich insgesamt auf 40 - 80,- DM/t; die Aufbereitungskosten liegen zwischen 15 und 40,- DM/t. Diese müssen allerdings noch zu den Sammel- und Transportkosten hinzugerechnet werden. Diese Zahlen unterliegen auf dem Sekundärrohstoffmarkt starken Schwankungen.

3.3.2.3.3 Depotcontainer für Papier

Papier wird im größeren Umfang erst während der letzten 10 Jahre gesammelt. 42% des Papieres werden dem Wertstoffkreislauf wieder zugeführt. Hierbei entfallen ca. 3/4 des recycelten Papiers auf die Gewerbebetriebe und etwa 1/4 auf die privaten Haushalte.

Da früher das meiste Papier in Form von Straßensammlungen eingebracht wurde, ist das Depotcontainernetz an einigen Orten noch dünn. Für die Zukunft ist allerdings eine vergleichbare Stellplatzdichte wie bei Altglascontainern vorgesehen. 10 - 25% des Papieres der Haushalte sollen dem Wertstoffkreislauf zugeführt werden. Auch die für Papier spezifische Brandgefahr muß bei der Auswahl des Standplatzes gesondert berücksichtigt werden.

Die Sammel- und Transportkosten betragen durchschnittlich zwischen 50 und 140,- DM/t.[141]

---

141 Vgl. PLÜMER, T., u.a.: Verfahren der getrennten Sammlung, Verpackungs-Entsorgung, TÜV-Rheinland 1992, S. 14

3.3.2.3.4 Depotcontainer für Weißblech

Die Sammlung von Weißblech in Containern ist bisher nur in wenigen Versuchen getestet worden. Als problematisch hat sich dabei – speziell für die privaten Haushalte – die Unterscheidung von Aluminium und Weißblech herausgestellt. Deshalb wird eine getrennte Sammlung selten durchgeführt. Bedingt durch das sehr niedrige spezifische Gewicht (Problem der Volumenreduktion in den Haushalten) kommt es zu sehr hohen Kosten von DM 250,- pro Tonne.

3.3.2.3.5 Depotcontainer für Kunststoffe

Einzelne Versuche haben ergeben, daß die erzielbaren Erlöse die entstehenden Kosten bei weitem nicht decken. Wie bei der Weißblechsammlung hat auch hier der Bürger das Problem, die einzelnen Kunststoffsorten nicht unterscheiden zu können. Es können – wenn überhaupt – nur alle Kunststoffe in einem Behälter gesammelt werden, womit hohe Sortierkosten verbunden sind. Zudem ist der Verschmutzungsgrad sehr hoch (z.B. Joghurtbecher). Das niedrige spezifische Gewicht bewirkt ein Übriges, um die Sammel- und Transportkosten steigen zu lassen.

Ähnlich wie bei dem Papier müssen aufgrund der potentiellen Brandgefahr (hier entwickeln sich meist giftige Gase, außerdem ist brennender Kunststoff nur schwer löschbar) geeignete Standplätze ausgesucht werden.[142]

3.3.2.3.6 Mehrkammerdepotcontainer

Bei Mehrkammerdepotcontainern handelt es sich um kombinierte Containersysteme. Diese haben ein Volumen von ca. 10 bis 18 m^3, die im Behälterwechselverfahren entleert werden. Die Container haben in der Regel Kammern für Papier, Glas (farbsortiert) und Metall. Auch andere Zusammenstellungen der Sammelfraktionen sind prinzipiell denkbar und ggf. auch sinnvoll.

Nachteilig ist, daß der gesamte Container entleert werden muß, auch wenn nur eine Kammer mit Wertstoffen befüllt ist. Dieses Problem läßt sich durch variable Kammern beheben. Auch muß bei der Auswahl des Standplatzes darauf Rücksicht genommen werden, daß das Behälterwechselverfahren mehr Platz benötigt als das Umleerverfahren.

---

142 Vgl. Verband kommunaler Städtereinigungsbetriebe (VkS): Wertstoffe in Siedlungsabfällen, 2. Auflage, Köln 1988, S.27.

3.3.2.3.7 Erweitertes Bringsystem der Stadt Radevormwald (Modellversuch)

Ausgangslage

Die Stadt Radevormwald ist eine Mittelstadt im Norden des Oberbergischen Kreises mit ca. 24.000 Einwohnern. Die hier anfallenden Abfälle werden über den Bergischen Abfallwirtschaftsverband entsorgt. Innerhalb dieses Verbandsgebietes sind unterschiedliche Systeme zur getrennten Erfassung von Wertstoffen aus Haushalten eingesetzt. Im Stadtgebiet von Radevormwald wird eine Altstofferfassung über Depotcontainer ergänzt durch Altpapiersammlungen caritativer Organisationen durchgeführt. Im direkten Vergleich mit anderen Kommunen, die zusätzliche Sammelgefäße an den Haushalten bereitstellen, konnten die so erfaßten Abfallmengen nicht überzeugen.

Seit Oktober 1989 befindet sich in der Stadt Radevormwald – unter Leitung des Entsorgungsunternehmens Edelhoff – ein Bringsystem zur getrennten Erfassung von Wertstoffen in der Erprobung.[143]

Mit diesem Modellversuch wird neben der Verbesserung der Wertstofferfassung – sowohl qualitativ als auch quantitativ – eine Rationalisierung im Bereich von Abfallsammlung und -transport angestrebt.

Entsorgungssituation vor Versuchsbeginn

Das Versuchsgebiet für die Erprobung des Bringsystems – die Südstadt Radevormwald – war vor Beginn des Modellversuchs ein geschlossenes Sammelrevier. Die Abfuhr des Hausmülls erfolgte einmal wöchentlich auf jeweils zwei unterschiedlichen Sammeltouren. Je nach Art der Wohnbebauung standen den Haushalten Müllgroßbehälter (MGB) 120 l, MGB 240 l sowie MGB mit 1100 l Nutzvolumen zur Verfügung. Die Entleerung erfolgte in verschiedenen Touren (120/240 l und 1100 l).

Die Erfassung von verwertbaren Altstoffen aus Haushalten erstreckte sich auf die Stoffraktionen Papier, Glas und Textilien. Papier und Textilien werden von gemeinnützigen Organisationen im Holsystem eingesammelt.

Hauptsächlich im Modellbezirk Südstadt war vor Untersuchungsbeginn eine Unterversorgung mit Depotcontainern festzustellen. Hinzu kommt noch, daß die Depotcontainer auf Grund ihrer großen Entfernung zu den Wohngebieten praktisch ohne Fahrzeug nicht zu erreichen sind.

143 Vgl. PRETZ, T: Zwischenbericht des Modellversuchs "Bringsystem Radevormwald" Edelhoff, Juni 1990, S.2.

Entsorgungssituation im Modellversuch

Für eine effiziente Erfassung wiederverwertbarer Bestandteile des Hausmülls ist die Bereitstellung von Erfassungsgefäßen direkt am Anfallort (Haushalt bzw. Wohneinheit) unbedingt erforderlich. Da aufgrund der örtlichen Topographie des Modellbezirkes ein Großteil der Wohnhäuser in Hanglage liegt, sind teilweise Entfernungen von bis zu 80 m zurückzulegen, um die Müllgefäße vom Hauseingang zum Übergabeort Straße zu befördern. Um die Möglichkeit der gewissenhaften und sortenreinen Wertstofferfassung nicht im Keim zu ersticken, werden zentrale Sammelstellen eingerichtet, die für die Aufnahme von

- Restmüll,
- Altpapier und
- Glas

vorgesehen sind.

Die Anordnung der Abfallsammelstellen erfolgt unter der Vorgabe, daß Beschikkungswege von 80 m möglichst nicht überschritten werden. Mit Beginn des Modellversuches wurden alle individuell zu nutzenden Abfallsammelgefäße eingezogen, um so eine einheitliche Grundlage im Versuchsgebiet zu schaffen.

Das attraktive Angebot zur getrennten Wertstofferfassung ist für die Versuchsteilnehmer mit einem Komfortverlust bei der Entsorgung von Restmüll verbunden.

Der Modellversuch, der für die Dauer von 2 Jahren geplant ist, wird von der Stadt Radevormwald, einem privaten Entsorgungsunternehmen sowie einem Ingenieurbüro begleitet, überwacht und ausgewertet. Die Optimierung aller maßgeblichen Parameter wie Behälterwahl und -dimensionierung, Abfuhrfrequenz und Standplatzgestaltung sind im Rahmen dieser Arbeit geplant.

Auswahl der Sammelbehälter

Neben der Erprobung eines neuartigen Erfassungssystems für Wertstoffe und Restmüll sollen, im Rahmen des Modellversuches, auch Erkenntnisse über Möglichkeiten zur Rationalisierung im Bereich von Sammlung und Transport gesammelt werden.

Für die Erfassung von Restmüll, Papier und Grünabfälle kommen grüne Umleerbehälter vom Typ DU 1000 mit Fußbedienung zum Einsatz. Die Kennzeichnung der Behälter erfolgt durch Aufkleber mit weißer Schrift auf blauem Grund. Symbole für die Art der Abfälle werden zusätzlich angebracht, um eine Beschikkung durch Fehleinwürfe zu minimieren.

Für die farblich getrennte Sammlung von Weiß- und Buntglas ist der Einsatz zweigeteilter kubischer Stahliglus vorgesehen, die über einen Nutzinhalt von 3,2 m^3 verfügen.

Eine neue Behältergeneration ist für die Erfassung aller vier, im Modellversuch gesammelten Stoffgruppen, vorgesehen. Spezifische Modifikationen, z.B. im Bereich der Einwurföffnungen, sind bei diesen Behältertypen möglich. Da die Behälter mit entsprechenden Fahrzeugen direkt am Standplatz entleert werden, kann auf die Ausstattung der Container mit Rädern verzichtet werden.[144]

Behälterdimensionierung und Abfuhrfrequenz

Vor Versuchsbeginn standen für ca. 2762 Einwohner nachfolgende Container zur Verfügung:

- 81 Stck MGB 120 l,
- 78 Stck MGB 240 l und
- 5 Stck MGB 1100 l.

Dies entspricht einem wöchentlichen Behältervolumen von ca. 124 m^3 bzw. einem spezifischen Behältervolumen von 44,9 l je Einwohner und Woche. Die Dimensionierung der Behälter wurde nach folgenden Vorgaben durchgeführt:

1) die Entfernung vom Hauseingang zum Behälterstandplatz sollte 80 m nicht überschreiten,
2) die Abfuhr der Behälter für Restmüll, Papier und Grünabfälle ist auf zunächst dreimal wöchentlich festgelegt,
3) das Restmüllbehältervolumen wurde im Hinblick auf eine angestrebte Reduzierung der Abfuhr auf zunächst zwei Termine je Woche überdimensioniert.

Insgesamt wurden 36 "Entsorgungszentren" angelegt. Die spezifische Ausstattung dieser Zentren richtet sich nach den örtlichen Begebenheiten. So wurden von den 36 Zentren 7 nicht mit Behältern für die Grünabfallsammlung ausgestattet. Dies ergibt sich aus der Tatsache, daß diese sieben "Entsorgungszentren" sich im Hochhaus- und Wohnblockbereich befinden, wo der Anteil der Grünflächen vernachlässigbar ist.

Aufgrund des Platzangebotes konnte auch an vier Stellen kein Altglascontainer aufgestellt werden. Die Sammelstellen liegen jedoch durchwegs an Knotenpunkten

144 Vgl. PRETZ, T: Zwischenbericht des Modellversuchs "Bringsystem Radevormwald" Edelhoff, Juni 1990, S.7 ff.

mit einer hohen Stellplatzdichte, so daß eine Altglasentsorgung für die Teilnehmer nur mit einem relativ geringen Mehraufwand verbunden ist.

Altpapier wurde sowohl über Depotcontainer, wie auch durch die caritativen Organisationen gesammelt. Beide Entsorgungswege wurden durch die Umstellung auf das Bringsystem substituiert.

Altglascontainer werden in Anbetracht des großen Sammelvolumens nach Bedarf geleert. Die vorhandenen Depotcontainer für Altglas werden sichtbar entlastet. Im Rahmen der wissenschaftlichen Modellbegleitung wurden die Füllstände aller verwendeten Container vor der Entleerung gemessen. So ist eine für den jeweiligen Standplatz charakteristische Beschreibung der Behälternutzung möglich. Die Gefahr der Fehldimensionierung ist somit praktisch ausgeschlossen. Auch eine Sichtanalyse wurde durchgeführt. Hier konnte der Anteil der Fehl- und Falscheinwürfe festgestellt werden.

Auffällig ist die hohe Nutzung der Behälter am Wochenende. Dies ist direkt in der Entleerung am Montag abzusehen. Tabelle 13 zeigt den durchschnittlichen Befüllungsgrad von Wertstoff- und Restmüllbehältern in Abhängigkeit vom Zeitpunkt der Entleerung. Im Mittel aller Sammelstationen zeichnet sich jedoch eine relativ gleichmäßige Behälternutzung ab. Die Auswertung der mittleren Füllgrade führte dazu, daß eine Reduzierung auf zwei wöchentliche Abfuhrtemine möglich war.

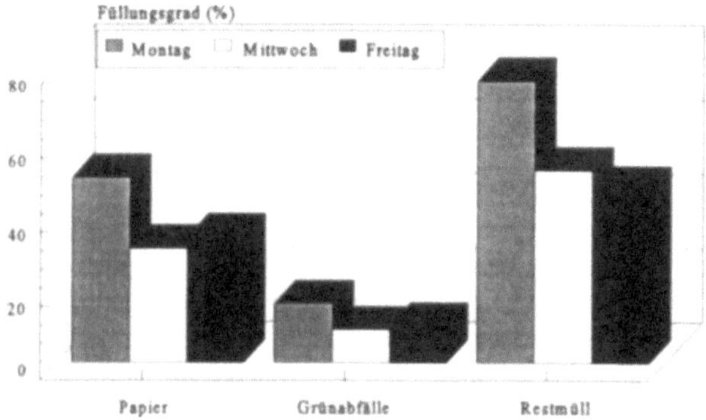

Abbildung 17. Befüllung der Container in Abhängigkeit vom Zeitpunkt der Entleerung.[145]

145 Vgl. PRETZ, T: Zwischenbericht des Modellversuchs "Bringsystem Radevormwald" Edelhoff, Juni 1990, S.14.

Standplatzwahl und -gestaltung

Da die "Entsorgungszentren" im Versuchsgebiet den jeweiligen örtlichen Verhältnissen angepaßt sind, weisen sie untereinander teilweise unterschiedliche Gestaltungsformen auf. Ein Teil der alten Standplätze der MGB 1100 l wird weiter genutzt. Da sich diese Behälter früher in sogenannten Waschbetonboxen befanden, sind die Boxentüren demontiert worden. Weiterhin wurden diese Standplätze noch um Iglus für die Altglassammlung erweitert.

Weitere "Entsorgungszentren" wurden auf ausreichend breiten Gehwegen, auf Parkstreifen oder im Wendebereich von Sackgassen aufgestellt. Die Installierung erfolgte generell auf befestigten Flächen, die zur Eingliederung der Standplätze in die Umgebungsstruktur u.a. mit Rankgittern gestaltet wurden.

Entsorgungsgebühren

Abfallgebühren werden in Radevormwald generell nach einem gefäßbezogenen Maßstab erhoben. Für die Dauer des Modellversuches wurde den Teilnehmer eine Gebührenerleichterung in Höhe von 20% gewährt. Begründet wurde diese Maßnahme mit einem im Vergleich zu den übrigen Bürgern erhöhten Aufwand für das Vorsortieren von Altstoffen und dem Komfortverlust bei der Entsorgung des Restmülls. Diese Argumentation macht deutlich, daß der im Gesetz fixierte Vorrang der Verwertung vor der sonstigen Entsorgung zumindest gebührentechnisch noch nicht umgesetzt worden ist.

Systemakzeptanz

Grundlegende Veränderungen der allgemeinen Handlungsabläufe in den privaten Haushalten sind nur dann durchzuführen, wenn diese Veränderungen von den betroffenen Personen unterstützt und auch beachtet werden. Änderungen in der Struktur und Organisation der privaten Entsorgungssysteme benötigen im hohen Maße eine aktive Mitarbeit. Maßnahmen, wie z.B. der Modellversuch "Bringsystem Radevormwald", bedürfen daher einer intensiven Öffentlichkeitsarbeit, einer informellen Vorbereitung und letztendlich auch einer Einbeziehung der teilnehmenden Bevölkerung in den gesamten Planungskomplex.

Auch bei den Wohnungsgesellschaften, die über mehr als die Hälfte der Wohnungen im Modellbezirk verfügen, war eine Unterstützung des Modellversuches zu erkennen. Konkret wurde in Radevormwald eine spezielle Öffentlichkeitsarbeit zur Versuchsvorbereitung durchgeführt. Der chronologische Ablauf ist im folgenden aufgeführt:

- Einberufung von Mieterversammlungen in den Wohnanlagen. Vorstellung des Versuches und die damit verbundene Intention.
- Fragebogenaktion zum Themengebiet "Bringsystem" bei allen Haushalten des Modellbezirkes. Bedenken betroffener Bürger betrafen hauptsächlich das Problem der Verschmutzung der Containerstellplätze sowie des individuellen Komfortverlustes bei der Hausmüllentsorgung. Dies äußerte sich derart, daß alle individuell nutzbaren Abfallbehälter für die Dauer des Modellversuches aus dem "Verkehr" gezogen wurden.
- Mehrere Bürgerversammlungen und Presseveröffentlichungen, um die Bürger in dem Modellbezirk ständig auf dem aktuellen Stand der Entwicklung halten zu können.
- Den Versuchsteilnehmern wurden Wurfzettel sowie auch Informationen über den zeitlichen Ablauf des Versuches zugestellt.

Am 16. Oktober 1989 wurde der Versuch gestartet.

Die dem Versuch angeschlossenen Haushalte hatten die Möglichkeit, schriftliche Einwendungen bei Unklarheiten und Bedenken sowie auch Anregungen zu machen. Aufgrund von 10 Einwendungen wurde eine Informationsveranstaltung abgehalten. Hier wurde ausschließlich der erhöhte Aufwand für die Hausmüllentsorgung durch die längeren Wege zu den Sammelbehältern beklagt. Ansonsten waren keine Einwendungen seitens der Bevölkerung zu verzeichnen.

Abschließend bleibt festzustellen, daß die große Mehrheit der Versuchsteilnehmer das "Bringsystem" angenommen und vorbildlich genutzt hat. Weniger als 1% der angeschlossenen Haushalte empfanden den Komfortverlust gegenüber der "alten Hausmüllentsorgung" als Rückschritt.

Als einen weiteren Maßstab für die Eignung und auch die Akzeptanz des "Bringsystems" kann der Grad der Fehlnutzung und Fehlbeschickung der Container herangezogen werden.

Etwa jeder dreißigste Papierbehälter weist Verunreinigungen durch Fehleinwürfe auf. Grünabfallbehälter sind etwa zu 10% mit Restmüllbestandteilen versehen. Die Fehleinwürfe von Wertstoffen in die Restmüllbehälter ist mit ca. 0,5% vernachlässigbar gering. Festzustellen bleibt an dieser Stelle noch, daß die Fehlbeschickung der Container überwiegend im Bereich der anonymen Hochhausbebauung angetroffen wurde.

Versuchsauswertung

Massenbilanz

In dem Zeitraum von Oktober 1989 bis einschließlich Mai 1990 wurden etwa 486 t Restmüll und Wertstoffe entsorgt. Diese Abfallmengen setzen sich, wie in Tabelle 20 angegeben, zusammen.

Der quantitative Beitrag des Bringsystems ist aus der Tabelle 19 sehr deutlich abzulesen. Vor Versuchsbeginn wären die "kompletten" 486,6 t als Hausmüll entsorgt worden. Jetzt sind jedoch nur 61,2% als Hausmüll und 38,8% anderweitig verwertet worden.

Tabelle 20. Mengenbilanz zum Versuch mit z.T. hochgerechneten Abfallmengen.[146]

Fraktion	Menge (t)	t/Woche	t/Jahr	Anteil (%)	kg/E·a
Restmüll	308,1	9,63	500,7	61,2	181,3
Papier	73,5	2,53	131,8	16,2	47,7
Grünabfall	51,2	1,65	85,9	10,5	31,1
Glas	53,8	1,92	100,0	12,2	36,2
Summe	486,6	15,73	818,4	100,0	296,3

Verwertungsbilanz

Restmüllanalyse

Die quantitative Analyse ermöglicht zwar Aussagen zur Entlastung der Entsorgungseinrichtungen, jedoch nicht zur abfallwirtschaftlichen Bedeutung des "Bringsystems". Um hier detaillierte Aussagen machen zu können, sind Informationen über die Qualität der getrennt gesammelten Abfallstoffe sowie die jeweiligen Erfassungsquoten erforderlich. Dies kann nur im Rahmen einer Restmüllanalyse geschehen.

Da eine Restmüllanalyse prinzipiell stichprobenartig durchgeführt wird, ist darauf zu achten, daß ein repräsentativer Ausschnitt aus der Gesamtmenge bewertet wird. Auch ist bei der Analyse von Hausmüllbestandteilen darauf zu beachten, daß sich saisonale Einflüsse hier extrem niederschlagen.

146 Vgl. PRETZ, T: Zwischenbericht des Modellversuchs "Bringsystem Radevormwald" Edelhoff, Juni 1990, S.22.

Eine stichprobenartige Restmüllanalyse wurde im Versuchsgebiet im Mai 1990 durchgeführt. Ziel war es, Erfassungsquoten für die getrennt gesammelten Fraktionen Papier, Glas und Gartenabfälle zu erhalten. In einem ersten Sortiervorgang wurde der angefallene Abfall in Mittel- (größer 80 mm) und Feinmüll (kleiner 40 mm) unterteilt. Der Siebvorgang wurde ständig überwacht, um eine vollständige Klassifizierung des Feinmülls sicherzustellen. Der grobere Abfall (größer 40 mm) wurde manuell nach folgenden Stoffgruppen sortiert:

- bündelfähiges Papier, z.B. Zeitschriften, Bücher, Kartons, etc.
- Glas
- Metalle, z.B. Getränkedosen, Konservendosen, etc.
- brennbare Stoffe, in der Regel Papier-Kunststoff-Verbunde
- mineralische Stoffe, z.B. Steine, Scherben, Porzelan, etc.
- kompostierbare Abfälle, z.B. Obstschalen, Gemüse, Brot, Laub oder auch Grasschnitt
- Problemabfälle, besonders Spraydosen, Batterien, Medikamente, Farben und Lacke
- Restmüll, z.B. verpackte Lebensmittel, Windeln, Sperrgut oder auch Elektrogeräte

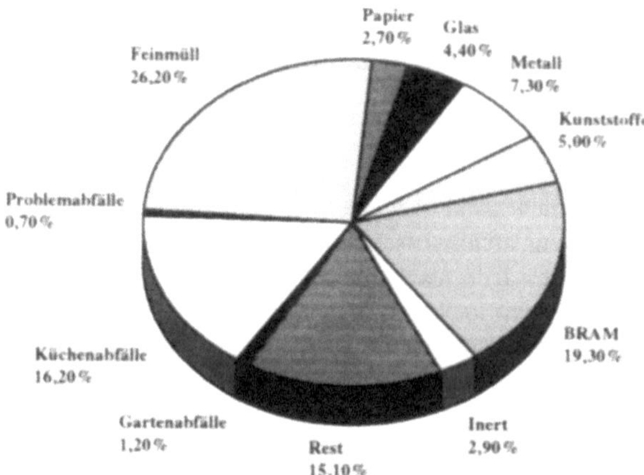

Abbildung 18: Restmüllzusammensetzung "Bringsystem Radevormwald".[147]

147 Vgl. PRETZ, T: Zwischenbericht des Modellversuchs "Bringsystem Radevormwald" Edelhoff, Juni 1990, S.28.

Die Stoffgruppe Feinmüll (kleiner 40 mm) wurde durch Absiebung des Restmülls behandelt. Teilproben wurden einer weiteren Analyse unterzogen. Da die stoffliche Zusammensetzung der beiden Teilproben nur geringe Unterschiede aufweist, werden beide Proben – zur Verbesserung der Aussagensicherheit – gemeinsam bewertet. Hiernach ergibt sich für den zum Analysezeitpunkt angefallenen Restmüll die in Abbildung 18 dargestellte Zusammensetzung.

Sammlung und Transport

Durch die Einführung der getrennten Sammlung von Wertstoffen ist der "logistische Aufwand", der auch die Komponenten Sammlung und Transport der Wertstoffe beinhaltet, deutlich angestiegen. Dieser Mehraufwand schlägt sich auch in signifikant höheren Kosten für die Abfallentsorgung nieder.

Bislang wurde ein heterogenes Abfallgemisch ohne großen Aufwand gesammelt, jetzt ist dies durch die differenzierte Sammlung verschiedener Stoffgruppen unter Verwertungsgesichtspunkten ersetzt worden. Da die Stoffgruppen getrennt voneinander eingesammelt und auch transportiert werden, ist der Aufwand entsprechend. Durch den Einsatz speziell für die Getrenntsammlung konzipierter Kraftfahrzeuge und darauf abgestimmter Behältersysteme kann dieser Mehraufwand teilweise kompensiert werden.

Erste Ergebnisse

Unter abfallwirtschaftlichen Gesichtspunkten kommt dem "Bringsystem" eine große Bedeutung zu. Die erzielten Verwertungsquoten für Altglas, Papier und auch Grünabfälle liegen durchweg zwischen 80% und 90%. Auch die Qualität der getrennt gesammelten Wertstoffe ist, da ein hoher Grad der Sortenreinheit vorliegt, relativ hoch. Die Behälter für die Wertstofferfassung werden fast durchweg bestimmungsgemäß genutzt, was durch die wenigen Fehlbefüllungen untermauert werden kann.

Die teilweise geäußerten Bedenken bezüglich der Sauberkeit der Stellplätze der Depotcontainer haben sich nicht bewahrheitet. Die Containerstellplätze sind in das Bild der jeweiligen Wohnlandschaft integriert. Die mit dem System verbundenen logistischen Aktivitäten müssen, speziell im Hinblick auf die Sammlung, noch optimiert werden.

3.3.2.4 Holsysteme

3.3.2.4.1 Teilintegrierte Systeme

Holsysteme sind dadurch gekennzeichnet, daß direkt an den Haushalt mindestens ein Behälter zusätzlich zur eigentlichen grauen Mülltonne aufgestellt wird. Sie haben gegenüber den Bringsystemen den Vorteil eines wesentlich höheren Erfassungsgrades, da die Wertstoffe auf dem Weg zur Restmüllbeseitigung in die graue Mülltonne sortenrein in den dafür vorgesehenen Behältern gesammelt werden.

Die Tatsache, daß die Behälter auf dem Grundstück untergebracht werden müssen, ist im eng bebauten Innenstadtbereich wegen des mangelnden Platzes häufig problematisch. Dies mindert die Akzeptanz in der Bevölkerung. Eine Leerung ist meist nur additiv möglich. Deshalb entsteht ein erhöhter Aufwand und auch höhere Kosten im Rahmen der Entsorgung.

Wertstoffbehälter als Mehrstoffbehälter

Diese Wertstoffbehälter werden allgemein auch als "Grüne Tonne" bezeichnet. In ihnen werden bis zu 5 verschiedene Fraktionen gesammelt.

- Papier
- Metall
- Glas
- Textilien
- Kunststoff.

Auf die Sammlung von Textilien und Kunststoffen wird häufig verzichtet, da zur Zeit auf dem Markt für diese Stoffe kaum Absatzmöglichkeiten bestehen. Bedingt durch mehrere Kunststoffarten fällt hier ein zusätzlicher Sortieraufwand an.

Abbildung 19. Verfahren der grünen Tonne.[148]

148 Vgl. THOMÉ-KOZMIENSKY, K.-J.: Recycling von Haushaltsabfällen 1, EF-Verlag, Berlin 1990, S.12.

Auch die im Hausmüll vorhandenen Textilien müssen, da sie oftmals von minderer Qualität sind, sortiert werden. Die höherwertigen und besseren Textilien werden durch Altkleidersammlungen bereits ausselektiert. Die Entleerung der Mehrstoffbehältnisse kann entweder alternativ im 14 tägigen Wechsel mit dem Restmüllbehälter (der sogenannten grauen Tonne) durchgeführt werden oder sie wird als additive Sammlung organisiert, so daß der Sammelrhythmus für die graue Tonne beibehalten wird. Der Wertstoffbehälter wird währenddessen zusätzlich geleert.[149] Die Sammlung im 14-tägigen Wechsel ist kostengünstiger, da weder zusätzliche Fahrzeuge noch zusätzliches Personal in nennenswertem Umfang benötigt werden.

Bei der späteren Trennung der gesammelten Wertstoffe ist auf die Besonderheiten der Förder- und Verdichtungseinrichtungen in den Sammelfahrzeugen zu achten. Dies wird erforderlich, um Verunreinigungen zu vermeiden, die durch eine zu hohe Verdichtung der Wertstoffe im Müllfahrzeug hervorgerufen werden und zu Schwierigkeiten bei der anschließenden Separierung führen.

Bisher vorliegende Erfahrungen wurden überwiegend bei dem Einsatz des Wertstoffbehälters in Ortsgebieten mit Ein- und Zweifamilienhausbebauungen gemacht. In dichter bebauten Gebieten ist eine geringere Teilnahmebereitschaft zu verzeichnen. Dies kann darauf zurückgeführt werden, daß im dicht bebauten Innenstadtbereich kaum Stellplätze für zusätzliche Müllbehälter vorgesehen sind. Da die Bewohner in der Regel auch nicht bereit sind, auf Nutzflächen zu verzichten, ist die Bereitschaft zur Aufstellung von Wertstoffbehältern tendentiell geringer. Zudem ist zu erkennen, daß bei überfüllten grauen Tonnen Abfälle einfach in die Wertstoffbehälter entsorgt werden.

Durch die Wertstoffbehälter werden ca. 70 kg bis 100 kg pro Einwohner und Jahr erfaßt. Der Erfassungsgrad liegt zwischen 50% und 90%. Durch unvermeidbare Fehlbefüllung der Mehrstoffbehältnisse und z.T. unverwertbare Reststoffe ist davon auszugehen, daß ca. 20 bis 30 Gewichtsprozente als Reststoffe anfallen, die letztendlich doch zu deponieren sind. Durch die Vermischung der einzelnen Komponenten bei der Sammlung findet eine Qualitätsminderung statt, die den Absatz der Wertstoffe zusätzlich erschwert.
Die ermittelten Kosten bei dem Einsatz der grünen Tonne belaufen sich bei alternierender Abfuhr mit Erlösen und mit ersparten Entsorgungskosten auf 80,- bis 130,- DM/t.[150]

149 Vgl. Der Rat von Sachverständigen für Umweltfragen: Abfallwirtschaft – Sondergutachten, Metzler-Poeschel Verlag, Stuttgart 1991, S.293.

150 Vgl. Gallenkemper, B.; u.a.: Getrennte Sammlung von Wertstoffen des Hausmülls - Planungshilfe zur Bewertung und Anwendung von Systemen der getrennten Sammlung, Erich Schmidt Verlag, Berlin 1988, S.233.

Die Sortierkosten können mit Kosten in der Größenordnung von ca. 80,- bis 140,- DM/t beziffert werden.[151]

Wertstoffbehälter als Einstoffbehälter

Die Forderung nach besseren Wertstoffqualitäten und der Wunsch nach Vermeidung aufwendiger Sortierverfahren war der Ausgangspunkt für größer angelegte Versuche auf diesem Gebiet. Das oberste Ziel war, Papier und Glas separat, d.h. sortenrein, zu sammeln.

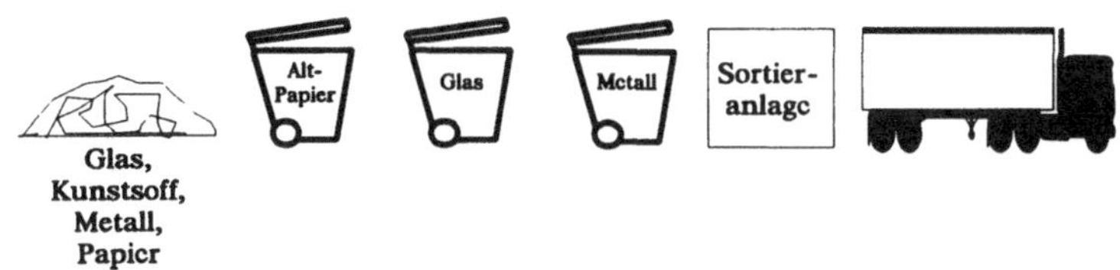

Abbildung 20. Mehrtonnen – Verfahren System.[152]

Hier wurden im wesentlichen drei Systeme getestet:

1) Papier und Glas werden in zwei zusätzlichen farblich gekennzeichneten Behältern (z.B.: grün und blau) gesammelt und in einem Zweikammerfahrzeug abgefahren.
2) Papier wird im Wechsel mit Glas in demselben grünen Behälter abgefahren.
3) Ausschließlich Papier wird im grünen Behälter gesammelt und abgefahren; die Glassammlung erfolgt über Depotcontainer.[153]

Der Vorteil der Einstoffbehältnisse liegt vor allem in der hohen Qualität der gesammlten Papierfraktionen. Bei der Sammlung von Glas als Monofraktion mit herkömmlichen Sammelfahrzeugen ergeben sich wegen des Glasbruchs erhöhte Aufbereitungsprobleme, wobei der Erfassungsgrad ähnlich dem des Mehrstoff-

151 Vgl. SCHEFFOLD, K.-H.: Kosten der getrennten Sammlung, in: Müll und Abfall 4/85, S.108 ff.

152 Vgl. THOMÉ-KOZMIENSKY, K.-J.: Recycling von Haushaltsabfällen 1, EF-Verlag, Berlin 1990, S.12.

153 In Anlehnung an Verband kommunaler Städtereinigungsbetriebe (VkS): Informationsschrift über Wertstoffe aus Siedlungsabfällen, Möglichkeiten der Wiederverwertung, in: Kumpf; u.a. (Hrsg), Handbuch für Müll und Abfall, Erich Schmidt Verlag, Berlin 1988.

behältnisses ist. Die Entsorgung von Einstoffbehältern ist aus naheliegenden Gründen nur zusätzlich möglich. Die Kosten für die Sammlung und den Transport einschließlich der Behälterkosten liegen bei diesem System zwischen 50,- bis 250,- DM/t.[154]

Wertstoffbehälter als Biotonne

Die organischen Küchen- und Gartenabfälle stellen mit ca. 40% den größten Anteil des Hausmüllaufkommens dar. Die Nutzung eines Großteils dieser Stoffraktionen befindet sich zur Zeit im Versuchsstadium. Die Anforderungen an den separierenden Haushalt sind, wegen der einfachen Unterscheidungsmöglichkeiten von Biostoffen und Restmüll, relativ gering.

Verunreinigungen in der Biotonne sind minimal. Es läßt sich so verhältnismäßig schadstoffarmer Kompost erzeugen. Auf diese Weise lassen sich ca. 10 bis 25% des Bioabfalls erfassen.

Da für dieses Erfassungssystem längerfristige Erfahrungswerte fehlen, ist eine abschließende Bewertung zur Zeit nicht möglich. Zusätzliche Kosten fallen vor allem durch die Bereitstellung eines weiteren Behälters sowie durch die Sammlung an. Hier sind spezielle Fahrzeuge erforderlich, die die Entleerung der Biotonnen vornehmen. Außerdem entstehen Kosten für die Kompostierung dieser Stoffe zwischen 100,- und 250,- DM pro Tonne Eingangsmaterial.[155]

Behälter plus Wertstoffsack

Anstatt des Wertstoffbehälters werden in einzelnen Versuchen für die Sammlung von Wertstoffen Säcke zur Verfügung gestellt. Der Vorteil liegt in der Möglichkeit der Vorsortierung der verschiedenartigen Stofffraktionen bereits im Haushalt. Die zusätzlichen Kosten für die Wertstoffsäcke sind relativ gering. Auch können die Säcke – eher als Wertstoffbehälter – in Wohngegenden mit dichter Innenstadtbebauung eingesetzt werden.

Der Transport eines Sackes ist unproblematischer und zudem nicht sperrig, so daß diese Wertstoffsäcke auch vorübergehend im Keller leicht Platz finden können. Der normale Hausmüll wird wie üblich mit der grauen Tonne entsorgt.

154 Vgl. PLÜMER, T.; u.a.: Verfahren der getrennten Sammlung, Verpackungs-Entsorgung, TÜV-Rheinland 1992, S.21.

155 Vgl. Verband kommunaler Städtereinigungsbetriebe (VkS): Wertstoffe in Siedlungsabfällen, 2. Auflage, Köln 1988, S.31.

3.3.2.4.2 Vollintegrierte Systeme

Vollintegrierte Systeme unterscheiden sich von teilintegrierten dadurch, daß keine zusätzliche Sammlung notwendig wird. Der normale Hausmüll aus der grauen Abfalltonne und die Wertstoffe werden zeitgleich abgeholt. Dies schlägt sich in niedrigeren Kosten bei Personal und bei dem Fuhrpark nieder.

Sack plus Wertstoffsack

Beide Säcke werden in diesem System mit einem normalen LKW abgeholt, der über keine Verdichtungsvorrichtung verfügt. Dies verhindert Glasbruch und ermöglicht eine problemlose Farbnachsortierung (höherer Anteil für Weißglasproduktion). Als Nachteile sind die Verletzungsgefahr und die starke physische Belastung der Müllwerker zu nennen. Die Bruttokosten liegen bei 50,-DM/t.[156]

Wertstoffsack im Behälter

Dem normalen Müllbehälter werden hier Wertstoffsäcke beigegeben. Beide Systeme werden auf konventionelle Art und Weise entleert. Der Einsatz einer Sortieranlage wird unbedingt erforderlich. Nachteilig bei diesem Holsystem ist die Verminderung der Nutzlast der Sammelfahrzeuge (kein Verpressen) und der relativ hohe Sortieraufwand. Eine Kostenstruktur für dieses System liegt zur Zeit noch nicht vor.

Mehrkammermüllsystem (MKMS)

Bei dem MKMS wird eine 240 l Tonne längs im Verhältnis 1:2 unterteilt. In dem größeren Teil wird die graue Fraktion entleert, im kleineren Teil werden Papier und Glas gesammelt. Entsprechend ist auch das Sammelfahrzeug umzubauen, d.h. in Längsrichtung zu unterteilen. Dieses System wird im Moment nicht weiter erprobt, da keine einheitliche Zusammensetzung des Hausmülls in verschiedenen Gebietsstrukturen vorausgesetzt werden kann. Als weitere Nachteile des Systems sind zu nennen:

- Verunreinigung der Wertstoffraktionen bei dem versehentlichen Vertauschen der beiden Kammern,

156 Vgl. VOGL, J.: Möglichkeiten der getrennten Erfassung von Abfallstoffen und deren Auswirkung auf konventionelle Beseitigungssysteme, in: Technische Universität München (Hrsg.): Konzepte zur Gewinnung von Wertstoffen aus Hausmüll, Berichte aus Wassergütewirtschaft und Gesundheitsingenieurwesen, 9. Mülltechnisches Seminar, München 1986, S.18.

- unterschiedliche Auslastung der Kammerkapazitäten kann zu ungleicher Achslastverteilung führen,
- eine Entleerung muß dann durchgeführt werden, wenn eine der beiden Kammern befüllt ist, sowie
- ein hoher wirtschaftlicher und technischer Aufwand bei Fahrzeugen und der Tonne ist notwendig, wodurch der Grad der Flexibilität dieses Systems leidet.

3.3.2.4.3 Wertstofferfassung aus nicht vorsortierten Siedlungsabfällen

Den Vorteil der Beibehaltung bisheriger Entsorgungsstrukturen in Bezug auf die Sammelverfahren bietet eine Wertstofferfassung aus nicht vorsortierten Siedlungsabfällen. Hierbei wird der sogenannte graue Müll in einer Sortieranlage mittels mechanischer Trennung separiert. Verwertbare Bestandteile wie Papier/Pappe, Kunststoffe, Metall und kompostfähige Stoffe werden einer Wiederverwendung zugeführt. Der Restmüll wird deponiert. Die Reduktion der abzulagernden Müllmengen – unter Einbeziehung der Glasmengen – wird mit 60 bis 70 Gewichtsprozenten angegeben.[157]

Als nachteilig stellt sich jedoch eine minderwertige Wertstoffqualität heraus, die teilweise den Qualitätsansprüchen für eine Verwertung nicht gerecht wird. Teile des Papiers bzw. der Pappe können so nur noch zu Brennstoff aus Müll (BRAM) oder auch Brennstoff aus Papier (BRAP) verarbeitet werden. Der aus der Reststoffraktion hergestellte, qualitativ minderwertige Kompost kann, wegen seiner starken Verunreinigung, nur noch zu einer Rekultivierung von Deponieflächen verwendet werden.

Durch das hohen Müllaufkommen ist eine Entwicklung dieser Verfahren jedoch nur im großtechnischem Maßstab denkbar. Eine manuelle Sortierung von Hand würde nicht nur ein Ansteigen der Kosten bedingen, sondern auch die anfallenden Müllvolumina wären nicht zu bewältigen.

3.3.2.4.4 Beurteilung der Systeme der getrennten Wertstoffsammlung

Unter Berücksichtigung der zuvor genannten Verfahren und der Anforderungen an die Reststoffqualität bietet sich vor allem Altglas und Altpapier für eine getrennte Sammlung an.

Der im Hausmüll enthaltene Eisenanteil läßt sich aus dem "grauen Müll" leicht mit einem Magnetabscheider herauslösen. Bei Kunststoffen ist aufgrund der vorhandenen Sortenvielfalt und der bestehenden Absatzprobleme auf dem Sekundärrohstoff-

157 Vgl. MULTHAUP, R., u.a.: Entsorgungslogistik, Verlag TÜV-Rheinland 1990, S.42.

markt ein wirtschaftlicher Einsatz von Verfahren der getrennten Sammlung für den hier relevanten Bereich der Siedlungsabfälle nicht in Sicht.

Tabelle 21. Recyclingpotential verschiedener Sammelsysteme.[158]

Verfahren	1	2	3	4	5	6	7	8	9	10	11	12	13	14
Zielgruppe	HM	HM	HM	GM	HM	HM SM	GM HM SM	HM GA	HM GA	HM GA	HM GA	HM GA	GM	GM GA
Organisationsform	K/P	K/P	K/P	P	P	K	K/P	K	K	K	P	P	K/P	K/P
Entzogene Menge (% Stoffgruppe)														
• Papier	90	80	80	60	25	10	30	-	80	20	90	90	-	-
• Pappe	90	80	80	70	20	15	40	-	80	20	90	90	-	-
• Glas	(90)	85	85	50	35	20	-	-	-	-	-	-	-	-
• Metalle	-	70	70	80	20	15	20	-	-	-	-	-	-	-
• Kunststoff	-	65	65	70	-	10	-	-	-	-	-	-	-	-
• Textilien	-	(50)	(50)	-	-	20	70	-	-	-	-	-	-	-
• Holz	-	(50)	(50)	70	-	20	20	-	-	30	-	-	-	-
• Kompostfraktion	-	-	90	80	-	-	30	90	90	80	100	100	80	80

1. Wertstofftonne (1 Komponente)
2. Wertstofftonne (Mehrkomponentensystem)
3. Drei-Tonnen-System
4. Monoladung Gewerbemüll
5. Depotcontainer
6. Recyclinghof
7. Holsystem
8. Getrennte Sammlung von Biomüll
9. Getrennte Sammlung von Biomüll und Papier
10. Restmüllkompostierung System Wertstofftonne
11. Gartenkompostierung ohne Subvention
12. Gartenkompostierung mit Subvention
13. Monoabfälle
14. Monoabfälle mit getrennt gesammelten Gartenabfällen

HM = Hausmüll
GM = Hausmüllähnlicher Gewerbemüll
GA = Gartenabfälle
SM = Sperrmüll
K = Kommunal
P = Privat

158 Vgl. BLUME, H., u.a.: Sammlung, Umschlag und Transport von Hausmüll, in: Entsorgungspraxis Spezial, No. 3, 9/90, S.9.

Wegen der Verschmutzung durch andere im Müll enthaltene Stoffe ist die Qualität der aus den mechanischen Sortieranlagen gewonnenen Wertstoffe und die Qualität der Wertstoffe, die mittels der "grünen Mehrstofftonne" gesammelt wurden, erheblich schlechter als die der im Verfahren der Einstoffsammlung erzielten Wertstoffe. Da aber vor allem die Sortenreinheit unverzichtbare Voraussetzung für die Wiederverwendung akzeptabler Mengen mit ausreichenden Erlösen ist, ergibt sich hieraus ein eindeutiger Vorteil für die getrennte Sammlung mit Hilfe des Einstoffverfahrens gegenüber den Mehrstoffverfahren oder einer Sortierung des "grauen Mülls". In Tabelle 21 werden gewinnbare Wertstoffmengen und das benötigte Behältervolumen bei verschiedenen Systemen der getrennten Sammlung tabellarisch vorgestellt.

Durch die getrennt gesammelten und verwertbaren Mengen wird neben einer mehrfachen Kreislaufzuführung von "Rohstoffen" auch das benötigte Deponievolumen um ein Vielfaches verringert.

So werden im Gegensatz zur ausschließlichen Deponierung durch die getrennte Abfuhr ca. 50 kg pro Einwohner und Jahr weniger deponiert. Bei Anlagen mit Volumenreduktion (z.B. Verbrennung) reduziert sich dieser Wert nochmals etwa auf die Hälfte.

3.3.2.5 Kombinierte Erfassung mittels Bring- und Holsystem

3.3.2.5.1 Wertstofferfassung im Dualen System

Die Grundidee des Dualen Systems sieht vor, daß jedem Haushalt eine zusätzliche Wertstofftonne bzw. Wertstoffsack angeboten wird. In diesem Erfassungsgefäß werden Kunststoff-, Metall- und Verbundverpackungen gesammelt.Zusätzlich wird das Netz von Altglas- und Altpapier-Containern mit einer Anschlußquote von 500 Einwohner pro Container verdichtet.

Während in der Anfangszeit des Dualen Systems das oben vorgestellte Erfassungssystem ohne große Flexibilität präferiert wurde, ist in der Bonner Gesellschaft ein Umdenken erfolgt:

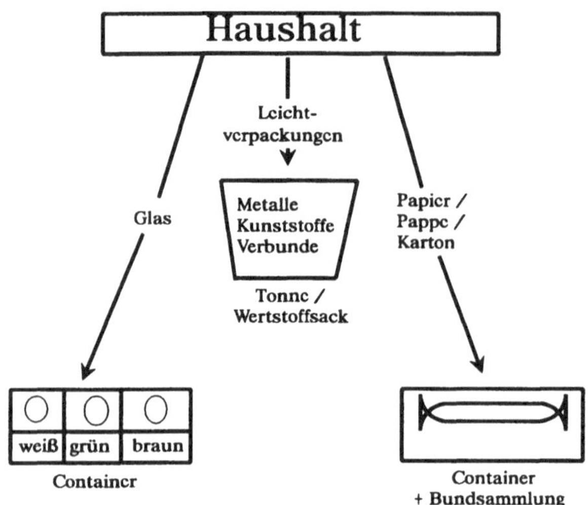

Abbildung 21: Erfassungssystem "Duales System".

"Es wird sich also in der Praxis nicht um ein bundesweit gültiges, starres, statisches Modell, sondern um mehrere variationsfähige, d.h. auf die jeweils geographischen Gegebenheiten zugeschnittene Modelle handeln."[159]

Kommunen sind somit gefordert, mit Hilfe empirischer Studien, auf ihren Bereich angepaßte, haushaltsorientierte und gebietssegmentierte Erfassungssysteme einzuführen. Neue gesetzliche Regelungen wie z.B. die Rücknahmepflicht von Druckerzeugnissen erfordern hier neben einer systematischen Vorgehensweise eine in die Zukunft gerichtete Planung.

Für ein modellhaftes Entsorgungsgebiet ist – basierend auf den Angaben des DSD – ein Kostenvergleich zwischen den unterschiedlichen Erfassungssystemen durchgeführt worden. Ziel war es, herauszufinden, welches System sowohl ökonomisch wie auch ökologisch der Zielsetzung der Verpackungsverordnung am ehesten entspricht. Die Kostenvergleichsrechnung stellt eine Entscheidungsgrundlage hinsichtlich der Einführung von Systemen zur Wertstofferfassung innerhalb des DSD dar. Als Ergebnis der Untersuchung kann festgehalten werden, daß in den

159 Vgl. RÖSCH, C.: Verpackungen sollen nicht mehr zu Abfall werden, in: Welters, G. (Hrsg.), Die Verpackungsverordnung und ihre Umsetzung (Tagungsband), Berlin 1992, S.6.

betrachteten Modellgebieten die Einführung des Dualen Systems teurer ist als die bisher unterstellten Kosten für die Wertstofferfassung. Dies läßt sich durch die qualitativ relativ hohen Anforderungen an die Systemkomponenten des Dualen Systems (z.B. Erfassungs- und Sortierquoten) erklären.[160]

Tabelle 22. Kostenvergleich der Erfassungssysteme ohne Sortierkosten.[161]

Erfassungs-system	rechn. erfaßb. Wertstoff-gewicht kg/E.a	angenom-menes Erfassungs-gewicht kg/E.a	Behälterkosten DM/t	Standplatz-kosten DM/t	Sammel-leistung t/h	Erfas-sungs-kosten DM/t
1. Glas						
a) Iglu	38	19	96,-	39,-	4,02	177,-
b) add. Erf.	38	30	-	-	1,4	252,-
c) Sackerf.	38	30	52,-	-	1,69	130,-
2. Papier						
a) Iglu	59	23,6	31,-	16,-	1,26	153,-
b) Bündelerf.	47 *)	38	-	-	0,75	174,- *)
c) Sackerf.	59	48	71,-	-	1,31	236,-
3. Weißblech-, Aluminium-, Getränkekar-tonerfassung						
a) Sackerf.	8,85	6,96	488,-	-	0,21	1.110,-
4. Kunststoff-erfassung						
a) Sackerf.	5,55	4,44	470,-	-	0,27	947,-

*) nur Druck-erzeugnisse

160 Vgl. BEYER, H.-J.: Kostenvergleichsrechnung Duales System, in: Entsorgungspraxis 5/92, S.266 ff.

161 Vgl. BEYER, H.-J.: Kostenvergleichsrechnung Duales System, in: Entsorgungspraxis 5/92, S.269.

Tabelle 23: Gesamtkostenvergleich.[162]

Erfassungs-system	Erfassungs-kosten* DM/t	Sortier- u. Reststoff-entsorgungs-kosten DM/t	system-begl./-bedingte Kosten DM/t	Kosten; gesamt DM/t
1. Glas				
a) Iglu	177,-		59,90	236,90
b) add. Erf.	252,-	(50,- + 25,-)*	59,90	404,90
c) Sackerf.	130,-	(50,- + 25,-)*	59,90	274,90
2. Papier				
a) Iglu	153,-	233,-	59,90	484,90
b) Bündelerf.	174,-	234	59,90	514,90
c) Sackerfass.	236,-	233,-	59,90	590,90
3. Weißblech-Aluminium, Getränkekarton-erfassung				
a) Sackerf.	1.110,-	223,-	59,90	1.568,90
4. Kunststoff				
a) Sackerf.	1.184,-	1.015,-	59,90	2.258,90

* Die Sortierkosten für Glas von DM50,-/t ergeben sich aus der Literatur; Die Reststoffentsorgungskosten von DM25,-/t wurden unterstellt.

3.3.2.5.2 Erfahrungen mit der Einführung des Dualen Systems

Bei dem Abschluß eines Entsorgungsvertrages mit der DSD GmbH sind aus kommunaler Sicht einige Gesichtspunkte zu beachten. Dies läßt sich vor allem auf die Erfahrungen bei der Einführung der dualen Abfallwirtschaftskonzeption in der Stadt Bielefeld zurückführen.

1) Relative Quoten

Kommunale Auftraggeber können nicht daran interessiert sein, vertraglich an bundesdurchschnittliche Quoten gebunden zu werden. Hierbei sind die regionalen Besonderheiten der jeweiligen Gebietskörperschaft nur unzureichend berücksich-

162 Vgl. BEYER, H.-J.: Kostenvergleichsrechnung Duales System, in: Entsorgungspraxis 5/92, S. 269.

tigt. Für die Kommunen bedeutet das, daß die durchschnittlich errechneten Mengen aus der Hausmüllanalyse, zuzüglich der Quoten aus der Verpackungsverordnung vorausgesetzt werden.

Da für die Stadt Bielefeld das Papieraufkommen – relativ zur Bundeshausmüllanalyse – geringer war, hätten die absoluten Papiermengen in Bielefeld kumuliert einen Wert ausmachen müssen, der oberhalb der 100 % Grenze liegt. Das Nichterreichen der vertraglich festgelegten Quoten hat in der Regel eine fristlose Vertragskündigung seitens der DSD GmbH zur Folge. Dieses Problem konnte durch den konkreten Nachweis der Aufkommen an Glas, Papier/Pappe und Leichtfraktionen beseitigt werden.

2) Öffentlichkeitsarbeit

Für die Bereiche Öffentlichkeitsarbeit, Abfallberatung sowie Einrichtung, Unterhaltung und Reinigung von Depotcontainerstandplätzen sollten in jedem Fall Vergütungen des DSD an die Kommunen vereinbart werden. Im Bielefelder Vertrag wurde für die Öffentlichkeitsarbeit ein Betrag von bis zu 1,- DM/E·a und für die Beratung ein Pauschalbetrag von 0,50 DM/E·a vereinbart. Die Aufwendungen im Bereich der Depotcontainerstandplätze wurden mit 3,-DM/E·a vergütet.

3) Leichtfraktion

In einer Ausgangssituation, in der für das getrennte Sammeln von Glas- und Papierfraktion Erfassungssysteme weitestgehend etabliert sind, die für den Bereich der Leichtfraktionen erst aufgebaut werden müssen, tendieren die kommunalen Interessen zu einer möglichst frühen Kostenerstattung für Glas und Papier. Im Bielefelder Vertrag konnte eine Nachlauffrist für Leichtfraktionen von fünf Monaten vereinbart werden. Wenn im Bereich Weißblech- und evtl. Aluminiumsammlung bereits erste Erfassungssysteme vorhanden sind, sind durchaus auch längere Fristen bis zur Einführung einer Leichtfraktionssammlung vorstellbar.[163]

4) Haftpflicht

Das DSD verlangt – verständlicherweise – eine Freistellung von Haftungsansprüchen aus dem Betrieb des Dualen Systems. Allerdings erscheint es sinnvoll, diese Haftungsansprüche auf die gesetzliche Haftpflicht zu begrenzen und sonstige Schadensersatzansprüche auszuschließen.

163 Vgl. WIEBE, A.: Einführung des Dualen Systems in Bielefeld, in: Plümer, T., u.a.: Die Verpackungsentsorgung, Verlag TÜV-Rheinland, Köln 1992, S.13.

5) Subunternehmen

Für den kommunalen Generalunternehmer ist es von großer Bedeutung, die gegenüber dem DSD übernommenen Vertragspflichten konsequent umzusetzen. Dies bedeutet, die Vertragspflichten im vollen Umfang an die Subunternehmer weiterzugeben. Das gilt insbesondere für die Einhaltung der Erfassungs- und Sortierungsquoten sowie die möglichst sortenreine Sammlung.[164]

Vor allem im Bereich der Sortierungsquoten ist aus abfallwirtschaftlicher Sicht eine Überschreitung der von der Verpackungsverordnung vorgesehenen Werte sinnvoll. Neben den Haftungsrisiken sind vor allem die Regelungen über die Mengennachweise und die Zahlungsmodalitäten von Bedeutung. Hier empfiehlt es sich, Wert darauf zu legen, daß Zahlungen nur dann geleistet werden, wenn vorher die Zahlungen vom DSD an die Kommunen erfolgt sind. Das beinhaltet insbesondere die Anerkennung der von den Subunternehmern vorgelegten Mengennachweise.

164 Vgl. WIEBE, A.: Einführung des Dualen Systems in Bielefeld, in: Plümer, T., u.a.: Die Verpackungsentsorgung, Verlag TÜV-Rheinland, Köln 1992, S.14.

4 Getrennte Erfassung von Wertstoffen in der Stadt Hamm (IST-Analyse)

4.1 Ausgangssituation

Durch immer größere Müll- und Abfallmengen entstehen gerade im Bereich der Abfallvermeidung und -verwertung ständig neue Konzepte, die versuchen, den immer akuter werdenden "Müllnotstand" zu verhindern. Da Deponiekapazitäten zur Beseitigung von Abfällen bei weitem nicht mehr ausreichend vorhanden sind, wird seit geraumer Zeit die getrennte Erfassung von Wertstoffen in verschiedenen Kommunen durchgeführt.

Durch die Einführung des Dualen Systems werden die Erfassungssysteme für den einzelnen Bürger noch umfangreicher und unüberschaubarer. Unter der Voraussetzung, hohe Beteiligungsquoten mit einer hohen Sortenqualität zu erreichen, müssen die Behältersysteme gebietsspezifisch auf die Anforderungen der Bürger – unter Berücksichtigung wirtschaftlicher und technischer Aspekte – angepaßt werden.

Auch muß mit der Einführung neuer Erfassungssysteme unbedingt eine gezielte und fundierte Öffentlichkeitsarbeit einhergehen. Somit ist schon recht frühzeitig ein langfristig orientiertes Konzept aufzustellen.

Für eine solche Projektarbeit hat sich die Stadt Hamm angeboten, da hier neben stark ausgeprägten städtischen und ländlichen Strukturen ebenfalls die Depotcontainererfassung für die Fraktionen Altpapier und Altglas sowie die Getrennterfassung von Bioabfällen in Versuchsgebieten forciert wurde.

In den beiden anschließenden Kapiteln werden folgende Gesichtspunkte behandelt:

1) Abfallwirtschaftliche Zielsetzungen kommunaler Gebietskörperschaften
2) Darstellung der Entsorgungslage der Stadt Hamm zu Beginn der Arbeit
3) Empirische Untersuchung zur Akzeptanzlage bei der getrennten Erfassung von Wertstoffen

In Abbildung 22 werden die Bereiche, die von einem kommunalen Marketingkonzept determiniert werden, dargestellt.

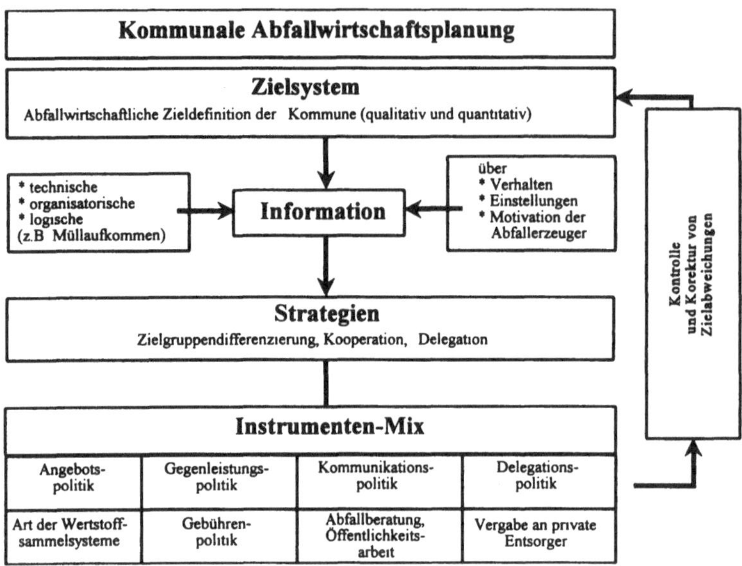

Abbildung 22. Kommunale Abfallwirtschaftsplanung.

4.2 Abfallwirtschaftliche Zielsetzungen kommunaler Körperschaften

4.2.1 Rechtlich bedingte Zielsetzungen

Der Grundsatz, daß Abfälle nach Maßgabe bestimmter Rechtsverordnungen zu vermeiden sind, ist im § 1a Abs.1 des Gesetzes über die Vermeidung und Entsorgung von Abfällen (Abfallgesetz – AbfG) vom 27. August 1986 verankert. Darüber hinaus ist in § 3 Abs.2 Satz 3 festgelegt, daß die Abfallverwertung Vorrang vor der sonstigen Entsorgung hat, wenn:

- sie technisch möglich ist,
- die hierbei entstehenden Mehrkosten im Vergleich zu anderen Verfahren der Entsorgung zumutbar sind und
- für die gewonnenen Stoffe oder Energie ein Markt vorhanden ist oder insbesondere durch Beauftragung Dritter geschaffen werden kann.

Das Abfallgesetz für das Land Nordrhein-Westfalen (Landesabfallgesetz – LAbfG) schreibt eine hieran anknüpfende differenzierte Rangfolge der abfallwirtschaftlichen Ziele vor.[165] Demnach sind:

1. Abfälle und Schadstoffe in Abfällen soweit wie möglich zu vermeiden oder zu verringern;
2. angefallene Abfälle, insbesondere Glas, Papier, Metall, Kunststoff, Bauschutt und Grünabfälle in den Stoffkreislauf zurückzuführen (Vorrang der stofflichen Verwertung);
3. nicht verwertbare Abfälle soweit erforderlich zu behandeln;
4. nicht weiter zu behandelnde Abfälle umweltverträglich abzulagern.

Nachdem inzwischen allgemein anerkannt wird, daß einschneidende Maßnahmen zur Abfallvermeidung erforderlich sind und sich dies auch deutlich in den einschlägigen Gesetzen niederschlägt, kommt dem Verpackungsabfall in diesem Zusammenhang besondere Bedeutung zu.

Dem wiederum trägt die am 8. Mai 1991 endgültig verabschiedete Verordnung über die Vermeidung von Verpackungsabfällen (Verpackungsverordnung-VerpackV) Rechnung. Aus dieser Rechtsverordnung zum AbfG resultiert neuer Handlungsbedarf für Industrie, Handel, Verbände und Kommunen. Enge Terminvorgaben erfordern dabei ein schnelles Vorgehen.[166]

165 Vgl. Landesabfallgesetz des Landes Nordrhein – Westfalen in der Fassung von 21. Juni 1988, zuletzt geändert durch Gesetz vom 14. Januar 1992.

166 Vgl. Verordnung über die Vermeidung von Verpackungsabfällen in der Fassung vom 12. Juli 1991.

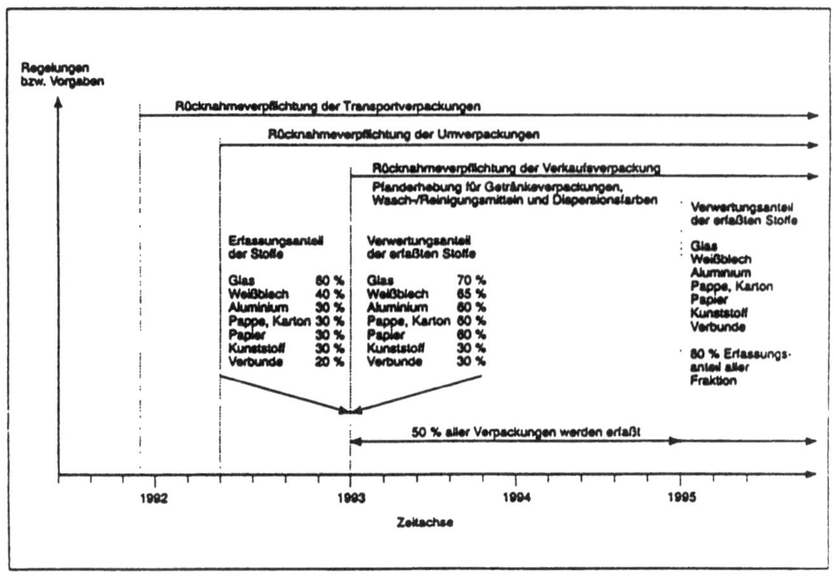

Abbildung 23. Termine und Vorgaben der VerpackV.[167]

Die Verordnung unterscheidet und definiert die Verpackungsbereiche:

- Transportverpackungen

Transportverpackungen sind dazu bestimmt, Waren auf dem Weg vom Erzeuger zum Vertreiber vor Schäden zu bewahren. Für diese Verpackungen sieht die Verordnung vor, daß sie nach Gebrauch zurückgenommen oder grundsätzlich einer erneuten Verwendung für Verpackungszwecke zugeführt werden müssen.

- Umverpackungen

Umverpackungen sind u.a. dazu bestimmt, den Diebstahl von Produkten zu erschweren oder zu verhindern bzw. die Werbewirksamkeit der Produkte zu erhöhen. Sie verlieren ihre Funktion bei der Übergabe an den Endverbraucher.

167 Vgl. ZENTGRAF, C.: Auswirkungen der Verpackungsverordnung auf Industrie und Handel, in: Abfallwirtschaftsjournal 3/91, S.700.

- Verkaufsverpackungen

Verkaufsverpackungen dienen der Haltbarkeit bzw. dem Schutz der Ware auf dem Transport vom Laden bis zum Endverbraucher. Hierfür muß der Handel Sammelbehältnisse zur Verfügung stellen, so daß der Verbraucher direkt am Handelsbetrieb die Verpackung zurücklassen oder nach Gebrauch zurückbringen kann.[168]

Da die Rücknahmepflicht für Verkaufsverpackungen kleinere Handelsunternehmen vor Probleme stellt, besonders in Bezug auf die Bereitstellung von Räumlichkeiten zur getrennten Materialerfassung, wird der Wirtschaft die Möglichkeit eingeräumt, sich von dieser Regelung durch die Beteiligung an einem zusätzlichen Abholsystem zu befreien.

§ 6 Abs.3 VerpackV beschreibt dieses als ein System, das flächendeckend im Einzugsgebiet des verpflichteten Vertreibers eine regelmäßige Abholung gebrauchter Verkaufsverpackungen bei dem Endverbraucher oder in der Nähe des Endverbrauchers in ausreichender Weise gewährleistet und die Anforderungen an die weiter unten tabellarisch aufgeführten Erfassungs- und Verwertungsquoten erfüllt.

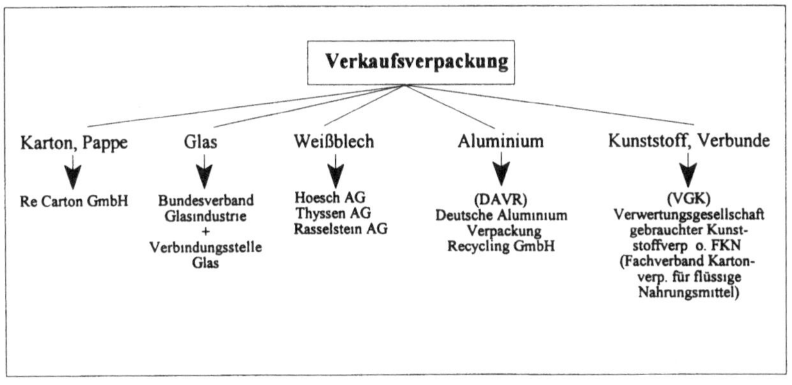

Abbildung 24. Abnahmegarantie der Verpackungswertstoffe.[169]

168 Vgl. Verordnung über die Vermeidung von Verpackungsabfällen in der Fassung vom 12. Juli 1991.

169 Vgl. ZENTGRAF, C.: Auswirkungen der Verpackungsverordnung auf Industrie und Handel, in: Abfallwirtschaftsjournal 3/91, S.700.

Dieses System, das zusätzlich zu der "grauen Tonne" eingeführt werden soll, wird als "Duales Entsorgungssystem" bezeichnet. Neben der haushaltsnahen Erfassung von Verpackungen wird durch das neue System ebenfalls die Abnahme- und Verwertungsgarantie durch die Verpackungshersteller bzw. Vormateriallieferanten und die Finanzierung der Sammlung und Sortierung geregelt.

Grundlage bei der "Dualen Abfallwirtschaft" ist die Trennung der Hausmüllentsorgung in die von der Wirtschaft getragene haushaltsnahe Erfassung von Verpackungen und die "traditionelle" Entsorgung des Restabfalls durch die entsorgungspflichtigen Körperschaften. Ziel dabei ist die Erreichung eines möglichst hohen Erfassungsgrades verwertbarer Verpackungen.

Da in vielen Kommunen bereits Verfahren der getrennten Erfassung von Wertstoffen Anwendung finden, sollten neue Konzepte auf die bereits bestehenden Systeme bezogen werden. Dabei können die kommunal unterschiedlichen Behälter- und Sammelsysteme integriert werden, wenn sie durch Erhöhung der Materialmengen oder -qualitäten zur Optimierung der Verwertungsergebnisse oder zu einem zügigeren Aufbau des Systems beitragen.

Die Verordnung, die als alternative Möglichkeit die Einführung des "Dualen Systems" anstelle der direkten Rücknahme von Verkaufsverpackungen im Laden vorsieht, hat konkrete Erfassungs- und Sortierquoten vorgegeben, die es einzuhalten gilt.

Tabelle 24. Erfassungsquoten.

	am 01.01.1993	ab 01.07.1995
Glas	60%	80%
Weißblech	40%	80%
Aluminium	30%	80%
Pappe, Karton	30%	80%
Papier	30%	80%
Kunststoff	30%	80%
Verbunde	20%	80%

Tabelle 25. Sortierquoten.[170]

	am 01.01.1993	ab 01.07.1995
Glas	70%	90%
Weißblech	65%	90%
Aluminium	60%	90%
Pappe, Karton	60%	80%
Papier	60%	80%
Kunststoff	30%	80%
Verbunde	30%	80%

Falls diese Quoten durch die "Duale Abfallwirtschaft" in den angegebenen Zeiträumen nicht erreicht werden, wird zwangsläufig die Rücknahme der Verkaufsverpackungen in den Handelsunternehmen vorgeschrieben.

Zur Umsetzung der Dualen Abfallwirtschaft wurde am 28.09.1990 die Duales System Deutschland GmbH ins Leben gerufen, die von einer Vielzahl von nahmhaften Unternehmen aus Handel und Industrie getragen wird. Die primären Aufgaben der DSD-GmbH bestehen in:[171]

- Vergabe der Kennzeichnung der in das System einbezogenen Verpackungen und die damit verbundene Abrechnung der für die Finanzierung des Systems erforderlichen Mittel (Grüner Punkt)
- Ausschreibung und Vergabe der entsprechenden Aufträge an die Entsorger und die Koordinierung und Überwachung der jeweiligen Leistungen (Sammeln, Sortieren)
- Verbraucheraufklärung über die Nutzung des Dualen Systems, umfassende Öffentlichkeitsarbeit sowie die Klärung rechtlicher und politischer Fragen im Zusammenhang mit dem Aufbau und Betrieb des Systems (Information)

Die Finanzierung der dualen Abfallwirtschaft läuft über eine Gebührenerhebung, die in Verbindung mit der Vergabe des grünen Punktes steht.

---

170 Vgl. Verordnung über die Vermeidung von Verpackungsabfällen in der Fassung vom 12. Juli 1991, zu § 6 Abs. 3: Quantitative Anforderungen an Erfassungssysteme.

171 Vgl. TRÖSTER, N.: Verpackungsverordnung und Entsorgung im Handel, Deutsches Handelsinstitut Köln e.V., Köln 1991, S.27.

Tabelle 26. Nutzungsentgelt des Grünen Punktes.[172]

bis 0,05 l	0 Pfennig
bis 0,20 l	1 Pfennig
bis 3,00 l	2 Pfennig
bis 30,00 l	5 Pfennig
über 30,00 l	20 Pfennig

Es ist jedoch anzumerken, daß die Gebühren für den Grünen Punkt, die sich bisher an Volumen und der Menge der abgesetzten Verpackung bemessen, ab Mitte 1993 novelliert werden sollen. Die Zahlungen werden sich dann an den tatsächlich verursachten Kosten für die Sammlung und Sortierung der jeweiligen Verpackungsmaterialien orientieren.[173]

Die vorliegende Konzeption setzt innerhalb der Gesamtbetrachtung der Abfallproblematik bei dem effektiv anfallenden Abfallaufkommen der privaten Haushalte ein. Denn – abgesehen von zahlreichen z.T. noch ungelösten technischen Problemen – hängt die Umsetzung des "Dualen Systems" und die Realisierung hoher Recyclingquoten (als Voraussetzung für seine Wirtschaftlichkeit) erheblich vom Mitwirken der Verbraucher ab.

Diese müssen die einzelnen Materialien des Abfalls trennen und eventuell verschiedenen Behältern zuführen, die nicht unbedingt direkt am Haus stehen werden. Es ist zu klären, wohin der Verbraucher Wertstoffe entsorgen soll, die nicht als gekennzeichnete Verpackungsabfälle ausgewiesen sind.

Erste themenbezogene Gespräche mit einzelnen Bürgern wiesen bereits auf mangelhaftes Wissen hinsichtlich des Dualen Systems hin. Sollte sich diese Tendenz bei näherer Untersuchung bestätigen, werden angesichts der in letzter Zeit eher kritischen Presse, mit entsprechendem Einfluß auf die allgemeine Meinungsbildung, erhebliche kommunikationspolitische Anstrengungen erforderlich sein, um die Haushalte zum gewünschten Mitwirken zu bewegen.

172 Vgl. TRÖSTER, N.: Verpackungsverordnung und Entsorgung im Handel, Deutsches Handelsinstitut Köln e.V., Köln 1991, S.27.

173 Vgl. Duales System Deutschland GmbH: DSD plant Gebührenänderung: Anreize zur Vermeidung, in: Entsorga-Magazin 7/8 1992, S.39.

Kritikpunkte, die in der Vergangenheit immer wieder ein stark diskutiertes Thema waren, sind u.a. in folgenden Einzelaspekten zu sehen:[174]

- Der Grüne Punkt ist kein gutes Zeichen für die Umwelt, da nur Einwegverpackungen ihn bekommen und die umweltfreundlichen Mehrwegverpackungen nicht.
- Aus den meisten Verpackungen können keine Verpackungen mehr hergestellt werden.
- Etwa 30 - 40% der Verpackungen aus der gelben Tonne/Sack werden als Sortierrest gleich auf die Deponie oder in die Müllverbrennungsanlage gebracht.
- Verwertung, falls sie überhaupt stattfindet, ist keine Vermeidung.
- Die Sammlung der Verpackungen ist nicht kostenlos, denn für das Duale System zahlt jeder Bürger über den grünen Punkt z.Z. im Durchschnitt 35,- bis 40,- DM pro Jahr.

Ohne Zweifel wird die Kommunikationspolitik und die Verbraucheraufklärung zum wichtigen Bestandteil des Systems werden. Sie bildet daher den Schwerpunkt der vorliegenden Konzeption, die aufzeigen will, wie unter Einsatz konkreter marketingpolitischer Handlungsinstrumente bei den Bürgern die Akzeptanz und Handlungsbereitschaft hinsichtlich möglicher Abfallseparierungssysteme erhöht werden kann. Insofern stellt diese Konzeption einen Beitrag zur Förderung umweltentlastenden Entsorgungsverhaltens der privaten Endverbraucher dar.

Bei realistischer Einschätzung kann nicht von einem vollkommenen, dem Problem der Separierung entsprechenden Entsorgungsverhalten aller Einzelhaushalte/Bürger ausgegangen werden. Als Oberziel aller Maßnahmen muß daher eine möglichst weitgehende Optimierung der Akzeptanz bzw. Handlungsbereitschaft auf Seiten der Bürger ins Auge gefaßt werden.

Teilziele sind:

- Erhöhung der Abfallerfassungsquoten entsprechend den Vorgaben der Verpackungsverordnung für 1995,
- Erreichung einer möglichst hohen Sortenreinheit bei der getrennten Abfallentsorgung,

---

174 Vgl. BÜNEMANN, A.: Möglichkeiten und Probleme der Beratung und Öffentlichkeitsarbeit im Dualen System, in: Büro für Umwelt-Pädagogik (Hrsg.) Öffentlichkeitsarbeit in der Abfallwirtschaft, Grundlagen, Umsetzungen, Wirkungen, Göttingen 1992, S.251 f.

- Entwicklung gezielter gebietsspezifischer Entsorgungssysteme,
- Erstellen von gezielten, gebietspezifischen Grundlagen der Öffentlichkeitsarbeit,
- Berücksichtigung zukünftig zu erwartender Verordnungen (z.B.: Rücknahme von Druckerzeugnissen) und somit die Sicherstellung von langfristigen Handlungsperspektiven.

Ein wichtiges Anliegen dieser Konzeption ist es darüber hinaus, aufzuzeigen, in wieweit die Bürger an Entscheidungen zur Erreichung der o.a. Ziele und Teilziele zu beteiligen sind.

4.2.2 Weitergehende Zielsetzungen

Abgesehen von den rechtlich vorgegebenen Zielsetzungen kommunaler Abfallwirtschaftsbetriebe können weitere ergänzende Ziele existieren, die seitens der Gemeindeverbände, Gemeinden, Betriebsleitungen o.ä. Institutionen vorgegeben werden.

Hierbei handelt es sich in der Regel um sachzielorientierte, teilweise aber auch politisch bedingte Prestige- oder Imageziele der jeweils zuständigen Verwaltungsorgane. Sachzielorientierte Prestige- oder Imageziele bedeuten in diesem Zusammenhang den Erhalt des Vertrauens der Bürger in die Sinnhaftigkeit staatlichen bzw. behördlichen Handelns, mit dem Hintergrund, abfallwirtschaftliche Zielsetzungen nicht an mangelnder Glaubwürdigkeit oder Akzeptanz seitens der Bevölkerung scheitern zu lassen. Zielsetzungen dieser Art gewinnen durch die steigende Anzahl abfallbezogener Rechtsvorschriften, die zunehmende Komplexität abfallwirtschaftlicher Maßnahmen sowie das für eine funktionierende Kreislauf- bzw. Recyclingwirtschaft erforderliche hohe Maß der Bürgerbeteiligung zunehmend an Bedeutung. Seitens jeder zuständigen Abfallbehörde ist deshalb eine möglichst hohe Sozialverträglichkeit in der Abfallentsorgung anzustreben.[175] Vorausetzung hierfür ist der Aufbau einer effektiven, dialogfähigen Kommunikation mit den Abfallerzeugern sowie eine entsprechende Anpassungs- und Reaktionsfähigkeit der Behörden, die ein Eingehen auf Bedürfnisse und Gegebenheiten seitens der Abfallerzeuger gestattet.

Politische Zielsetzungen verhalten sich im Fall der Abfallentsorgung unter den aktuellen Umständen oftmals komplementär zu den Sachzielen der Abfallentsorgung. Vertrauen und Glaubwürdigkeit gegenüber den jeweiligen Behörden und eine klare Linie in der kommunalen Abfallwirtschaft sind anzustreben. Sie bewirken

175 Vgl. EDLINGER, R.; u.a.: Bürgerbeteiligung und Planungsrealität, Picus-Verlag, Wien 1989, S.13 ff.

letzten Endes eine Zufriedenheit und teilweise auch Identifikation der Bürger mit den entprechenden politischen Gremien.[176]

Die auf Bundes- und Landesebene erfolgte politische Brisanz der Abfallproblematik hat gerade dadurch einen kommunalpolitischen Bezug. Beschlüsse und Verordnungen, die auf "höherer Ebene" konzipiert werden, müssen in den Kommunen durchgesetzt und realisiert werden.

Um die abfallwirtschaftlichen Problemstellungen dennoch zufriedenstellend lösen zu können, bietet sich hier ein professionelles Koordinations- und Kommunikationsinstrumentarium wie das nicht-kommerzielle Marketing an.[177]

4.3 Informationsgrundlagen für die kommunale Abfallwirtschaftsplanung

Ziele eines jeden ökonomisch und ökologisch ausgerichteten Abfallwirtschaftskonzeptes ist die gesetzlich vorgeschriebene Vermeidung und/oder Verringerung von Abfällen, die Verwertung nicht vermeidbarer Abfälle sowie die Entsorgung möglichst inertisierter, stabilisierter und im Volumen reduzierter Abfälle.

In Hamm sollen die Ziele des Abfallgesetzes nicht über die Anwendung von Zwangsmitteln, sondern vielmehr durch eine umfassende und bürgernahe Öffentlichkeitsarbeit (Abfallberater, Abfallfibeln, Umwelt-Tips, Informationsbroschüren, Pressemitteilungen usw.) und ggf. über Gebührensysteme initiiert werden.

Nicht vermeidbare Abfälle werden, nach Ausschöpfung aller Vermeidungs- und Verwertungsmöglichkeiten, der stofflichen oder thermischen Verwertung zugeführt. Voraussetzung für die stoffliche Verwertung ist allerdings eine hohe Qualität der gesammelten wiederverwertbaren Stoffe. Nur dann ist die Möglichkeit einer entsprechenden Vermarktung gegeben.

Nach § 5 Abs.3 LAbfG hat die Stadt Hamm als kreisfreie Stadt für ihr Gebiet ein Abfallwirtschaftskonzept zu erstellen. Dieses muß insbesondere für folgende Abfallarten konzipiert sein:

---

176 Vgl. WIEDEMANN, P.-M.; u.a.: Bürgerbeteiligung bei entsorgungswirtschaftlichen Vorhaben: Analyse und Bewertung von Konflikten und Lösungsstrategien, Erich Schmidt Verlag, Berlin 1991, S.7ff.

177 Vgl. MEFFERT, H.; u.a.: Marketing und Ökologie – Chancen und Risiken umweltorientierter Absatzstrategien der Unternehmungen, in: Die Betriebswirtschaft 2/86, S.140 ff.

- Hausmüll
- hausmüllähnliche Gewerbeabfälle
- Sperrmüll
- Marktabfälle
- Garten- und Parkabfälle
- Bodenaushub, Bauschutt und Straßenaufbruch
- Baustellenabfälle
- Klärschlamm aus kommunalen Kläranlagen
- schadstoffhaltige Kleinabfallmengen aus Haushalten und Kleingewerbe

Die im Rahmen der Verpackungsverordnung relevanten Abfallarten sind Hausmüll und hausmüllähnliche Gewerbeabfälle. Die nachfolgenden Betrachtungen beziehen sich hauptsächlich auf diese genannten Abfallarten.

4.3.1 Entsorgungslage in der Stadt Hamm

Die Einwohnerzahl der kreisfreien Stadt Hamm beträgt 180.708 auf einer Gesamt-Stadtfläche von 226,05 km^2 Die Einwohnerdichte beläuft sich auf 799 Einwohner/km^2. Das Stadtgebiet weist eine Nord-Süd-Ausdehnung von max. 18,2 km und eine Ost-West-Ausdehnung von max. 21,9 km auf. Die Einwohner- und Flächendaten in der Verteilung auf die einzelnen Stadtteile sind der Tabelle 26 zu entnehmen.

In Abbildung 25 ist die räumliche Anordnung der einzelnen Ortsteile aufgezeigt. Diese "Struktur des Stadtgebietes" ist im Rahmen der empirschen Untersuchung noch von Wichtigkeit. Im Rahmen der öffentlich-rechtlichen Abfallentsorgung sind zudem noch die Gemeinden Bergkamen, Bönen, Kamen, Selm und Werne des Kreises Unna mit einzubeziehen. Dies bedeutet die Entsorgung und Behandlung des Abfalls von zusätzlich 247.591 Einwohnern auf einer zusätzlichen Fläche von 319,26 km^2.

Tabelle 27. Einwohner-/Flächendaten der kreisfreien Stadt Hamm.[178]

Bereich	Fläche (km^2)	Einwohner (E)	Einwohnerdichte (E/ km^2)
Land Nordrhein-Westfalen	34.068	16.674.051	489
Stadt Hamm	226,05	180.708	799
Stadtteile			
Hamm-Mitte	10,81	37.329	3.453
Hamm-Uentrop	44,42	24.280	547
Hamm- Rhynern	59,09	17.747	300
Hamm-Pelkum	30,50	18.869	618
Hamm-Herringen	19,44	21.168	1.089
Hamm-Bockum-Hövel	33,61	35.621	1.060
Hamm-Heessen	28,18	25.694	912

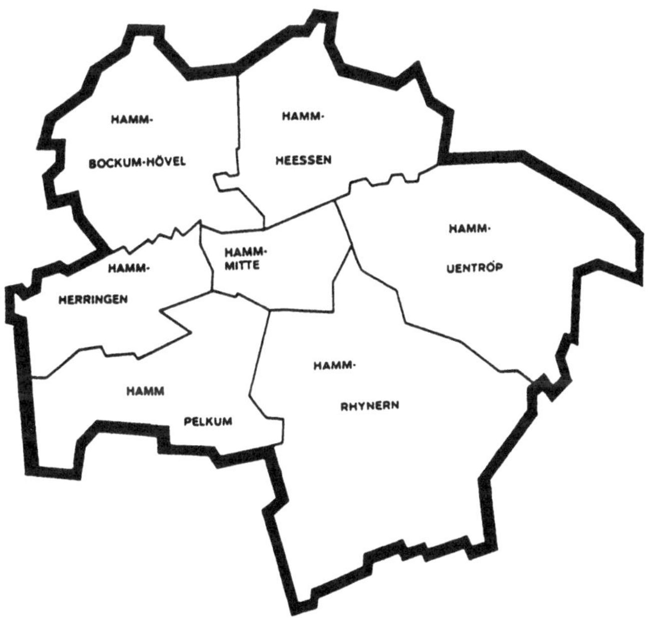

Abbildung 25: Planungsgebiet Hamm.

178 Vgl. BARTSCH, R.: Abfallwirtschaftskonzept der Stadt Hamm, Entwurf 1991, S.7.

Die Abfallmengen des Zeitraumes von 1986 bis 1989, die im Rahmen der kommunalen Müllabfuhr entsorgt wurden, sind in den folgenden Abbildungen dargestellt:

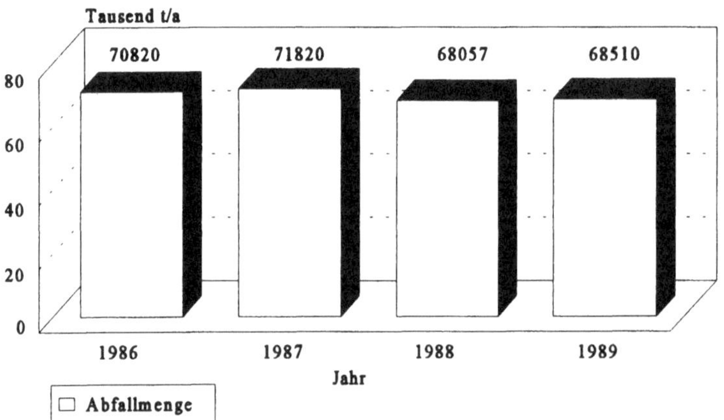

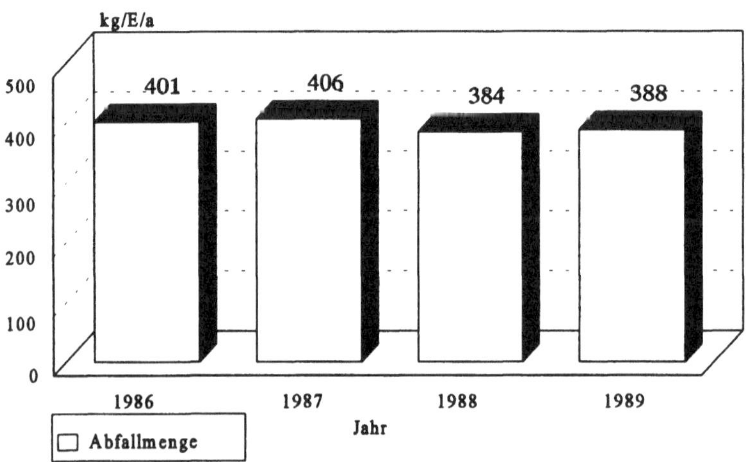

Abbildung 26 und 27: Hausmüll und hausmüllähnlicher Gewerbeabfall.[179]

179 Vgl. BARTSCH, R.: Abfallwirtschaftskonzept der Stadt Hamm, Entwurf 1991, S.24 ff.

Die Abfallerfassung am Haus erfolgt in der Stadt Hamm mittels des Müllgroßbehälters (MGB 120 / 240 l-Systems). Außerdem werden MGB 1,1 m^3 – Systeme und bei zusätzlichem Bedarf Abfallsäcke eingesetzt. Außerhalb der öffentlich-rechtlichen Müllabfuhr besteht die Möglichkeit der Bereitstellung von Abfallbehältern durch private Containerdienste.

Geleert werden die MGB 120 / 240 l in der Regel einmal wöchentlich auf festgelegten Touren, die MGB 1,1 m^3 – Systeme je nach Bedarf täglich bis 14-tägig. Eingesammelt werden Haus- und Sperrmüll. Eine Differenzierung des Hausmülls erfolgt derzeitig nicht. Bei der Sperrmüllsammlung wird nur Altmetall separiert.

Bedeutend für die angestrebte Müllvermeidung war der derzeitige hohe Anteil von Verpackungsabfällen, der ca. 1/3 des Hausmüllgesamtgewichtes ausmacht, sowie der ebenfalls hohe Anteil an kompostierbaren Abfällen.

Die Struktur über die Zusammensetzung des Hausmülls liegt durch die bundesweite Hausmüllanalyse von 1983 bis 1985 vor.[180]

Eine detailliertere und für die Stadt Hamm spezifische Sortierung des Hausmülls ergibt sich aus einer von der Fachhochschule Münster im Oktober 1989 bzw. Januar 1990 in der Stadt Hamm durchgeführten Hausmüllsortierung. Diese ist jedoch in soweit nicht repräsentativ, da bislang erst zwei Sortierungen erfolgten; weitere Ergebnisse sind abzuwarten.

Örtliche Schwankungen der Müllzusammensetzung und -menge in den Haushalten lassen sich ebenfalls aus der Studie der FH Münster ableiten. Hier wurden die untersuchten Gebiete in fünf unterschiedliche Gebietsstrukturen eingeteilt. Als Unterteilungskriterium wurde die Art und Dichte der Bebauung gewählt. Die Aufteilungen in die Gebietsstrukturen und die Ergebnisse der Sortierung sind folgenden Tabellen zu entnehmen:

180 Vgl. SCHENKE, W.; u.a.: Entsorgung 2000 – Leitfaden für Kommunen, Wirtschaft und Politik, Bonner Energiereport, Bonn 1988, S.84.

Tabelle 28. Gebietsstrukturen.[181]

GS	Beschreibung der Gebietsstruktur
1 City-Gebiete:	gekennzeichnet durch eine hohe Bebauung mit mindestens drei Vollgeschossen und einem hohen Anteil von Gewerbebetrieben, starke Behinderung durch den Verkehr, enge bauliche Verhältnisse und schwierig zu erreichende oder weit entfernte Standplätze
2 geschlossene Mehrfamilien-hausbebauung:	geschlossene, innerstädtische Bebauung mit mindestens drei Vollgeschossen oder mindestens sechs Wohneinheiten je Hauseingang (große Behälterzahl je Ladepunkt; oft weiter Antransportweg der Sammelbehälter)
3 offene Mehr-familienhaus-bebauung:	moderne Wohnsiedlung mit Mehrfamilienhäusern, mindestens drei Vollgeschosse und mindestens sechs Wohneinheiten je Hauseingang (große Behälterzahl je Ladepunkt)
4 Ein- und Zweifamilienhaus-bebauung:	Wohngebiete mit Ein- und Zweifamilienhäusern und kleineren Mehrfamilienhäusern mit weniger als drei Vollgeschossen und weniger als sechs Wohneinheiten je Hauseingang (Ladepunkte mit wenigen Behältern, großer Einfluß von Gartenabfällen)
5 aufgelockerte Bebauung:	Gebiete mit aufgelockerter, ländlicher Bebauung o.ä. (Ladepunkte mit wenigen Behältern in großen, unregelmäßigen Abständen; viele kleine Siedlungszentren und Einzelladepunkte)

181 Vgl. GALLENKEMPER, B.: Vergleichende Untersuchungen zur Müllabfuhr beim Einsatz verschiedener Behältersysteme unter besonderer Berücksichtigung der örtlichen Begebenheiten, Arbeitskreis Wasser, Abwasser und Abfall e.V., Hannover 1977, S.54.

Tabelle 29. Fraktionen in den unterschiedlichen Gebietsstrukturen (GS2-GS5) als Ergebnis der zwei Hausmüllsortierungen in der Stadt Hamm[182]

Fraktion	GS 2 Mittelwert kg/(E·a)	GS 3 Mittelwert kg/(E·a)	GS 4 Mittelwert kg/(E·a)	GS 5 Mittelwert kg/(E·a)
1. Papier I	37,30	21,72	32,73	22,49
1.1 Zeitungen	25,36	16,49	23,07	15,94
1.2 Sonstiges	11,94	5,22	9,66	6,55
2. Pappe I	7,79	10,13	9,23	8,65
3. Glas I	21,13	23,40	22,46	20,84
3.1 Weißglas	13,35	16,24	16,62	15,01
3.2 Buntglas	7,78	7,16	5,84	5,83
4. Textilien	6,45	11,69	9,84	7,93
5. Kunststoffe	15,51	18,72	21,65	14,53
5.1 Folienkunststoffe	7,71	6,95	11,17	6,95
5.2 Verpackungskunststoffe	6,43	8,53	6,37	6,08
5.3 sonstige Kunststoffe	1,37	3,24	4,10	1,50
6. FE - Metall	4,82	5,87	6,67	5,81
7. NE - Metall	1,73	2,14	1,95	1,04
8. org. Gartenabfälle	35,49	16,31	68,27	47,50
9. org. Küchenabfälle	34,79	63,63	29,15	33,80
Summe 1 bis 9	165,01	173,60	201,95	162,58
10. Papier + Pappe II	3,93	5,14	3,67	5,85
11. Papierverbund	5,05	6,12	5,28	5,24
12. Kunststoff II	0,59	1,52	2,82	1,89
13. Glas II	0,03	0,00	0,00	0,34
14. Mineralien	1,63	8,72	16,87	6,61
15. Holz	0,58	0,52	3,41	7,13
16. Verbundstoffe	2,48	2,43	3,16	1,43
17. Problemabfall	1,57	1,19	3,60	1,39
18. Windeln	13,00	17,20	12,93	10,31
19. organische Reste	4,68	11,32	12,22	11,23
20. Fraktion 10 - 30 mm	21,85	34,84	53,14	26,47
21. Feinmüll 10 mm	35,29	38,88	73,02	47,10
Summe 10 bis 21	90,69	127,86	190,11	124,99
Gesamt - Summe	256,00	301,00	392,00	288,00

182 Vgl. BARTSCH, R.: Abfallwirtschaftskonzept der Stadt Hamm, Entwurf 1991, S.165.

Die Entsorgungsgebühren für Haushalte sind abhängig vom angewandten Behältersystem und dem entsprechenden Leerungsrhythmus. Sie ergeben sich nach § 18 der Abfallsatzung der Stadt Hamm wie folgt. Die nach §18 der Abfallsatzung der Stadt Hamm zu entrichtenden Benutzungsgebühren betragen:

Tabelle 30. Benutzungsgebühren gemäß Satzung der Stadt Hamm (01.01.91).[183]

1. Wenn die Stadt Eigentümer der Gefäße ist, jährlich:

(a) bei wöchentlich einmaliger Leerung:
für einen Müllgroßbehälter 120 l Inhalt 248,10 DM
für einen Müllgroßbehälter 240 l Inhalt 443,20 DM
für einen Großraumbehälter 1100 l Inhalt 1918,95 DM

(b) bei 14 - tägiger Leerung:
für einen Großraumbehälter 1100 l Inhalt 959,47 DM

(c) bei wöchentlich mehrmaliger Leerung:
für einen Großraumbehälter 1100 l Inhalt
für jede Leerung in der Woche 1918,95 DM

2. Wenn der Anschlußberechtigte Eigentümer der Gefäße ist, jährlich:

(a) bei wöchentlich einmaliger Leerung:
für einen Großraumbehälter 1100 l Inhalt 1822,45 DM

(b) bei 14 - tägiger Leerung:
für einen Großraumbehälter 1100 l Inhalt 911,22 DM

(c) bei wöchentlich mehrmaliger Leerung:
für einen Großraumbehälter 1100 l Inhalt
für jede Leerung in der Woche 1822,45 DM

3. Für einen Abfallsack von 60 l Inhalt die im
Kaufpreis enthalten sind: 2,11 DM

183 Vgl. Abfallsatzung der Stadt Hamm, vom 01.01.1991.

4.3.1.1 Sammlung

Von den Haushalten wird derzeitig Hausmüll, Sperrmüll und Altmetall eingesammelt. Die Hausmüllsammlung erfolgt unter Anwendung des bereits beschriebenen MGB 120 / 240 l - Systems. Derzeit sind in Hamm 19.054 Behälter des Typs MGB 120 l, 22.050 des Typs MGB 240 l sowie 2.983 MGB 1,1 m³ - Container aufgestellt.

Sperrmüll und Altmetall werden mit Spezialfahrzeugen der regionalen Müllabfuhr abtransportiert. Außerdem besteht die Möglichkeit zur Abholung größerer Müllmengen durch private Containerdienste. Die Abholung des Hausmülls erfolgt wöchentlich; Sperrmüll wird auf Anforderung mit Hilfe der sog. Doppelkarte zweimal pro Jahr entsorgt.

Die Sammlung von Haus- und Sperrmüll wird kommunal durch das Stadtreinigungsamt organisiert, die Aufstellung zusätzlicher Container erfolgt durch eine Privatfirma. Die Sammelleistungen der Müllsammelfahrzeuge für den Stadtbereich Hamm betrugen 1989 und 1990:

Tabelle 31. Sammelleistung der Müllfahrzeuge.[184]

	Einheit	Hausmüll und hausmüllähnlicher Gewerbeabfall	
		1989	1990
Einwohner Einwohner je Fahrzeug	E E/Fz	180.708 11.300	180.000 12.000
Behältervolumen	m^3/Fz·Wo	671	743*1)
abgefahrener Abfall	t/Fz·a t/Fz·Wo	4.282 81,8	4.693*2) 90,3*2)

*1) Behälterzahlen Stand Juni 1990
*2) Bezugsgröße: Abfallmenge 1989

4.3.1.2 Transport

Die Müllabfuhr in Hamm verwendet zum Mülltransport zwei- und dreiachsige Drehtrommel- und Preßmüllfahrzeuge. Außerdem sind Pritschenwagen für Alt-

184 Vgl. BARTSCH, R.: Abfallwirtschaftskonzept der Stadt Hamm, Entwurf 1991, S.34.

metall sowie spezielle Preßmüllfahrzeuge für Sperrmüll im Einsatz. Der Fuhrpark umfaßte im Jahre 1990:

- zweiachsige Preßmüllfahrzeuge
- dreiachsige Preßmüllfahrzeuge
- Sperrmüllfahrzeuge
- Pritschenwagen

Das Behältervolumen dieser Fahrzeuge betrug 1990 pro Fahrzeug und Woche 743 m^3. Es wurden 4.693 t Abfall pro Fahrzeug und Jahr abgefahren. Dies entspricht einer wöchentlichen Fahrzeugkapazität von ca. 90,3 t. Die Organisation des Transports und die Tourenplanung werden durch das Stadtreinigungsamt vorgenommen, die Entsorgung wird kommunal getragen.

4.3.1.3 Versuch zur Erfassung der organischen Fraktion des Hausmülls

In der Stadt Hamm ist eine Bioabfallsammlung und Bioabfallkompostierung im Rahmen eines Holsystems (Biotonne) geplant. Vorausgehend sollen in einem Versuch zur Erfassung von Bioabfällen die erfaßbaren Mengen sowie die Möglichkeit der sortenreinen Erfassung der Bioabfälle untersucht werden.

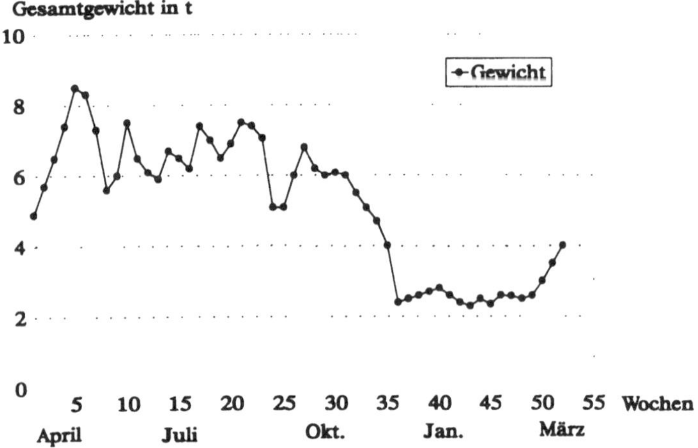

Abbildung 28: Zeitlicher Verlauf der anfallenden Bioabfallmengen[185]

185 Vgl. FRICKE, K.; u.a.: Gesonderte Einsammlung von organischen Abfällen in Witzenhausen und Hebenhausen/Nordhessen, 2. unveröffentlichter Zwischenbericht, 1985, S.47.

Zu beachten sind vor allem die Unterschiede in Menge und Zusammensetzung der anfallenden Bioabfälle im Jahresablauf. Als Beispiel dienen die Informationen aus Nordhessen, die in Abbildung 28 dargestellt sind.

Tabelle 32. Jahreszeitlicher Anfall von Bioabfällen.

März-April	Baum- und Strauchschnitt, Wurzelstrünke, Beetabdeckmaterial, Laub, Küchenabfall
Mai-September	Rasen-, Strauch-, Blumenschnitt, Küchenabfall
Oktober-Dezember	Laub, Strauchschnitt, Fallobst, Küchenabfall
Dezember-Februar	Küchenabfall

Seit dem 1. April 1990 läuft dieser Versuch in fünf verschiedenen Testgebieten (vgl. S.140) mit einer unterschiedlichen Bebauungsstruktur. In den folgenden Abbildungen sind die erfaßten Bioabfall- und Restmüllmengen, soweit sie vorliegen, aufgeführt:

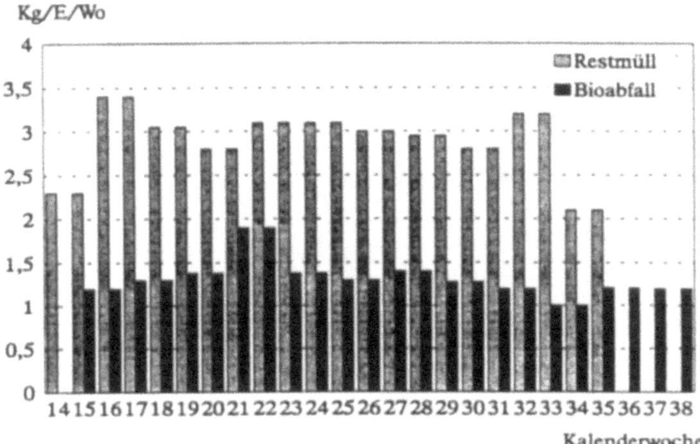

Abbildung 29. Bioabfall- und Restmüllmengen in der GS 2.[186]

186 Vgl. BARTSCH, R.: Abfallwirtschaftskonzept der Stadt Hamm, Entwurf 1991, S.186.

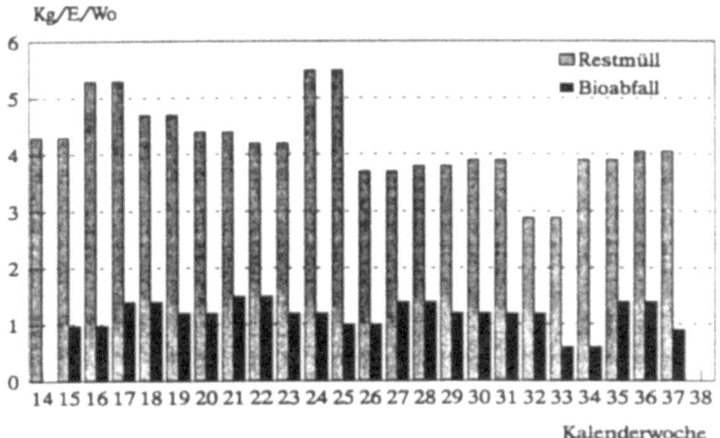

Abbildung 30. Bioabfall- und Restmüllmengen in der GS 3.[187]

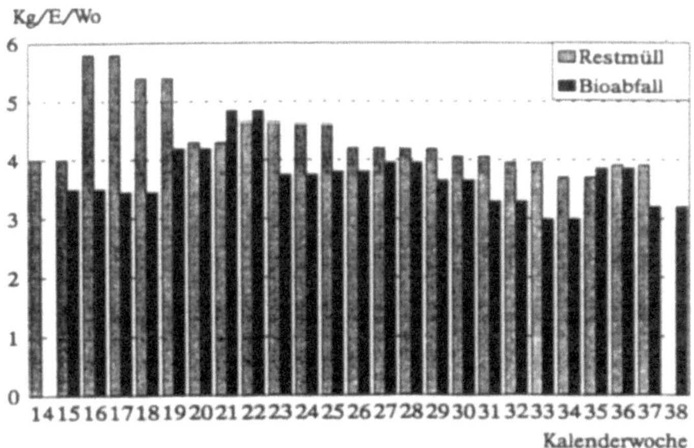

Abbildung 31. Bioabfall- und Restmüllmengen in der GS 4.1.[188]

187 Vgl. BARTSCH, R.: Abfallwirtschaftskonzept der Stadt Hamm, Entwurf 1991, S.186.

188 Vgl. BARTSCH, R.: Abfallwirtschaftskonzept der Stadt Hamm, Entwurf 1991, S.187.

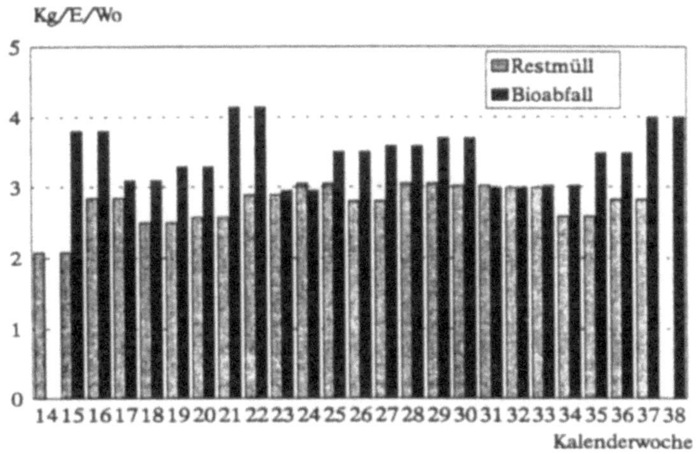

Abbildung 32. Bioabfall und Restmüllmengen in der GS 4.2.[189]

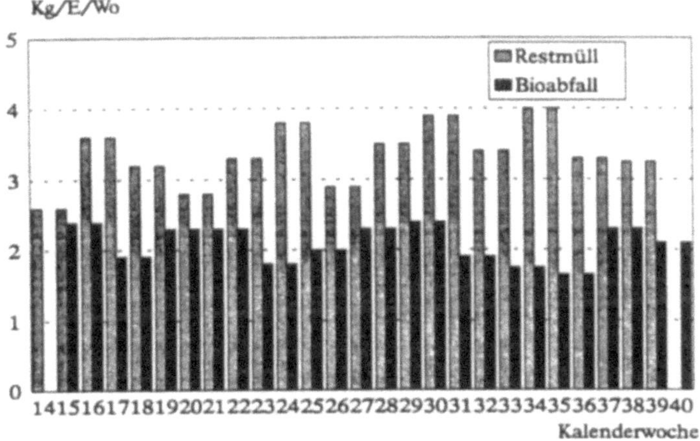

Abbildung 33. Bioabfall und Restmüllmengen in der GS 5.[190]

189 Vgl. BARTSCH, R.: Abfallwirtschaftskonzept der Stadt Hamm, Entwurf 1991, S.187.

190 Vgl. BARTSCH, R.: Abfallwirtschaftskonzept der Stadt Hamm, Entwurf 1991, S.188.

4.3.1.4 Recyclingmöglichkeiten

Zur Zeit sind drei mechanische Aufbereitungsanlagen für Gesamtabfall in Betrieb. Diese befinden sich in Neuss, Herten und Dußlingen. Hier wird Altpapier, Altglas, Altkunststoff, Altmetall und Kompost aus Feinmüll aussortiert. Die Qualität der sortierten Abfälle ist recht unterschiedlich. Bei der Sortierung von Hausmüll konnte, aufgrund erheblicher Verunreinigungen, die von den Abnehmern geforderte Qualität bisher nicht erreicht werden. Brauchbare Altstoffqualitäten werden derzeitig nur bei der Sortierung des Gewerbeabfalls erreicht. Hier nimmt das sortenreine Sammeln von Altmetallen einen Spitzenplatz ein.[191]

4.3.1.5 Deponien

Im Bereich der Stadt Hamm werden zur Zeit zwei geordnete Deponien betrieben:

1) Deponie am Lausbach 4 mit den Abschnitten Ia (ehemalige Hausmülldeponie), Ib und Folgeabschnitte mit Reststoff- und Monobereich, und
2) Inertstoffdeponie an der Römerstraße.[192]

Betreiber beider Deponien ist die Stadt Hamm. Die ehemalige Hausmülldeponie (Abschnitt Ia) wurde in der 34. Woche 1989 mit Erreichung der planfestgestellten Höhe verfüllt. Der Abschnitt Ib und die Folgeabschnitte weisen ein Gesamtvolumen von 2,244 Mio. m³ auf. Eine Gliederung der einzelnen Schüttbereiche ist folgender Aufstellung zu entnehmen:

Tabelle 33. Volumen der Deponie in Hamm-Bockum-Hövel.[193]

Schüttbereich	Volumenbereich Flugasche/Stäube (m³)	Volumenbereich Reststoffe (m³)	Volumen Gesamt (m³)
I b	235.100	231.150	466.250
I c	222.500	241.550	464.250
II a	227.700	253.900	511.600
II b	212.400	215.000	427.400
III	175.200	199.450	374.650
Summe	1.102.900	1.141.050	2.243.950

191 Vgl. SCHENKEL, W.: Ziele künftiger Abfallwirtschaft, in: Müll und Abfall 2/86, S.41 ff.

192 Vgl. BARTSCH, R.: Abfallwirtschaftskonzept der Stadt Hamm, Entwurf 1991, S.41.

193 Vgl. BARTSCH, R.: Abfallwirtschaftskonzept der Stadt Hamm, Entwurf 1991, S.45.

Deponiert werden hier:

- nicht-brennbare Abfälle
- Reststoffe aus dem Müllheizkraftwerk (MHKW) und der Müllverbrennungsanlage (MVA) – speziell Schlacke, Stäube, Salze und Verfüllmaterial.

Exemplarisch für die Zusammensetzung der gelagerten Stoffe ist die der folgenden Tabelle zu entnehmende Auflistung der in den Jahren 1988 und 1989 deponierten Stoffe:

Tabelle 34. 1988/89 auf der Reststoffdeponie abgelagerte Abfälle.[194]

Abfallart	Abf. Schl. Nr.	Abfallmenge	
		1988 t/a	1989 t/a
1. Kesselschlacke	31.307	274	655
2. Überkorn	31.308	3.311	890
3. Keramikabfälle	31.407	42	71
4. Glasabfälle	31.408	115	222
5. Straßenaufbruch (teergebunden)	31.410	4.837	3.910
6. ölverunreinigter Bodenaushub	31.423	879	1.124
7. chemisch verunreinigter Bauschutt			
8. Lackschlamm (ausgehärtet)	31.441	1.454	1.838
9. Polyamidabfälle	55.503	5	112
10. nichtbrennbare Baustellenabfälle	57.741	-	277
11. Straßenkehricht			
12. Sedimentationsschlamm	91.206	4.585	4.326
13. Sandfangrückstände	91.501	-	4.074
	94.101	1.102	1.637
	94.704	2.230	2.200
Summe		18.834	21.336

Dem Abfallwirtschaftskonzept der Stadt Hamm ist kein Planerfüllungsdatum für die verbleibenden Deponieabschnitte zu entnehmen. Dargestellt wird lediglich die Berechnung des benötigten Volumen/Jahr:

194 Vgl. BARTSCH, R.: Abfallwirtschaftskonzept der Stadt Hamm, Entwurf 1991, S.43.

Tabelle 35. Benötigtes Volumen/Jahr.[195]

Abfallart	Bereich Reststoffe max. Volumen	Bereich Flugasche/Stäube max. Volumen
nicht brennbare Abfälle	30.000 m^3 /a	
Reststoffe MHKW		
MVA-Schlacke	41.000 m^3 /a	
Stäube, Salze		23.000 m^3 /a
Verfüllmaterial		23.000 m^3 /a
Summe	71.000 m^3 /a	46.000 m^3 /a

4.3.1.6 Müllverbrennungsanlage

Träger der Müllverbrennungsanlage (MVA) in Hamm-Bockum-Hövel ist die Stadt Hamm, die Betriebsführung unterliegt der Betriebsgesellschaft für kommunale Einrichtungen mbH (GEKO) in Essen.

Verbrannt werden Haus- und Sperrmüll (feste Siedlungsabfälle) sowie hausmüllähnliche Gewerbeabfälle. Die Verbrennungskapazität liegt derzeit bei ca. 245.000 t/Jahr. Die bei der Verbrennung anfallenden Rest- und Schadstoffe sind hauptsächlich Schlacken (ca. 66.000 t/Jahr) sowie Flugaschen, Stäube und Reaktionssalze, etc. (ca. 12.500 t/Jahr). Die anfallende Schlacke ist nur zu 0,3% vergährungsfähig und kann deshalb ohne Bedenken abgelagert werden.

Als Feuerungstechnik kommt die sog. Rostfeuerung zum Einsatz, die bei ca. 900-1.050 Grad Celsius den Abfall verbrennt. Bei Müll mit niedrigem Heizwert und Unterschreitung der Mindesttemperatur von 800 Grad Celsius wird ein Stützbrenner eingesetzt, um eine optimale Verbrennung des Brenngutes zu garantieren (Vermeidung von Geruchsstoffen in den Abgasen). Das Einzugsgebiet der MVA Hamm umfaßt die Gemeinden Hamm, Bergkamen, Bönen, Kamen, Lünen, Selm und Werne.

195 Vgl. BARTSCH, R.: Abfallwirtschaftskonzept der Stadt Hamm, Entwurf 1991, S.44.

Kennziffer E 915 9203	**Verbrennungsanlage Hamm** Zum Torksfeld, 4700 Hamm				
Träger Betriebsführung	Stadt Hamm GEKO Betriebsgesellschaft für kommunale Einrichtungen mbH, Essen				
Einzugsgebiet	1986 1989 19	Bergkamen, Bönen, Hamm, Kamen, Lünen, Selm, Werne			
Gebühren bzw. Entgelte für die Abfallbehandlung	Abfallart		1986	1989	19
	Siedlungs-/Gewerbeabfälle (Öffentliche Müllabfuhr)	(DM/t)	62,22	141,15	
	Siedlungs-/Gewerbeabfälle (Sonstige Anlieferer)	(DM/t)	62	141,15	
	Sonstige Abfälle	(DM/t)			
Betriebsbeginn: 1886	Personal-/ Geräteausstattung	Betriebspersonal	50	88	
		Lkw/Saugwagen			
Rauchgasreinigung: quasi-trocken, Entstaubung		Gabelst./Radlader	2	2/1	
		Kehrmaschinen		1	
		Waagen	2[1)]	2	
Abwasserbeseitig.: Waschwasser: entfällt Betriebsabwasser: Alkalisierung, Sedimentation, Kreislaufführung	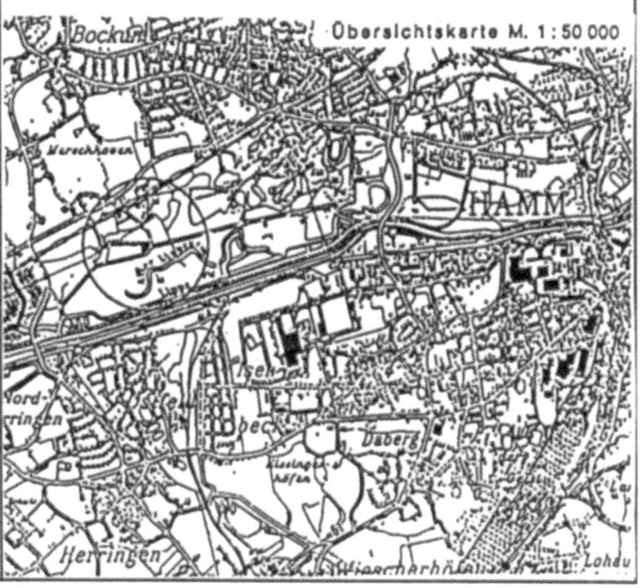 Übersichtskarte M. 1 : 50 000				
Reststoffbeseitig.:[2)] Schlackenaufber. i. Planung, Reste: Dep. Hamm-Bockum-H., Stäube: zugel. Deponie					
Lage: Hamm-Bockum-Hövel TK 25 Blatt 4312 Rechtswert: 34 1330 Hochwert: 57 2780					
1) im Eingangsbereich der Deponie Hamm-Bockum-Hövel 2) Ausweichanlage: Deponie Hamm-Bockum-Hövel					

Abbildung 34. Katasterblatt MHKW Hamm.[196] (Fußnote 196 zu Abbildung 34 auf S. 132).

4.3.2 Kosten des Abfalltransportes und der -behandlung

Die Kosten der Abfallentsorgung 1989 sowie die Kostenarten lassen sich folgenden Aufstellungen entnehmen:

Tabelle 36: Verteilung der Kosten[197]

Kostenaufteilung auf Kostenstellen:

	Hausmüll und hausmüllähnliche Gewerbeabfälle (DM)	Sperrmüll (DM)
Sammlung und Transport	5.193.640,-	543.394,-
Behandlungskosten	9.883.300,-	423.570,-
Summe	15.076.940,-	966.964,-

Kostenaufteilung auf einzelne Kostenarten:

	Hausmüll und hausmüllähnliche Gewerbeabfälle (DM)	Sperrmüll (DM)
Personalkosten	2.941.760,-	284.262,-
Fahrzeugkosten	1.473.589,-	208.096,-
Behälterkosten	451.465,-	
Gemeinkosten	326.826,-	51.036,-
Behandlungskosten	9.883.300,-	423.570,-
Summe	15.076.940,-	966.964,

Kosten je Gewichtseinheit:

	Hausmüll und hausmüllähnliche Gewerbeabfälle (DM/t)	Sperrmüll (DM/t)
Personalkosten	42,03	94,75
Fahrzeugkosten	21,05	69,37
Behälterkosten	6,45	0,00
Gemeinkosten	4,67	17,01
Behandlungskosten	141,19	141,19
Summe	215,38	322,32

196 Vgl. Regierungspräsident Arnsberg, Katasterblatt MHKW Hamm, 1988.

197 Vgl. BARTSCH, R.: Abfallwirtschaftskonzept der Stadt Hamm, Entwurf 1991, S.48 ff.

Tabelle 37. Kosten je Einwohner und Jahr (DM/E·a)[198]

	Hausmüll und hausmüllähnliche Gewerbeabfälle (DM/(E.a))	Sperrmüll (DM/(E.a))
Personalkosten	16,34	1,58
Fahrzeugkosten	8,19	1,16
Behälterkosten	2,51	
Gemeinkosten	1,82	0,28
Behandlungskosten	54,91	2,35
Summe	83,76	5,37

4.3.3 Wertstofferfassung in der Stadt Hamm

Bisher sind in Hamm – im Rahmen eines Bringsystems zur Entsorgung separierter Abfallarten – Depotcontainer für Altglas und Altpapier im Einsatz. Bis März 1989 wurde das Altpapier durch Caritas-Verbände eingesammelt. Zusätzlich besteht die Möglichkeit, Schadstoffe an der Deponie oder am sogenannten "Umweltmobil" kostenlos und fachgerecht zu entsorgen. Dieses befindet sich, nach vorheriger Ankündigung, mehrmals jährlich an verschiedenen Stellen im Stadtgebiet Hamm. Grünabfälle können bislang nur bei einer privaten Firma entsorgt werden. In der Erprobung ist derzeit ein kombiniertes Hol- und Bringsystem für Grünabfälle (Einsatz von Preßmüllfahrzeugen und Containern für Grünabfälle). Zudem können Gewerbeabfälle, Bodenaushub und Bauschutt an der Deponie angeliefert werden.

Im Stadtgebiet Hamm wurden bisher 135 Altglas- (Stand 11/90) und 117 Altpapiercontainer (Stand 12/89) aufgestellt. Das entspricht einer Dichte von 1.339 Einwohner/Behälter bei Altglas bzw. 1.544 Einwohner/Behälter bei Altpapier. Die Verteilung der Containerzahlen und -dichte auf die einzelnen Stadtgebiete ist in Tabelle 38 aufgeführt.

Die Entsorgung von Altglas, Altpapier und Grünabfällen erfolgt durch private Vertragsfirmen in Absprache mit dem Stadtreinigungsamt; die Schadstoffsammlung erfolgt kommunal und wird von einem Mitarbeiter des chemischen Untersuchungsamtes wissenschaftlich betreut.

198 Vgl. BARTSCH, R.: Abfallwirtschaftskonzept der Stadt Hamm, Entwurf 1991, S.48.

Tabelle 38. Verteilung der Container.[199]

Altglascontainer (Stand 11/90):

	Standplätze	Einwohnerdichte E / km²	E / Behälter
Hamm-Bockum-Hövel	24	1.040	1.460
Hamm-Heessen	17	896	1.511
Hamm-Herringen	15	1.042	1.411
Hamm-Pelkum	13	609	1.451
Hamm-Rhynern	14	294	1.268
Hamm-Mitte	34	3.386	1.098
Hamm-Uentrop	18	541	1.278
Summe bzw. Schnitt	135	783	1.339

Altpapiercontainer (Stand 12/89):

	Behälter	E / Behälter (Ist)
Hamm-Bockum-Hövel	20	1.781
Hamm-Herringen	17	1.245
Hamm-Pelkum	14	1.348
Hamm-Rhynern	11	1.613
Hamm-Mitte	27	1.383
Hamm-Uentrop	15	1.619
Hamm-Heessen	13	1.976
Summe Stadtgebiet	117	1.544

Altpapier und Altglas werden kostenlos gesammelt. Eine Aufstellung der Sammlungskosten für die unterschiedlichen Abfallarten ist in dem Konzept nicht enthalten. Vermerkt ist lediglich, daß:

199 Vgl. BARTSCH, R.: Abfallwirtschaftskonzept der Stadt Hamm, Entwurf 1991, S.53 ff.

- die Erlöse des Altglases die Kosten der beauftragten Firmen decken und
- bei Altpapier aufgrund schlechter Absatzmöglichkeiten ein Kostendeckungsbeitrag von 100,- DM/t von der Stadt Hamm an die Vertragsfirmen (Vertrag mit Preisgleitklausel) geleistet wird.

Mit Hilfe von Depotcontainersystemen für Altglas und Altpapier sind Abfallmengenreduktionen bis zu 15% als realistisch anzusehen. Container für Grünabfälle ermöglichen Reduktionen der Abfallmengen bis zu 10%. Diese Werte sind jedoch von der Siedlungsstruktur abhängig. Sie treffen bei einer ländlichen Bebauung eher zu als im Innenstadtbereich. Durch die Reduktion ergibt sich eine Verminderung der im MHKW zu behandelnden Abfälle von 20-30 kg pro Einwohner und Jahr. Die Organisation des Transports und der Behandlung von Altglas, Altpapier und Grünabfällen liegt bei den zuständigen Vertragsfirmen.

4.3.4 Erfassungsysteme im Gewerbebereich

Die Müllerfassung im Gewerbebereich läßt eine Untergliederung nach folgenden Kriterien zu:

- Hausmüllartige Gewerbeabfälle werden im Rahmen der regionalen Müllabfuhr entsorgt;
- Altpapier wird zum Teil durch ein beauftragtes Unternehmen gesammelt;
- Schadstoffe können am Umweltmobil oder an der Deponie entsorgt werden;
- Generell können Gewerbeabfälle am MHKW angeliefert werden (überwiegend Verpackungsmaterial und Kartonagen);
- Bodenaushub und Bauschutt werden an der Deponie angeliefert.

4.3.5 Ziele des Abfallwirtschaftkonzeptes

Handlungsvorschläge aus dem Abfallwirtschaftskonzept zur Verringerung des Abfallaufkommens für die Stadt Hamm sind:

- Einführung eines linearen Gebührenmodells zur Erhöhung des Abfallvermeidungsanreizes;
- Unterstützung des Gebührenmodells durch Einführung eines Wertmarkensystems, eventuell Abrechnung nach einem Abfallgewichtsschlüssel;
- Intensivierung der Abfallberatung und Ausdehnung auch auf den Bereich gewerblicher Abfallproduzenten;

- Begleitung dieser Maßnahmen durch eine gezielte Öffentlichkeitsarbeit;
- Verschärfung der Anforderungen und Kontrollen bei Anlieferung von Abfällen bei Abfallbehandlungsanlagen.

Als Zielvorschläge für die Erfassung der verwertbaren Abfallstoffe können angeführt werden:[200]

- die Standorte der Container für Altglas und Altpapier müssen attraktiver gestaltet werden;
- eine Verdichtung des Containernetzes – speziell für Altglas und Altpapier – auf mindestens 1 Container pro 1.000 Einwohner ist anzustreben. Desweiteren ist die farbgetrennte Sammlung bei Altglas zu realisieren;
- auf die getrennte Erfassung von Kunststoffen sollte verzichtet werden. Dies aus zweifacher Sicht:
  1) zur Zeit ist für Kunststoffe kein entsprechender Absatzmarkt vorhanden und
  2) bereitet die getrennte Sammlung von Kunststoffen – gerade bei den privaten Haushalten – erhebliche Probleme.
- die Altmetallerfassung geschieht weiter im Zuge der Aufbereitung der Müllverbrennungsschlacke (bzw. der Altmetallsammlung in Verbindung mit der Sperrmüllsammlung);
- Grünabfälle sollten in einer Kombination von Hol- und Bringsystem erfaßt werden (bereits durch den Rat der Stadt Hamm am 15.12.1990 beschlossen);
- verläuft der Versuch zur Erfassung des Bioabfalles positiv, d.h. ist es möglich, Bioabfall sortenrein zu erfassen, dann wird die Biotonne eingeführt.

Die Auswirkung auf die Verwertungsmengen und -quoten bei der Realisierung der beschriebenen Zielvorschläge ergeben sich aus Tabelle 39. Die angestrebte Gesamtabfallmenge im Vergleich zur derzeitigen Gesamtabfallmenge ist Tabelle 40 zu entnehmen.

200 Vgl. BARTSCH, R.: Abfallwirtschaftskonzept der Stadt Hamm, Entwurf 1991, S.176.

Tabelle 39. Abfallmengen nach Realisierung der Zielvorschläge.[201]

IST			
Abfallart	kg / (E * a)	t / a	%
Hausmüll	310	55.800	70,2
hausmüllähnliche Gewerbeabfälle	80	14.400	18,1
Sperrmüll	18	3.250	4,1
Altglas (getrennt erfaßt)	11	1.993	2,5
Altpapier (getrennt erfaßt)	9	1.645	2,1
Grünabfälle (getrennt erfaßt)	10	1.800	2,3
Altmetall (aus Sperrmüll)	3	550	0,7
Abfallpotential	441	79.440	
ZIEL			
Stoffliche Verwertung			
Altglas	20	3.600	4,5
Altpapier	25	4.500	5,7
Grünabfall	20	3.600	4,5
Bioabfall	60	10.800	13,6
Aus Sortierung von hausmüllähnl. Gewerbeabfällen, Sperrmüll	20	3.600	4,5
Summe	145	26.100	32,8
Thermische Verwertung			
Hausmüll und hausmüllähnl. Gewerbeabfälle	296	53.340	67,2

201 Vgl. BARTSCH, R.: Abfallwirtschaftskonzept der Stadt Hamm, Entwurf 1991, S.212.

Tabelle 40. Mengenentlastung der MVA durch Umsetzung aller vorgeschlagenen abfallwirtschaftlichen Maßnahmen.[202]

	Abfallmenge		Reduzierung
	Ist (t/a)	Ziel (t/a)	(t/a)
Hausmüll, hausmüllähnl. Gewerbeabfälle, Sperrmüll	74.000	53.300	20.700
Gewerbeabfälle	35.000	17.500	17.500
Summe	109.000	70.800	38.200

Eine Reihe organisatorischer Maßnahmen sind zur Durchsetzung des Abfallwirtschaftskonzeptes notwendig. Im speziellen sind das:

- Abfallberater

Die Umsetzung des Abfallwirtschaftskonzeptes setzt eine wesentlich verbesserte Öffentlichkeitsarbeit voraus. Anzusprechen sind vor allem die Bereiche der Abfallvermeidung, der getrennten Sammlung von Glas, Papier und Grünabfall sowie der Problemabfallsammlung. Zur Verwirklichung der anstehenden Beratungsaufgaben ist die Einstellung von Abfallberatern notwendig. Deren Beratungstätigkeit sollte sich zum einen auf die den Bürger betreffenden Entsorgungsprobleme und zum anderen auf die Abfallentsorgung in Gewerbebetrieben beziehen. Voraussetzung für die Erfüllung der gestellten Anforderungen ist die entsprechende Qualifikation der Abfallberater.

- Personalbedarf

Zur Realisierung der geplanten Maßnahmen, insbesondere der Grünabfallsammlung, ist das Personal nach Tabelle 41 erforderlich. Zudem ist eine Stelle als Abfallwirtschaftler im Stadtreinigungsamt zur Umsetzung der technischen Elemente des Abfallwirtschaftskonzeptes einzurichten.

202 Vgl. BARTSCH, R.: Abfallwirtschaftskonzept der Stadt Hamm, Entwurf 1991, S.224.

Tabelle 41. Personalbedarf bei Umsetzung aller vorgeschlagenen Maßnahmen.[203]

	Personalbedarf
Grünabfallsammlung:	
* Holsystem	1 Kraftfahrer, 2 Lader
* Bringsystem	1 Aufsichtsrat
* Problemabfallsammlung	1 Fachkraft
* Zwischenlager Problemabfall	1 Fachkraft
Summe	6 Mitarbeiter

• Anpassung der Abfallsatzung

Folgende Anpassungen der Abfallsatzung sind – aufgrund der geänderten Voraussetzungen – erforderlich:

- Ausdehnung der Anschluß- und Benutzungspflicht für hausmüllähnliche Gewerbeabfälle, Bauschutt u.ä., die bisher aufgrund ihrer Art und Menge nicht in den von der Stadt zur Verfügung gestellten Abfallbehältern transportiert werden konnten;
- Verbot der Annahme wiederverwertbarer Stoffe an den Entsorgungsanlagen;
- Pflicht zur Getrennthaltung der Abfälle;
- Anpassung der Gebührenordnung.

203 Vgl. BARTSCH, R.: Abfallwirtschaftskonzept der Stadt Hamm, Entwurf 1991, S.228.

Tabelle 42. Zeitplan des Abfallwirtschaftskonzeptes.[204]

	1991	1992	1993	1994
Maßnahme				
Abfallkonzept	Anfang 91 Entwurf an die polit. Gremien, Diskussion u. Abstimmung, Beschluß			
Abfallgruppe I				
Altglas	Realisiert			
Altpapier	Realisiert			
Kunststoff	Realisiert			
Alttextilien	Realisiert			
Altmetall	Realisiert			
Grünabfälle	z.T realisiert, ab Frühjahr Erfassung im Hol/Bringsystem	Bau und Inbetriebnahme		
Bioabfall	Planung der neuen Anlage Versuchsdurchführung Vorbereitung der Planung	Planung, ggfs. abfallrechtl. Verfahren	wenn Zusammenarbeit mit einem Nachbarkreis nich möglich ist, Bau eigener Anlage	
Problemabfall	Intensivierung der Erfassung Vorbereitung der Planung eines Zwischenlagers	Planung, ggfs. abfallrechtl. Verfahren	Bau und Inbetriebnahme	
Sperrmüll	Realisiert			
Abfallgruppe II				
Gewerbeabfall	Vorplanung, Datenerhebung	Vorbereitung der Planung	Planung, ggfs. abfallrechtl. Verfahren	Bau und Inbetriebnahme
Bodenaushub und Bauschutt	Planung, ggfs. abfallrechtliche Verfahren	Bau und Inbetriebnahme		
Baustellenabfall	Vorplanung, Datenerhebung	Vorbereitung der Planung	Planung, ggfs. abfallrechtliche Verfahren	wenn Zusammenarbeit mit dem Kreis Unna nicht möglich ist, dann Bau eigener Anlage
Straßenkehricht	Realisiert			
Sonstige Abfälle	Realisiert			
Abfallgruppe III				
Schlackeaufbereitung Filterstäube Reaktionssalze	abfallrechtl. Verfahren Vorbereitung der Planung	Planung, ggfs. abfallrechtl. Verfahren Einrichtung der Anlage	Inbetriebnahme	Inbetriebnahme
Öffentlichkeitsarbeit		Schaffung der notwendigen Stellen		
Personal		Schaffung der notwendigen Stellen		
	1991	1992	1993	1994

204 Vgl. BARTSCH, R.: Abfallwirtschaftskonzept der Stadt Hamm, Entwurf 1991, S.234.

5 Empirische Untersuchung zur getrennten Erfassung von Wertstoffen in Hamm

5.1 Theoretische Einleitung

Im Zusammenhang mit der getrennten Erfassung von Wertstoffen ist die Beteiligung der Bürger eine unbedingte Voraussetzung. Dies ist wichtig, da ein direkter Zusammenhang mit dem sich einstellenden Erfolg, der sich in den erzielten Erfassungsquoten wiederspiegelt, besteht.

Im Extremfall kann eine "bürgerunfreundliche" Lösung zu einem Boykott seitens der Haushalte führen, so daß nur geringe Erfassungsquoten erreicht werden. Zudem können Veränderungen in der Abfallwirtschaft die Lebensgewohnheiten und die Wohnraumqualität der betroffenen Bürger in einem nicht unerheblichen Maße beeinflussen.

Will man die Haushalte für eine getrennte Erfassung der Wertstoffe "gewinnen", so bietet sich zunächst die Informationsgewinnung an, bevor man versucht, das aktuelle Abfallverhalten zu ändern. Eine Modifikation des aktuellen Verhaltens ist häufig nur über entsprechende Veränderungen der Einstellungen möglich. Andererseits sind Einstellungen häufig nicht ausreichend genug, um entsprechende Verhaltensmuster durchzusetzen.

Hier werden die wechselseitigen Beziehungen und Verbindungen zwischen den Einstellungen auf der einen und den Verhaltensmustern auf der anderen Seite deutlich. Langfristig läßt sich ein bestimmtes Verhalten nur dann grundlegend modifizieren, wenn die entsprechenden Einstellungen zu diesem Themenbereich auch akzeptiert und übernommen werden.[205]

Dieser Sachverhalt trifft nicht nur für den Bereich der Abfallwirtschaft zu, sondern läßt sich nahezu auf alle Bereiche des täglichen Lebens anwenden. Dies kann durch zahlreiche Studien z.B. für die Bereiche des Gesundheitsvorsorge-Verhaltens[206],

205 Vgl. SCHÜTZ, H.; u.a.: Individuelles Entsorgungsverhalten und Akzeptanz von Entsorgungstechnologien; in der Reihe: Arbeiten zur Risiko-Kommunikation, Heft 22, Jülich 1991, S.7.

206 Vgl. ALCALAY, R.: The impact of mass communication campaigns in the health field, Social Science and Medicine 17, 1983, S.87 ff.

des Energiesparverhaltens[207] oder auch der Bereitschaft, sich im Auto anzuschnallen[208] belegt werden. Die Notwendigkeit der Mitarbeit seitens der Bürger ist unumstritten. Wie diese Mitarbeit allerdings im konkreten Fall aussehen kann, läßt sich an einem Beispiel aus dem Komplex Abfallwirtschaft erläutern und aufzeigen.

Die Ausgangslage ist folgende:

Die Bereitschaft der Bevölkerung zur getrennten Erfassung und Sammlung von Wertstoffen ist gegeben, d.h. die Bürger sind bereit, den im Haushalt anfallenden Abfall nach bestimmten Wertstoffgruppen vorzusortieren.

Bei der Entsorgung von Glas oder Papier über ein sog. Bringsystem werden die getrennt gesammelten Wertstoffe zu den bereitgestellten Containern gebracht. Dies schließt ein, daß der Transport des vorsortierten Abfalls in die Tages- oder Wochenplanung mit aufgenommen wird. Eventuell läßt sich diese Entsorgung mit dem Einkauf neuer Lebensmittel und Konsumgüter verbinden.

Bei der Entsorgung von Wertstoffen nach dem Holprinzip ist darauf zu achten, daß die entsprechenden Abholtermine der Müllabfuhr beachtet werden. Beide Konzepte der getrennten Erfassung von Wertstoffen setzen voraus, daß im Haushalt Behältnisse aufgestellt werden, in denen die Abfallstoffe vorübergehend gesammelt werden können.

Anhand der Ausführungen ist leicht nachzuvollziehen, daß eine aktive Mitarbeit der Bürger – speziell im Bereich der Entsorgung von Abfallstoffen – Grundvoraussetzung einer entsprechenden Entsorgungskonzeption ist. Soll diese Konzeption darüber hinaus langfristig Bestand haben, muß neben einer Verhaltensänderung auch noch eine Einstellungsmodifikation angestrebt werden. Dies kann in der Regel nur durch eine an der Basis betriebene, flächendeckende und fundierte Öffentlichkeitsarbeit erreicht werden.

5.1.1 Situation des Abfallentsorgungsverhaltens

Bisher ist die Anzahl der Studien, die sich mit dem Einstellungsverhalten im Bereich individuellen Abfallentsorgungsverhaltens befassen, sehr gering.

---

207 Vgl. SELIGMAN, C.: Energy consumption, attidudes, and behavior; in: Saks, M. J; u.a. (Hrsg.), Advances in applied social psychologie, Vol.3 Hillsdale 1986, S.153 ff.

208 Vgl. ADLER, R. S.; u.a.: Cajolery or command: Are education campaigns an adequate substitute for regulation, Yale Journal on Regulation 1, 1984, S.159 ff.

Bei zwei Versuchen in Konstanz und Schalksmühle[209] – Themenschwerpunkt war insbesondere die getrennte Sammlung von Hausmüll – wurde versucht, die Gründe herauszufinden, die bestimmte Personen zu einer (Nicht-)Teilnahme an dem Modellversuch veranlaßte. Insgesamt wurden in Konstanz 213 Personen persönlich befragt. Den Befragten wurde eine Liste mit insgesamt 11 verschiedenen Motiven vorgelegt, die die Teilnahme an dieser Befragung begründen. Tabelle 43 zeigt die Antworthäufigkeiten auf.

Tabelle 43. Rangfolge der Handlungsbegründungen.[210]

Wie ist Ihre eigene Rolle in der Aktion? Warum machen Sie mit ?	%
1. Weil die Umwelt geschützt wird	82
2. Weil der Mülleimer entlastet wird	77
3. Weil die Müllhalden entlastet werden	76
4. Weil man die Aktionen unterstützen muß	62
5. Weil sie zur Ordnung in der Straße beiträgt	59
6. Weil der Volkswirtschaft geholfen wird	59
7. Weil der Stadtverwaltung geholfen wird	52
8. Weil der Industrie geholfen wird	52
9. Weil Herstellungskosten gesenkt werden	48
10. Weil die Wohnung sauber ist	46
11. Weil Nachbarn auch teilnehmen	33

Diese 11 Motive lassen sich folgendermaßen klassifizieren:

1) Motiv 1 bis 3:
   Hier ist ein relativ starkes Umweltbewußtsein zu erkennen.
2) Motiv 4 bis 8:
   Bei dieser Klasse von Motiven ist ein Verpflichtungsgefühl gegenüber der Allgemeinheit zu sehen.

---

209 Vgl. MAUSCH, H.: Motive der Bevölkerung für die Teilnahme an getrennten Hausmüllsammlungen; in: Müll und Abfall, 12/79, S.329 ff.

210 Vgl. MAUSCH, H.: Motive der Bevölkerung für die Teilnahme an getrennten Hausmüllsammlungen; in: Müll und Abfall, 12/79, S.329.

3) Motiv 9 bis 11:
   Diese Begründungen spielen für die Teilnahme an der getrennten Abfallsammlung eine untergeordnete Rolle. Die Motive sind tendentiell egoistischer Natur.[211]

In Schalksmühle wurde eine ähnliche Untersuchung durchgeführt. An der ersten Fragebogenaktion waren 700 Bürger – vor der Einführung eines Systems zur getrennten Sammlung von Wertstoffen – und 300 Bürger - nach der Einführung – beteiligt. Die Ergebnisse dieser Befragung decken sich mit denen aus Konstanz. Auch hier ist eine Klassifizierung der Motive in drei Bereiche gegeben.

Eine weitere Befragung, die diesem Themenbereich zugeordnet werden kann, sucht nach Bedingungen, von denen das Mülltrennungsverhalten in Wohnblöcken und Hochhausgebieten abhängt. Diese Untersuchung wurde in Heidelberg durchgeführt. Von insgesamt 417 verteilten Fragebögen wurden nur 26%, d.h. genau 107 Fragebögen ausgefüllt zurückgesandt. Demographische Daten, soziale und psychologische Faktoren sowie die Teilnahme an der Müllsortierung wurden in diesem Fragebogen berücksichtigt. Als Ergebnis dieser Untersuchung können nachfolgende Thesen festgehalten werden:

- Allein der Stellenwert des Umweltbewußtseins läßt keine Unterteilung in "gute" und "schlechte" Sortierer zu.
- Zwischen den Variablen "soziale Interaktion", "Haushaltsführung", "Beurteilung des Tonnenstandortes" sowie Alter und Schulausbildung einerseits und dem Mülltrennungsverhalten andererseits besteht ein direkter Zusammenhang.

Die Schlußfolgerungen aus den vorgestellten Untersuchungen sind:

1) Einstellungen zur Umwelt allein können individuelles Entsorgungsverhalten nicht steuern.
2) Soziale Faktoren, z.B. Haushaltsführung, Einbindung in das soziale Umfeld können relevant sein.

211 Vgl. MAUSCH, H.: Motive der Bevölkerung für die Teilnahme an getrennten Hausmüllsammlungen; in: Müll und Abfall, 12/79, S.329 ff.

5.2 Problemstellung und Erarbeitung eines möglichen Lösungsansatzes

Kernfragen der in der Stadt Hamm exemplarisch durchgeführten Untersuchung sind:[212]

- Inwieweit werden die Maßnahmen, die zur Realisierung des Dualen Systems notwendig sind, von der Bevölkerung akzeptiert?
- Welche Beteiligung an diesen Maßnahmen ist zu erwarten?
- Welche Vorkehrungen müssen ggf. getroffen werden, um die Beteiligung an der Abfalltrennung auf das erforderliche Niveau (Erfassungsquoten) zu bringen und zu halten?

In der Bundesrepublik sind bereits, wie schon zuvor erwähnt, mehrere thematisch ähnlich gelagerte Arbeiten unter verschiedenen Aspekten durchgeführt worden. Insbesondere ist hierbei die Arbeit zum Abfallverhalten der hannoverschen Bürger zu erwähnen, die im Sommersemester 1990 von dem Lehrstuhl Markt und Konsum der Universität Hannover durchgeführt wurde.[213]

Die darin genannten wichtigsten Hypothesen sind:[214]

- Die Motivation zur Teilnahme an Recyclingprogrammen in der Bundesrepuplik Deutschland ist allgemein hoch.
- Einstellungen, Motivation und Teilnahmebereitschaft sind notwendige, aber nicht hinreichende Voraussetzungen akzeptablen Mülltrennungsverhaltens.
- Es bestehen mehrere Einflußfaktoren auf das Sammelverhalten: – situative, demographische und psychologische –.
- Eine pauschale Typisierung der im Umweltbereich Handelnden ist nicht auszumachen. Die unterschiedliche Motivation und Vermittlung umweltbezogener Handlungen in verschiedenen Gruppen muß gesondert erfaßt und bei Planungsüberlegungen berücksichtigt werden.

---

212 Vgl. MULTHAUP, R., u.a.: Duales System und Bürgerakzeptanz, in: Entsorgungspraxis, 5/92, S.265.

213 HANSEN, U., u.a.: Das ökologische Verhalten der Hannoverraner am Beispiel des Abfallverhaltens, in: Hansen, U., u.a.: Der Wirtschaftsraum Hannover, Vorträge am Fachbereich Wirtschaftswissenschaften, Band 10, 1991, S.125 ff.

214 In Anlehnung an HORMUTH, E.; u.a.: Psychologische Ansätze zur Müllvermeidung und Müllsortierung, Forschungsbericht für das Ministerium für Umwelt Baden Württemberg, Psychologisches Institut der Universität Heidelberg, 1990.

- Auf psychologischen Prinzipien basierende Interventionsmaßnahmen können erfolgreich eingesetzt werden. Ihre Wirksamkeit hängt jedoch vom richtigen Einsatz ab (z.B. Belohnungsstrategien). Das gleiche gilt für kognitive Maßnahmen (Informationen, Feed-back, Self-Monitoring, Zielvorgaben, Selbstverpflichtungen).

Diese Hypothesen konnten in den bislang durchgeführten Studien bestätigt und ergänzt werden. Die dort gemachten Feststellungen sind aber nur repräsentativ für das Verhalten bei der Kompostmülltrennung in Hochhäusern oder Wohnkomplexen:

- Psychologische Aspekte waren grundsätzliche Voraussetzung, aber nicht ausschlaggebend für das Mülltrennungsverhalten.
- Das Ausmaß sozialer Interaktionen weist einen engen Bezug zur Beteiligung an der Mülltrennung auf.
- Ältere Personen mit niedriger Schulbildung beteiligen sich eher an der Kompostmülltrennung.
- Ältere Personen mit niedriger Schulbildung weisen ein höheres Ausmaß an sozialer Interaktion auf.
- Die Zuständigkeit einer Person für den Haushalt begünstigt die Kompostmülltrennung (Erleichterung der Verantwortungsübernahme und Orientierung).
- Die feste Zuständigkeit für die Mülleimerleerung hat keinen Einfluß auf das Trennungsverhalten (untergeordnete zugewiesene Tätigkeit)
- Der Standort der Sammeltonnen spielt eine wesentliche Rolle.

Mit einem weiteren Blick auf psychologische Zusammenhänge gilt prinzipiell, daß das Abfallverhalten nicht isoliert, sondern als Teil des Konsumverhaltens betrachtet werden sollte, um:

- nicht nur den Umgang mit Abfall, sondern auch dessen Entstehung zu berücksichtigen,
- die Perspektive des Verbrauchers besser wiederzuspiegeln,
- Konflikte zwischen Bedürfnissen, Einstellungen und Werten in verschiedenen Bereichen zu berücksichtigen.

Aus diesen Erkenntnissen werden Vorgehensrichtlinien für die empirische Untersuchung in der Stadt Hamm abgeleitet, die im folgenden in zusammengefaßter Form erläutert werden sollen.

Umweltbewußte Einstellung, Motivation oder Teilnahmebereitschaft bieten nach den aus anderen Studien gewonnenen Erkenntnissen keine befriedigende Erklärung für Mülltrennungsverhalten. Indikator für die Akzeptanz künftiger Müllsammelsysteme sollte deshalb nicht ausschließlich die geäußerte Teilnahmebereitschaft der Befragten sein. Auch eine Hinterfragung der Meinungen und Einstellungen zum Dualen System kann keine ausreichende Basis für die Akzeptanzforschung oder für die Ableitung akzeptanzverbessernder Maßnahmen bilden.

Es sollte deshalb eher untersucht werden, welche aktuellen Einflußgrößen auf das Abfallverhalten der Hammer Bevölkerung wirken, welche Hintergründe unterschiedliches Mülltrennungsverhalten hat und wie mittels dieser Erkenntnisse künftiges Abfallverhalten prognostiziert und ggf. durch geeignete Maßnahmen verbessert werden kann. In diesem Zusammenhang waren zwei wesentliche Faktoren zu messen: Das reale Abfallverhalten und seine Determinanten sowie die geäußerten Meinungen und Einstellungen der Hammer Bevölkerung bzgl. des Dualen Systems. Für die Analyse wurde folgendes Vorgehen gewählt:

1) Erfassung möglichst aller Einflußfaktoren, Ermittlung von Abhängigkeiten zwischen Mülltrennungsverhalten und den Einflußfaktoren, Bildung eines Handlungsstrukturmodells für das Abfallverhalten der Hammer Bevölkerung, Klassifizierung von Handlungstypen, die im Nachgang mit geeigneten Maßnahmen differenziert bearbeitet werden können.
2) Eigentliche Meinungsumfrage: Ermittlung der geäußerten Aktzeptanz von künftigen Maßnahmen, Teilnahmebereitschaft, Belastungsgrenzen, Motivationsbarrieren.
3) Zusammenfassende Interpretation und Prognose der zu erwartenden Akzeptanz, Handlungsempfehlungen.

Als Systematik für die Untersuchung der Abhängigkeiten zwischen Mülltrennungsverhalten und dessen Determinanten sowie der Handlungsstrukturen in der Hammer Bevölkerung bot sich das Beziehungsmodell nach Abbildung 35 an.

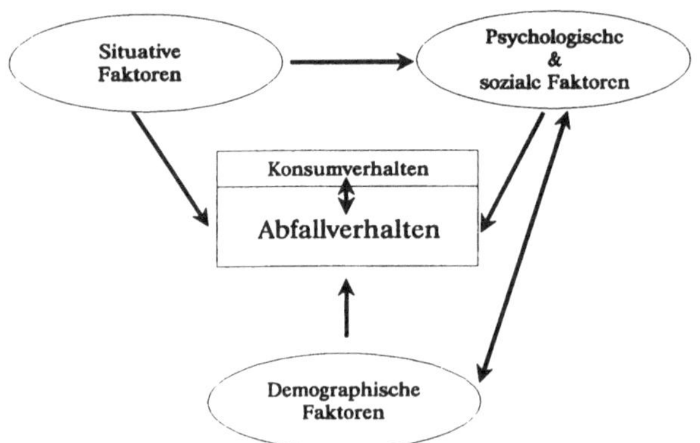

Abbildung 35. Einflußfaktoren auf das Abfallverhalten.

5.3 Vorgehensweise bei der empirischen Untersuchung

Die angewandte Informationsgewinnungsmethode bei der empirischen Untersuchung Hamm war die Befragung. Bevor mit der eigentlichen Datensammlung begonnen werden konnte, mußten zunächst mit der Festlegung der Befragungsziele und der Bestimmung der Befragungsstrategie einige wichtige Parameter abgeklärt werden. Unter Befragungszielen sind insbesondere die quantitativen und/oder qualitativen Untersuchungsaspekte, die mit der Befragung erhoben werden sollen[215] und die Personenkreise, an die sich die Befragung richtet,[216] zu bestimmen. Die Festlegung einer Befragungsstrategie stellt neben der Bestimmung der Stichprobengröße und des Auswahlverfahrens, die Auswahl der Befragungsform und des befragungstaktischen Instrumentariums in den Vordergrund.[217]

5.3.1 Auswahl des Untersuchungsgebietes

Bei der Auswahl der Untersuchungseinheiten wurden insgesamt neun Gebiete ausgesucht. Der Ausgangspunkt der empirischen Untersuchung war, herauszufin-

215 Vgl. LEHMEISER, H.: Grundzüge der Marktforschung, Kohlhammer Verlag, Köln, 1979, S.52 f.

216 Vgl. ROGGE, H.-J.: Marktforschung – Elemente und Methoden betrieblicher Informationsgewinnung, Hanser Verlag, München 1981, S.139 f.

217 Vgl. HÜTTNER, M.: Informationen für Marketing-Entscheidungen, Vahlen Verlag, München 1979, S.62 ff.

den, in welchen Gebietsstrukturen welche Erfassungssysteme präferiert werden. Da die Stadt Hamm gemäß des Beschlusses des Rates vom 15. März 1989 im April 1990 die Biotonne zur Erfassung des kompostierbaren Anteils in fünf verschiedenen Gebieten der Stadt Hamm versuchsweise eingeführt hatte, war es aufschlußreich, wie sich diese Untersuchungseinheiten im Vergleich zu den entsprechenden Gebieten ohne weiteres Erfassungssystem am Haushalt darstellt. Im einzelnen wurden folgende Untersuchungsgebiete festgelegt:

Tabelle 44. Aufteilung der Untersuchungsgebiete.

1.	GS 1	ohne Biotonne	n = 45
2.	GS 2	mit Biotonne	n = 44
3.	GS 2	ohne Biotonne	n = 48
4.	GS 3	mit Biotonne	n = 35
5.	GS 3	ohne Biotonne	n = 50
6.	GS 4	mit Biotonne	n = 50
7.	GS 4	ohne Biotonne	n = 51
8.	GS 5*		n = 49
9.	GS A**		n = 49
Befragte (insgesamt)			n = 421

n := Anzahl der Befragten

* In der Gebietsstruktur GS5 waren bei der Auswahl der Befragten keine Biotonnenbesitzer vorhanden

** Bei GS A handelt es sich um eine Einkaufsbefragung

5.3.2 Vorgehensweise

Die Durchführung der Befragung begann Mitte November 1991 und wurde Anfang März 1992 abgeschlossen. In dieser Zeit wurden die Befragten direkt in den Untersuchungsgebieten nach dem Zufallsprinzip zwischen 9.00 und 18.00 Uhr in ihren Wohnungen aufgesucht. Bei diesem, auf dem Zufallsprinzip beruhenden, Auswahlverfahren hatte die befragte Person selber Gelegenheit, Fragen zu stellen und ein Gesprächsthema kritisch zu reflektieren.

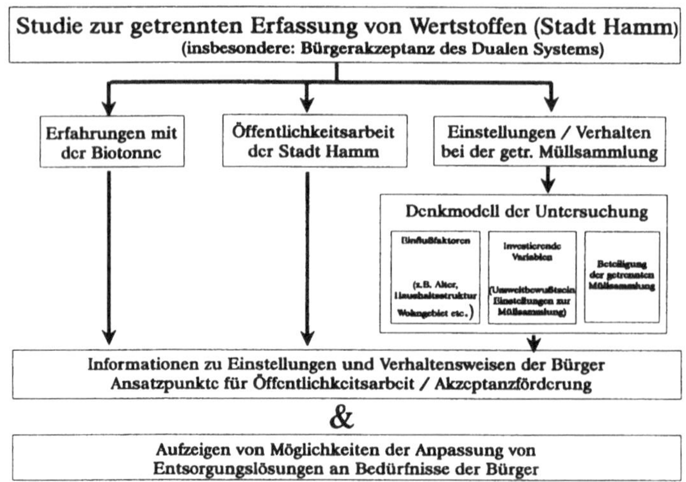

Abbildung 36: Untersuchungsbereiche der empirischen Untersuchung.

Mit der persönlichen Befragungsform umgeht man die Schwächen einer schriftlichen Befragung, indem z.B. die Gefahr von Mißverständnissen minimiert wird. Die Stärken einer mündlichen Befragung liegen demgegenüber in ihrer hohen Erfolgsquote und der damit verbundenen Representativität der Ergebnisse.[218]

Die Gefahr, daß wichtige Aspekte der empirischen Untersuchung übersehen oder verzerrt wahrgenommen werden, nimmt ab.[219] Zusätzlich wurde der Fragebogen ab den 04.12.1991 so gestaltet, daß interessierte Personen, die aus zeitlichen Gründen keine näheren Angaben machen konnten, diesen zu einem späteren Zeitpunkt ausfüllen konnten. Zudem bekam jeder Interessierte einen freifrankierten Rückumschlag.

Die Interviewer wurden angewiesen, den Fragebogen entsprechend der Gebietszugehörigkeit zu kennzeichnen, da die Befragten keinen Absender auf den Frei-

218 Vgl. MEFFERT, H.: Marktforschung: Grundriß mit Fallstudien, Gabler Verlag, Wiesbaden 1986, S.38.

219 Vgl. STAUSS, B.: Ein bedarfswirtschaftliches Marketingkonzept für öffentliche Unternehmen, 1. Auflage, Nomos-Verlag, Baden-Baden 1987, S.143 ff.

umschlägen vermerken sollten. Diese Möglichkeit nahmen jedoch nur 24 Personen in Anspruch. Da sich in der empirischen Untersuchung Befragungsteile mit dem Kaufverhalten befaßten, wurden zusätzlich Interviews in Einkaufszentren in den jeweiligen Zielgebieten durchgeführt. Die Anzahl der so befragten Personen umfaßte hierbei eine Population von n = 49 Personen.

5.3.3 Vorstellung des Fragebogens "Abfallsituation der Stadt Hamm"

Im Rahmen der Akzeptanzforschung für die getrennte Erfassung von Wertstoffen wurde in der Stadt Hamm eine Fragebogenaktion – "Abfallsituation der Stadt Hamm" – durchgeführt. Die Befragung wurde als die am weitesten verbreitete und wichtigste Methode der Informationsgewinnung im Marketing für die empirische Untersuchung Hamm ausgewählt.[220] Hierfür wurde eigens ein Fragebogen konzipiert, der auf die örtlichen Besonderheiten zugeschnitten ist.

Die unterschiedlichen Arten der schriftlichen Befragung wurden hier vereinigt. Neben offenen Fragen, bei denen keine festen Antwortkategorien vorgesehen sind, und geschlossenen Fragen, bei denen die Antwortkategorie in Form der angegebenen Antwortmöglichkeiten fest vorgegeben ist, sind auch verschiedene Alternativen mittels einer sogenannten "Rating-Skala" zu klassifizieren.[221] Hierbei haben die befragten Personen die Möglichkeit, Aussagen zu den Themengebieten durch die Antwortalternativen

- trifft voll zu
- trifft eher zu
- teils / teils
- trifft eher nicht zu, und
- trifft nicht zu

zuzuordnen.

---

220 Vgl. SCHÄFER, E.; u.a.: Grundlagen der Marktforschung, 5. Auflage, Poeschel-Verlag, Stuttgart 1978, S.276.

221 Vgl. MEFFERT, H.: Marktforschung: Grundriß mit Fallstudien, Gabler Verlag, Wiesbaden 1986, S.40 f.

Sieben unterschiedliche Themenkomplexe wurden in den Fragebogen eingearbeitet:

- Abfall in Hamm
- Umwelt
- Getrennte Müllsammlung
- Verpackungsabfälle
- Öffentlichkeitsarbeit
- Biotonne
- Persönliche Daten.

Der Fragenkomplex "Abfall in Hamm" bezieht sich auf die aktuelle Müll- und Abfallsituation der Stadt. Fragen nach dem Vorhandensein von Altglas- und Altpapiercontainern, deren Entfernung zu den Wohnungen sowie die Möglichkeit, diese zu erreichen, bilden den Einstieg in dieses Thema. In Frage 3 wird nach der farblichen Kennzeichnung von Wertstoffcontainern für Altglas und -papier gefragt. Die Anzahl der Müllbehälter, wie auch die Größe dieser Mülltonnen wird anschließend abgefragt. Da sich die Bürger in der Regel nicht viel unter dem Begriff "MGB 120 l" oder "MGB 1100 l" vorstellen können, werden entsprechende Fotos vorgelegt, anhand derer die Müllbehälter erkannt und entsprechend angegeben werden können.

Die Frage nach dem "Dualen System" bildet den Abschluß zu dem Bereich "Abfall in Hamm". Hier soll herausgefunden werden, inwieweit überhaupt Kenntnis bzw. mit welchem Detaillisierungsgrad Informationen über das Duale System in der Bevölkerung vorliegen. Kann sich der Bürger etwas unter dem Begriff "Duales System" vorstellen?

Als Einstieg in den Fragenkomplex "Umwelt" sind eine Reihe von Aussagen gewählt worden, die in Form einer Rating-Skala angeordnet sind. Alle Aussagen beziehen sich auf Umweltsachverhalte. Die Besonderheiten der Anordnung der Aussagen finden in der statistischen Auswertung ihren Niederschlag.

Um herausfinden zu können, ob sich die Befragten mit der allgemeinen Umweltthematik auseinandersetzen, sind einige Fragen positiv und andere Fragen negativ formuliert und aufgeführt. Im konkreten Fall bedeutet eine vollständige Identifizierung mit einer Aussage einerseits die Möglichkeit "trifft voll zu" und andererseits die Alternative "trifft nicht zu".

Im weiteren Verlauf dieses Fragenkataloges sind Fragen zur Vereinsangehörigkeit und zur Kontaktfähigkeit zu Nachbarn und Menschen allgemein eingebunden. Der Einkauf und die Verwendung verschiedener Produkte wird wieder über eine 5-er Rating-Skala erfragt.

Der Teilbereich "Getrennte Müllsammlung" zielt auf erste Erfahrungen im Bereich der getrennten Sammlung und Entsorgung von Wertstoffen im Hausmüll ab. Wird die Frage nach der "Trennung des Hausmülls" mit ja beantwortet, werden im zweiten Teil der Frage konkrete Hinweise zu der Art und Weise sowie der Dauer der so praktizierten Entsorgungsmethode erwartet. Weiterhin wird die Organisation einer getrennten Sammlung in der Wohnung hinterfragt.

Aussagen über die Möglichkeit, die Kenntnis sowie die Inanspruchnahme der Entsorgung getrennt gesammelter Müllsorten im Stadtbereich von Hamm runden diesen Themenbereich ab.

Die Fragen 18 bis 22 gehören dem Fragenkomplex "Verpackungsabfälle" an. Eingangs wird die Meinung der befragten Personen zu der getrennten Sammlung und anschließenden Wiederverwertung von Verpackungs-abfällen abgefragt. Neun Aussagen sind wieder mittels einer Rating-Skala in die Bereiche "trifft voll zu" bis "trifft nicht zu" zu charakterisieren. In Frage 19 werden mögliche Sammelverfahren und Sammelorganisationen für Verpackungsabfälle vorgestellt. Die befragten Personen sollen angeben, wie sie die verschiedenen Möglichkeiten der Sammlung von Verpackungsabfällen beurteilen. Um das Spektrum der Antwortalternativen einzugrenzen, sind diese mit Hilfe einer Rating-Skala zu "gewichten".

Abschließend zu diesem Thema wird gefragt, ob sich der Einzelne bei einer getrennten Erfassung von Verpackungsabfällen beteiligen würde oder nicht. Organisatorische Maßnahmen sowie auch die Möglichkeit der Gebührensenkung für die Müllabfuhr werden hier angesprochen.

Über die regelmäßige Informationsversorgung mittels unterschiedlicher Medien werden in dem Fragenkatalog "Öffentlichkeitsarbeit der Stadt Hamm" Auskünfte gesammelt. Fragen nach Abfallberatungsstellen sowie auch städtische Aktionen zum Umweltschutz komplettieren den o.a. Themenbereich.

Der Bereich "Biotonne" ist nur von solchen befragten Personen auszufüllen, die tatsächlich auch im Rahmen des Modellversuches eine Biotonne zusätzlich zur grauen Mülltonne vor der Haustür stehen haben. Sollte dies der Fall sein, wird kurz nach den Vor- und Nachteilen, die mit der Biotonne verbunden sind, gefragt.
Sollten die Befragten nicht dem Biotonnenversuch angeschlossen sein, wird dieser Fragenkomplex übersprungen.

Bevor nun abschließend die persönlichen Daten erfragt werden, muß an dieser Stelle nochmals darauf hingewiesen werden, daß alle gemachten Angaben dem Datenschutz unterliegen und diese nicht mißbraucht oder Dritten zugänglich gemacht werden.

Fragen nach dem Familienstand, der Zugehörigkeit zu einer der aufgeführten Altersgruppen, der Schulausbildung, der Berufstätigkeit, der Wohnverhältnisse, des Einkommens sowie der Größe und Art der Haushaltsgemeinschaft bilden den Abschluß des Fragebogens und stellen das sogenannte Merkmalsblatt dar, welches zur Erfassung der erhebungs- bzw. auswertungsrelevanten Merkmale der Befragten dient.[222] Für die gewissenhafte Personenbefragung durch den Interviewer ist für den vorgestellten Fragebogen ein Zeitraum von ca. 45 Minuten veranschlagt worden.

5.4 Statistische Auswertung

5.4.1 Statistische Grundlagen

Bevor hier etwas näher auf die statistischen Möglichkeiten im Rahmen einer empirischen Studie eingegangen wird, sind einleitend einige Gedanken zum Themengebiet "Statistik" erforderlich.

Statistische Methoden finden heutzutage in den verschiedensten Sach- und Wissensgebieten Anwendung. In zunehmendem Maße werden statistische Methoden und Verfahren in der Wirtschaft angewandt, so z.B. in der Markt- und Produktforschung, bei der Personalauswahl, bei der Qualitätskontrolle, usw. Neben der Wirtschaft ist es in großem Maße der Staat, der sich statistischer Methoden bedient. Er sammelt in zunehmendem Umfang Daten über das öffentliche Leben, z.B. die Bevölkerung, das Bruttosozialprodukt oder auch die Höhe des Außenhandels.

Man kann sich sehr leicht vergegenwärtigen, daß jeder von uns ständig mit der Statistik in Berührung kommt. Dies geschieht entweder in der vorher aufgeführten Art und Weise (z.B. Bruttosozialprodukt) oder auch in Form von Bundesligatabellen oder Medaillienspiegeln bei sportlichen Wettkämpfen.[223]

Aus den bisherigen Ausführungen kann man Statistik als das methodische Vorgehen bei der Beschaffung von Daten, die zu Informations- und/oder Entscheidungszwecken genutzt werden können, definieren. Zu dieser knappen Definition sind noch einige Anmerkungen notwendig:

222 Vgl. BERKOVEN, L.; u.a.: Marktforschung: methodische Grundlagen und praktische Anwendungen, 4. Auflage, Gabler-Verlag, Wiesbaden 1989, S.99.

223 Vgl. KÜHN, J.: Repetitorium Methodenlehre deskriptive und induktive Statistik, Verlag für Wirtschaftsskripten, 4. Auflage, München 1987, S.10 ff.

- Statistik greift überall dort im alltäglichen Geschehen ein, wo umfangreiches Datenmaterial übersichtlich dargestellt und ggf. ausgewertet werden muß.
- Statistik ist Mittel zum Zweck, d.h. aus den aufbereiteten Informationen wird ein konkreter Nutzen gezogen.

Bevor man mit einer statistischen Untersuchung beginnt, muß zuerst der Zweck der Untersuchung festgelegt werden. Im Klartext heißt das, daß man sich Klarheit verschafft, wofür die Informationen benötigt werden. Dementsprechend wird die Statistik dann auch zweckentsprechend angewandt. Hieraus läßt sich dann die statistische Masse (Grundgesamtheit) ableiten, die zur Entscheidungsfindung untersucht und analysiert werden muß. Um eine Gesamtheit hinreichend genau festlegen zu können, muß sie in dreifacher Form abgegrenzt sein.

1) sachlich
2) zeitlich
3) örtlich.

Elemente, die eine Grundgesamtheit bilden, müssen zumindest ein gemeinsames Merkmal aufweisen. Insofern wird das Merkmal zum Kriterium für die Bildung statistischer Massen. Da jedoch fast jeder Merkmalsträger sehr viele unterschiedliche Informationen tragen kann, muß man vor der eigentlichen Untersuchung eingrenzen, an welchen Merkmalen bzw. Ausprägungen von Merkmalen im Rahmen einer näheren Untersuchung festgehalten werden soll. Wenn die in der Entscheidung gewonnenen Informationen statistisch ausgewertet werden, ist darauf zu achten, daß Merkmale einen unterschiedlichen Informationsgehalt besitzen können. Deshalb wird in drei Arten von Merkmalen unterschieden:[224]

1) Klassifikatorische Merkmale:

Man spricht von klassifikatorischen oder Unterschieds-Merkmalen, wenn zwischen den verschiedenen Ausprägungen nur irgendein Unterschied feststellbar ist. Beispiel: Geschlecht (männlich, weiblich) oder Familienstand (ledig, verheiratet, geschieden, verwitwet).

2) Komparative Merkmale:

Die Ausprägungen von komparativen Merkmalen (auch Rangmerkmale) zeigen nicht nur Unterschiede auf, sondern besitzen auch zusätzlich noch eine natürliche

---

224 Vgl. HARTUNG, J.: Statistik - Lehr- und Handbuch der angewandten Statistik, Oldenbourg Verlag, 4. Auflage, München 1985, S.16 f.

Rangordnung. Rangmerkmale liegen meist dann vor, wenn subjektive Einschätzungen erfaßt werden, beispielsweise Güteklassen von Waren.

3) Metrische Merkmale:

Auch metrische Merkmale lassen sich in eine Rangordnung bringen. Bei ihnen ist zusätzlich noch der Abstand zwischen den Ausprägungen von Bedeutung. Sie werden daher auch als Abstandsmerkmale bezeichnet. Beispiele hierfür sind Einkommen, Gewicht, Kinderzahl, usw.

Ausprägungen dieser Merkmale sind immer Zahlen. Auch klassifikatorische oder komparative Merkmale können in Zahlen umgewandelt werden. Dieser Vorgang wird als Verschlüsseln oder Vercoden bezeichnet (z.B. Geschlecht: 1=männlich, 2=weiblich). Die Abstandsmerkmale können noch weiter unterteilt werden:

- qualitative Merkmale:

Als qualitative Merkmale werden die Merkmale bezeichnet, die nicht meßbar (z.B. Familienstand, Religion, usw.) sind und alternativ oder mehrklassig sein können.

- quantitative Merkmale:

Quantitative Merkmale werden durch Messen, Wiegen oder Zählen gewonnen. Dementsprechend unterscheidet man zwischen den auf einen Zählvorgang beruhenden diskreten Merkmalen und den auf einen Meßvorgang beruhenden stetigen Merkmalen. Während diskrete Merkmale nur als ganzzahlige Merkmalshäufigkeiten auftreten (z.B. Kinder pro Ehe), können stetige Merkmale jeden beliebigen Wert innerhalb eines bestimmten Intervalls annehmen.

Tabelle 45. Überblick über die Merkmalstypen.

Merkmalstyp	Charakterisierung	Meßmethode	Meßergebnis
klassifikatorisch	artmäßig	nominal	Klassen
komparativ	intensitätsmäßig	ordinal	Rangordnung
metrisch	zahlenmäßig	kardinal	größenmäßig

5.4.2 Beschreibung der Gesamtstichprobe

Grundlage bzw. Basis der empirischen Erhebung in der Stadt Hamm war die Befragung von insgesamt 421 Personen. Die Auswahl der in den Kreis der Untersuchungsobjekte einbezogenen Personen erfolgte durch eine Kombination von geschichteter und ungeschichteter Zufallsauswahl, um dem Anforderungsprofil des

Untersuchungsziels in adäquater Weise zu entsprechen. Die wichtigste Zielsetzung der Stichprobentheorie ist es, Schlüsse von einer "gezogenen Stichprobe" auf eine interessierende Grundgesamtheit – hier die Hammer Bevölkerung – zu ziehen.[225] Es wurden im Kreis der Stadt Hamm fünf unterschiedliche Wohngebietsstrukturen so in den Gesamtumfang der Stichprobe integriert, daß sowohl bezüglich der Gebiets- bzw. Wohnstruktur differenzierte als auch für den gesamten Kreis der Stadt Hamm signifikante Untersuchungsergebnisse vorliegen. Insbesondere die technisch-organisatorische Umsetzung des Dualen Systems erfordert eine differenzierte Betrachungsweise von Gebietsstrukturen – ohne jedoch der Gefahr einer geographischen Zersplitterung zu erliegen.

Die technische Lösungskomponente im Sinne der konkreten Durchführung der Verpackungstrennung verlangt aus Gründen der Effizienz auch bei einer eventuell differenzierten Realisation Segmente von ausreichender Größe und geographischer Verbundenheit.

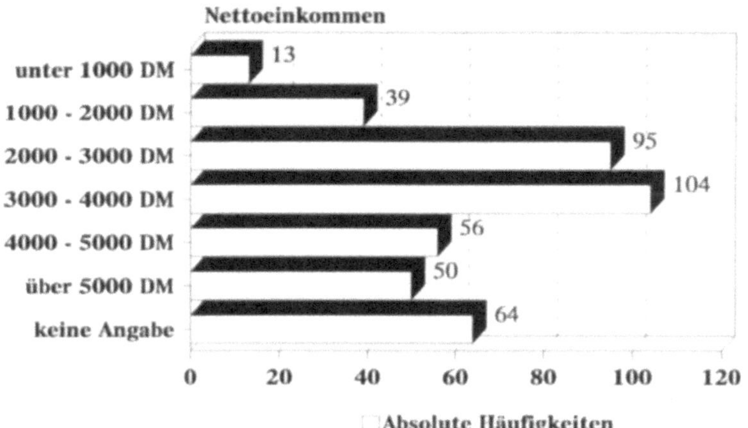

Abbildung 37. Haushaltsnettoeinkommen.

Andere soziodemographische Merkmale wie Alter, Geschlecht, Haushaltseinkommen, Bildungsniveau und Beruf unterlagen dagegen dem gleichen stochastischen Zufallsprozeß wie die anderen Untersuchungsvariablen.

225 Vgl. HARTUNG, J.: Statistik – Lehr- und Handbuch der angewandten Statistik, Oldenbourg Verlag, 6. Auflage, München 1987, S.269 ff.

Abbildung 38. Straßenplan der festgelegten Untersuchungsgebiete.

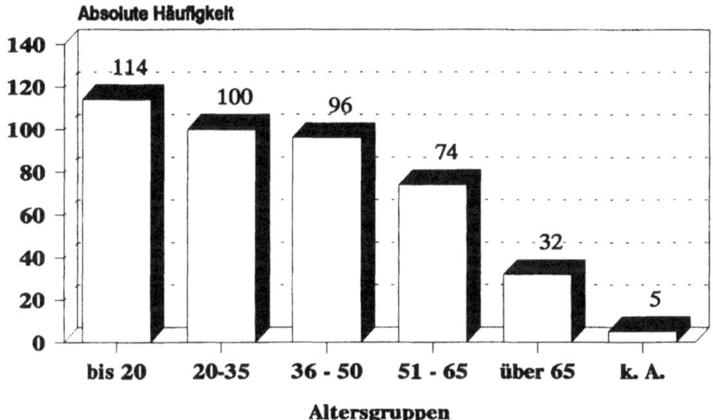

Abbildung 39. Altersgruppen.

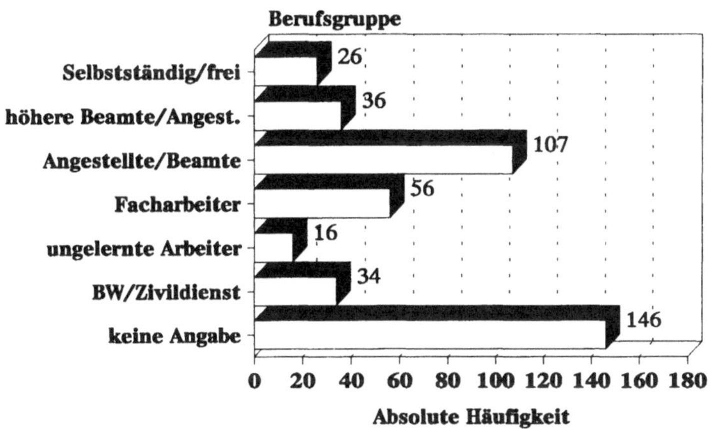

Abbildung 40. Berufsgruppe.

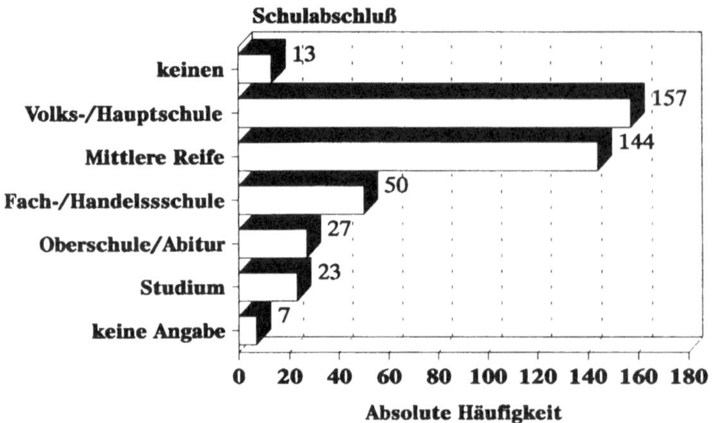

Abbildung 41. Schulabschluß.

Die Häufigkeitsverteilungen dieser soziodemographischen Daten über alle Befragten hinweg sind daher zumeist als normalverteilt zu bezeichnen oder lassen sich zumindest in eine Normalverteilung überführen. Die Normalverteilung ist durch eine glockenförmige Häufigkeitsverteilung von Merkmalsausprägungen – hier der soziodemographischen Daten – gekennzeichnet; diese Funktion ist gerade die Dichte der Normalverteilung.[226] Einer Anwendung komplexerer statistischer Verfahren, die die Existenz annähernd normalverteilter Variablen bedingen, wurden daher Verfahren bzw. Tests vorgeschoben, welche diese Bedingungen überprüften und zulässige Signifkanzniveaus extrahierten (CHI-Quadrat-Anpassungstest und Kolmogoroff-Smirnov-Test).

Die Darstellung der aus der deskriptiven Statistik gewonnen Erkenntnisse erfolgt zum Teil geordnet nach Themenkomplexen inhaltlicher Art. Zum Teil richtet sich die Repräsentation der Daten aber auch nach der klassischen Unterteilung von situativen, psychographischen und demographischen Einflußfaktoren. Integriert wird zudem eine differenzierte Betrachtung unterschiedlicher Skalenniveaus und/-oder Komplexität von Daten. Dabei werden jeweils die statistisch signifikanten Ergebnisse bzw. die inhaltlich besonders relevanten Erkenntnisse hervorgehoben. Ebenso erfolgt die Darstellung der aus der Anwendung höherwertiger statistischer Verfahren erlangten Erkenntnisse nach Zweckmäßigkeitsüberlegungen.

226 Vgl. HARTUNG, J.: Statistik – Lehr- und Handbuch der angewandten Statistik, Oldenbourg Verlag, 6. Auflage, München 1987, S.143.

5.4.3 Mülltrennung in Hamm

Die Trennung von Abfall beschränkt sich in der Stadt Hamm – abgesehen von der Einführung der Biotonne – in einzelnen Teilgebieten vorwiegend auf die getrennte Entsorgung von Altglas und Altpapier durch das Aufstellen von Sammelbehältern. So trennten vollständig 56,3% der Befragten Altglas und 52,7% der Befragten Altpapier. Wird der Anteil derer, die zumindest einen Großteil dieser Müllfraktionen trennen, hinzugezählt, erweitert sich die Zahl auf 85,5% (Altglas) bzw. 72,9% (Altpapier). Diese Angaben werden dadurch bestätigt, daß die reale Kenntnis der Containerstandorte bei den Befragten zu 96,2% vorhanden ist. Kausalistisch wurde dies insofern geprüft, als daß bei dieser Frage die Angabe von Straßennamen erforderlich war. Über die Farbe dieser Container waren allerdings lediglich 79,7% der Befragten vollständig informiert. Als geschätzte Anfahrtzeit zu den Containern wurde von 75,4% der Personen eine Zeit unter bzw. bis zu fünf Minuten genannt. Der durchschnittliche Zeitaufwand beträgt hierbei 5,2 Minuten. 54,2% der Befragten gaben dabei an, regelmäßig das Auto als Verkehrsmittel zu benutzen. Lediglich 34,7% der Befragten suchen die Container zu Fuß auf.

5.4.4 Umweltbewußtsein der Hammer Bevölkerung

Um die Einstellung der Hammer Bevölkerung zur allgemeinen Umweltproblematik zu ergründen und zugleich einen Meßindex des allgemeinen Umweltbewußtseins zu entwickeln, wurden die Befragten gebeten, einige Aussagen zum Thema Umwelt anhand einer 5-er Rating-Skala zu beurteilen. Bei der Auswertung dieser Aussagen wurde zusätzlich zwischen der kognitiven, affektiven und konativen Komponente des allgemeinen Umweltbewußtseins differenziert.

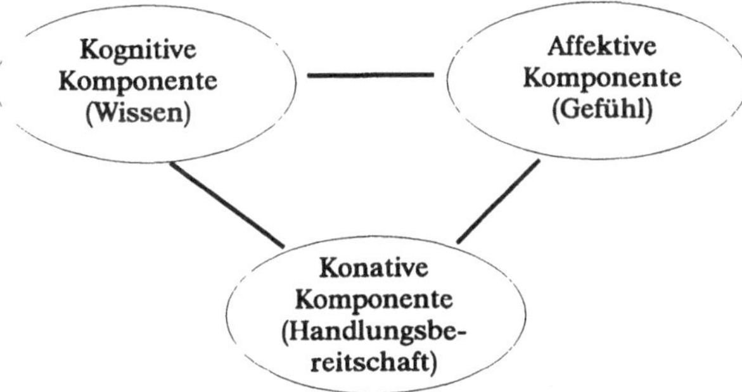

Abbildung 42. Einstellung als hypothetisches Konstrukt (multidimensional).

Dieses entspricht dem klassischen Einstellungsmodell wie es in der Marketingforschung und -praxis vorwiegend verwendet wird. Diesem Modell liegt die These zugrunde, daß sich das hypothetische Konstrukt "Einstellung" sequentiell über komplexe Wahrnehmungs- und Bewußtseinsprozesse entwickelt, wobei diese drei Konstrukte als die Hauptdeterminanten zu bezeichnen sind. Zahlreiche, bewußt interdisziplinär ausgerichtete Forschungen und empirische Tests bestätigen diese Hypothesen.[227]

Der kognitive Bereich

Der kognitive Bereich dieses Themenkomplexes zeigt, inwieweit die Bürger der Stadt Hamm über zentrale Umweltprobleme und deren kausale Ursachen bzw. sachlogische Zusammenhänge informiert sind. Um einer stereotypen Beantwortung vorzubeugen, wurden dabei wahre und falsche Aussagen so variiert und kombiniert, daß ein Rückschluß auf das tatsächlich vorhandene Wissen der Hammer Bevölkerung möglich ist.

Die Kenntnis der realen Umweltproblematik – bezogen auf die gesamte Hammer Bevölkerung – stellt sich nach dieser Untersuchung als unzureichend dar. Als Mittelwert über das gesamte durchschnittliche Wissen aller Befragten ergab sich ein Wert von 2,44 bei einer Standardabweichung von 0,59 (Quadratwurzel aus der Varianz) und einer Spannbreite (Range) von 4,00. Bei der Spannweite handelt es sich um die Differenz zwischen dem kleinsten und dem größten Beobachtungswert.[228] Dieser Wert kommt zustande, wenn die 5er-Ratingskalen so umkodiert werden, daß eine "negative" Antwort eine hohe Punktebewertung (5) und eine "positive" Antwort eine niederige Punktebewertung (1) zugewiesen bekommt. Das arithmetische Mittel aller Punktebewertungen aus dem Wissensbereich bildet den oben angesprochenen Wert. Bezogen auf den überhaupt möglichen Wertebereich (5-er Rating-Skala) von eins bis fünf erscheint diese Zahl auf erster Ebene nicht so gravierend, da diese sich noch im unteren Intervall der Zahlenskala befindet.

Verdeutlicht man sich allerdings, daß damit auf der verbalen Ebene im Durchschnitt eine überaus unsichere Antwortkategorie (eine verbale Antwort zwischen "trifft eher zu - teils teils") überwiegt, muß man dieses Ergebnis als recht unbefriedigend bezeichnen. Auf einer Meßskala niedrigeren Aggregationsniveaus (keine Durchschnittsbildung bei einer Befragungsperson) erreichen 53,9% der Befragten

227 Vgl. MEFFERT, H.: Einführung in die Absatzpolitik, 6. Auflage, Gabler Verlag, Wiesbaden 1982, S.122.

228 Vgl. BERKOVEN, L.; u.a.: Marktforschung: methodische Grundlagen und praktische Anwendungen, 4. Auflage, Gabler-Verlag, Wiesbaden 1989, S.198.

über 17 bis (maximal erreichbare) 35 Punkte, wobei die maximale Punktzahl durch absolute Unkenntnis aller abgefragten Sachverhalte erreicht wird. Einzelne konkrete Ergebnisse (Ankreuzungen) verdeutlichen diesen Sachverhalt sehr gut:

So ist offenbar 37,8% der Befragten die Tatsache nicht bekannt, daß der Treibhauseffekt durch Kohlendioxid verursacht wird. Die Antwortkategorie "trifft voll zu" kreuzten in diesem Fall sogar lediglich 39,9% – also weniger als die Hälfte der Befragten – an. Von der "Verursachung des sauren Regens durch FCKW" waren sogar 63,2% der Befragten vollständig bzw. teilweise überzeugt.

Daneben bleibt festzuhalten, daß die Unsicherheit bezüglich der zu bewertenden Aussagen bei der Hammer Bevölkerung überraschend groß ist. So wurde über den gesamten Bereich der Kognition im Durchschnitt von über einem Fünftel der Befragten (20,22%) die in beide Richtungen unbestimmte Antwortkategorie "teils teils" gewählt. Dieser unbefriedigende Kenntnisstand zeigte sich in aller Schärfe bei dem Themenkomplex des Dualen Systems. Hierbei wurden die Befragten gebeten, durch einige Stichworte eine Kurzcharakteristik des Dualen Systems anzuführen. Das Ergebnis skizziert ein pessimistisch zu wertendes Bild:

Lediglich 14,5% der Befragten waren in der Lage, mindestens ein konstituierendes Merkmal über Ziel, Zweck oder Organisation des Dualen Systems zu nennen. Die von den Interviewern mitgeschriebenen Anmerkungen zu diesem Themengebiet machten den Wissensnotstand in Punkto Duales System zusätzlich deutlich. Zwischen unterschiedlichen Bildungsniveaus ist allerdings ein unterschiedlicher Kenntnisstand festzustellen. Wie zu erwarten, ist das Wissen umso größer, je höher das Bildungsniveau anzusiedeln ist.

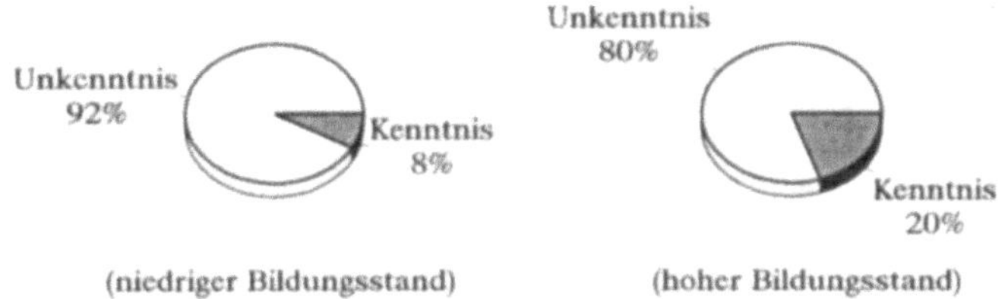

Abbildung 43. Kenntnis Duales System / Bildungsstand.

Die Zahlungsbereitschaft der Hammer Bevölkerung für das Gut "saubere Umwelt" ist sehr gering. Bei der Frage nach der Höhe einer freiwilligen "Umweltabgabe" pro Monat wurde von 53% der Befragten ein Betrag unter bzw. bis zu 15 DM genannt. Einen Betrag zwischen 15 DM bis einschließlich 50 DM aufzuwenden, erklären sich 26,7% der Befragten bereit.

Über 50 DM bis einschießlich 100 DM sind 14,3% der Befragten bereit, für diesen Zweck aufzuwenden. Eine Mitgliedschaft in Umweltschutzgruppen geben 7,7% der Befragten an. Gegenüber einer Mitgliedschaft in sonstigen Vereinen, die sich auf 49,5% der Beragten beziffert, ist diese Zahl recht gering. Allerdings entpricht dieser Wert durchaus den Zahlen, die auf Bundesebene ermittelt werden.

Der affektive Bereich

Die affektive Komponente des allgemeinen Umweltbewußtseins gibt Aufschluß darüber, inwieweit die Bürger bei diesem Themenkomplex gefühlsmäßig involviert bzw. angesprochen sind. Hierbei ergab sich folgendes Bild:

Das arithmetische Mittel der Durchschnittsbeurteilung über alle Befragten beträgt 2,414 bei einer Standardabweichung von 0,486 und einer Spannweite von 2,800. Das bedeutet, daß die affektive Komponente bei der Hammer Bevölkerung bei geringerer Streuung im Durchschnitt besser ausgeprägt ist als die kognitive Komponente. Dieses Ergebnis wird durch einen Vergleich der Variationskoeffizienten bestätigt, da dieser hier mit 0,2013 deutlich geringer ist als der Variationskoeffizient von 0,2408 im kognitiven Bereich. Der Variationskoeffizient bietet sich in diesem Fall als Vergleichsmaßstab an, da mit seiner Hilfe Standardabweichungen bei deutlich verschiedenen Mittelwerten verglichen (bzw. relativiert) werden können, indem die Standardabweichung in Prozent vom Mittelwert angegeben wird.[229] Demgegenüber ist aber die Spannbreite (Range) mit 2,800 deutlich geringer. Hervorzuheben ist an dieser Stelle, daß immerhin noch 38% der Befragten die Umweltverschmutzung für teilweise bis ganz "in der Presse hochgespielt" halten.

Der konative Bereich

Der konative Bereich des Umweltindexes gibt Aufschluß über die potentielle Handlungsbereitschaft der Hammer Bevölkerung, gegen die Umweltverschmutzung vorzugehen bzw. sich aktiv mit dieser Problematik auseinanderzusetzen. Das Ergebnis dieser Teilauswertung ist als recht befriedigend einzustufen. Mit einem arithmetischen Mittel der durchschnittlichen Handlungsbereitschaft über alle Befragten von 2,355 fällt das Ergebnis deutlich besser aus als im kognitiven oder affektiven Bereich. Allerdings ist die Standardabweichumg mit 0,671 (bei einer Spannbreite von 4.00) und entspechend die relative Streuung mit 0,285 recht hoch. Die geäußerte Handlungbereitschaft ist also vergleichsweise starken Schwankungen unterworfen. Als besonders positiv ist hervorzuheben, daß 81,5% der Hammer

229 Vgl. BERKOVEN, L.; u.a.: Marktforschung: methodische Grundlagen und praktische Anwendungen, 4. Auflage, Gabler-Verlag, Wiesbaden 1989, S.198.

Bevölkerung der Meinung sind, bei dem Umweltschutz müsse man bei sich selber anfangen. Dieses Ergebnis steht somit in einem Gegensatz zu der oft in der Wissenschaft vertretenen These, die Handlungsbereitschaft bezüglich der Umweltproblematik sei relativ gesehen geringer als das Wissen und die entsprechend stimulierte Affektion bezüglich der Umweltverschmutzung.

5.4.5 Hauptdeterminanten des allgemeinen Umweltbewußtseins

Als Hauptdeterminanten der Ausprägung des Umweltbewußtseins werden in der Literatur oft recht pauschal das individuelle Wissen und die Ausprägung der affektiven Komponente genannt, um die allgemeine Umweltverschmutzung bzw. -problematik zu erläutern. Um diese These zu überprüfen, wurde eine mehrfaktorielle Varianzanalyse durchgeführt, wobei die konative Komponente als abhängige – die affektive und kognitive Komponente als unabhängige Variablen – verwandt wurden. Die Varianzanalyse ist ein der Regressionsanalyse verwandtes Verfahren zur Untersuchung von Kausalzusammenhängen. Es wird auch hier der Einfluß einer oder mehrerer unabhängiger Variablen auf eine oder mehrere abhängige Variablen untersucht.[230]

Die Auswertung dieser Prozedur bestätigt die oben genannte Hypothese, daß unterschiedliche Ausprägungen der kognitiven und affektiven Komponente einen signifikanten Einfluß auf den Grad der Handlungbereitschaft ausüben. Mit einem Signifikanzniveau von 0,002 sind die Ergebnisse als hochsignifikant zu bezeichen. Dabei werden interessanterweise die Summe der Haupteffekte (isolierter Einfluß der unabhängigen Variablen -Faktoren-) extrem durch Wechselwirkungen beeinflußt, respektive verstärkt. Durch eine Analyse von Zellmittelwerten und den entsprechenden F-Werten dieser sogenannten "two-way-interactions" konnte folgendes festgestellt werden:

Bei niedrigen, als gut zu interpretierenden Werten des kognitiven und affektiven Bereiches sind ebenfalls niedrige Werte des konativen Bereiches, d.h. eine tendenziell gute Handlungsbereitschaft festzustellen. Dagegen kann kausal weder ein "unbefriedigender " Kenntnisstand noch eine "geringe" Affektion durch überdurchschnittliche Werte des jeweils anderen Faktors in dem Sinne kompensiert werden, daß dennoch eine befriedigende Handlungsbereitschaft erwartet werden kann. Ohne diesen Punkt der Analyse eingehend zu vertiefen, sind aus dieser Erkenntnis folgende (erste) Schlußfolgerungen zu ziehen:

---

230 Vgl. BERKOVEN, L.; u.a.: Marktforschung: methodische Grundlagen und praktische Anwendungen, 4. Auflage, Gabler-Verlag, Wiesbaden 1989, S.217.

Eine Erhöhung der Akzeptanz bei der Durchführung von Umweltschutzmaßnahmen bei gleichzeitiger Aktivierung der individuellen Handlungsbereitschaft ist eine äußerst komplexe Aufgabe. Isolierte Maßnahmen, die allein auf eine Erhöhung des Informationsstandes zielen, genügen nicht. Die Bewältigung dieser Aufgabe fordert vielmehr einen integrativen Einsatz sämtlicher Kommunikations- bzw. Informationsinstrumente. Faktische Informationen auf der einen Seite müssen mit kommunikationspolitischen Aktionen, welche insbesondere die Gefühlskomponente der Bürger berühren und motivationsfördernd wirken, kombiniert werden.

5.4.6 Öffentlichkeitsarbeit in der Stadt Hamm

Im Mittelpunkt dieses Themenkomplexes steht die Frage, inwieweit die Öffentlichkeitsarbeit der Stadt Hamm im Hinblick auf die Abfallproblematik überhaupt wahrgenommen wird. Die Wahrnehmung von Umweltinformationen bzw. konkreten Aktionen der Stadt Hamm zum Thema Umweltschutz ist unmittelbare Vorausetzung für eine Schärfung des Problembewußtseins und kann Einstellungen und Meinungen beeinflussen bzw. die Akzeptanz bezüglich bestimmter Maßnahmen erhöhen.

Bei der Frage nach den Medien, mit deren Hilfe sich die Befragungsobjekte regelmäßig informieren, ergibt sich Abbildung 44.

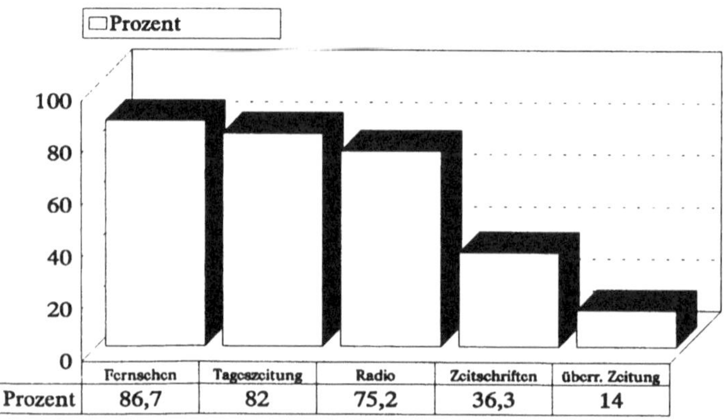

	Fernsehen	Tageszeitung	Radio	Zeitschriften	überr. Zeitung
Prozent	86,7	82	75,2	36,3	14

Abbildung 44. Informationsquellen Hammer Bürger (Mehrfachnennungen möglich).

Die Hammer Tageszeitung wird also sehr häufig als Informationsquelle genutzt, wobei allerdings über die relevantere Kontaktintensität im Sinne des Grades und des Umfanges der Informationsaufnahme und -verarbeitung noch nichts ausgesagt ist.

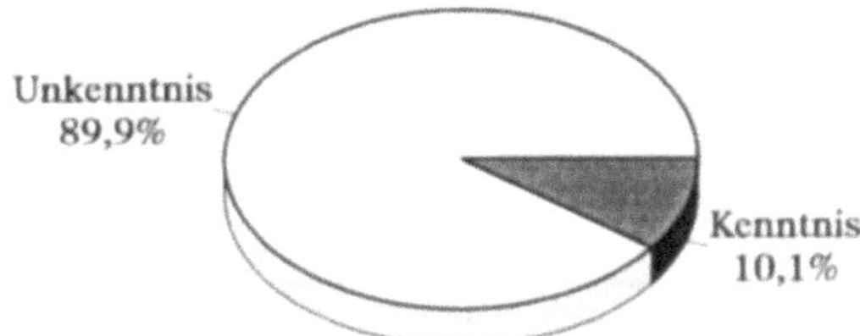

Abbildung 45. Kenntnis der Abfallberatungsstellen.

Die Abfallberatungsstellen der Stadt Hamm sind lediglich 10,1% der Befragten bekannt. Eine Zahl, die als äußert gering einzustufen ist. Da gerade in der Einführungsphase des Dualen Systems Unsicherheiten bezüglich der konkreten Durchführungsorganisation zu erwarten sind, kommt einer ständigen Beratungsinstitution eine besondere Bedeutung zu. Die Beratungs- und Hilfefunktion kann allerdings nur dann adäquat ausgeführt werden, wenn die Abfallberatungsstellen bekannt sind und die eventuellen Hemmnisse einer Inanspruchnahme dieser Dienste abgebaut werden. Zum derzeitigen Zeitpunkt sind diese Voraussetzungen noch nicht gegeben.

Die Abfallberatungsstelle der Stadt Hamm sollte sich nicht als immobile Beratungsstation verstehen, sondern vielmehr als eine mobile und auch im qualitativen Sinn flexible Servicestation.

Desweiteren wurde nach konkreten Aktionen der Stadt Hamm zum Thema Umweltschutz gefragt, welche im Bewußtsein (awareness set) der Bürger verankert sind. Diese Frage war offen formuliert, so daß die Befragten gezwungen waren, Aktionen zu benennen bzw. zu umschreiben. Bei offenen Fragen gibt es keine festen Antwortkategorien, die Formulierung der Antwort ist der Auskunftsperson entweder ganz oder teilweise überlassen.[231]

Durch eine Kategorisierung der Nennungen konnten folgende Ergebnisse festgestellt werden:

231 Vgl. MEFFERT, H.: Marktforschung: Grundriß mit Fallstudien, Gabler Verlag, Wiesbaden 1986, S.41.

Tabelle 46. Umweltschutzmaßnahmen der Stadt Hamm.

Besondere Aktionen (z.B.:Säuberung von Seen)	21
Biotonne	60
Mülldeponie und Kläranlage	9
Altkleider- und Spermüllsammlung	10
Glas- und Papiercontainer	66
Der "Grüne Punkt"	19
Info-Veranstaltungen, Programme und Bürgerin.	19
Umweltprojekt Schule	5
Umweltmobil	59
keine Nennung	1

Hervorzuheben ist, daß das Umweltmobil an dritter Stelle gleich hinter den Glas- und Papiercontainern sowie der Biotonne rangiert. Ebenso ist der Zahl der Befragten, die fälschlicherweise meinen, der "Grüne Punkt" sei eine Aktion der Stadt Hamm, Bedeutung beizumessen. Dieses ergab sich aus der Mitschrift der Nebenbemerkungen, die während des Interviews aufgenommen wurden.

5.4.7 Verpackungsabfälle

Kernpunkt dieser Untersuchung ist es, Informationen über die Einstellung der Hammer Bevölkerung zur Trennung von Verpackungsabfällen, dem selbstberichteten Ist-Trennungsverhalten und der geäußerten Teilnahmebereitschaft zur Trennung von Verpackungsabfällen zu gewinnen. Analog zum Themenkomplex des allgemeinen Umweltbewußtsein (Umweltindex) wurde hier ebenfalls das Verfahren angewandt, über die Bildung eines Einstellungsindexes eine komplexe Maßzahl für die Einstellung der Hammer Bevölkerung zur Mülltrennnung zu entwickeln. Auch hier wurde zwischen der kognitiven, affektiven und konativen Komponente differenziert, so daß die obigen Ausführungen entsprechend gelten.

Der kognitive Bereich dieses Themenkomplexes zeigt, in welcher Ausprägung das Problembewußtsein der Hammer Bevölkerung bezogen auf die Trennung von Verpackungsabfällen vorhanden ist. Ein geringer durchschnittlicher Wert – wiederum gebildet durch anzukreuzende Aussagen auf einer 5-er Rating-Skala – ist als ein geschärftes Problembewußtsein bzw. eine tiefe Problemeinsicht zu interpretieren. Diese Interpretation trifft auch auf die affektive und konative Komponente zu.

Kognition

Das Problembewußtsein der Hammer Bevölkerung ist nach dieser Untersuchung als mäßig zu bezeichnen. Als arithmetisches Mittel ergab sich hier der Wert 2,466 bei einer Standardabweichung von 0,491 und einer Spannbreite von 3,667. Diese Folgerung ist allerdings nicht aus den Werten allein zu ziehen, sondern ergibt sich aus der Art der Aussagenformulierung und der darauf bezogenen ex ante zu erwartenden Antwort. So meinen lediglich 54% der Befragten, daß die Wiederverwertung von Verpackungsabfällen Rohstoffe und Energie bei der Herstellung neuer Produkte spare. Dennoch halten 72,6% der Befragten eine getrennte Sammlung und Wiederverwertung für notwendig. Ein Ergebnis, das wiederum sehr positiv ist. 33,4% der Befragten äußerten sich skeptisch bezüglich der Effizienz einer getrennten Sammlung und Wiederverwertung von Verpackungsabfällen. Der Grund hierfür wird in dem Tatbestand vermutet, daß Verpackungsabfälle nur einen geringen Anteil des Hausmülls ausmachen.

Affektion

Der affektive Bereich des Einstellungsindexes gibt Aufschlüsse über die persönliche Betroffenheit der Befragten via der Verpackungsabfalldiskussion. Aufgrund der konkreten Aussagenformulierung können an dieser Stelle schon Rückschlüsse auf die Manifestation von Einstellungen gezogen werden. Das arithmetische Mittel von 2,569 bei einer Standardabweichung von 0,460 und einer Spannbreite von 3,333 spricht nicht für eine besonders positive Einstellung der Hammer Bevölkerung bezogen auf die Verpackungsabfalldiskussion. Einzelne Ergebnisse verdeutlichen diesen Sachverhalt: Lediglich 68,5% der Befragten halten ohne Vorbehalte die Sammlung und Wiederverwertung von Verpackungsabfällen für einen vernünftigen Beitrag zum Umweltschutz. Die gesetzliche Regelung der Verpackungsproblematik durch den Staat wird nur von 58,5% der Befragten ausschließlich positiv bewertet. Entsprechend beläuft sich der Anteil derjenigen, welche die Rückführung von Verpackungsabfällen für ganz bzw. zumindest teilweise überflüssig und zwecklos halten auf immerhin noch 23,5% der Befragten.

Konation

Von besonderer Bedeutung für diese Untersuchung ist der Grad der geäußerten Handlungsbereitschaft bezüglich der Trennung von Verpackungsabfällen. Deshalb wurde diese Fragestellung ganz bewußt mehrmals in den Fragebogen integriert, um ein möglichst umfassendes Informationsspektrum zu gewinnen. Durch die Auswertung der konativen Komponente des Verpackungsindexes ergibt sich folgendes Bild:

Das arithmetische Mittel ist mit einem Wert von 2,345 weitaus geringer als die entsprechenden Durchschnittswerte der obigen Teilkomponenten. Die geäußerte Handlungsbereitschaft ist also tendenziell besser als es die grundsätzliche Problemeinsicht (kognitiver Bereich) und persönliche Einstellung (affektiver Bereich) vermuten lassen. Die relativ große Streuung in diesem Bereich (Standardabweichung: 0.516) gibt allerdings Hinweise auf eine recht heterogene Motivationsstruktur.

Ein klares Votum für eine persönliche Beteiligung an einer getrennten Sammlung von Verpackungsabfällen wurde von 60,6% der Befragten gegeben. Bei einer Hinzurechnung derjenigen Personen, die ihre Teilnahmebereitschaft tendenziell bejahen (Kategorie "trifft eher zu") erhöht sich diese Zahl auf 85,3% der Befragten. Demgegenüber stimmten 65,1% der Befragten dem Statement "Verpackungen benutzt jeder, also sollte sich auch jeder an der Sammlung von Verpackungsabfällen beteiligen" voll und insgesamt 86,3% "voll bis eher" zu. Alle Verpackungsabfälle nach verschiedenen Sorten getrennt zu sammeln halten 6,3% für völlig und – kummuliert – 13,3% der Befragten für völlig bis teilweise unzumutbar. Diese Ergebnisse faßt untenstehende Abbildung zusammen.

Frage 18:

In naher Zukunft sollen Verpackungsabfälle getrennt gesammelt und wiederverwertet werden. Wir würden nun gerne Ihre persönliche Meinung zu dieser Maßnahme hören. Kreuzen Sie dazu bitte wieder an, inweiweit die folgenden Aussagen Ihrer Meinung nach zutreffen.

	trifft voll zu	trifft eher zu	teils/ teils	trifft eher nicht zu	trifft nicht zu
1) Durch die Wiederverwertung von Verpakkungsabfällen werden Rohstoffe und Energie bei der Herstellung neuer Produkte gespart.	O	O	O	O	O
2) Die getrennte Sammlung von Verpackungsabfällen ist für eine Wiederverwertung notwendig.	O	O	O	O	O
3) Verpackungsmüll macht nur einen geringen Anteil des Hausmülls aus, eine getrennte Sammlung und Wiederverwertung lohnt sich nicht.	O	O	O	O	O

4)	Die Sammlung und Wiederverwertung von VerpaCkungsabfällen ist ein vernünftiger Beitrag zum Umweltschutz.	O	O	O	O	O
5)	Es ist gut, daß der Staat die Vermeidung von VerpaCkungsabfällen gesetzlich regelt und deshalb Sammlung und Wiederverwertung vorschreibt.	O	O	O	O	O
6)	Die Rückführung von Verpackungsabfällen ist überflüssig und führt zu nichts.	O	O	O	O	O
7)	Ich würde mich an der getrennten Sammlung von Verpackungsabfällen beteiligen.	O	O	O	O	O
8)	Alle Verpackungsabfälle nach verschiedenen Müllsorten getrennt zu sammeln, halte ich für unzumutbar.	O	O	O	O	O
9)	Verpackungen benutzt jeder, also sollte sich auch jeder an der Sammlung von Verpackungsabfällen beteiligen.	O	O	O	O	O

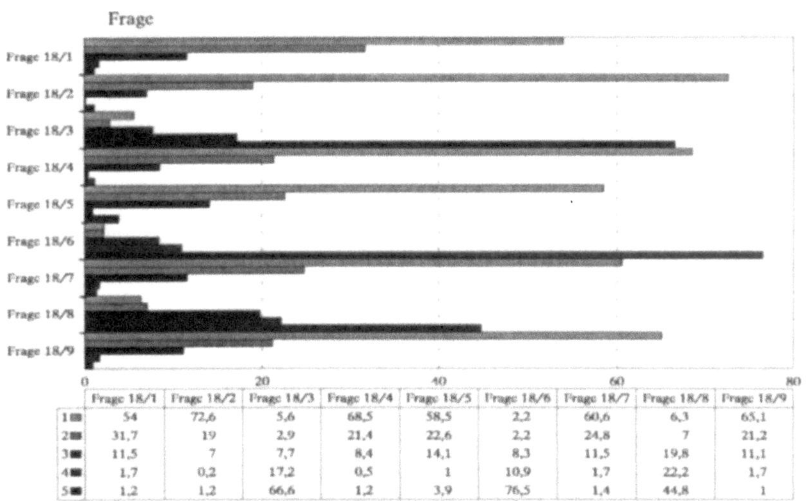

	Frage 18/1	Frage 18/2	Frage 18/3	Frage 18/4	Frage 18/5	Frage 18/6	Frage 18/7	Frage 18/8	Frage 18/9
1	54	72,6	5,6	68,5	58,5	2,2	60,6	6,3	65,1
2	31,7	19	2,9	21,4	22,6	2,2	24,8	7	21,2
3	11,5	7	7,7	8,4	14,1	8,3	11,5	19,8	11,1
4	1,7	0,2	17,2	0,5	1	10,9	1,7	22,2	1,7
5	1,2	1,2	66,6	1,2	3,9	76,5	1,4	44,8	1

Abbildung 46. Ergebnisse des Fragenkomplexes, Bereich "Verpackungsabfälle" in %.

Interessant ist der Zusammenhang zwischen der geäußerten Unzumutbarkeit einer Trennung von Verpackungsabfällen nach verschiedenen Müllsorten und der als gering eingeschätzten Effizienz einer getrennten Sammlung und Wiederverwertung von Verpackungsabfällen. Bei dieser Untersuchung wurde die schrittweise multiple Regressionsanalyse angewandt, die die Abhängigkeit von einer abhängigen Variablen zu mehreren unabhängigen Variablen untersucht:

Im Rahmen der Analyse wurde das Argument der mangelnden Effizienz als unabhängige Variable auf der ersten Regressionsstufe bei einem Signifikanzniveau von 0,0002 zur Erklärung der abhängigen Variablen "Unzumutbarkeit der Trennung von Verpackungsabfällen nach Sorten" in die Regressionsfunktion einbezogen.

Je geringer die Effizienz einer Verpackungstrennung eingeschätzt wird, desto eher – läßt sich aus den vorliegenden Ergebnissen folgern – wird offenbar eine Trennung von Verpackungsabfällen nach Sorten als "unzumutbar" empfunden. Kommunikationspolitisch erscheint daher eine Betonung des Zwecks und der Effizienz des Dualen Systems ratsam, um die Akzeptanz und die Beteiligungsbereitschaft zu erhöhen.

5.4.8 Einführung des Dualen Systems in Hamm

Bei einer Einführung des Dualen Systems stellt sich unmittelbar die Frage der technischen Realisation bzw. Durchführung der getrennten Sammlung von Verpackungsabfällen. Die Entscheidung für eine (oder gegebenenfalls mehrere) Lösungskomponenten erhält ihre besondere Relevanz dadurch, daß diese Entscheidung unmittelbar und entscheidend das Trennverhalten der Hammer Bevölkerung beeinflußt und zudem schwer oder nur unter Inkaufnahme von hohen Kosten revidierbar ist.

Fünf in der momentanen Diskussion besonders präferierte Lösungskomponenten wurden den Befragten zur Beurteilung vorgelegt. Verdeutlicht werden die Lösungsalternativen durch Abbildung 47.

Dabei sollten diese Lösungsvorschläge anhand einer 5-er Rating-Skala beurteilt werden. Zugleich wurde in einer getrennten Frage die individuellen Präferenzen (1. und 2. Präferenz) der Befragten erhoben, wobei dieselben Lösungsvorschläge zur Auswahl standen.

Die Auswertung dieses Themenkomplexes ist äußerst überraschend und wiederlegt eindeutet die Aufassung der Dualen System Deutschland GmbH, welche die Verpackungstonne am Haushalt als die sinnvollste und akzeptanzfähigste Realisationskomponente darstellt und entsprechend präferiert.

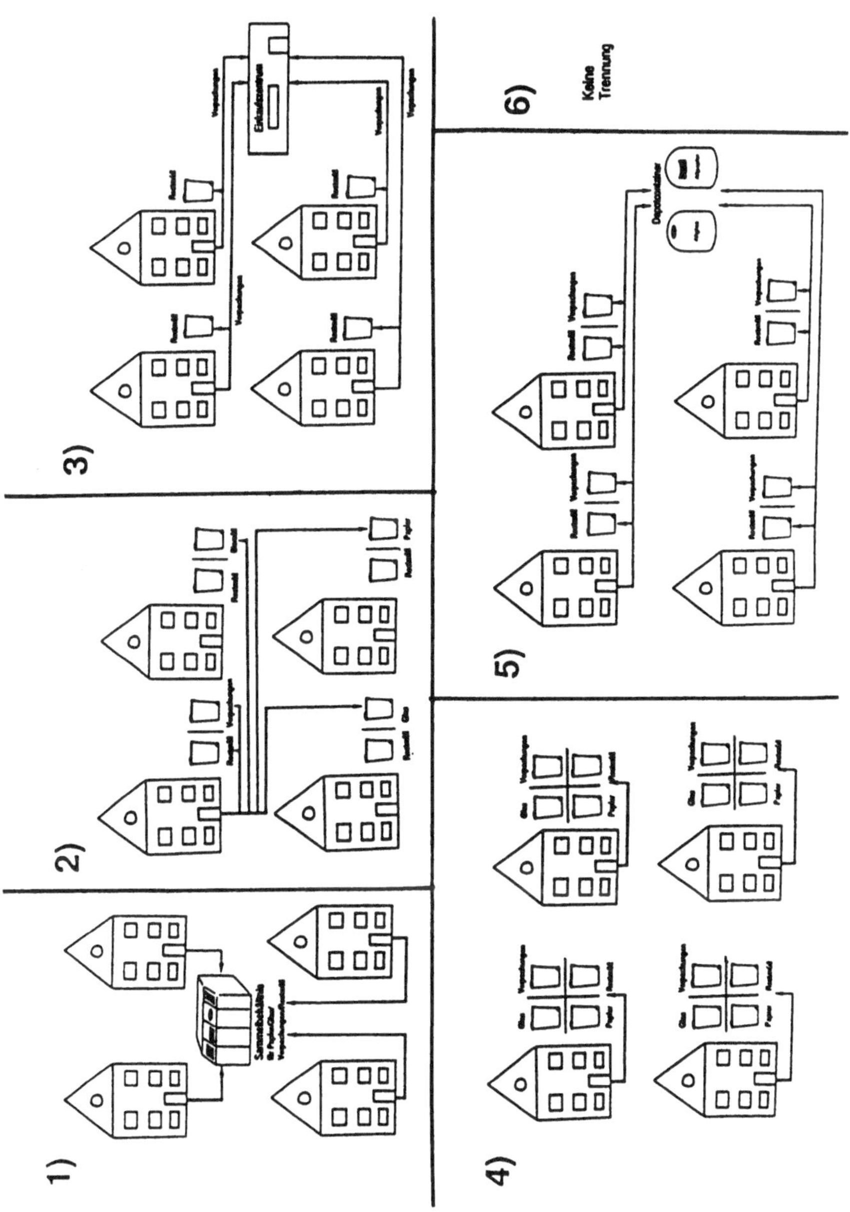

Abbildung 47. Erfassungsalternativen.

Eine undifferenzierte Analyse, bezogen auf die gesamte Anzahl der Befragten, ergab folgendes Präferenzbild: An oberster Stelle in der individuellen Präferenzrangliste der Hammer Bevölkerung steht eindeutig die Lösungskomponente "Container an zentralen Sammelstellen", d.h. die konventionelle Lösung nach der bereits Altpapier und Altglas gesammelt werden. An zweiter Stelle liegt überraschenderweise die Müllgemeinschaft mit Nachbarn, bei der die Müllsorten in die jeweiligen Fraktionsbehälter zu entsorgen sind.

Mit einem Wert von 17,12% der Befragten liegt die Lösungsvariante einer Rücknahmeverpflichtung des Handels in der Präferenzskala der Befragten an der dritten Stelle. Diverse Mülltonnen vor der Haustür zur Sammlung mehrerer Müllfraktionen werden schließlich noch von 16,41% der Befragten als gewünschte Lösung genannt. An letzter Stelle der Präferenzskala befindet sich die Verpackungstonne am Haushalt. Lediglich 15,69% der Befragten sprechen sich für diese Lösungsvariante aus.

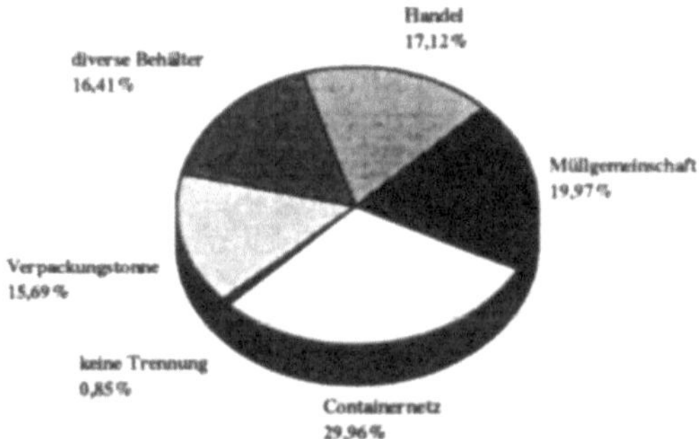

Abbildung 48. Präferenzen der Verpackungsentsorgung.

5.4.8.1 Detaillierte Untersuchung einzelner Gebietsstrukturen

Da schon eingangs anzunehmen war, daß die durchschnittlichen Bedürfnisse der Hammer Bevölkerung gebietsspezifisch variieren, wurden die erhobenen Präferenzen für die einzelnen Gebiete analysiert. Lage der Gebiete sind der Abbildung 36 zu entnehmen. Die Ergebnisse bestätigen die Auffassung, daß eine Einführung des Dualen Systems auch bezüglich der technisch-logistischen Realisation nicht undifferenziert erfolgen sollte. Die einzelnen Gebiete weisen jeweils eine sehr spezifische und teilweise signifikant voneinander abweichende Präferenzstruktur auf.

Die unterschiedlichen Durchführungspräferenzen der einzelnen Gebiete können dabei durchaus erste Anhaltspunkte bieten, wobei unter Beachtung von Effizienzaspekten auch bestimmte Bündelungen und Kompromißlösungen von bzw. innerhalb der Gebietsstrukturen zu diskutieren sind.

Nach der Erhebung obiger Präferenzen wurden die Befragten nochmals einer kritischen Analyse bezüglich ihrer individuellen Trennungsbereitschaft unterzogen. 63,6% der Befragten bejahten danach eine bedingungslose Beteiligung an der Trennung von Verpackungsabfällen. Allerdings verknüpften 34,2% der Befragten ihre Beteiligungsbereitschaft mit der Durchführung des Dualen Systems entsprechend obiger individueller persönlicher Präferenzen. Dieses Ergebnis bestätigte sich auch bei einer Betrachtung der einzelnen Gebietstrukuren.

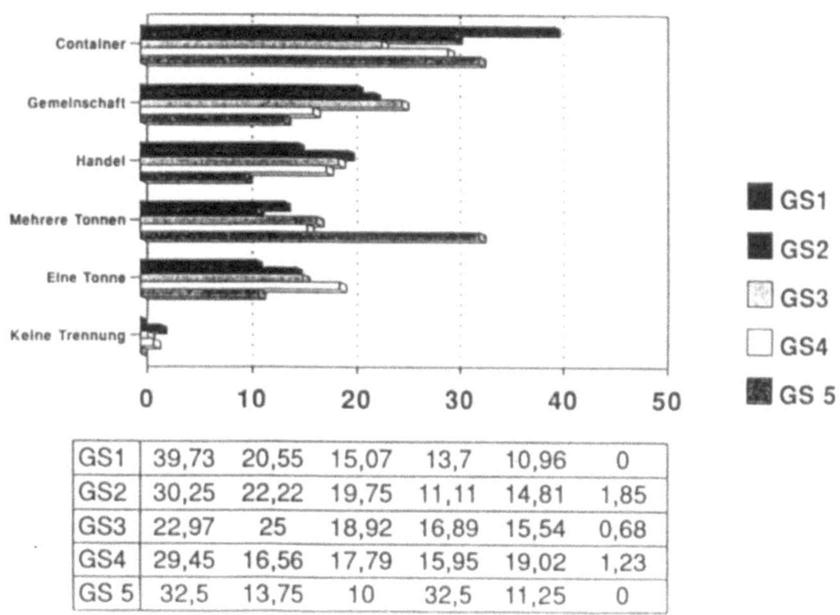

GS1	39,73	20,55	15,07	13,7	10,96	0
GS2	30,25	22,22	19,75	11,11	14,81	1,85
GS3	22,97	25	18,92	16,89	15,54	0,68
GS4	29,45	16,56	17,79	15,95	19,02	1,23
GS 5	32,5	13,75	10	32,5	11,25	0

Alle Angaben in Prozent.

Abbildung 49. Präferenzen der Verpackungsentsorgung in unterschiedlichen Gebietstrukturen.

Außer leichten Abweichungen nach oben oder nach unten konnten für die Gebiete GS1 bis GS4 keine signifikanten Unterschiede festgestellt werden. Eine Überprüfung anhand des Chi-Quadrat-Unabhängigkeitstests zeigte diesbezüglich unakzeptable Signifikanzniveaus von 0,2134 (Minimalwert) bis 0,7841 (Maximalwert). Die Nullhypothese "die Bedingtheit der Trennung und die Zugehörigkeit zu einer bestimmten Gebietsstruktur sind voneinander unabhängig" konnte daher nicht abgelehnt werden.

Ein auffälliger Wert ergab sich hingegen für das Gebiet GS5. Hier gaben nur 52,1% der Befragten an, die Mülltrennung bedingungslos durchzuführen. Bei der näher konkretisierten Frage, ob die Sammlung von Verpackungsabfällen am Haus in Mülltonnen oder in Abfallsäcken präferiert werde, sprachen sich 90,5% der Befragten eindeutig für Mülltonnen aus. Ein Vergleich der verschiedenen Gebietstrukturen zeigte diesbezüglich keine signifikanten Unterschiede.

Aus dem Chi-Quadrat-Unabhängigkeitstest konnte aufgrund des unbefriedigenden Signifikanzniveaus von 0,6810 keine Divergenzen zwischen den verschiedenen Gebietsstrukturen festgestellt werden. Lediglich im Gebiet GS4 votierten 85,7% für Mülltonnen und 14,3% für Müllsäcke und wichen damit von der durchschnittlichen Beurteilung ab.

5.4.8.2 Monetäre Anreize

Um den spezifischen Einfluß monetärer Anreize auf die Mülltrennungsbereitschaft herauszufinden, wurde an dieser Stelle gefragt, ob eine Senkung der Müllabfuhrgebühren einen signifikant positiven Einfluß auf die persönliche Beteiligung an der Mülltrennung hätte. Hierbei ergab sich folgendes Bild:

27,5% der Befragten beantworteten diese Frage mit "Ja" und 72,5% mit "Nein". Der Einfluß monetärer Anreize auf das Mülltrennungsverhalten kann daher als relativ gering eingestuft werden. Eine systematische Verhaltensbeeinflussung mittels monetärer Anreize erscheint vor diesem Hintergrund wenig erfolgversprechend.

Auch hier konnte kein signifikanter Unterschied innerhalb der einzelnen Gebietsstrukturen festgestellt werden (Verfahren s.o.). Die subjektive Einschätzung monetärer Anreize ist innerhalb der einzelnen Gebiete als gleichverteilt anzunehmen. Um die Höhe erfolgversprechender monetärer Anreize zu quantifizieren, wurden die Befragten um die Angabe eines monetären Schwellenwertes (Mindesthöhe der Senkung der Müllabfuhrgebühren) gebeten, der die persönliche Motivation und entsprechende Teilnahme an der Mülltrennung steigere.

Der Anreizcharakter einer Gebührensenkung tritt demnach dann zutage, wenn die Müllabfuhrgebühren wenigstens um bis zu 5,- DM pro Monat bei 22% der Befragten bzw. bei 50% der Befragten bis zu 15,- DM pro Monat gesenkt werden.

5.4.9 Einführung der Biotonne als Pilotprojekt in Hamm

In der Stadt Hamm ist in einzelnen Versuchsgebieten am 1. April 1990 die Biotonne eingeführt worden. Da unmittelbar anzunehmen ist, daß die individuellen Erfahrungen mit diesem Medium und dieser Art der Mülltrennung auch die individuellen Einstellungsprofile zur Verpackungstrennung prägen, seien einige Umfrageergebnisse vorgestellt: Überraschenderweise bezeichnen nur 16,7% der Befragten mit einer Biotonne die Einführung als einen vollen Erfolg. Zwiespältig äußern sich insgesamt 78,2%, wobei 56,4% den Erfolg als "teilweise" und 21,8% ihre Unkenntnis bzgl. dieses Sachverhaltes äußern. Als unzureichend bzw. als einen Fehlschlag werten 5,1% der Befragten diese "Pioniereinführung".

Die Erhebung der subjektiv empfundenen Nachteile der Biotonne ergab ein interessantes Profil. An oberster Stelle der empfundenen Nachteile steht eindeutig der Gestank des Biomülls, gefolgt von der Kritik an der von der Stadt Hamm durchgeführten 14-tägigen Leerung. Zuviel Aufwand, Insekten und Ungeziefer werden des weiteren als Nachteile angeführt.

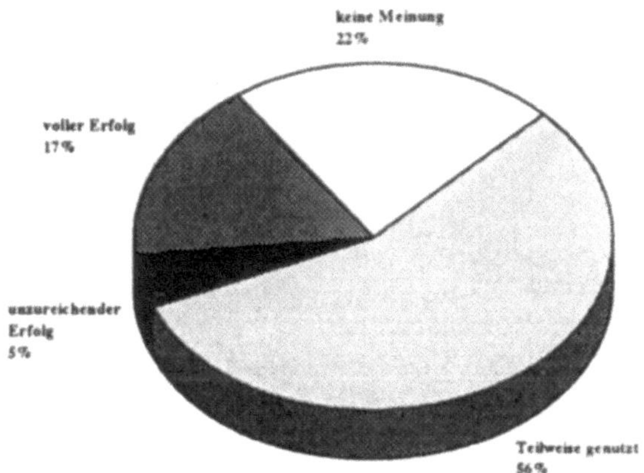

Abbildung 50. Erfolg der Biotonne.

Keine Nachteile bzgl. der Biotonne sehen lediglich 8% der Befragten. Analog wurden die subjektiv wahrgenommenen Vorteile der Biotonne erfragt: Die Möglichkeit der Wiederverwertung und Kompostierung wurde dabei als zentraler Vorteil der Biotonne wahrgenommen (60% der Biotonnenbesitzer führen dies an). Mit einem erheblichen Abstand folgt Abbildung 51 als Argument, daß dadurch eine Verringerung der Gesamtmüllmenge erzielt wird (15%).

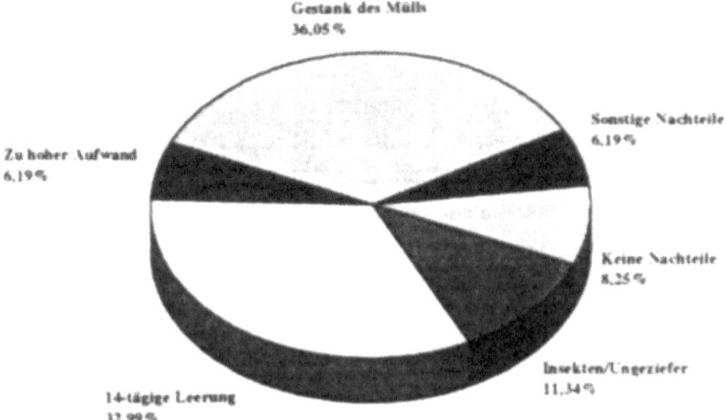

Abbildung 51. Nachteile der Biotonne.

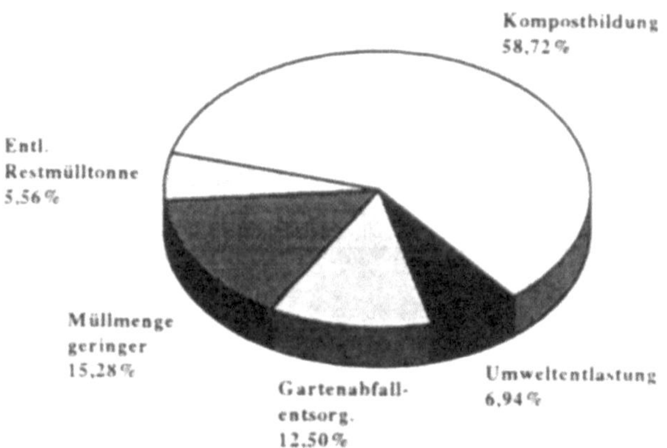

Abbildung 52. Vorteile der Biotonne.

Nach diesen Ergebnissen – vor allen Dingen der subjektiv empfundenen Nachteile – sollte die Stadt Hamm ernsthaft prüfen, ob die Leerung der Biomülltonne vor allem in den Sommermonaten, wie im Sondergutachten vom Rat der Sachverständigen für Umweltfragen vom September 1991 empfohlen, nicht in kürzeren Zeitabständen erfolgen könnte.[232] Abzuwägen wäre hier sicherlich zwischen den

232 Vgl. Der Rat von Sachverständigen für Umweltfragen: Abfallwirtschaft-Sondergutachten, Metzler-Poeschel Verlag, Stuttgart 1991, S.296.

zusätzlich entstehenden Kosten und den allerdings nur schwer quantifizierbaren Nutzensteigerungen, die von einer Verringerung der subjektiv empfundenen Nachteile und einer entsprechend erhöhten Trennungsdisziplin ausgehen. Im Hinblick auf eine weitere Diffusion der Biomülltonne sollten auch die subjektiv empfun-denen Vorteile der Biotonne schon im Vorfeld kommuniziert werden.

5.4.10 Selbstberichtetes Trennungsverhalten

Um eine konkrete Vorstellung über das tatsächliche Trennungsverhalten der Hammer Bevölkerung zu gewinnen, wurden die Befragungspersonen ganz konkret nach ihrem individuellen Entsorgungs-, bzw. Mülltrennungs-verhalten gefragt. Bei der Interpretation dieser Ergebnisse ist zu beachten, daß tatsächliches und selbstberichtetes Trennungsverhalten durchaus divergieren können.

Die Objektivität der Angaben kann aufgrund fehlenden empirischen Zahlenmaterials über die Mülltrennung der einzelnen Bürger nicht überprüft werden. Lediglich Mengenangaben können zur Überprüfung der kausalen Stringenz herangezogen werden. Die Ergebnisse sind der folgenden Abbildung zu entnehmen:

Frage 15:

In der Stadt Hamm bestehen verschiedene Möglichkeiten, getrennte Müllsorten zu entsorgen. Bitte kreuzen Sie an, inwieweit Sie diese Möglichkeiten nutzen.

		trifft voll zu	trifft eher zu	teils / teils	trifft eher nicht zu	trifft nicht zu
1.	Ich bringe Altglas zu den Sammelcontainern.	O	O	O	O	O
2.	Ich bringe Altpapier zu den Sammelcontainern.	O	O	O	O	O
3.	Ich lasse Verpackungen - wo möglich - in den Geschäften zurück.	O	O	O	O	O
4.	Ich beteilige mich an Altkleidersammlungen.	O	O	O	O	O
5.	Ich bringe Problemmüll zum Umweltmobil.	O	O	O	O	O
6.	Ich kompostiere (Komposthaufen / Biotonne)	O	O	O	O	O
7.	Ich bringe getrennte Abfälle zur Deponie.	O	O	O	O	O

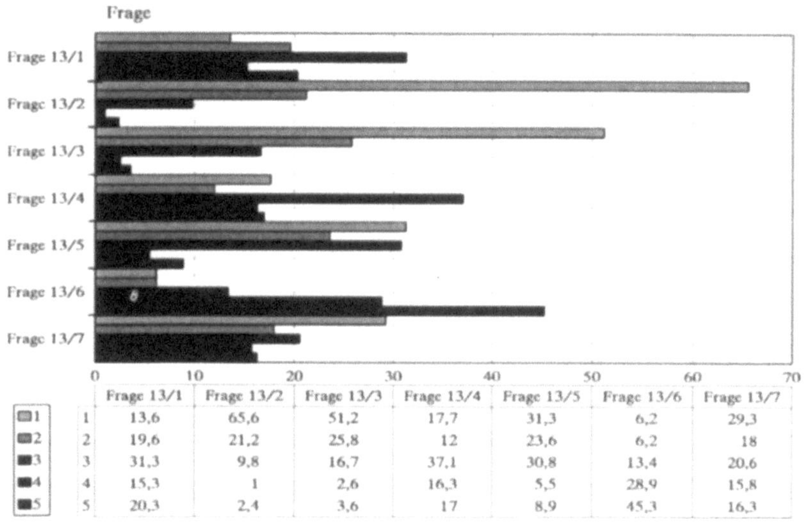

	Frage 13/1	Frage 13/2	Frage 13/3	Frage 13/4	Frage 13/5	Frage 13/6	Frage 13/7
1	13,6	65,6	51,2	17,7	31,3	6,2	29,3
2	19,6	21,2	25,8	12	23,6	6,2	18
3	31,3	9,8	16,7	37,1	30,8	13,4	20,6
4	15,3	1	2,6	16,3	5,5	28,9	15,8
5	20,3	2,4	3,6	17	8,9	45,3	16,3

Abbildung 53. Ergebnisse des Fragenkomplexes "Selbstberichtetes Trennungsverhalten" in %.

Hervorzuheben ist, daß zumindest 4,8% der Befragten angeben, Verpackungen im Geschäft vollständig bzw. zum größten Teil (kumuliert 15,2%) zurückzulassen. In der Literatur wird vermehrt die These vertreten, daß der Ort bzw. die spezifischen Situationsfaktoren zum Zeitpunkt der Mülltrennung einen signifikanten Einfluß auf das Trennungsergebnis ausüben.[233] Um diese These zu überprüfen, wurde in dieser Untersuchung das situative Umfeld der Mülltrennung – verstanden als interaktiver Prozeß – erfragt. Zu 68,1% findet in der Stadt Hamm die Müllsortierung in der Wohnung statt. Konventionell überwiegt dabei die Küche (mit 46,3%) als konkreter Raum der Mülltrennung. Offenbar sind die Bedingungen zur Verwahrung von eventuell zusätzlichen Behältern im Haus äußerst ungünstig, da von über 50% der Befragten eine dabei zur Verfügung stehende Fläche von unter bzw. bis zu 12 qm genannt wurde. Als Medium zur Müllsortierung in der Wohnung werden dabei von 51,5% mehrere Mülleimer und von 17,5% der Befragten Abfallsäcke genannt. Die Zuständigkeit für die Haushaltsführung liegt bei 55,4% der Haushalte immer noch in der Hand einer einzelnen Person, wobei zu 94,6% dabei eine weibliche Person

233 Vgl. HORMUTH, E.; u.a.: Psychologische Ansätze zur Müllvermeidung und Müllsortierung, Forschungsbericht für das Ministerium für Umwelt Baden Württemberg; Psychologisches Institut der Universität Heidelberg (Hrsg.), Heidelberg 1990., S.70.

als für die Haushaltsführung zuständig angegeben wurde. Die Mülleimerentleerung wird dagegen zumeist (zu 66,7%) von verschiedenen Mitgliedern des Haushaltes erledigt.

Wenn an dieser Stelle eine Identität von Zuständigkeit für die Haushaltsführung und Mülltrennung anzunehmen wäre, ergäben sich an dieser Stelle – konkret im Hinblick auf eine Erfüllung der Erfassungsquoten – interessante Schlußfolgerungen: Entsprechend der konventionellen Rollenverteilung im Haushalt wären die weiblichen Personen in ihrer Rolle als "Hausfrau" vorrangiges Zielobjekt marketingstrategischer und marketingtaktischer Maßnahmen. Eine konsequente Verhaltensbeeinflussung und Verhaltenssteuerung wäre zumindest geschlechts- und rollenspezifisch mit entsprechend geringeren Streuverlusten bei der kommunikativen Ansprache möglich.

Von einer derartigen Identität und gebündelter Durchführungskompetenz kann allerdings in der Realität nicht ausgegangen werden. Die Mülltrennung ist ein Prozeß, der weder phasenspezifisch abgegrenzt, noch bezüglich des Kreises der durchführenden Personen eingegrenzt werden kann. Zudem hängt die Durchführungskompetenz entscheidend von der technisch-logistischen Organisation der Mülltrennung ab.

Aus den einzelnen Angaben zur bereits praktizierten Mülltrennung wurde ein Mülltrennungsindex gebildet, der neben Vergleichen zwischen unterschiedlichen Bevölkerungsmerkmalen eine Verwendung dieser äußerst relevanten Informationen für eine Clusteranalyse ermöglichte.

Da die Trennung der einzelnen Müllfraktionen in ihrer relativen Bedeutung nicht als gleichwertig zu bezeichnen sind, wurden für die Bildung eines Trennungsindexes für jede Befragungsperson die einzelnen Teilaspekte des Mülltrennungsverhaltens unterschiedlich gewichtet. Als Gewichtungskriterien wurden dabei der Institutionalisierungsgrad (Bestimmungsfaktoren: Existenzdauer der angebotenen Trennungsvarianten, subjektiv empfundener Neuigkeitsgrad der Trennungsvarianten) der aktuell angebotenen Mülltrennungsvarianten einerseits und der Grad des subjektiv empfundenen zusätzlichen Aufwandes andererseits verwendet. Diese Gewichtung wurde durch entsprechende mündliche Befragungen gestützt.

5.4.11 Konsumverhalten

Der Zusammenhang zwischen Konsumverhalten und Umweltbewußtsein wird in der Literatur konträr diskutiert. Während früher eine positive Korrelation zwischen mäßigem und umweltbewußtem Konsum und einem gut ausgeprägten Umweltbewußtsein und vice versa oft recht pauschal als Erkenntnis deklariert wurde (aber nie eindeutig empirisch bewiesen werden konnte), geht der Trend der Wissenschaft nun vielmehr dahin, wahrgenommene Divergenzen zwischen Kaufverhalten und Umweltbewußtsein zu analysieren.[234]

Ein Konsens besteht dahingehend, daß das Konsumverhalten ein in der Richtung allerdings nicht klar bestimmbarer Erklärungsfaktor für unterschiedliches Umweltverhalten darstellt. Da auch ein Zusammenhang zwischen Einstellung und Bereitschaft zur Verpackungstrennung und Konsumverhalten anzunehmen ist, wurden in dieser Untersuchung einzelne Konsumgewohnheiten bzw. -verhaltensweisen erfragt und zu einem Konsumindex verdichtet. Inhaltlich gehört die Erhebung des Konsumverhaltens per se zu dem Problemkreis einer Einführung des Dualen Systems, da die Müllvermeidung immer integraler Bestandteil einer Abfallpolitik sein sollte. Die einzelnen Ergebnisse bezüglich der Konsumgewohnheiten sind Abbildung 54 zu entnehmen:

Frage 13:

Die folgenden Aussagen betreffen den Einkauf und die Verwendung verschiedener Produkte. Bitte kreuzen sie an, inwieweit die Aussagen auf Sie zutreffen oder nicht zutreffen.

		trifft voll zu	trifft eher zu	teils / teils	trifft eher nicht zu	trifft nicht zu
1.	Ich verwende hochweißes Papier.	O	O	O	O	O
2.	Ich bevorzuge Getränke in Pfandflaschen.	O	O	O	O	O
3.	Ich verzichte beim Einkaufen auf Plastiktüten und verwende Körbe oder Einkaufstaschen.	O	O	O	O	O
4.	Ich verwende Alu- oder Klarsichtfolie, um Lebensmittel einzupacken.	O	O	O	O	O
5.	Ich verwende Umweltschutzpapier (aus Altpapier)	O	O	O	O	O
6.	Ich kaufe Getränke in Dosen.	O	O	O	O	O
7.	Ich vermeide den Einkauf von portionsweise abgepackten Lebensmitteln (z.B. Einzelportionen Kaffeesahne).	O	O	O	O	O

234 Vgl. HORMUTH, E.; u.a.: Psychologische Ansätze zur Müllvermeidung und Müllsortierung, Forschungsbericht für das Ministerium für Umwelt Baden Württemberg; Psychologisches Institut der Universität Heidelberg (Hrsg.), Heidelberg 1990., S.108 ff.

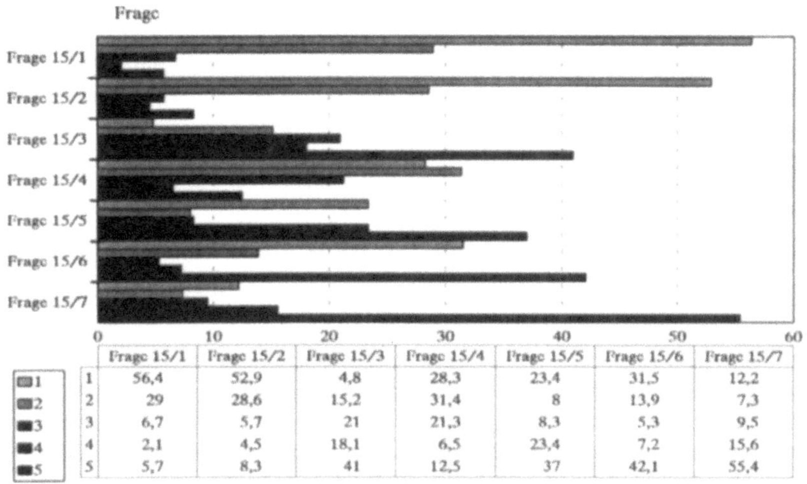

	Frage 15/1	Frage 15/2	Frage 15/3	Frage 15/4	Frage 15/5	Frage 15/6	Frage 15/7
1	56,4	52,9	4,8	28,3	23,4	31,5	12,2
2	29	28,6	15,2	31,4	8	13,9	7,3
3	6,7	5,7	21	21,3	8,3	5,3	9,5
4	2,1	4,5	18,1	6,5	23,4	7,2	15,6
5	5,7	8,3	41	12,5	37	42,1	55,4

Abbildung 54. Ergebnisse des Fragenkomplexes "Konsumbereich" in %.

Der Konsumindex für jede einzelne Befragungsperson wurde für eine Clusteranalyse verwandt, da zu erwarten ist, daß sich einzelne Gruppen signifikant bezüglich der Konsumgewohnheiten voneinander unterscheiden und das Konsumverhalten gleichzeitig ein Erklärungsfaktor für unterschiedliche Ausprägungen des Trennungsverhaltens darstellt.

5.4.12 Erklärungsfaktoren des Trennungsverhaltens

Voraussetzung für eine Erhöhung der Akzeptanz des Dualen Systems und der Trennungsbereitschaft von Verpackungsabfällen durch einen integrativen Einsatz aller zur Verfügung stehenden Handlungs- und Aktionsparameter im Bereich der kommunalen Abfallentsorgung ist die Kenntnis der Hauptdeterminanten des Trennungsverhaltens. Neben Erklärungsvariablen im engeren Sinn sind dabei Objektmerkmale bzw. Daten der Befragten von Bedeutung, die mit signifikant unterschiedlichem Trennverhalten verknüpft sind. Schon im Vorfeld ist zu erwarten gewesen, daß die Zusammenhänge an dieser Stelle außerordentlich komplex sind. Deshalb wurden eine Vielzahl von Hypothesensystemen gebildet und diese mittels statistischer Verfahren überprüft. Je nach Zweckmäßigkeit und Zulässigkeit (abhängig von Hypothesenformulierung und Skalenniveau der Variablen) wurde hierbei der Chi-Quadrat-Unabhängigkeitstest und die mehrfaktorielle Varianzanalyse verwendet.

In der wissenschaftlichen Diskussion wird sehr oft auf die Zusammenhänge von Konsumverhalten und Umweltbewußtsein einerseits und die Verknüpfungen von Einstellungen zur Umweltproblematik und aktivem Umweltengagement andererseits hingewiesen. Diese Hypothesen werden auch in dieser Untersuchung – zweckadäquat (um)formuliert – aufgegriffen und getestet.

So wurde als zentrale These formuliert:

Unterschiedliche Ausprägungen des Umweltbewußtseins, des Konsumverhaltens und der Einstellung zur Verpackungstrennung liefern einen signifikanten Erklärungsbeitrag bezüglich unterschiedlicher Ausprägungen des Trennungsverhaltens der Hammer Bevölkerung. Zur Überprüfung dieser These wurde eine mehrfaktorielle Varianzanalyse verwendet, wobei der Umwelt-, der Konsum- und der Verpackungsindex als abhängige und der Mülltrennungsindex als unabhängige Variable verwendet wurden. Die in der Form von Indizes vorliegenden abhängigen Variablen wurden für die Anwendung der Varianzanalyse in Klassen eingeteilt. Folgende Ergebnisse zeigt die Varianzanalyse:

Die Haupteffekte, d.h. die unterschiedlichen Ausprägungen der abhängigen Variablen, können mit Signifikanzniveaus unter 0,05 alle als hochsignifikant bezeichnet werden. Dabei erweist sich die Einstellung zur Verpackungstrennung, gefolgt von dem allgemeinen Umweltbewußtsein, als der wichtigste Erklärungsfaktor für unterschiedliche Ausprägungen des Mülltrennungsverhaltens. Mit einem multiplen Bestimmtheitsmaß (Quadrat des multiplen Korrelationskoeffizienten) von 0,79 erweisen sich die vermuteten Zusammenhänge als hochsignifikant.

Die Einstellung zur Trennung von Verpackungsabfällen, allgemeines Umweltbewußtsein und das Konsumverhalten sind somit als wichtige Determinanten des Trennungsverhaltens zu bezeichnen.

Da diese psychographischen Determinanten keine unmittelbar beobachtbaren Eigenschaften darstellen, wurde in der weiteren Analyse untersucht, inwieweit demographische und situative Faktoren mit unterschiedlichen Ausprägungen des Trennverhaltens verknüpft sind. Dazu wurden sämtliche in diesem Zusammenhang relevanten Variablen (nominalen Skalenniveaus) in Chi-Quadrat-Unabhängigkeitstests untersucht. Als Nullhypothese wurde jeweils die Unabhängigkeit unterschiedlicher Ausprägungen des Trennverhaltens von den verschiedenen Ausprägungen des betrachteten Merkmals behauptet. Um die Präsentation der Ergebnisse übersichtlich zu gestalten, werden die einzelnen Bestimmungsfaktoren in einer Tabelle (siehe Tabelle 47) komprimiert dargestellt:

Tabelle 47. Komprimierte Darstellung der Bestimmungsfaktoren des Mülltrennungsverhaltens.

Einflußfaktoren bzw. Hauptdeterminanten des Mülltrennungsverhaltens				
	Starker Einfluß	mittlerer Einfluß	geringer Einfluß	Kurzcharakter der Art des Einflusses
Soziodemographische Daten:				
Altergruppe	X			unter 20: mäßig 20 bis 65: gut über 65: mäßig
Schulabschluß		X		sehr gestreut
Berufstätigkeit	X			Berufstätige trenne besser
Haushaltsnettoeinkommen		X		
Geschlecht	X			
Situative Faktoren				
Entfernung zu Sammelbehältern			X	
Größe des Raumes zur Mülltrennung			X	
Zuständigkeit einer Person für die Mülleimerleerung			X	
Biotonne		X		"Biotonne" Bestandteil der Trennung
Soziale Faktoren				
Kontakt zu Mitmenschen		X		recht heterogenes Bild
Mitgliedschaft in Vereinen		X		recht heterogenes Bild

Da die Existenz einer Biotonne am Haushalt die betreffenden Haushalte ganz konkret mit einer speziellen Trennung von Abfällen konfrontiert, drängt sich die Frage auf, ob bei dieser Bevölkerung eine vom Durchschnitt abweichende Einstellung zur Trennung von Verpackungsabfällen und eine größere Trennungsdisziplin festzustellen ist. Dabei wurde die Hypothese formuliert, daß Lerneffekte

Einstellung und Verhalten stabilisieren. Ein Vergleich von Haushalten mit und ohne Biotonne zeigt Abbildung 55.

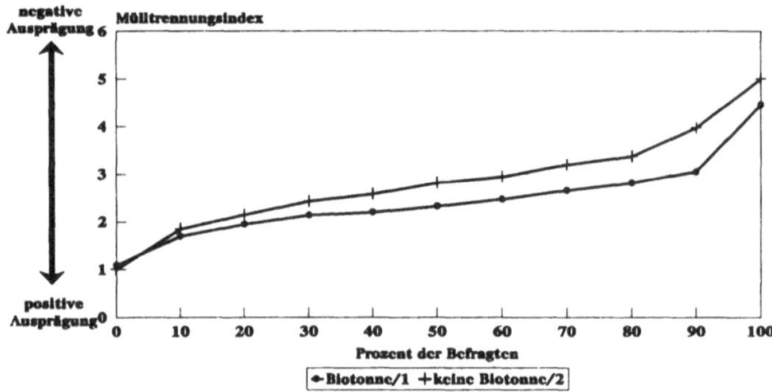

Abbildung 55. Mülltrennungsindex/Biotonne.

Das tatsächliche (selbstberichtete) Trennverhalten ist bei Biotonnenbesitzern besser ausgeprägt als bei Nichtbiotonnenbesitzern. Dieses Ergebnis ist insofern zu relativieren, als daß die Trennung von Biomüll selbst Bestandteil des gebildeten Mülltrennungsindexes ist. Eine Analyse des Trennungsverhaltens ohne den Bestandteil der Biomülltrennung bestätigte aber das Ergebnis, wobei obige Divergenz zwischen den beiden Gruppen nur leicht geringer wurde.

Bezüglich der Einstellung zur Trennung von Verpackungsabfällen ist ein überraschendes Ergebnis zu konstatieren: Der durchschnittliche Einstellungsindex der Biotonnenbesitzer weist einen höheren und damit schlechteren Wert als der der Nichtbiotonnenbesitzer auf. Dieser hohe Wert ergibt sich vor allen Dingen aufgrund der überaus schlecht ausgeprägten affektiven Komponente und einer geringeren Handlungsbereitschaft (konnative Komponente). Das Konsumverhalten ist dagegen als weitaus umweltbewußter zu bezeichnen.

Inwieweit die negative Einstellung zur getrennten Sammlung und Wiederverwertung von Verpackungsabfällen (d.h. prinzipiell zum Dualen System) mit negativen Erfahrungen, d.h. dem subjektiv wahrgenommenen Nachteilen der Biotonne zusammenhängt, kann aus den vorliegenden Informationen nicht beantwortet werden. Es ist aber zu vermuten, daß die lange Liste der empfundenen Nachteile – insbesondere die Geruchsbelästigung und die lediglich 14-tägige Leerung – entscheidend zu diesem Einstellungsprofil und der schlechteren Motivationsstruktur beitragen.

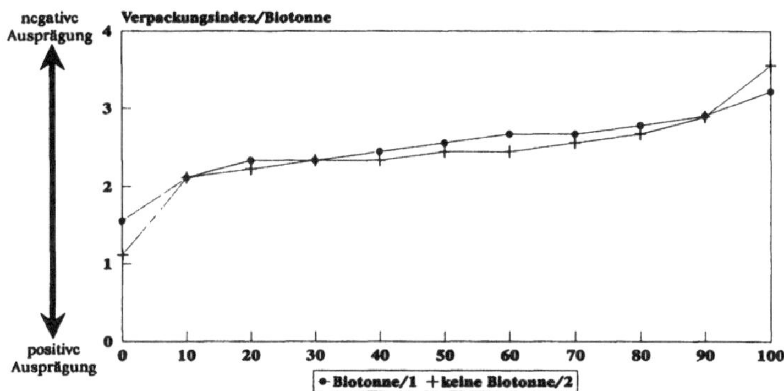

Abbildung 56. Verpackungsindex/Biotonne.

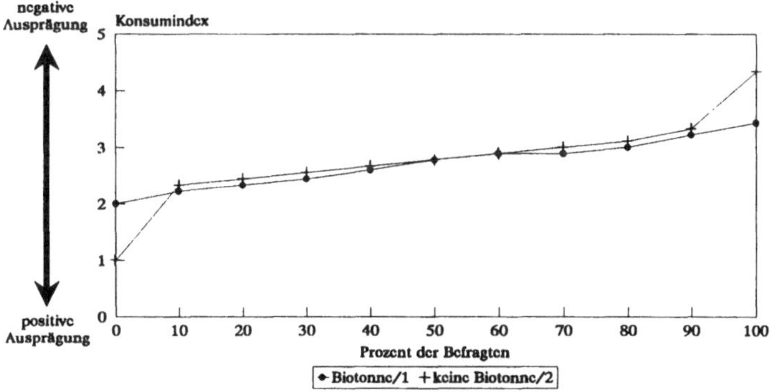

Abbildung 57. Konsumindex/Biotonne.

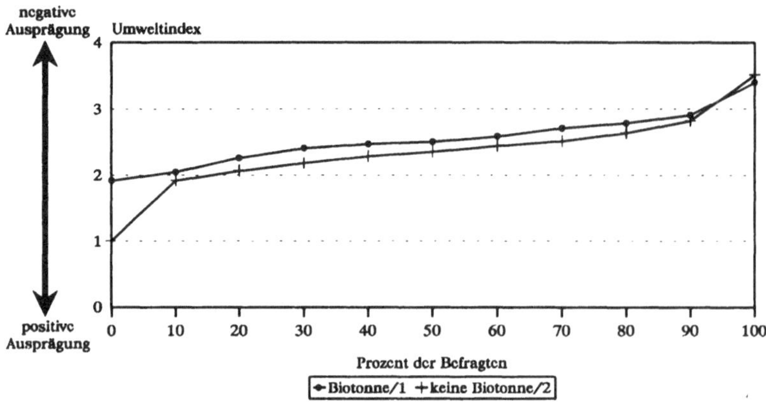

Abbildung 58. Umweltindex/Biotonne.

Die unter der Thematik "Biotonne" skizzierten Operationalisierungsvorschläge zur Verbesserung der Nachteil-/Vorteilbilanz der Biotonne erscheinen nach diesen Ergebnissen umso dringlicher. Exemplarisch werden einige Abbildungen gezeigt, welche den Zusammenhang zwischen soziodemographischen Daten mit den wichtigen Erklärungsfaktoren des Mülltrennungsverhaltens zeigen:

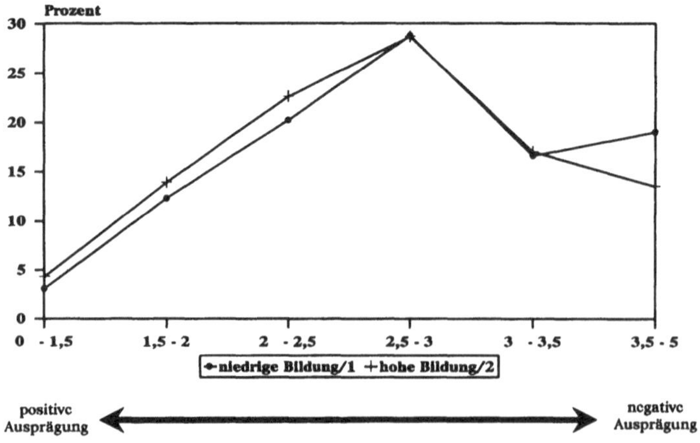

Abbildung 59. Mülltrennungsindex/Bildungsstand.

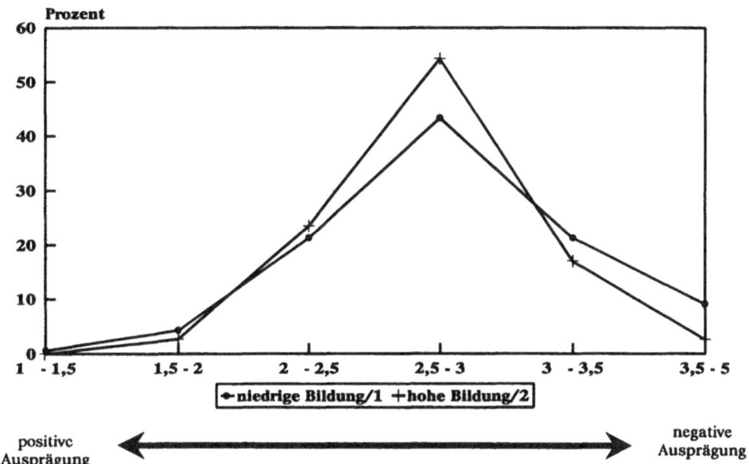

Abbildung 60. Konsumindex/Bildungsstand.

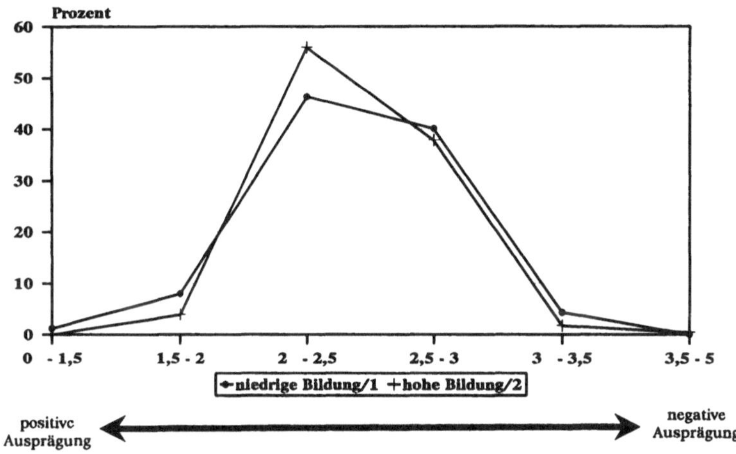

Abbildung 61. Verpackungsindex/Bildungsstand.

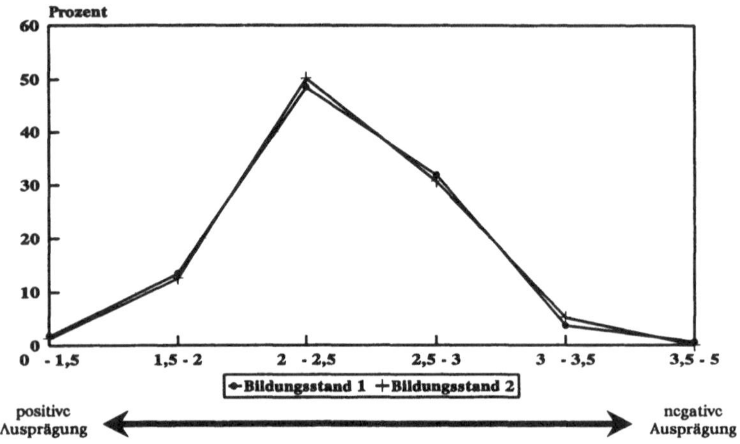

Abbildung 62. Umweltindex/Bildungsstand.

5.5 Clusteranalyse

5.5.1 Generierung von Zielgruppen

Eine erfolgreiche Einführung des Dualen Systems in der Stadt Hamm erfordert eine differenzierte Betrachtungsweise, die sich insbesondere von der Vorstellung löst, daß die Bevölkerung als "homogene Masse" zu motivieren und über undifferenzierte Maßnahmen eine Erhöhung der Akzeptanz und Beteiligungsbereitschaft am Dualen System zu erreichen sei.

Eine Bevölkerung unterscheidet sich nicht nur im Hinblick auf soziodemographische Daten bzw. Merkmale, sondern auch bezüglich psychographischer Merkmale wie Einstellungen, Verhaltensweisen, Lifestyle, Persönlichkeitsmerkmale, Bewußtseinsstrukturen etc.

Im Bereich des kommerziellen Marketings gelten diese psychographischen Merkmale als besonders verhaltensrelevant, wohingegen die Bedeutung soziodemographischer Charakteristika für eine Marktsegmentierung und entsprechend differenzierte Marktbearbeitung zunehmend geringer eingestuft wird.

Gegenüber den soziodemographischen Merkmalen beinhaltet eine Segmentierung, d.h. eine Zerlegung bzw. Bündelung der Grundgesamtheit in Gruppen (Segmenten), die in sich möglichst homogen und untereinander möglichst heterogen sind, allerdings den Nachteil einer komplizierteren Erfassbarkeit. Psychographische

Merkmale sind nicht unmittelbar beobachtbar, so daß eine konkrete Identifikation von Einstellungs- und Verhaltenstypen eine komplexe und schwierige Aufgabe ist.[235]

In dieser Untersuchung wurden Einstellungsprofile bezüglich der Einstellungsobjekte "allgemeine Umweltproblematik" und "getrennte Sammlung und Wiederverwertung von Verpackungsabfällen" (= Duales System) erhoben. Diese Einstellungsprofile zeigten zum Teil erhebliche Schwankungsbreiten von Meinungen, kognitiven Aspekten wie Problemeinsicht und Wissensstände, aktivierte Gefühlskomponenten sowie geäußerte Handlungsbereitschaft. Diese Streuungen der Ergebnisse über alle Einzelfragen bzw. -aspekte, aber auch der Gesamtergebnisse in Form von Einstellungsindizes für alle Befragungspersonen legen es nahe, daß Konstrukt Einstellung differenziert zu analysieren und Einstellungstypen zu bilden.

Ebenso zeigten die Befragungsobjekte bei den Konsumgewohnheiten sehr unterschiedliche Verhaltensweisen bezüglich des Kaufes von "umweltschädlichen" und "umwelt bzw. abfallfreundlichen" Produkten.

Divergenzen bei dem selbstberichteten Mülltrennungsverhalten lassen es schießlich ebenso wie bei dem Konsumverhalten sinnvoll erscheinen, die Bevölkerung nach unterschiedlichem Trennungsverhalten bzw. Konsumverhalten zu segmentieren. Die Analyse der Determinanten des Trennungsverhaltens zeigte die signifikante Bedeutung von Umweltbewußtsein, Einstellung zum Dualen System und Konsumverhalten für unterschiedliche Ausprägungen des Mülltrennungsverhaltens. Diese psychographischen Merkmale besitzen demnach eine große Verhaltensrelevanz im Bereich des Abfallverhaltens bzw. konkret des Mülltrennungsverhaltens.

Aufgrund dieser Ergebnisse wurde eine Segmentierung der Hammer Bevölkerung nach den Kriterien allgemeines Umweltbewußtsein, Einstellung zum Dualen System, Konsumverhalten und selbstberichtetes Trennungsverhalten vorgenommen. Diese Kriterien wurden durch Bildung von Indizes metrisiert, so daß als Segmentierungsvariablen für jede Befragungsperson schließlich Verwendung fanden:

1. Umweltindex (Index des allgemeinen Umweltbewußtseins)
2. Verpackungsindex (Einstellungsindex zur getrennten Sammlung und Verwertung von Verpackungsabfällen)
3. Konsumindex (gebündelter Index des Konsumverhaltens)
4. Mülltrennungsindex (Index des selbstberichteten Trennungsverhaltens)

---

235 Vgl. NIESCHLAG, R.; u.a.: Marketing, 14 Auflage, Duncker und Humblot Verlag, Berlin 1985, S.761.

Durch die Bildung von Indizes sind die Variablen metrisiert und besitzen einen identischen kontinuierlichen Wertebereich (von 1 bis 5), so daß eine Anwendung der folgenden multivariablen Analyseverfahren (Cluster- und Diskriminanzanalyse) möglich ist. Eine Standardisierung ist zudem nicht notwendig, da die Dimensionen der Variablen identisch sind.

Das selbstberichtete Trennungsverhalten wurde deshalb mit gleichem Gewicht wie die anderen Variablen zur Segmentierung herangezogen, da von einer Divergenz zwischen berichtetem und tatsächlichem Trennungsverhalten auszugehen ist. Verbal kann der Trennungsindex als ein Indikator für das zu erwartende tatsächliche Trennverhalten bei Verpackungsabfällen bezeichnet werden.

Die Segmentierung wurde mit dem multivariaten Analyseverfahren der Clusteranalyse durchgeführt. Ziel der Clusteranalyse ist es, Mengen von Objekten bei gleichzeitiger Betrachtung aller relevanter Variablen so in Teilmengen zu zerlegen (Segmente/Cluster), daß die Ähnlichkeit zwischen den Objekten eines Clusters möglichst groß, diejenige zwischen den Gruppen jedoch möglichst gering ist. Als Distanzmaß wurde die quadrierte Euklidsche Distanz gewählt, da diese geeignet ist, große Unterschiede besonders hervorzuheben. Aus den Optionen möglicher Gruppierungsalgorithmen wurde ein iterativ partitionierendes Verfahren mit Vorgabe einer Startpartition gewählt. Die Anzahl der gewünschten Cluster wurde in getrennten Analysen mit 3, 4 und 5 vorgegeben. Da sich die Ergebnisse der Drei-Cluster-Lösung als am signifikantesten und am aussagekräftigsten erwiesen, werden allein diese Untersuchungsergebnisse vorgestellt. Tabelle 48 zeigt die Clusterzentren (Mittelwerte der Variablenausprägungen in den Gruppen) nach der endgültigen Gruppierung.

Tabelle 48. Mittelwerte der gebildeten Indizes in den unterschiedlichen Clustern.

Cluster	Trennist	Verges	Konsum	Index
1	2,8348	2,4707	2,7788	2,3478
2	4,089	2,5463	2,9938	2,5045
3	1,8980	2,3884	2,6870	2,4114

Trennist: = Mülltrennungsindex Verges: = Verpackungsindex
Konsum: = Konsumindex Index: = Umweltindex

Ein hoher Wert ist wie zuvor als durchschnittlich schlechte Ausprägung der betrachteten Variablen in der jeweiligen Gruppe zu interpretieren und umgekehrt. So ist das (selbstberichtete) Trennungsverhalten in Segment 2 sehr unbefriedigend, in Segment 1 durchschnittlich und in Segment 3 sehr gut ausgeprägt.

Die Unterschiede in den Gruppenmittelwerten sind bei den anderen Segmentierungsvariablen geringer. Analog läßt sich hier interpretieren: Die Einstellung zum Dualen System ist bei Gruppe 3 am positivsten und bei Gruppe 2 am negativsten. Bei dem Konsumverhalten zeigt sich Gruppe 3 am umweltbewußtesten und Gruppe 2 am achtlosesten. Das allgemeine Umweltbewußtsein ist bei Segment 1 am besten geschärft und bei Segment 2 am schlechtesten ausgebildet. Die Distanzen (das Maß für die Unerschiedlichkeit der Gruppen) zwischen den Clusterzentren gibt Tabelle 49 wieder:

Tabelle 49. Distanzen zwischen den Clusterzentren.

Cluster	1	2	3
1	X	1,2851	0,9458
2	1,2851	X	2,2195
3	0,9458	2,2195	X

Die Unterschiede zwischen den Segmenten 2 und 3 sind offensichtlich am größten, gefolgt von den Unterschieden zwischen Segment 1 und 2. Am geringsten ist die Distanz zwischen Gruppe 1 und Gruppe 3. Die Anzahl der Personen in den verschiedenen Clustern zeigt Tabelle 50.

Tabelle 50. Anzahl der befragten Personen in den Clustern.

Cluster	Anzahl
1	217
2	73
3	127

Zur Beurteilung der Güte der Gruppentrennung wurde die Varianzanalyse (d.h. der F-Test) durchgeführt. Aufgrund der errechneten Signifikanzniveaus erweist sich die Güte der Gruppentrennung als sehr gut. Um weitere Informationen über relevante Charakteristika der verschiedenen Gruppen zu erhalten, wurden im nächsten Schritt eine bzw. mehrere Diskriminanzanalysen durchgeführt. Ziel der Diskriminanzanalyse ist es, herauszufinden, ob und wie gut sich Gruppen von Elementen (hier: Personengruppen), die durch bestimmte Merkmale d.h. Variablen beschrieben werden voneinander unterscheiden.

Das bedeutet, mit Hilfe der Diskriminanzanalyse können Gruppenunterschiede auf Basis vorgegebener Merkmale erklärt werden. Die Analyse geht in diesem Fall von bereits vorgegebenen Gruppen aus, so daß hier die Ergebnisse der Clusteranalyse (die Drei-Cluster-Lösung) den Ausgangspunkt für die Diskriminanzanalyse darstellten.

Als Verfahren wurde eine stufenweise Diskriminanzanalyse nach der Methode Wilk's Lambda gewählt, da hierbei nur diejenigen Variablen in die Diskriminanzfunktionen aufgenommen werden, die sich in bezug auf die Unterschiedlichkeit der Gruppen als besonders aussagekräftig (trennstark) erweisen. Die Diskriminanzanalyse zur Überprüfung der Aussagefähigkeit von Umweltindex, Konsumindex, Verpackungsindex und Trennungsindex für unterschiedliche Einstellungs- bzw. Handlungstypen ergab folgendes Bild (Tabelle 51):

Tabelle 51. Ergebnisse der Diskriminanzanalyse.

Action Step Enterd Removed	Vars in	Wilks Lambda	Sig
1 Trennist	1	0,19534	0
2 Index	2	0,18636	0
3 Verges	3	0,18233	0
4 Konsum	4	0,18016	0

FCN	Eigen-value	PCT of Varian-ce	Cum PCT	Canoni-cal CORR	After FCN	Wilks Lambda	CHI Square	DS	SIG
1	4,1199	98,00	98,00	0,8970	0	0,1802	365,924	8	0,000
2	0,0841	2,00	100,00	0,2786	1	0,9224	17,249	3	0,000

Als besonders aussagekräftig (d.h. trennfähig) erweist sich das selbstberichtete Trennungsverhalten, gefolgt von dem allgemeinen Umweltbewußtsein, der Einstellung zum Dualen System und den unterschiedlichen Konsumverhaltensweisen. Die weitere Analyse der standardisierten Diskriminanzkoeffizienten und der erklärten Varianzanteile durch die zwei Diskriminanzfunktionen läßt folgende Interpretation zu:

Die grundsätzliche Einstellung zum Dualen System trägt vergleichsweise wenig zu den grundsätzlichen Unterschieden zwischen den drei Einstellungs- und Verhaltenstypen bei. Die Divergenzen der Gruppen kommen vielmehr durch unterschiedliches Trennungsverhalten und verschiedene Grade des allgemeinen Umweltbewußtseins zustande. Eine z.B. geäußerte positive Einstellung zum Dualen System beinhaltet also eine gewisse Lapidarität und läßt keinen sofortigen Schluß auf die Höhe der Beteiligungsbereitschaft zu. Erst im Zusammenhang mit einem anderen Erklärungsfaktor, wie dem selbstberichteten Trennungsverhalten und dem allgemeinen Umweltbewußtsein können Verhaltensprognosen und darüber hinaus Ansatzpunkte für kommunikationspolitische Maßnahmen gefunden werden. Die Diskrepanz zu der überaus trennfähigen Variable "berichtetes Trennungsverhalten" legt die Vermutung nahe, daß die Meinung zum Dualen System tendenziell als zu positiv und in diesem Sinne nivellierend dargestellt wird, während etwaige Vorbehalte bzw. Widerstände "verschleiert" werden. Der überaus geringe Kenntnisstand bezüglich des Dualen Systems unterstützt diese These.

Für eine Operationalisierung der Ergebnisse von Cluster- und Diskriminanzanalyse ist eine nähere Charakteristik und Identifikation der gefundenen Segmente unumgänglich. Die Ergebnisse von weiteren Diskriminanzanalysen und Kreuztabellierungen (Chi-Quadrat-Unabhängigkeitstest) werden komprimiert dargestellt, wobei auf weitere Verfahrenserläuterungen verzichtet wird, da diese an entsprechenden Stellen der Arbeit schon erfolgten. Der Chi-Quadrat-Unabhängigkeitstest ist nur insofern diversifiziert, als daß die gefundenen Segmente bestimmten Merkmalen gegenübergestellt werden, um diese Gruppen zu charakterisieren.

5.5.2 Charakteristika der Gruppen und Implikationen für den Bereich der Öffentlichkeitsarbeit

Gruppe 1:

Die "Ausbaufähigen" mit einem überdurchschnittlich guten Umweltbewußtsein, befriedigendem derzeitigen Trennungsverhalten, aber noch "Skeptiker" bezüglich des Dualen Sytems. Relativ wenige Kontakte zu Nachbarn - Beurteilung durch andere Mitmenschen relativ unwichtig. Beteiligungsbereitschaft an der Verpakkungstrennung befriedigend.

Gruppe 2:

Die "Problemgruppe" mit einem sehr geringen Umweltbewußtsein bei gleichzeitig achtlosem Konsum. Das Trennungsverhalten ist überaus unbefriedigend – gleichzeitig wird eine im Durchschitt positive Einstellung zum Dualen System "angegeben". Beteiligungsbereitschaft am Dualen System unterdurchschnittlich und vermehrt an Bedingungen geknüpft. Geringe Anzahl an sozialen Kontakten – Beurteilung durch andere Mitmenschen absolut unwichtig.

Gruppe 3:

Die "Aufgeschlossenen" sind überdurchschnittlich eifrige Mülltrenner mit einem guten Umweltbewußtsein und ebenso bewußtem Konsumverhalten. Positive Einstellung zum Dualen System und eine hohe bedingungslose Beteiligungsbereitschaft. Viele soziale Kontakte sind dabei vorhanden, wobei die Einschätzung durch andere Menschen als überaus wichtig angesehen wird.

Im folgenden werden die verschiedenen Gruppen entsprechend dieser Typologie als "Ausbaufähige", "Problemgruppe" und "Aufgeschlossene" bezeichnet. Folgende Aussagen können formuliert werden:

- Die Problemgruppe besteht zu fast 50% aus Personen unter 20. Tendenziell sind demnach junge Menschen in der Problemgruppe zu fast zwei Dritteln vertreten.
- Bei den "Ausbaufähigen" und "Aufgeschlossenen" ist die Verteilung der Altersstruktur gleichmäßiger. Die Gruppe der "Aufgeschlossenen" besteht zu 57,2% aus der Altersgruppe zwischen 20 und 50 Jahren. Die "Ausbaufähigen" setzen sich zu 50,7% aus Personen bis zu 35 Jahren zusammen.

Offensichtlich setzt ein gutes Umweltbewußtsein, ein befriedigendes Trennungsverhalten und ein umweltbewußtes Konsumverhalten gewisse Lerneffekte voraus. Der hohe Anteil junger Menschen in der "Problemgruppe" kann anders kaum erklärt werden. Da sich gleichzeitig Einstellungen in jungem Alter weniger fest manifestiert haben dürften als in späteren Lebensphasen, bietet eine gezielte Ansprache junger Menschen mit gezielt "jungen" spritzig dynamischen -ruhig unkonventionellen- Kommunikationsmitteln- eine gute Möglichkeit einer nachhaltigen Einstellungs- und Verhaltensbeeinflussung.

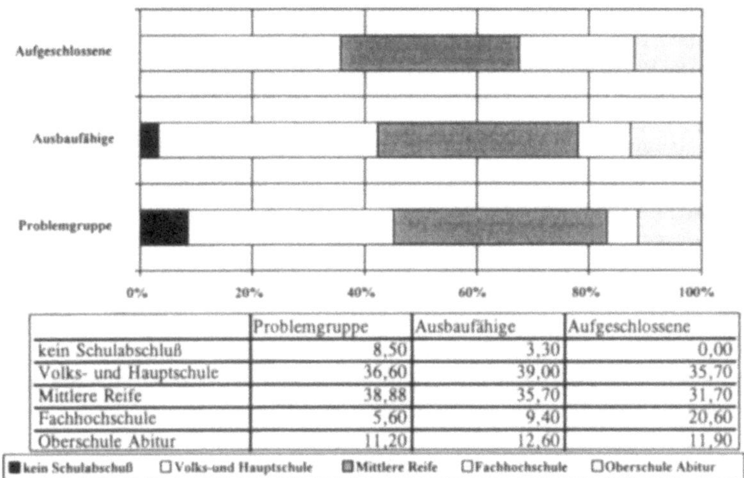

	Problemgruppe	Ausbaufähige	Aufgeschlossene
kein Schulabschluß	8,50	3,30	0,00
Volks- und Hauptschule	36,60	39,00	35,70
Mittlere Reife	38,88	35,70	31,70
Fachhochschule	5,60	9,40	20,60
Oberschule Abitur	11,20	12,60	11,90

Abbildung 63. Vergleich verschiedener Schulabschlüsse.

In der "Problemgruppe" ist der Anteil der Personen ohne Schulabschluß leicht überrepräsentiert, während in der Gruppe der "Aufgeschlossenen" Personen ohne Schulabschluß vollständig fehlen und 64,2% der Befragten mindestens die Mittlere Reife besitzen. Insgesamt läßt sich konstatieren, daß die Wahrscheinlichkeit der Zugehörigkeit zu der "Problemgruppe" mit niedrigerem Bildungsniveau steigt.

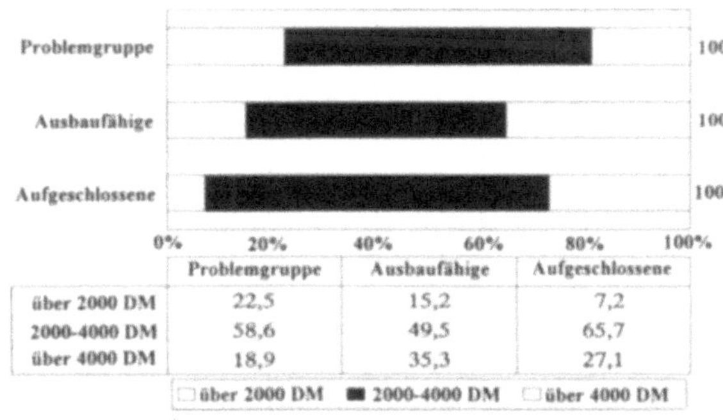

	Problemgruppe	Ausbaufähige	Aufgeschlossene
über 2000 DM	22,5	15,2	7,2
2000-4000 DM	58,6	49,5	65,7
über 4000 DM	18,9	35,3	27,1

Abbildung 64. Vergleich unterschiedlicher Haushaltsnettoeinkommen.

In der Problemgruppe ist der Anteil der Haushaltsnettoeinkommen unter 2000 DM/Monat stark überrepräsentiert. Auffällig ist, daß diese Gruppe zu 58,6% von mittleren Haushaltseinkommen "dominiert" wird, während hohe Haushaltseinkommen in dieser Gruppe vergleichsweise selten vorkommen. Tendenziell gilt:

Je höher das Haushaltseinkommen, desto eher sind bei den Haushaltsmitgliedern die entsprechenden Einstellungs- bzw. Verhaltenscharakteristika der "Ausbaufähigen" oder "Aufgeschlossenen" zu entdecken.

In der Problemgruppe ist der Anteil der Freiberufler bzw. Selbständigen überraschend hoch. Ebenso sind allerdings, bedingt durch den hohen Anteil junger Menschen, die Gruppe der ungelernten Arbeiter, einschließlich der Bundeswehr- und Ersatzdiensttätigen überdurchschnittlich stark vertreten. Angestellte und sonstige Beamte niedriger und höherer Klasse finden sich in dieser Gruppe im Vergleich zu den anderen Gruppen relativ selten.

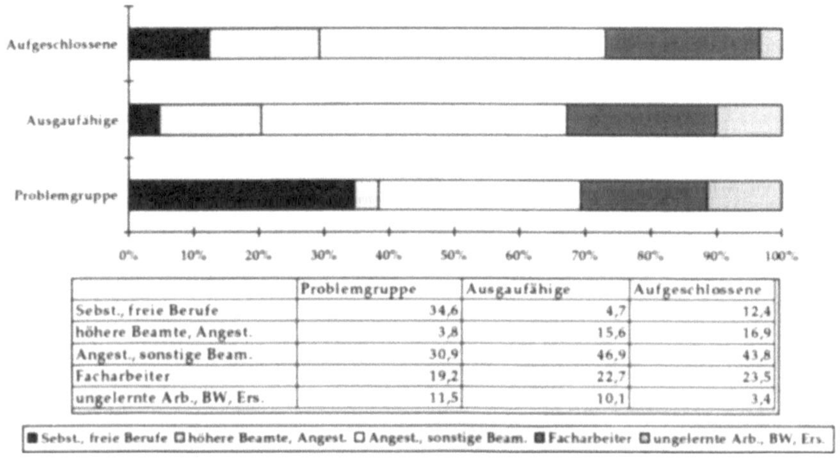

	Problemgruppe	Ausgaufähige	Aufgeschlossene
Sebst., freie Berufe	34,6	4,7	12,4
höhere Beamte, Angest.	3,8	15,6	16,9
Angest., sonstige Beam.	30,9	46,9	43,8
Facharbeiter	19,2	22,7	23,5
ungelernte Arb., BW, Ers.	11,5	10,1	3,4

Abbildung 65. Vergleich unterschiedlicher Berufsgruppen.

Ungelernte Arbeiter, Bundeswehr- und Ersatzdienstleistende sind in der Gruppe der "Aufgeschlossenen" stark unterrepräsentiert. Tendenziell sind also die "Ausbaufähigen" und "Aufgeschlossenen" eher unter den Beamten und Angestellten höheren und mittleren Niveaus, sowie den Facharbeitern zu vermuten, während andere Berufsgruppen als tendenziell problematischer anzusehen sind.

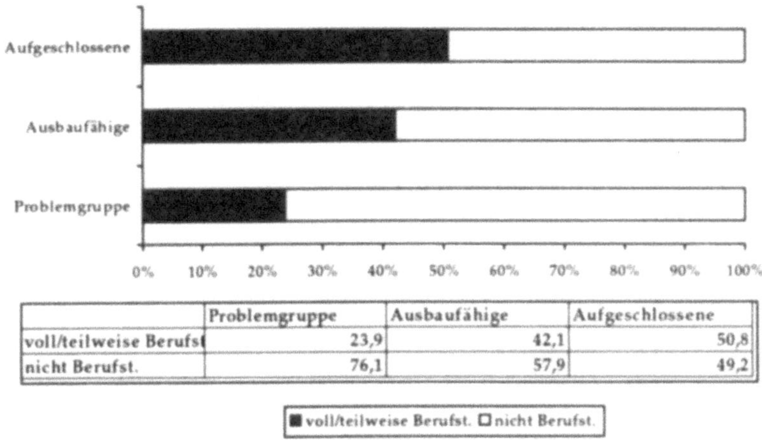

	Problemgruppe	Ausbaufähige	Aufgeschlossene
voll/teilweise Berufst	23,9	42,1	50,8
nicht Berufst.	76,1	57,9	49,2

Abbildung 66. Vergleich nach Berufstätigkeitsgruppen.

Die "Problemgruppe" setzt sich vorwiegend aus nicht berufstätigen Personen zusammen. Der Anteil der Berufstätigen steigt kontinuierlich, je positiver die Charakteristik der Gruppen wird. In der Gruppe der "Aufgeschlossenen" beläuft sich der Anteil der Berufstätigen schließlich auf 50,8%.

Im Rahmen der Öffentlichkeitsarbeit bzw. im kommunikationspolitischen Bereich sind daher vermehrt Motivationskonzepte und akzeptanzfördernde Maßnahmen einzusetzen, welche in Inhalt, Form und Ansprache konkret auf die Bedürfnisse bzw. Persönlichkeitsstrukturen der "Zielgruppe der Nichtberufstätigen" abzielen. Persönliche Ansprachen, Vermittlung von persönlicher Nähe und Verantwortung bei gleichzeitigem Unterhaltungswert der Informationen könnten beispielsweise ein erster Ansatzpunkt sein.

Bedingt durch den hohen Anteil junger Menschen in der "Problemgruppe" sind auch ledige Personen in dieser Gruppe überdurchschnittlich stark vertreten. Folgende Abbildung verdeutlich Zusammenhänge, die sich bei Betrachtung des Familienstandes ergeben (Abbildung 67).

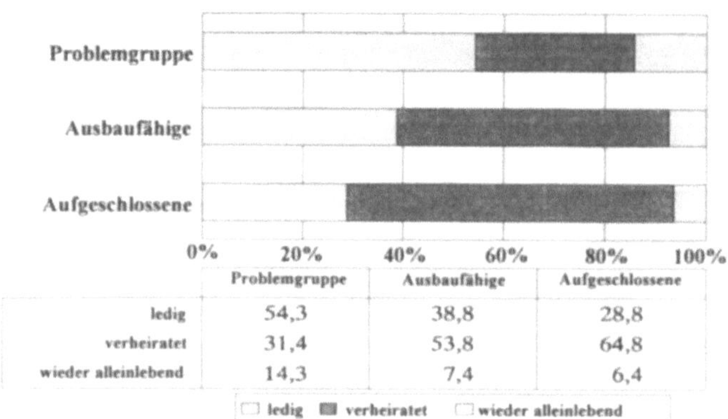

Abbildung 67. Familienstandvergleich.

Zugleich wird deutlich, daß bei den "Ausbaufähigen" und insbesondere bei den "Aufgeschlossenen" die Gruppe der Verheirateten überdurchschnittlich stark vertreten ist". Ein weiteres Indiz darauf, daß die "Problemgruppe" eventuell vermehrt durch "unkonventionelle" Maßnahmen anzusprechen und zu motivieren ist. "Männliche Personen sind bezüglich der gesamten Abfallproblematik tendenziell als problematischer einzustufen als weibliche Personen". Folgende Abbildung verdeutlicht diesen Zusammenhang:

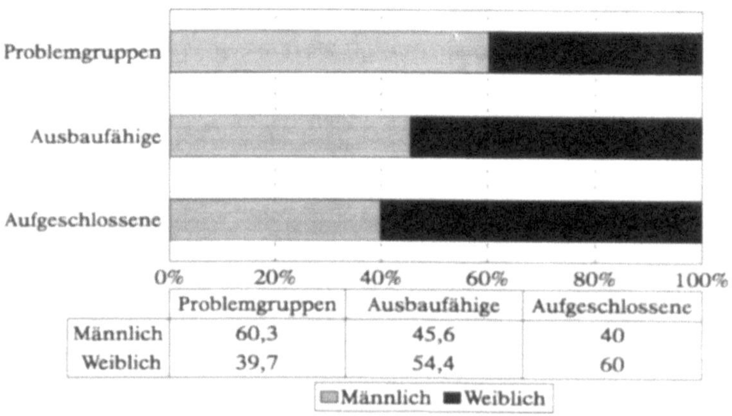

Abbildung 68. Vergleich der Geschlechter.

Implikationen für den Bereich der Öffentlichkeitsarbeit:

Spezifisch "weibliche" Aktivierungs- und Motivationsmaßnahmen gibt es nicht. Es gibt aber durchaus sprachliche Methoden und Werbemittel, die weibliche Personen besonders gut ansprechen bzw. geignet sind, Interesse zu wecken und dementsprechend effektivere Informationen und Appelle darstellen.

Die vorgestellten soziodemographischen Charakteristika erweisen sich alle als signifikant bzw. hochsignifikant. Die entsprechenden Signifikanzniveaus des Chi-Quadrat-Unabhängigkeitstest sind als ausgesprochen befriedigend zu bezeichnen.

Kenntnisstand und Informationsgrad der "Problemgruppe", der "Ausbaufähigen" und der "Aufgeschlossenen ":

Durch die Cluster- und Diskriminanzanalyse wurde u.a. ein stark abfallendes allgemeines Umweltbewußtsein von den "Aufgeschlossenen" bis hin zu der "Problemgruppe" festgestellt. Im Rahmen der Gruppencharakteristik ist das allgemeine Umweltbewußtsein ein sehr wichtiges Unterscheidungsmerkmal unterschiedlicher Einstellungs- und Verhaltenstypen. Abbildung 69 zeigt die Unterschiede bezüglich der vorhandenen Kenntnisse über das Duale System.

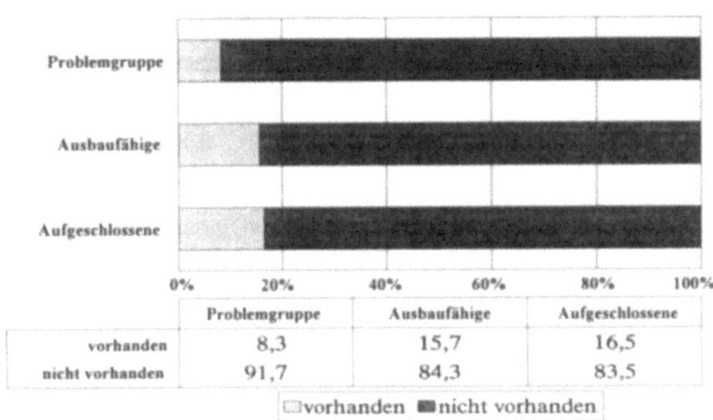

	Problemgruppe	Ausbaufähige	Aufgeschlossene
vorhanden	8,3	15,7	16,5
nicht vorhanden	91,7	84,3	83,5

Abbildung 69. Kenntnis des Dualen Systems.

Eine überdurschnittlich ausgeprägte Unkenntnis bezüglich des Dualen Systems ist demnach ein wichtiges Merkmal der "Problemgruppe".

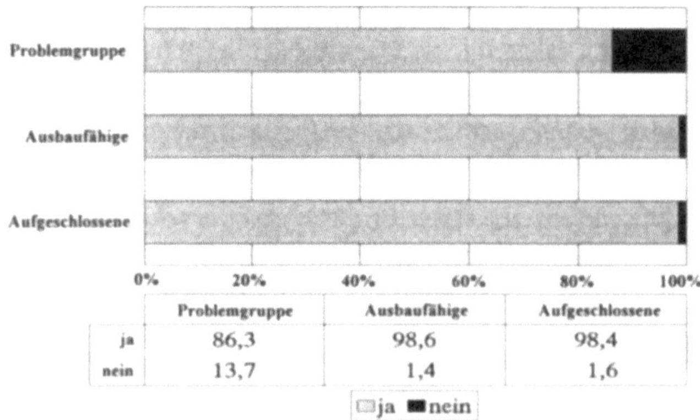

	Problemgruppe	Ausbaufähige	Aufgeschlossene
ja	86,3	98,6	98,4
nein	13,7	1,4	1,6

Abbildung 70. Kenntnis der Container-Standorte.

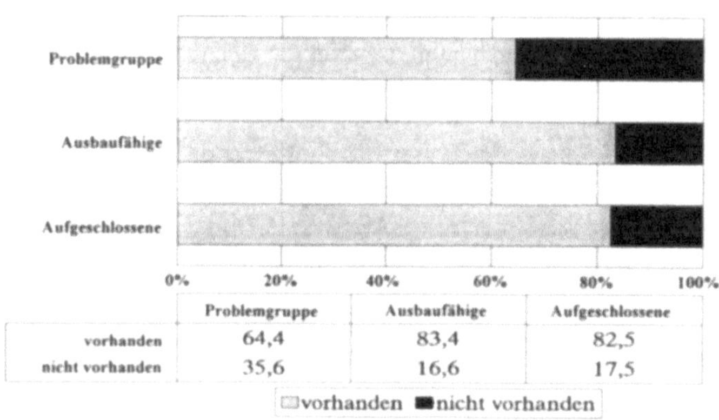

	Problemgruppe	Ausbaufähige	Aufgeschlossene
vorhanden	64,4	83,4	82,5
nicht vorhanden	35,6	16,6	17,5

Abbildung 71. Kenntnis über die Farbkennung der Container.

Diese beiden Abbildungen verdeutlichen den Zusammenhang zwischen Kenntnis der Containerstandorte sowie Farben der jeweiligen Container und der Gruppenzugehörigkeit.

Eine weitere Diskriminanzanalyse bestätigte, daß sowohl bezüglich des allgemeinen Wissens als auch des regionalen Wissens im Bereich der Umwelt- und Abfallproblematik bei der "Problemgruppe" erhebliche Defizite zu verzeichnen sind. Unter anderem sind gerade dieser Gruppe die Abfallberatungsstellen und konkrete

Aktionen der Stadt Hamm im Bereich der Umweltpolitik kaum bekannt. Je höher der Informations- und Kenntnisstand ist, desto größer ist die Wahrscheinlichkeit, daß eine Person allmählich den Gruppen der "Ausbaufähigen" und der "Aufgeschlossenen" angehört bzw. in diese Gruppen "wandert". Die gewünschte "Wanderungsrichtung" läßt sich also durch eine Erhöhung des Informations- und Kenntnisstandes erreichen.

Diese Maßnahmen sollten auf jeden Fall zweigleisig erfolgen, als spezielle regionale Informationen der Stadt Hamm zum Thema Abfallpolitik, verknüpft mit allgemeinen Informationen zur allgemeinen Umweltproblematik. Beispielweise könnten durchaus auf einem Informationsblatt (Heft, Broschüre), Stand der Durchführung des Dualen Systems in der Stadt Hamm, weniger regionalorientierte Informationen für eine gezielte Imageverbesserung des Dualen Systems und Daten und Fakten zur allgemeinen Abfallproblematik mit den entsprechenden umweltorientierten oder -politischen Implikationen bzw. Konsequenzen erläutert werden.

Die Bereitschaft, sich in Umweltschutzgruppen zu engagieren oder innerhalb anderer Vereine tätig zu werden, ist nicht unabhängig von dem hier relevanten Einstellungs- bzw. Verhaltenstyp, wie die Abbildungen 72 und 73 zeigen.

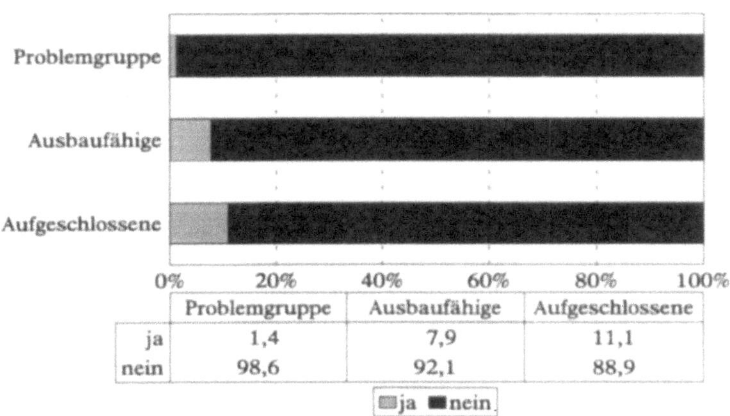

	Problemgruppe	Ausbaufähige	Aufgeschlossene
ja	1,4	7,9	11,1
nein	98,6	92,1	88,9

Abbildung 72. Mitgliedschaft in Umweltschutzgruppen.

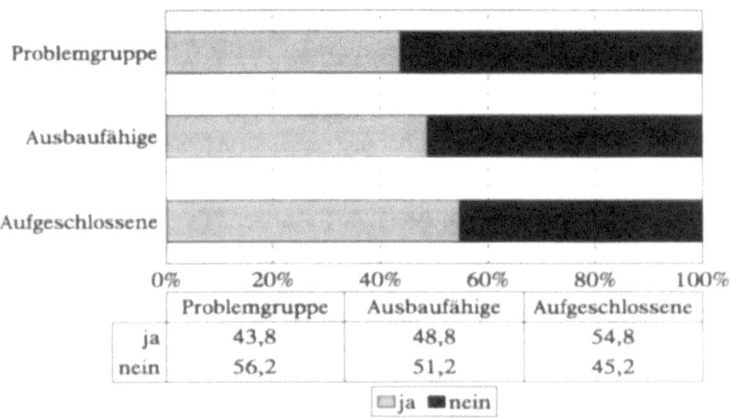

	Problemgruppe	Ausbaufähige	Aufgeschlossene
ja	43,8	48,8	54,8
nein	56,2	51,2	45,2

Abbildung 73. Mitgliedschaft in Vereinen.

Aus diesen Ergebnissen lassen sich beispielsweise Ansatzpunkte für eine eventuelle Zusammenarbeit mit Umweltschutzgruppen aber auch mit anderen Vereinen in den Bereichen Akquisition von Mitgliedern und inhaltliche Programmgestaltung mit umwelt- bzw. abfallpolitischen Themen herausfiltern. Eine konkrete Ansprache und Motivation der "Problemgruppe" kann über eine Erhöhung der Beteiligung in sozialen Gruppen erfolgen. Wie schon die Diskriminanzanalyse zeigte, erhöhen soziale Kontakte mit einer entsprechenden Kontaktintensität das Verantwortungsbewußtsein gegenüber der Umwelt.

Andere indirekte soziale Komponenten, die teilweise als situative Faktoren des Mülltrennungsverhaltens bezeichnet werden, sind recht gleichmäßig über die drei "Typen" verteilt: So lassen sich aus der Zuständigkeit für die Haushaltsführung bzw. für die Mülleimerentleerung einer einzelnen Person keine signifikanten Aussagen über erhöhte Wahrscheinlichkeiten einer bestimmten Gruppenzugehörigkeit machen. Rollenverhalten und Zuständigkeitsregelungen innerhalb der Haushalte bieten demnach keinen signifikanten Erklärungsbeitrag und entsprechend auch keine zusätzlichen kommunikationspolitischen Ansatzpunkte.

An dieser Stelle sei noch einmal eines der Hauptcharakteristika der "Problemgruppe" hervorgehoben: Diese Gruppe ist lediglich bereit, sich unter bestimmten Bedingungen (präferierte Lösungsvariante s.o.) an der Durchführung des Dualen System zu beteiligen.

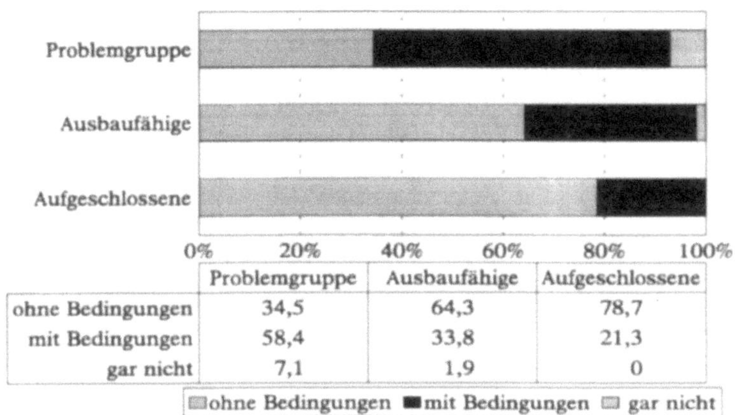

	Problemgruppe	Ausbaufähige	Aufgeschlossene
ohne Bedingungen	34,5	64,3	78,7
mit Bedingungen	58,4	33,8	21,3
gar nicht	7,1	1,9	0

Abbildung 74. Trennungsbereitschaft an Bedingungen geknüpft.

Um eine befriedigende Beteiligung auch dieser Gruppe an der Trennung von Verpackungsabfällen zu erreichen, ist es angebracht, das Duale System teilweise mit der von diesem Segment präferierten Lösungsvariante durchzuführen. Da aber die Präferenzen eindeutig gebietsspezifisch variieren, gibt eine Zuordnung der Gebiete zu den extrahierten Gruppen weitere Aufschlüsse (Abbildung 75).

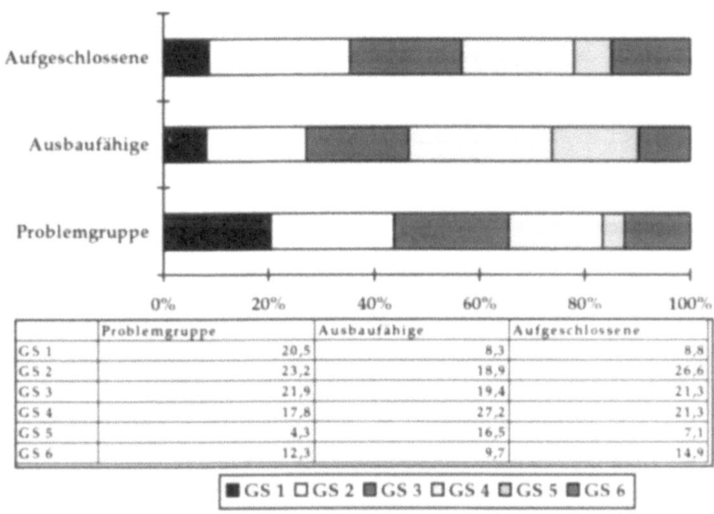

	Problemgruppe	Ausbaufähige	Aufgeschlossene
GS 1	20,5	8,3	8,8
GS 2	23,2	18,9	26,6
GS 3	21,9	19,4	21,3
GS 4	17,8	27,2	21,3
GS 5	4,3	16,5	7,1
GS 6	12,3	9,7	14,9

Abbildung 75. Verteilung der Gruppen auf die Gebietsstrukturen.

Aus obigen Zahlen ist zu empfehlen, zumindest in GS1, GS2 und GS3 das Duale System entsprechend den geäußerten Präferenzen einzuführen, da hier der Anteil der Problemgruppe recht hoch ist. Umgedreht formuliert gehört über ein Drittel der Bevölkerung von GS1 und jeweils ca. ein Fünftel der Bevölkerung in GS2 und GS3 der "Problemgruppe" an. Die ländliche Gebietstruktur ist dagegen vorwiegend mit "Ausbaufähigen" (73.5%) und "Aufgeschlossenen" (20.4%) "bevölkert".

Im Hinblick auf die Konzentration des "Problemtyps" in den drei Gebieten empfiehlt es sich, Öffentlichkeitsarbeit und konkrete Aktionen verstärkt auf diese Gebiete zu richten und unter Einsatz sämtlicher zur Verfügung stehender Instrumente intensiv und differenziert zu bearbeiten.

6 Grundlagen der Müllverbrennung und Deponierung

Nachdem in den vorherigen Kapiteln Systeme zur Optimierung der Erfassung von Wertstoffen vorgestellt und Maßnahmen zur Akzeptanzsteigerung empirisch ermittelt wurden, muß an dieser Stelle darauf verwiesen werden, daß selbstverständlich keines der vorgestellten Systeme eine Restabfallbehandlung durch Verbrennung oder Deponierung verzichtbar macht. Im folgenden werden daher die Grundlagen der Müllverbrennung und Deponierung erläutert, bevor in einer erneuten empirischen Untersuchung Akzeptanzprobleme dieser Systeme und Ansätze für eine Lösung dieser Fragen angesprochen werden.

Mit dem 1986 novellierten Gesetz über die Vermeidung, Verwertung und Entsorgung von Abfällen - dem sog. Abfallgesetz[236] hat die Bundesregierung in einem ersten Schritt eine einheitliche Grundlage für die Abfallwirtschaft geschaffen. Hier wird eindeutig die Vermeidung und Verminderung des Abfalls vor dessen Verwertung gefordert.

Die stoffliche und thermische Verwertung ist, wenn irgend möglich, einer endgültigen Abfallbeseitigung, in Form der Deponierung, vorzuziehen. Durch die Maxime der Abfallvermeidung bzw. -verwertung, hat die umwelt- und ressourcenschonende Entsorgung absoluten Vorrang erhalten. Die Abfallentsorgungsmethode "Deponierung" soll nur noch für die Ablagerung von Restmüll genutzt werden.[237]

6.1 Grundlagen der Abfallbeseitigung

6.1.1 Thermische Abfallbehandlung

Die thermische Abfallbehandlung hat in der Bundesrepublik Deutschland kontinuierlich an abfallwirtschaftlicher Bedeutung zugenommen. Unter den Begriff der thermischen Abfallbehandlung fallen definitionsgemäß neben der Verbrennung auch Entgasungs- (Pyrolyse) und Vergasungsverfahren. Zur Zeit sind jedoch nur Müllverbrennungsanlagen im Betrieb. Das Hausmüllpyrolyseverfahren befindet sich

236 Vgl. Gesetz über die Vermeidung und Entsorgung von Abfällen in der Fassung vom 27. August 1986, zuletzt geändert durch das Einigungsvertragsgesetz vom 23. September 1990.

237 Vgl. FLEISCHER, G.: Abfallvermeidung in der Abfallwirtschaft; in: Entsorgungspraxis 1-2/1990, S.13.

derzeitig noch in der Erprobung.[238] Das primäre Ziel der thermischen Abfallbehandlung besteht darin, die im Abfall enthaltenen Schadstoffe zu zerstören und sie in einen weitgehend immobilen Zustand zu überführen. Gleichzeitig wird hierbei das Abfallvolumen erheblich gegenüber dem Ausgangsvolumen reduziert sowie die Erzeugung von Wärme erreicht. Auch erfolgt auf diese Weise eine umweltverträgliche, hygienisch einwandfreie Dauerbeseitigung der Abfallstoffe.

6.1.1.1 Müllverbrennungsanlagen

Erstmals in der Bundesrepublik Deutschland wurde die Müllverbrennung im Jahre 1896 in Hamburg eingesetzt. Als primäres Ziel standen vor allem seuchenhygienische Gesichtspunkte im Vordergrund. Bis zum Jahre 1986 ist die Anzahl der sich in Betrieb befindlichen Müllverbrennungsanlagen (MVA) auf 48 angestiegen. Hierdurch sind etwa 34% der Bevölkerung an die Müllverbrennung angeschlossen, die ca. 8,5 bis 9 Mio. t Abfall jährlich verbrennt.[239] Im Bereich Nordrhein-Westfalen sind Müllverbrennungsanlagen an den aus Tabelle 52 hervorgehenden Standorten im Betrieb.

Müllverbrennungsanlagen unterscheiden sich vom System ihrer Feuerung her in Anlagen mit:

- Rostfeuerungen
- Drehofenfeuerungen
- Wirbelschichtfeuerungen[240]

238 Vgl. Der Rat von Sachverständigen für Umweltfragen, Abfallwirtschaft – Sondergutachten, Metzler-Poeschel Verlag, Stuttgart 1991, S.386 ff.

239 Vgl. SCHENKE, W.; u.a.: Entsorgung 2000 - Leitfaden für Kommune, Wirtschaft und Politik, Bonner Energiereport, Bonn 1988, S.139.

240 Vgl. Der Rat von Sachverständigen für Umweltfragen: Abfallwirtschaft – Sondergutachten, Metzler-Poeschel Verlag, Stuttgart 1991, S.390.

Tabelle 52. Durchsatzmengen in 1000 t/a der Müllverbrennungsanlagen[241].

Bielefeld / Herford	200 - 300
Hamm	200 - 300
Iserlohn	100 - 200
Hagen	100 - 200
Wuppertal	200 - 300
Solingen	50 - 100
Essen	200 - 300
Herten	100 - 200
Oberhausen	über 300
Krefeld	200 - 300
Düsseldorf	über 300
Leverkusen	100 - 200
Bonn	< 50

6.1.1.1.1 Feuerung

In der Feuerungseinheit findet die Verbrennung des Brennstoffs Müll zu festen und gasförmigen Rückständen statt. Die zur Verbrennung von Hausmüll üblichen Ofenbauarten sind Rostöfen. Die Vorgänge bei der thermischen Behandlung von Müll bestehen aus der Trocknung des Mülls nach der Aufgabe auf den Rost, der anschließenden Entgasung, der Vergasung und schließlich der Verbrennung. Die Trocknung ist notwendig, da sich im Hausmüll ein Anteil von ca. 30% Wasser befindet. Erst wenn sie abgeschlossen ist, kann die Zündung erfolgen.

Die Trocknung wird durch Strahlung aus dem Feuerraum und konvektive Wärmeübertragung der Rauchgase bewirkt. Bei der Entgasung werden flüchtige Bestandteile bei Temperaturen von 250 °C und höher ausgetrieben. Unter der anschließenden Vergasung versteht man die Umsetzung von fixem Kohlenstoff zu gasförmigen Produkten. Dieser Vorgang spielt sich bei Temperaturen von 500 bis 600 °C ab.

241 Vgl. Umweltbundesamt: Standorte der Abfallverbrennung und Kompostieranlagen in der Bundesrepuplik Deutschland, Berlin 1986.

Die Verbrennung beinhaltet letztlich die vollständige Oxidation der in den vorangegangenen Prozeßschritten entstandenen brennbaren Gase zu den wesentlichen Bestandteilen CO_2 und Wasserdampf.[242]

Für die geschilderten Vorgänge wird Sauerstoff in Form von Luft benötigt. Diese wird in einem überstöchiometrischen Verhältnis zugegeben. Dabei werden ca. 70% als Primärluft direkt durch den Rost in den Müll geblasen, der Rest wird als Sekundärluft durch Düsen an der Feuerraumdecke in den Feuerraum eingedüst. Die Vorteile dieser Maßnahmen sind: Zur Verminderung der Staubentwicklung wird die Belüftung des Rostes so reguliert, daß auf dem Rost eine mehr oder weniger unvollkommene Verbrennung stattfindet und die entsprechende Nachverbrennung oberhalb des Rostes durch Sekundärluft erfolgt. Eine erhöhte Luftzufuhr ist notwendig, um einen gleichmäßigen Ausbrand des inhomogenen Brennstoffs Müll und gleichzeitig die Sicherung der Kühlung des Rostes zu gewährleisten. Die Aufgaben der Sekundärluft bestehen darin, für den Ausbrand der gasförmigen Bestandteile zu sorgen und eine große Turbulenz im Feuerraum zu erreichen. Aus diesem Grund wird die Luft mit sehr großer Geschwindigkeit eingedüst.[243] Das Ziel ist es, dadurch zu verhindern, daß sich Strähnen reduzierender Atmosphäre bilden.

Die Aufgabe der Feuerung besteht darin, den Brennstoff Müll betriebssicher zu veraschen, eine bestimmte Ausbrandgüte von Schlacke und Abgas zu errreichen, Korrosion und Verschlackungen zu vermeiden und für die Energienutzung z.B. durch Kraft-Wärme-Kopplung eine konstante Dampfmenge zu erzeugen. Eine der wichtigsten Forderungen an die Feuerung aber ist die Vermeidung der Entstehung bzw. Freisetzung organischer Substanzen, im besonderen von halogenierten Kohlenwasserstoffen. Zur Erreichung einer optimalen Feuerführung sollten demnach bei der Auslegung folgende Punkte beachtet werden:

- lange Verweilzeit der Rauchgase im Bereich hoher Temperaturen
- niedriger Anteil an nichtverbrannten Substanzen in Asche und Flugstaub
- geringer Flugstaubaustrag
- geringe CO-Bildung
- Vermeidung von reduzierenden Zonen durch Turbulenzerzeugung
- O_2-Gehalt zwischen 6% und 11%

---

242 In Anlehnung an Thomé-Kozmienski, K.-J.: Verbrennung von Abfällen, EF-Verlag, Berlin, 1985.

243 Vgl. RABICH, A.: Verfahrenstechniken zur Verringerung der Emission durch Feuerungsanlagen, Technische Mitteilungen, Heft 6, 7/8 1988, S.374 ff.

- Gewährleistung der vollständigen Verbrennung auch im An- und Abfahrbetrieb sowie bei Störungen.

Diese Anforderungen sind auch in der TA-Luft festgeschrieben.[244] Eine Beeinflussung auf die gestellten Forderungen wird erzielt durch:

- die Feuerraumgestaltung,
- Konstruktion und Funktionsweise des Rostes,
- Luftverteilung,
- Brennstoffdosierung,
- Anordnung der Hilfsbrenner und
- die Feuerungsregelung.

6.1.1.1.2 Feuerungsgeometrie

Die Aufgabe des Feuerraums besteht darin, die bei der Müllverbrennung entstehenden Rauchgase einschließlich gasförmiger Schadstoffe aufzunehmen, zu mischen, mit hohen Temperaturen zu verbrennen und in den ersten Kesselzug abzuleiten. Je nach Art der Rauchgasführung über das Müllbett unterscheidet man zwischen Gleichstrom-, Gegenstrom- und Mittelstromführung.[245] Von besonderem Interesse sind dabei die kritischen Teilgasströme, die in der Entgasungs- und Vergasungszone entstehen. Der Anteil der unverbrannten Gase ist dort sehr groß und es muß unbedingt sichergestellt werden, daß diese Gase durch die Hauptverbrennungszone geleitet und dort verbrannt werden.

Bei Gegenstromführung werden die heißen Rauchgase in Richtung Trocknungs- und Zündzone geleitet, so daß sich auch heizwertarme Stoffe relativ schnell entzünden. Nachteilig ist die mögliche Strähnenbildung und die damit verbundene direkte Ableitung von "Kaltströmen" aus der Entgasungs- und Vergasungszone in den Rauchgaszug. Durch gezielten Einsatz von Sekundärluft und den Einbau von Schikanen, sogenannten Strömungsnasen, kann man erreichen, daß auch diese Gasströme durch die heißeste Zone geleitet werden.

Befindet sich der Kesselzug über der Mitte des Feuerraums, so spricht man von Mittelstromführung. Auch hierbei muß durch die Gestaltung der Feuerraumdecke

244 Vgl. Erste Allgemeine Verwaltungsvorschrft zum Bundes-Immissionsschutzgesetz, in der Fassung vom 27. Februar 1986.

245 Vgl. REIMANN, D.-O.: Primärmaßnahmen zur Reduzierung von Emissionen am Beispiel der Rostfeuerung, Technische Mitteilungen, Heft 6, 6/7 1988, S. 290 ff.

und die Positionierung der Sekundärluftdüsen sichergestellt werden, daß alle Teilgasströme durch die heißeste Zone geleitet werden. Hierbei entstehen Probleme aufgrund der unterschiedlichen Viskositäten der relativ kalten Sekundärluft (180 °C) und der heißen Rauchgase (1000 °C). So kann es passieren, daß die von den Sekundärluftdüsen erzeugten Impulse nicht ausreichen, die Rauchgase vollständig zu vermischen und trotz hoher Luftüberschußzahlen sich reduzierende Zonen bilden. Diese führen zu Korrosion im Feuerraum und Kesselzug und zu unvollständigem Ausbrand. Derartige Erfahrungen machte man z.B. an der MVA Wuppertal.[246]

Bei Einzug einer Lenkwand und Versetzung des Kesselzugs an den hinteren Teil des Feuerraums, werden die Rauchgase in die gleiche Richtung wie der Müll transportiert. Man spricht in diesem Fall von Gleichstromführung. Jeder Teilgasstrom wird allein durch konstruktive Maßnahmen durch das Temperaturmaximun zwangsgeführt. Durch die Lenkwand entsteht ein größerer Strahlungsraum, was zu einem höheren Temperaturniveau führt. Die heißen Rauchgase haben die gleiche Bewegungsrichtung wie die Schlacke, wodurch eine hohe Schlackentemperatur erreicht wird, was wiederum den schlackeseitigen Ausbrand begünstigt.

6.1.1.1.3 Verbrennungsrost

Der Verbrennungsrost erfüllt folgende Funktionen:

- Transport des Mülls von der Beschickungs- zur Austragsvorrichtung
- gleichmäßige Zufuhr der Primärluft in die Brennstoffschicht
- Schürung des Feuers.

Die Schürung ist bei der Rostfeuerung von großer Bedeutung, da sie maßgeblichen Einfluß auf den Ausbrand hat. Durch den Rost wird der Müll immer wieder durchmischt und gleichmäßig mit Sauerstoff versorgt. Zur Erfüllung dieser Aufgaben existieren eine Reihe von Rostarten. Für MVA´s am wichtigsten sind Ausführungen als Vorschubrost, Rückschubrost oder Walzenrost. Bei den Schubrosten bewegen sich bewegliche Roststäbe gegen feststehende. Die Bewegungsrichtung der Stäbe gibt den einzelnen Bauarten ihren Namen. Durch diese Bewegungen wird der Müll transportiert und gleichzeitig vermischt. Die Luftzufuhr erfolgt durch die Stirnseiten der Roststäbe.

Der Walzenrost besteht aus hintereinander angeordneten Hohlwellen, die aus einzelnen Rostsegmenten aufgebaut sind, durch die die Verbrennungsluft strömt.

---

246 Vgl. BUCHHOLZ, E.; u.a.: Optimierung der Verbrennung in einem Müllkessel, VGB Kraftwerkstechnik, Heft Nr. 9, 9/1982, S.781 ff.

Zwischen den Walzen befinden sich Abstreifer, die den Durchfall des Mülls verhindern. Bei dem Walzenrost fehlt die aufeinander schiebende Relativbewegung der Roststäbe, die bei derart hohen Temperaturen zu erheblichem Verschleiß führt. Da darüber hinaus bauartbedingt nur jeweils 50 % des wirksamen Rostbelages einer Walze den Temperaturen des Feuerraums ausgesetzt ist, ergeben sich bei dieser Bauform erhöhte Reisezeiten.

Die Rückstände aus dem Verbrennungsraum werden am Rostende durch eine Austragungsvorrichtung in den Schlackebunker geführt. Die heißen Rauchgase werden über Rauchgaszüge aus dem Feuerraum abgezogen. Nach Abkühlung der Rauchgase findet eine Staubabscheidung und Rauchgaswäsche statt. Hieran schließt sich, um den Anforderungen der TA-Luft gerecht zu werden, ein nasses oder quasitrockenes Verfahren zur weiteren Rauchgasreinigung an.

6.1.1.1.4 Rauchgasreinigung

Naßverfahren der Rauchgasreinigung

Das abgekühlte Rauchgas durchströmt zur Vorentstaubung einen Elektrofilter.

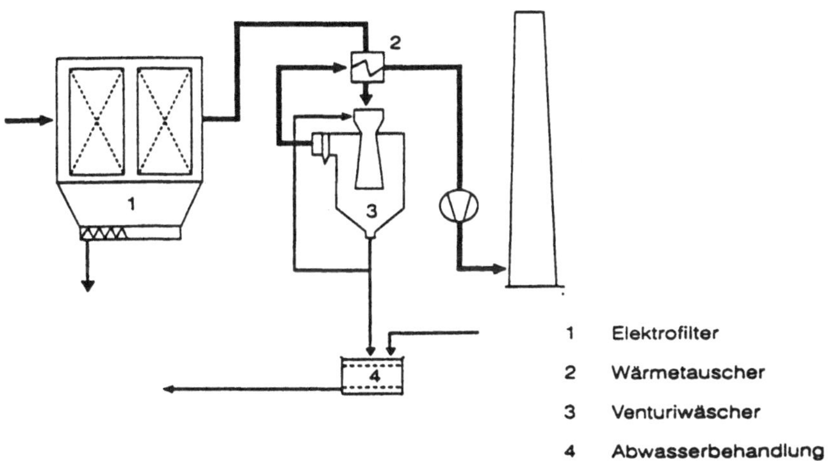

Abbildung 76. Waschsystem mit Wiederaufheizung der Rauchgase[247].

247 Vgl. Entsorgung 2000 – Leitfaden für Kommune, Wirtschaft und Politik, Bonner Energiereport, Bonn 1990, S. 204.

Anschließend wird es in einen Wäscher oder Absorber geführt. Hier laufen nun zwei Prozesse ab. Erstens kühlen die Rauchgase durch die Verdampfung des beigemischten Wassers weiter ab und zweitens gehen die dampfförmig vorliegenden Metalle in die flüssige Phase über und können so aus dem Rauchgas ausgeschieden werden. Da das ablaufende Waschwasser die gelösten Reaktionsrückstände enthält, muß eine Abwasserbehandlungsanlage unbedingt nachgeschaltet werden.

Quasi-Trockenverfahren

Die Rauchgase werden in einen Verdampfungsreaktor geleitet, in den eine feinstverteilte Suspension eingedüst wird. Das Wasser verdampft und die sauren Schadstoffe (z.B. So_2, So_3) reagieren zu kristallinen Salzen. Im nachgeschalteten Elektro- oder Gewebefilter werden die Reaktionsprodukte abgetrennt.

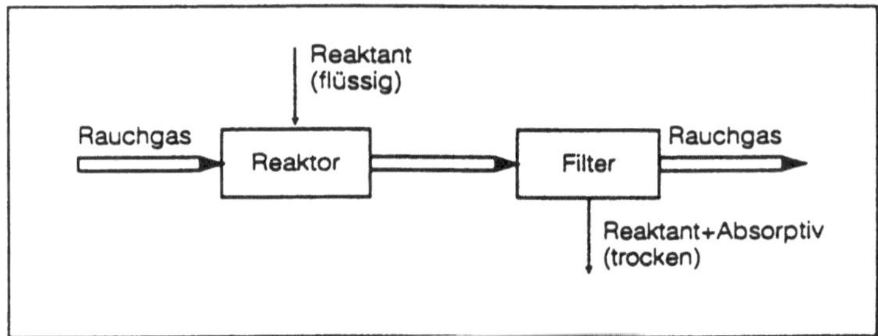

Abbildung 77. Schema der quasi-trockenen Rauchgasreinigung[248].

Der prinzipielle Aufbau einer – dem Stand der Technik entsprechenden Müllverbrennungsanlage – zeigt Abbildung 78. Nach der Müllentladung in den Bunker erfolgt die Beschickung durch eine Krananlage. Über eine Dosiereinrichtung gelangt der Müll in den Brennraum. Hier findet die Verbrennung statt. Die nicht brennbaren Anteile des Mülls (10%) fallen in den Schlackenbunker und werden getrennt weiterbehandelt.

248 Vgl. Entsorgung 2000 – Leitfaden für Kommune, Wirtschaft und Politik, Bonner Energiereport, Bonn 1990, S.205.

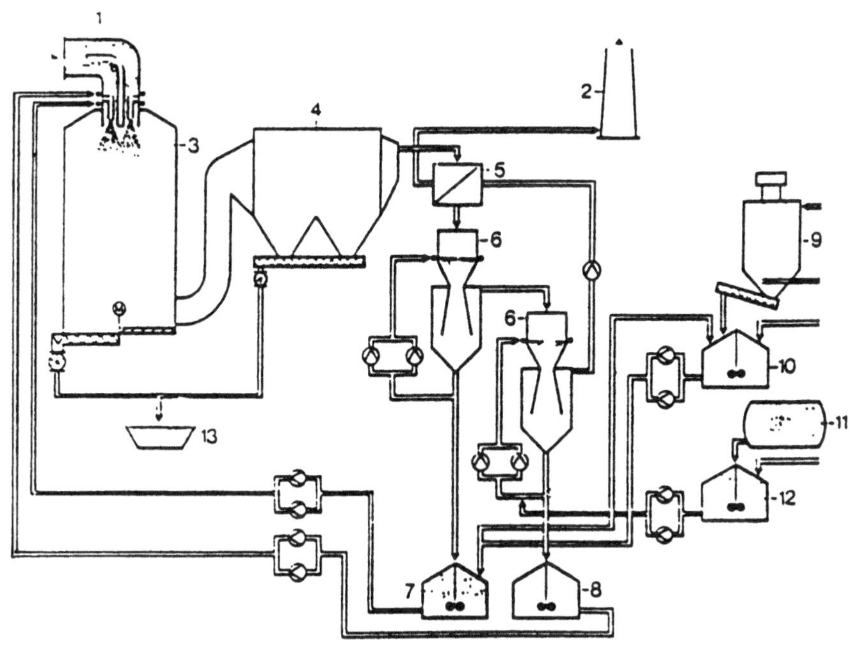

1 Rohgas
2 Reingas
3 Sprühabsorber
4 Entstauber
5 Glasrohrwärmetauscher
6 Venturiwäscher
7 Neutralisationsbehälter
8 Abschlämmbehälter
9 Kalksilo
10 Kalkmilch-Ansetzbehälter
11 Natronlauge-Tank
12 Natronlauge-Ansetzbehälter
13 Trockenes Endprodukt

Abbildung 78. Aufbau einer modernen Müllverbrennungsanlage[249].

6.1.1.1.5 Drehofenfeuerungen

Drehofenfeuerungen sind an dieser Stelle nur der Vollständigkeit halber aufgeführt. Sie bestehen aus einer unterschiedlich langen, geneigten Drehtrommel und werden

249 Deutsche Babcock Anlagen AG, 1986.

vorwiegend für die Verbrennung von Sonderabfällen eingesetzt, da in ihnen relativ einfach auch flüssige und pastöse Abfälle verbrannt werden können. Für die ausschließliche Verbrennung von Hausmüll und hausmüllähnlichen Abfällen haben sie nur eine untergeordnete Bedeutung.[250]

6.1.1.1.6 Wirbelschichtfeuerungen

Die Müllverbrennung in der Wirbelschicht ist ein relativ neues Verfahren der thermischen Abfallbehandlung. Wirbelschichtöfen bestehen im wesentlichen aus zylindrischen, vertikal angeordneten, ausgemauerten Brennkammern.

Die Wirbelschichtverbrennung setzt einen Sortier- und Aufbereitungsprozeß voraus, um einen homogenen Brennstoff zu gewinnen. Der Brennstoff wird in zerkleinertem Zustand einem Brennraum, in dem sich feinstverteilte Stoffe (Sand, Asche oder Kalk) auf einem Rost befinden, befördert und durch von unten zugeführte Luft in einen aufgewirbelten Zustand gebracht. Man unterscheidet stationäre, rotierende und zirkulierende Ausführungen der Wirbelschichtfeuerung. Durch ein fortlaufendes Wirbeln von Feststoffpartikeln wird ein hoher Wärmeaustausch erzielt. Die Verbrennung findet bei vergleichsweise niedrigen Temperaturen von 800 bis 900 °C statt. Die Abwärmenutzung ist mit der der konventionellen Müllverbrennung vergleichbar.[251]

Ein Vorteil gegenüber der herkömmlichen Verbrennungstechnik liegt darin, daß im feuerungstechnischen Bereich eine geringere Stickoxydbildung, eine besserer Schwefeleinbindung und eine stabilere Prozeßführung möglich ist. Demgegenüber können die Auswirkungen auf die Wirtschaftlichkeit der Verbrennung durch den notwendigen, vorgeschalteten Sortierprozeß, nicht abgeschätzt werden.

6.1.1.2 Hausmüllpyrolyse

Neben der Verbrennung sind zur Behandlung überwiegend organischer Abfälle auch Verfahren der Pyrolyse im Erprobungsstadium.[252] Der Grundgedanke bei dieser Art der Abfallbehandlung ist, daß ohne die Anwesenheit von Sauerstoff – jedoch bei hohen Temperaturen – eine Zersetzung organischer Stoffe stattfindet.

250 Vgl. Der Rat von Sachverständigen für Umweltfragen: Abfallwirtschaft – Sondergutachten, Metzler-Poeschel Verlag, Stuttgart 1991, S.394.

251 Vgl. Kempin, T.; u.a.: Stand der Müllverbrennung und Rauchgasbehandlung in der Bundesrepublik Deutschland; in: Abwassertechnik 5/1985, S.4 ff.

252 Vgl. TABARASAN, O.: Abfallbeseitigung und Abfallwirtschaft, VDI-Verlag, Düsseldorf 1982, S.195.

Dabei entstehen aus komplizierten chemischen Verbindungen, entsprechend einfach gebaute und technisch leichter verwertbare Molekülketten (sog. Crackprodukte). Diese Moleküle sind meist keine eigentlichen Bausteine der zersetzten Stoffe mehr, sondern sie sind gegenüber den Ausgangsstoffen strukturell verändert.[253]

Der angelieferte Müll wird nach dem Wiegen im Müllbunker abgekippt. Nachdem der Müll zerkleinert ist, wird das Eisenmetall separiert. Das so homogenisierte Material wird dem Pyrolysereaktor zugeführt. Hier findet die thermische Zersetzung der organischen Abfallsubstanzen unter Ausschluß von Luftsauerstoff statt. Endprodukte des Pyrolyseprozesses sind Pyrolysegas, Wasser und feste Rückstände.[254]

Je nach Verfahren wird das erzeugte Pyrolysegas direkt verbrannt und die Abwärme über einen Wasser-Dampf-Kreislauf zur Strom- oder Wärmeerzeugung genutzt oder in einem Gaswandler auf Temperaturen von 1000 bis 1200 °C erhitzt und in einem Gasmotor und Generator zur Stromerzeugung verwendet.[255]

Die Hausmüllpyrolyse als Abfallbeseitigungsverfahren ist als "umweltfreundlichere" Alternative zur Müllverbrennung zu untersuchen. Die thermische Behandlung von Abfällen ist die Abfallbeseitigungsmaßnahme, die höchstwahrscheinlich bei der Bevölkerung auf den größten Widerstand trifft. Anhand der vorgestellten Verfahren ist zu erkennen, daß die Müllverbrennung bis zum heutigen Tage technisch noch nicht so zu gestalten ist, daß für die Umwelt Beeinträchtigungen durch Emissionen auszuschließen sind. Zur Emissionsminderung bei Abfallverbrennungsanlagen finden heute – einzeln oder kombiniert – eine dem Verbrennungsprozeß vorgeschaltete Aufbereitung der Abfälle, feuerungstechnische Maßnahmen oder Reinigungsverfahren für das Rauchgas statt.

Alle Verfahren der thermischen Abfallbehandlung hinterlassen feste Rückstände, die sich pro Tonne Hausmüll im Bereich von 250 - 450 kg bewegen; Filterstäube in der Größenordnung von ca. 30 - 70 kg und Abfälle aus der Gasreinigung von ca. 10 kg pro Tonne. Diese Rückstände müssen entsprechend einer weiteren Behand-

253 Vgl. BERGHOFF, R.: Entwicklungsstand und Umweltrelevanz der Pyrolyse von Abfällen; in: Entsorgungspraxis Spezial, Nr.10, 12/1989, S.3.

254 Vgl. KELDENICH, K.: Großtechnische Anwendung der DBA-Pyrolysetechnik; in: Abfallwirtschaftsjournal (3), Nr. 12, 1991, S.831.

255 Vgl. TABARASAN, O.: Abfallbeseitigung und Abfallwirtschaft, VDI-Verlag, Düsseldorf 1982, S.203.

lung unterzogen oder auch – wenn anders nicht möglich – deponiert werden.[256] Auch die direkten Auswirkungen wie Emissionen, mit Schwermetallen belastetes Abwasser aus der Rauchgasreinigung, Filterstäube und Reaktionsrückstände der Rauchgasreinigung, enthalten organische und anorganische Schadstoffe in konzentrierter Form, die eine Ablagerung auf Sondermülldeponien notwendig macht. Hieraus läßt sich ersehen, daß die technischen Möglichkeiten in diesem Bereich noch verbesserungswürdig sind.[257]

6.1.2 Deponieanlagen

Trotz aller Bemühungen um Abfallvermeidung und -verwertung werden immer auch Abfälle entstehen, die nicht verwertet werden können, sondern gegebenenfalls nach entsprechender Vorbehandlung deponiert werden müssen. Aus diesem Grunde ist die Abfalldeponie auch zukünftig ein wichtiger Teilbereich eines abfallwirtschaftlichen Gesamtkonzeptes. Die Deponierung stellt dabei das letzte Stadium des Umgangs mit Abfällen dar.[258]

6.1.2.1 Klassifizierung von Deponien

Deponien lassen sich durch ihre Formen, die durch den Standort und seine Topographie festgelegt sind, bzw. den Deponiebetrieb charakterisieren:[259]

- geschlossene Grubendeponie
- offene Grubendeponie
- Deponie am Hang
- Deponie im Taleinschnitt
- Haldendeponie

---

256 Vgl. Länderarbeitsgemeinschaft Abfall (LAGA): Merkblatt zur Verwertung von festen Verbrennungsrückständen aus Hausmüllverbrennungsanlagen, verabschiedet im September 1983.

257 Vgl. JONKE, B.; u.a.: Hausmüllverbrennung – ein umweltverträglicher Behandlungsschritt auf einem umweltentlastenden Entsorgungsweg; in: Müll und Abfall, 2/1989, S.49 ff.

258 Vgl. STEGMANN, R.: Weiterentwicklung der Deponietechnik – Empfehlungen für die Praxis und Ausblick; in: Stuttgarter Berichte zur Abfallwirtschaft, Band 29, Deponietechnik II, Erich Schmidt Verlag, Bielefeld 1988, S.375.

259 Vgl. WIEMER, K.: Deponietechnik in Deutschland, Jäger, B.; u.a. (Hrsg.), Aktuelle Deponietechnik, Abfallwirtschaft an der Technischen Universität Berlin, Band 5, Berlin 1980, S.2 ff.

Die Grundfläche der geschlossenen Grubendeponie liegt unter dem umliegenden Geländeniveau. Steile Böschungen, die schwierig abzudichten sind, Sickerwasser, das ständig von der Grubensohle gepumpt werden muß, und Deponiegas, das leicht unkontrolliert in die Seitenwände abweichen kann, sind die Nachteile dieser Deponieform. Bei der offenen Grubendeponie, die mindestens nach einer Seite hin geöffnet ist, kann die Entwässerung des Sickerwassers an dieser Stelle durch das natürliche Gefälle erfolgen.

Die Deponie am Hang oder im Taleinschnitt bedeutet eine relativ große Veränderung der Landschaftsform. Hinsichtlich Erschließung, Betriebes, Abdichtung und Zuverlässigkeit der Entwässerung haben diese Deponietypen jedoch große Vorteile gegenüber den Grubendeponien.

Die Haldendeponie ist oftmals aufgrund der topologischen und hydrologischen Verhältnisse die einzigmögliche Deponieform. Die gute Kontrolle der Deponiebasis, der entstehenden Gase, die sichere Betriebsführung und Langzeitkontrolle haben dazu geführt, daß die Haldendeponie sich verstärkt durchgesetzt hat.[260]

Deponieformen können auch nach der Form der Einbautechnik und den abzulagernden Abfallqualitäten eingeteilt werden. In der Literatur werden genannt:

- Verdichtungsdeponie
- Rottendeponie
- Ballendeponie
- Inert- und Monodeponie
- Sonderabfalldeponie (wird hier nicht weiter betrachtet)[261]

Bei der Verdichtungsdeponie werden unbehandelte Sied-lungsabfälle in Schichten von ca. 1,4 bis 2 m aufgebracht und mit Hilfe von Kompaktoren verdichtet. Bei der Rotten- oder Ballendeponie ist eine gewisse Vorbehandlung der Abfälle notwendig. Nach der Zerkleinerung und vorübergehenden losen Lagerung von 4 bis 6 Wochen werden die Abfälle verdichtet. Die Inert- und Monodeponien sind durch die Qualität der Abfälle charakterisiert. Auf Inertdeponien werden vorbehandelte Abfälle entsorgt, die keine oder nur geringe mobile Schadstoffe enthalten. Auf Monodeponien wird jeweils nur eine einzige Abfallart abgelagert.

---

260 Vgl. BILETEWSKI, B.; u.a.: Abfallwirtschaft – Eine Einführung, Springer Verlag, Berlin 1990, S.93.

261 Vgl. BILETEWSKI, B.; u.a.: Abfallwirtschaft - Eine Einführung, Springer Verlag, Berlin 1990, S.95.

Um dem Stand der Deponietechnik für Hausmüll oder Siedlungsabfällen gerecht zu werden, sind eine Reihe von Forderungen zu erfüllen und einzuhalten. Diese werden in der Literatur unter dem Begriff "Multibarrierekonzept" zusammengefaßt. Als Barrieren werden dabei bezeichnet:[262]

- Deponiestandort
- Basisabdichtungssystem
- Deponiekörper
- Deponiebetrieb
- Oberflächenabdichtungssystem
- Kontrolle und Überwachung des Deponiebetriebs
- Rekultivierung und laufende Nachkontrollen

6.1.2.2 Deponiestandort

Die Frage nach einem geeigneten Standort für eine Abfalldeponie ist von einer Vielzahl von Voraussetzungen abhängig. Die Kommunen, die vom Bund gesetzlich dazu verpflichtet sind, die Abfallentsorgung in ihren Bereichen sicherzustellen, müssen diese Entscheidung über den Bedarf einer Deponie fällen.

Hierbei ist die Gemeinde an die raumordnungs-, planungs- und baurechtlichen Vorschriften gebunden. Hierunter ist unter anderem die Ausweisung von geeigneten Flächen für Abfallentsorgungsanlagen sowie die weitestmögliche Erhaltung und Integration einer Anlage in das vorhandene Landschaftsbild zu verstehen.[263]

Auch Fragen über Kapazitäten, Erweiterungskapzitäten, Nutzungsdauer und Einzuggebiete sind – möglichst in Abstimmung mit benachbarten und angrenzenden Kommunen – im Rahmen der Standortanalyse zu klären.

262 Vgl. STIEF, K.: Tendenzen in der Deponietechnik – Fazit der gegenwärtigen Situation, in: Stuttgarter Berichte zur Abfallwirtschaft Band 22: Altlastensanierung und zeitgemäße Deponietechnik, Erich Schmidt Verlag, Bielefeld 1986, S.143 ff.

263 Vgl. BUDDE, B.: Umweltverträglichkeitsprüfung von Deponiestandorten mit vereinfachten ökologisch orientierten Bewertungsmethoden; in: Müll und Abfall, 13. Jahrgang, Heft 4/1981, S.93 ff.

6.1.2.3 Basisabdichtungssystem

An die Beschaffenheit der Basisabdichtung einer Deponieanlage werden hohe Anforderungen gestellt:[264]

- Beständigkeit gegen Sickerwasserinhaltstoffe
- Beständigkeit gegen Deponieauflast und Setzungen
- Beständigkeit gegen chemische, biologische und physikalische Beanspruchungen
- Dichtigkeit gegenüber Sickerwasser
- hohe Lebensdauer
- Kontrollierbarkeit und Reparierbarkeit

Als Stand der Technik für das Basisabdichtungssystem von Hausmülldeponien hat sich in der Bundesrepublik Deutschland eine Kombinationsdichtung durchgesetzt. Diese setzt sich

1) aus einer mineralischen Dichtungsschicht (von mind. 0,60 m Stärke) und
2) aus einer darauf aufbauenden, aus Kunststoffdichtungsbahnen bestehenden Schicht zusammen.[265]

Über dieser Schicht befindet sich ein Dränagesystem, über welches in den Deponiekörper eingedrungenes Wasser abgeleitet wird. Darauf befindet sich nochmals eine Schicht aus Kunststoffdichtungsbahnen, die den Abschluß zum eigentlichen Deponiekörper, den abgelagerten Abfällen selbst, bildet. Zum Schutz der Dichtungsbahnen durch punktuelle Belastungen aus dem Abfall oder dem Flächendrainagesystem ist zwischen der mineralischen (natürliche Schicht) und den Kunststoffbahnen (künstliche Schicht) eine Schicht, bestehend aus Schaffel oder Sand, einzubauen.

6.1.2.4 Deponiekörper

Der Deponiekörper ist der Teil des Gesamtsystems Deponie, der die größten Probleme aufwirft. Wie weiter oben erwähnt, können die Abfallstoffe, die in einer Hausmülldeponie abgelagert werden, recht unterschiedlicher Natur sein.

---

264 Vgl. HORN, A.: Deponiebasisabdichtungen – Anmerkungen zum Entwicklungsstand und zur Standardisierung, in: Stuttgarter Berichte zur Abfallwirtschaft, Band 38: Zeitgemäße Deponietechnik IV, Erich Schmidt Verlag, Bielefeld 1990, S.115 ff.

265 Vgl. BOTHMANN, P.: Anpassung an den Stand der Deponieerweiterungen; in: Stuttgarter Berichte zur Abfallwirtschaft, Band 38, Zeitgemäße Deponietechnik II, Erich Schmidt Verlag, Bielefeld 1988, S.115 ff.

Um mögliche Gefahren, die sich aus dem Deponiekörper ergeben, minimieren zu können, muß die Deponie mit einem Entwässerungs- und einem Entgasungssystem ausgestattet sein.[266] Probleme, die sich aus dem zeitlichen Verlauf der Setzungen des Deponiekörpers ergeben können, müssen laufend beobachtet, kontrolliert und analysiert werden.

Die Deponieentwässerung basiert auf einem zweistufigen System, das ein kontrollierbares und ein spülbares Rohrsystem umfaßt. Das kontrollierbare System besteht aus einer geradlinig verlaufenden Rohrdrainage mit großem Durchmesser (> 250 mm), das über horizontal begehbare Holzschächte überwacht werden kann.[267]

Das spülbare System ist als Flächendrainage ausgebaut und kann mittels Hochdruckspülung kontrolliert und gewartet werden. Bei beiden Entwässerungssystemen ist zu beachten, daß das eingebaute Material dauerhaft beständig gegen chemische und biologische Einflüsse gestaltet ist. Der Eintritt von Wasser in den Deponiekörper ist nach Umständen zu vermeiden. Schichtenwasser und infiltrierendes Niederschlagswasser ist über die Flächendrainage abzuführen. Aus dem Deponiekörper austretendes Sickerwasser ist einer besonderen Behandlung zu unterziehen. Als Reinigungssysteme für das schadstoffbelastete Sickerwasser sind deponieeigene biologisch-chemische Anlagen vorzusehen, die auf das anfallende Sickerwasser qualitativ und quantitativ ausgelegt sind.

Das zweite große Problem bei dem Betrieb von Deponien ist mit dem Begriff Deponieentgasung zu umschreiben. Deponiegase entstehen, wenn sich unter bestimmten Voraussetzungen organische Siedlungsabfälle biologisch-chemisch zersetzen. Sie werden auch als Biogase bzw. Sumpf- oder Faulgase bezeichnet.[268]

---

266 In Anlehnung an KAYSER, R.; u.a.: Ermittlung der Konzentration organischer und anorganischer Inhaltsstoffe von Sickerwasser aus Mülldeponien und dessen biochemische Abbaubarkeit, in: DFG Forschungsbericht, Institut für Städtebauwesen, Technische Universität Braunschweig, Braunschweig 1977.

267 Vgl. BOTHMANN, P.: Anpassungen an den Stand der Deponieerweiterungen, in: Stuttgarter Berichte zur Abfallwirtschaft, Band 29: Zeitgemäße Deponietechnik II, Erich Schmidt Verlag, Bielefeld 1988, S.214 ff.

268 In Anlehnung an WINTER, K.: Sicherheitstechnische Kriterien bei baulichen Errichtungen auf Deponien hinsichtlich der Gefährdung durch Gase, Forschungsvorhaben Abfallwirtschaft 10302103, in: Materialien des Umweltbundesamtes 1/1980, Erich Schmidt Verlag, Berlin 1980.

Hauptbestandteile sind im wesentlichen:[269]

- Methan (CH_4) ca. 55 - 60 %
- Kohlendioxid (CO_2) ca. 40 - 45 %
- Spurenelemente, z.B. Wasserdampf (H_2O)
- Stoffwechselprodukte des mikrobiellen Abbaus, z.B.:
  * Schwefelwasserstoff (H_2S)
  * Ammoniak (NH_3)

Insbesondere bei großen und hochverdichteten Hausmülldeponien mit einem relativ hohen Anteil an organischen Abfällen sind unzulässig hohe Emissionen an Deponiegas zu befürchten.

Gefahren und Beeinträchtigungen, die vom Deponiegas ausgehen können, sind im geringsten Fall unangenehme Gerüche. Bei unkontrolliertem Austritt von Deponiegas aus dem Deponiekörper kann es zu Entzündungen (Feuergefahr) oder auch zu Explosionen kommen. Für Menschen kann eine unbeabsichtige Konfrontation mit Deponiegas zu Vergiftungen oder gar Erstickungen führen.[270]

Mit entsprechenden Gasableitungstechniken lassen sich die Gase erfassen und gezielt beseitigen, so daß die genannten Gefahren weitestgehend vermieden werden. Im Gegensatz zum Betrieb früherer Deponien ist die Deponiegasbehandlung eine zwingend notwendige Maßnahme, um Emissionen aus dem Deponiekörper zu unterbinden. Nach dem gegenwärtigen Stand der Deponiegasnutzung lassen sich folgende Gasbehandlungsmöglichkeiten aufzeigen:[271]

1) Abgabe des Gases an die Atmosphäre nach Entfernung der Geruchsstoffe
2) Abfackeln
3) Muffelverbrennung mit/ohne Wärmenutzung
4) Gasbrenner mit Wärmenutzung
5) Verbrennung in Gasmotoren mit Energienutzung

---

269 Vgl. BARDTKE, D.; u.a.: Biologische Verfahren der Deponiegasreinigung, in: Stuttgarter Berichte zur Abfallwirtschaft, Band 22: Altlastensanierung und zeitgemäße Deponietechnik, Erich Schmidt Verlag, Bielefeld 1986, S.237 ff.

270 In Anlehnung an FRANZISKUS, V.: Gefährdung durch Deponiegas, in: Müll-Handbuch, Kennziffer 4589, 62. Lfg. IX/81, Erich Schmidt Verlag, Berlin 1981.

271 Vgl. ROSENBUSCH, K.: Anforderungen an die Nutzung von Deponiegas – Vorstellung neuer Projekte, in: Stuttgarter Berichte zur Abfallwirtschaft, Band 35, Zeitgemäße Deponietechnik II, Erich Schmidt Verlag, Bielefeld 1989, S.216 ff.

6) Einspeisung in das öffentliche Gasnetz
7) Deponiegas als Treibstoff für Deponiefahrzeuge

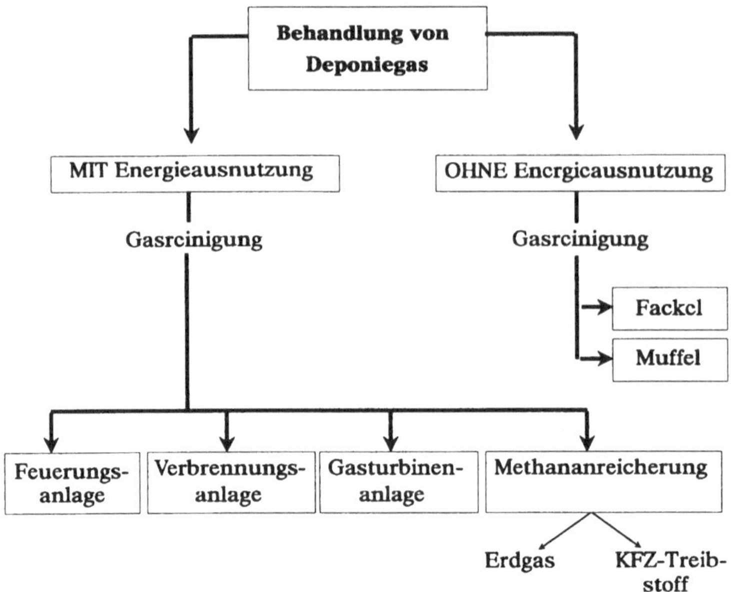

Abbildung 79. Nutzung und Behandlung von Deponiegas[272].

Bei den meisten Verwendungsmethoden ist eine Reinigung des Gases im Rahmen einer Vorbehandlung notwendig. Speziell bei der Einspeisung in das öffentliche Gasnetz sind hohe Qualitätsanforderungen zu erfüllen, die eine umfassende Deponiegasbehandlung erforderlich machen.[273]

6.1.2.5 Deponiebetrieb

Bei dem Betrieb einer Mülldeponie ist darauf zu achten, daß nur die Abfallstoffe deponiert werden, für die die Deponie auch konzipiert wurde. Eine Kontrolle der

272 Vgl ROSENBUSCH, K.: Anforderungen an die Nutzung von Deponiegas – Vorstellung neuer Projekte, Stuttgarter Berichte zur Abfallwirtschaft, Deponietechnik III, S.216.

273 Vgl. RAUTENBACH, R.; u.a.: Verfahren zur Nutzung von Deponiegas, in: Abfallwirtschaftsjounal (4), Nr. 1, 1992, S.30 f.

angelieferten Abfälle ist unbedingt notwendig. Problemabfälle, z.B. Altöl, Batterien, Leuchtstoffröhren, usw. müssen herausgefiltert und speziell entsorgt werden. Für Privatanlieferer kann dies im Eingangsbereich durch Container und Auffangbehälter geschehen.[274]

Die Abfallstoffe, die auf einer Hausmülldeponie abgelagert werden, lassen sich oftmals in erheblichem Maße zerkleinern und durch einen Kompaktor homogenisieren. Hierdurch wird ein höherer Verdichtungsgrad und eine homogenere Deponie erreicht.

Die Verfüllung eines Deponiegeländes muß in Teilschritten vonstatten gehen. Es ist darauf zu achten, daß ein großflächiger Einbau der Abfälle in möglichst dünnen Schichten gewährleistet wird. Hierdurch soll ein Teil der biologisch leicht abbaubaren Stoffe sofort reagieren können und eine gleichmäßigere Durchfeuchtung des Mülls erreicht werden.

Mit Setzungen des Deponiekörpers ist nach einiger Zeit zu rechnen. Diese Setzungen müssen in die Gesamtbetrachtung mit eingerechnet werden, damit die entsprechenden Sicherheitsvorkehrungen (Basisabdichtung, Entwässerungs- und Oberflächenabdichtungssystem) dahingehend ausgelegt werden. Mit der abschließenden Oberflächenabdichtung und der anschließenden Rekultivierung sollte erst begonnen werden, wenn sich der Deponiekörper abgesetzt hat.

Weitere allgemeine Voraussetzungen sind noch für einen einwandfreien Deponiebetrieb sicherzustellen. Dazu gehören im Eingangsbereich die Aufstellung einer modernen LKW-Waage, der Bau einer Halle für das Abstellen und die Wartung der deponietechnischen Geräte sowie eine Abrollstrecke zur Reifenreinigung. Unter Umständen kann sogar eine Reifenwaschanlage erforderlich sein.[275]

6.1.2.6 *Oberflächenabdichtungssystem*

Nach Verfüllung eines Deponiefeldes wird zur Minimierung des Papierflugs und zur Verbesserung der Rekultivierbarkeit eine obere Abdeckung aus Bodenaushub

274 In Anlehnung an Länderarbeitsgemeinschaft Abfall (LAGA): Die geordnete Ablagerung von Abfällen (Deponie-Merkblatt), Stand 1. September 1979.

275 Vgl. ZIPFEL, K.: Umweltverträglichkeit von Deponien, in: Stuttgarter Berichte zur Abfallwirtschaft, Band 35: Zeitgemäße Deponietechnik III, Erich Schmidt Verlag, Bielefeld 1989, S.76 ff und
ANTING, D.: Genehmigungs- und Kontrollverfahren für Sonderabfälle am Beispiel der Zentraldeponie Emscherbruch, in: Müll und Abfall, 7. Jg., 1/1975, S.14 ff.

oder feinerem Bauschutt hergestellt. Dadurch werden die Deponieemissionen Sickerwasser und Deponiegas nur unwesentlich vermindert.

Erst durch eine obere Abdichtung wird ein wirksamer Schutz erreicht. Oberflächenabdichtungssysteme sind als unverzichtbares Element einer jeden Deponieanlage anzusehen. Da durch das Oberflächenabdichtungssystem ein Eindringen von Substanzen in und ein Austreten aus dem Deponiekörper verhindert werden soll, werden an diese Systeme hohe Anforderungen gestellt:[276]

- Oberflächenwasserzutritt zum Deponiekörper muß durch Ableiten und Speichern des Oberflächenwassers vermieden werden;
- diffuse Gasaustritte sind zu verhindern;
- das Dichtungssystem muß eine ausreichend hohe Methankonzentration gewährleisten, um bei möglichen Explosionen genügend Gas ableiten zu können;
- die Oberflächendichtung muß gegen Setzungen unempfindlich sein;
- Stand-, Erosions- und Frostsicherheit sowie Austrocknungsunempfindlichkeit müssen gewährleistet sein;
- eine Rekultivierung muß möglich sein;
- das System muß kontrollierbar, reparierbar und/oder erneuerbar sein.

Auch eine Unempfindlichkeit gegenüber der auf die obere Abdichtung wirkende biologische (z.B. mikrobieller Abbau, Durchwurzelung), physikalische (z.B. Temperatur, UV-Strahlung, mechanische Kräfte) und chemische Beanspruchung (z.B. aus Deponiegas oder Gaskondensat) muß unbedingt gewährleistet sein.

Ähnlich wie bei der Basisabdichtung bietet sich auch hier die Möglichkeit einer ausschließlich mineralischen Dichtung oder eine Kombination mit Kunststoffdichtungsbahnen an. Da eine mineralische Dichtung nicht gasdicht ist, wird auch im Bereich der Oberflächenabdichtung zunehmend eine Kombinationsdichtung eingesetzt. Dieses Kombinationssystem kann sich z.B. aus einer[277]

- Vegetationsschicht,
- vegetationsfähigen Schicht (d.h. Oberboden),

---

276 Vgl. STIEF, K.: Sind Oberflächenabdichtungen bei Hausmülldeponien notwendig ?, in: Stuttgarter Berichte zur Abfallwirtschaft, Band 29: Zeitgemäße Deponietechnik II, Erich Schmidt Verlag, Bielefeld 1988, S.11 ff.

277 Vgl. STIEF, K.: Sind Oberflächenabdichtungen bei Hausmülldeponien notwendig ?, in: Stuttgarter Berichte zur Abfallwirtschaft, Band 29: Zeitgemäße Deponietechnik II, Erich Schmidt Verlag, Bielefeld 1988, S.19.

- Entwässerungsschicht (sog. Dränschicht),
- Dichtungsschicht (z.B. Kunststoffbahnen),
- Entgasungsschicht (= kontrolliertes Ableiten von Gas),
- Planum (d.h. eingeebnete Untergrundfläche)

zusammensetzen.

Bevor das Oberflächenabdichtungssystem endgültig über dem verfüllten Bereich der Deponie angebracht wird, ist es erforderlich, die Hausmülldeponie im Rahmen des Deponiebetriebes, soweit wie möglich, zu stabilisieren. Das bedeutet in diesem Zusammenhang, den Abbau organischer Abfälle soweit wie möglich ablaufen zu lassen. Auch ungesteuerte chemisch-physikalische Reaktionen sollten aktiviert werden, um sie noch unter der Kontrolle des Deponiebetriebes abklingen zu lassen. Die Verdichtung der Abfälle muß maximiert werden, so daß langfristig die Setzungen und Sackungen des Deponiekörpers minimale Werte annimmt.[278]

6.1.2.7 Kontrolle und Überwachung des Deponieverhaltens

Die Tatsache, daß Abfälle in Deponien auf Dauer, ("für die Ewigkeit"), abgelagert werden, bereitet dann Probleme, wenn langfristige Auswirkungen durch technische Maßnahmen zu kontrollieren sind. Die zeitliche Dimension einer Deponie ist zu analysieren, wobei Stoffe wie Kohlenstoff, Kupfer oder Schwefel nach Schätzungen über Hunderte von Jahren aus Deponien emittieren werden.[279]

Hieraus leitet sich die Frage nach der Langzeitbeständigkeit der verwendeten Werkstoffe, in Abhängigkeit von der Resistenz gegen chemische und biologische oder auch mechanische "Zersetzung", ab. Da kein Material oder keine technische Einrichtung diesem Kriterium der Kontrolle/Überwachung über einen solch langen Zeitraum gerecht wird, müssen diese Komponenten ständig kontrolliert und bei Bedarf repariert werden.

Potentielle Gefahren von Hausmülldeponien hängen ganz wesentlich davon ab, was als Hausmüll abgelagert wird. Der Deponiebetreiber muß dafür sorgen, daß die Deponie für die Nachbarschaft akzeptabel betrieben wird. Er muß alle Maßnahmen ergreifen, damit das Deponieverhalten ständig kontrolliert werden kann und somit

---

278 Vgl TABARASAN, O.: Abfallbeseitigung und Abfallwirtschaft, VDI-Verlag, Düsseldorf 1982, S.140.

279 Vgl. STIEF, K.: Tendenzen in der Deponietechnik – Fazit der gegenwärtigen Situation; in: Stuttgarter Berichte zur Abfallwirtschaft, Band 22: Altlastensanierung und zeitgemäße Deponietechnik, Erich Schmidt Verlag, Bielefeld 1986, S.144 ff.

Nachbarschaftsbeeinträchtigungen vermieden werden. Die Verfüllung einer Deponie ist nur der Anfang. Entscheidend für die Umwelt und das Umfeld der Deponie ist es, daß es gelingt, die Auswirkungen so gering zu halten, daß Veränderungen charakteristischer Parameter nur im Laufe langer Zeiträume meßbar sind. Auf jeden Fall muß die plötzliche, schlagartige Freisetzung von Schadstoffen in hohen Konzentrationen unmöglich sein.[280]

6.1.2.8 Rekultivierung und laufende Nachkontrollen

Die Rekultivierung und laufende Kontrolle nach der Beendigung des Verfüllens einer Deponieanlage birgt aus betriebswirtschaftlicher Sicht ein erhebliches Problem. Wie gesehen, werden Abfälle auf einer Deponie endgelagert. Diese Endlagerung muß geordnet und kontrolliert geschehen.

Eine ständige Überprüfung und Analyse der Abdichtungssysteme, der Sickerwassermengen und -zusammensetzungen, der abgesaugten Gasmengen und deren Zusammensetzungen sowie eine konsequente Grundwasserbeobachtung ist eine unabdingbare Folge der Deponierung. Die Sicherheit einer Deponie auf Dauer muß durch eine effiziente Nachsorge gewährleistet werden.

Eventuell anfallende Reparaturen, Personal- und Materialeinsatz, Analysen und Auswertungen müssen schon in der Planungsphase einer Deponie kalkuliert werden. Das Problem liegt in der "endlosen Nutzungsdauer" dieser Anlagen. Kosten müssen für einen nicht kalkulierbaren Zeitraum geschätzt und in einem nächsten Schritt dementsprechend angesetzt werden. Da im Grunde nicht abzusehen ist, welche Kosten (z.B. Reparatur) letztendlich anfallen, ist dies ein betriebswirtschaftliches Problem, das nicht unterschätzt werden darf.[281]

Die Rekultivierung im engeren Sinne verfolgt das Ziel, eine verfüllte Deponieanlage durch Bepflanzung und Begrünung in das Landschaftsbild zu reintegrieren.

6.1.2.9 Belästigungen während des Deponiebetriebs

Die Akzeptanz einer Mülldeponie leidet erheblich unter einer Vielzahl von Beeinträchtigungen, die sich durch eine Deponie einstellen können. Diese Beeinträchti-

280 Vgl. STEGMANN, R.: Weiterentwicklung der Deponietechnik – Empfehlungen für die Praxis und Ausblick; in: Stuttgarter Berichte zur Abfallwirtschaft, Band 29, Deponietechnik II, Erich Schmidt Verlag, Bielefeld 1988, S.382.

281 Vgl. FRANKE, K.-J.: Betriebsaufzeichnungen als Steuerungsinstrument für Deponiebetreiber; in: Umweltbundesamt (Hrsg.), Fortschritte der Deponietechnik 1981, Berlin 1981.

gungen sind unter anderem im Deponie – Merkblatt der Länderarbeitsgemeinschaft Abfall (LAGA)[282] aus dem Jahre 1979 spezifiziert.

Ablagerung von Schadstoffen wirkt sich prinzipiell auf die "Naturbereiche" Boden, Wasser, Luft, Vegetation und Gesamtlandschaft aus. Die Auflagen, die mit der Errichtung und dem Betrieb einer Deponie verbunden sein können, müssen so kalkuliert sein, daß die Beeinträchtigung der oben aufgeführten Bereiche minimal werden. Es müssen pro Zeiteinheit mehr Stoffe auf einer Deponie abgelagert oder eingebaut werden, als in gleicher Zeit aus dieser Deponie wieder emittieren können.

Als erste Schutzmaßnahme für die Nachbarschaft von Deponien kann ein großer "Sicherheitsabstand" zu den nächstgelegenen Wohngebieten sein. Der Betriebsplan der Deponie, der Anweisungen zum

- Einbau der Abfälle,
- Deponiebereich allgemein,
- Abdecken der Abfälle,
- Bekämpfung von Bränden und Unfällen,
- Sickerwassererfassung und -behandlung,
- Gaserfassung und -verwertung sowie zur
- Ungeziefervermeidung enthält,

ist vom Betreiber, Bewirtschafter oder auch Benutzer einer Mülldeponie strengstens einzuhalten. Laufende Kontrollen – seitens der zuständigen Überwachungsbehörden – finden in regelmäßigen Abständen statt. Die zuvor klassifizierten unterschiedlichen Arten und Formen einer möglichen Belästigung oder Beeinträchtigung des Lebensumfeldes einer Mülldeponie werden an dieser Stelle näher vorgestellt.[283]

1) Weithin sichtbares Zeichen von Hausmülldeponien sind Staub- und Papierverwehungen.[284] Diese treten hauptsächlich an der Abkippkante auf. Durch ungün-

282 Vgl. Länderarbeitsgemeinschaft Abfall (LAGA): Die geordnete Ablagerung von Abfällen (Deponie-Merkblatt), Stand 1. September 1979.

283 Vgl. SCHENK, W.; u.a.: Entsorgung 2000 – Leitfaden für Kommunen, Wirtschaft und Politik, Bonner Energiereport, Bonn 1988, S.144.

284 Vgl. STIEF, K.: Tendenzen in der Deponietechnik – Fazit der gegenwärtigen Situation; in: Stuttgarter Berichte zur Abfallwirtschaft, Band 22: Altlastensanierung und zeitgemäße Deponietechnik, Erich Schmidt Verlag, Bielefeld 1986, S.144 ff.

stige Winde können leichte Papierfraktionen so in die nähere Umgebung befördert werden. Sie sind als gewisse Beeinträchtigung zu verstehen, lassen sich jedoch relativ einfach beseitigen und eingrenzen. Schutzbepflanzungen, Fangzäune, der schnelle Einbau und die sachgemäße Abdeckung der verfüllten Deponiebereiche sowie Zwischenabdeckungen können mögliche Papier- und Staubverwehungen verhindern oder zumindest doch reduzieren. Die Kosten für Maßnahmen dieser Art sind im Gegensatz zu anderen umweltrelevanten Maßnahmen vergleichsweise gering.

Speziell Staubemissionen können durch eine Reduzierung des Fahrbetriebes auf dem Deponiegelände eingeschränkt werden. Dies könnte in der täglichen Praxis durch das Umladen des Abfalls in Großcontainer im Eingangsbereich der Deponie erreicht werden.

2) Sickerwasser kann aufgrund von Auslaugungsvorgängen mit hohen Schadstoffanteilen belastet sein. Ein Eindringen dieses kontaminierten Wassers in das Grundwasser ist zu vermeiden. Die Folgen für den Menschen und den gesamten Naturhaushalt sind nicht überschaubar.[285]

3) Deponiegas ist aufgrund seiner Zusammensetzung ein für den Menschen und die Umwelt gefährliches Gasgemisch. Explosionen, Vergiftungen und Erstickungserscheinungen sollen an dieser Stelle die Notwendigkeit einer technischen Deponiegasbehandlung unterstreichen.[286]

4) Geruchsemissionen stellen sich, als eine Form der Umweltbeeinträchtigung, als am nachhaltigsten heraus. Der Grund hierfür liegt in der Tatsache, daß diese Gerüche meist direkt als Immissionen in der mittelbaren Nachbarschaft von Deponien wahrgenommen werden können. Für die Geruchsbelästigung von Deponieanlagen sind unterschiedliche Geruchsquellen verantwortlich:[287]

   - im Abfall befindliche Gase, die bei dem Abkippen oder auch Verdichten der Abfälle freigesetzt werden,

285 Vgl. RUDOLPH, K.-U.: Stand der Technik, Kosten und Ausblick bei der Sickerwasserreinigung; in: Stuttgarter Berichte zur Abfallwirtschaft, Band 29, Zeitgemäße Deponietechnik II, Erich Schmidt Verlag, Berlin 1988, S.118.

286 Vgl. RETTENSBERGER, G.: Grundlagen der Entsorgungstechnik und Stand der Deponiegasverwertung, in: Thomé-Kozmiensky, K.-J. (Hrsg.), Deponie – Ablagerung von Abfällen, EF-Verlag, Berlin 1987, S.619.

287 Vgl. BILITEWSKU, B.; u.a.: Abfallwirtschaft – Eine Einführung, Springer Verlag, Berlin 1990, S.154.

- Gase aus der aeroben Umsetzung organischer Stoffe, d.h. die durch Rotteprozesse freigesetzt werden,
- Gase aus anaeroben Abbauprozessen, besonders Mercaptane, Amine, Ammoniak oder auch Schwefelwasserstoff. Diese Stoffe sind als wesentliche Quellen für Geruchsemissionen anzusehen und auch
- Geruchsemissionen, die sich aus der unsachgemäßen Deponiegas- und auch Sickerwasserbehandlung ergeben können.

Um möglichen Geruchsbelästigungen vorzubauen, ist unter Berücksichtigung der vorherrschenden Windrichtung ein möglichst großer Abstand zu Wohngebieten anzustreben.

5) Lärmemissionen enstehen erstens durch den Anlieferverkehr auf den Zufahrtsstraßen zum Deponiegelände, zweitens durch den Fahrzeugverkehr auf dem Deponiegelände und drittens durch den eigentlichen Deponiebetrieb, der z.B. durch den Abkippvorgang an der Einbaufläche oder den Einbau der Abfälle durch Kompaktoren umschrieben werden kann.[288] Abhilfe können hier ein entsprechender Zustand der Zufahrtsstraßen, geräuschgekapselte Einbaugeräte sowie bepflanzte Randwälle schaffen.

Tabelle 53: Geräuschentwicklung auf Deponien[289]

	Geräuschquelle	Schalleistung in dB (A)
Mülldeponie 500 t/d	1 Kompaktor 1 Planierraupe 100 Anlieferfahrzeuge	116 113 105
Bauschuttdeponie 1000 t/d	1 Kettenlader 1 Planierraupe 100 LKW	114 113 107
	Gesamt	117

Weiterhin ist es möglich, durch eine Begrenzung der Entleerungszeiten sowie durch gewisse Mindestabfallmengen, die angeliefert werden müssen, die Lärmbelastungen durch Anlieferer zu reduzieren. Schutzabstände zu Wohnge-

288 Vgl. WIEMER, K.: Grundlagen zur Abdichtung und Kapselung von Deponie; in: Thomé-Kozminesky, K.-J. (Hrsg.), Deponie-Ablagerung von Abfällen, EF-Verlag, Berlin 1987, S.394 ff.

289 Vgl. BILETEWSKI, B.; u.a.: Abfallwirtschaft – Eine Einführung, Springer Verlag, Berlin 1990, S.155.

bieten sind einzuhalten, damit der zulässige Geräuschpegel für Wohngebiete nicht überschritten wird. Tabelle 53 untermauert den oben aufgeführten Sachverhalt eindrucksvoll. Hier sind die Schalleistungspegel auf Deponien in Abhängigkeit von der Geräuschquelle aufgeführt.

6) Im Umfeld von Mülldeponien wird immer wieder – und das nicht ganz zu Unrecht – ein erhöhtes Ungezieferaufkommen befürchtet. Das gilt in besonderem Maße für das Auftreten von Wanderratten sowie für das massenhafte Auftreten von Stechmücken, Schaben und Heimchen. Auch die Beschädigung von Bodenabdichtungen aus Kunststoffen durch die Nagetätigkeiten von Ratten – mehr noch von Wühlmäusen – wird in der Literatur beschrieben.[290]

Zu in Einzelfällen starken Belästigungen kann auch die Besiedlung von Deponien durch Vögel besonders durch Möwen, Spatzen, Tauben und Krähen führen. Die Belästigungen stellen sich im wesentlichen durch das arteigene Geräusch als Lärmbelästigungen dar. Abschreckende Maßnahmen, wie Schreckschüsse, Beschallen mit Ultraschall, Vogelscheuchen oder Warnrufen vom Tonband zeigen nur eine vorübergehende Wirkung gegenüber einem Massenbefall durch Vögel, da diese sich schnell an die "neuen" Geräusche gewöhnen. Auch der Einsatz von fahrbahren Netzkäfigen über dem Abkippbereich hat sich in der Praxis wenig bewährt. Als wirksame Maßnahmen gegen Plagen dieser Art sind zu nennen:[291]

- tägliche Abdeckung der Abfälle. Hierdurch wird das Nahrungsangebot für Vögel reduziert;
- Abdecken von Sammelcontainern;
- regelmäßige Verdichtung der Teilabschnitte bewirkt eine Reduzierung des Nagetieraufkommens (Ratten und Mäuse). Somit werden auch keine Greifvögel angelockt:
- Einbau von verrottetem Abfall, der von Vögeln und Nagern gemieden wird;

Wenn die eingeleiteten Maßnahmen nur eine vorübergehende Wirkung haben, bringt ein gezielter Abschuß den besten Erfolg. Hierbei sind jedoch die jagdrechtlichen Vorschriften zu beachten.

290 In Anlehnung an RUMBERG, E.: Untersuchungen über das Verhalten von Abdichtfolien gegen Nagetiere, Forschungsbericht 10203401 Wasserwirtschaft, BMI 1982.

291 Vgl. BILETEWSKI, B.; u.a.: Abfallwirtschaft – Eine Einführung, Springer Verlag, Berlin 1990, S.156.

Auch Schäden in der Landwirtschaft durch Fraßschäden bei Massenbefall und hygienische Bedenken durch die Verschmutzung von Gras, Heu und die mögliche Übertragung von Infektionskrankheiten sind in diesem Zusammenhang ernst zu nehmen.

7) Das Auftreten von Bränden kann bei einem sorgfältigen Abfalleinbau fast vollständig ausgeschlossen werden. Sollten dennoch Schwelbrände im Inneren des Deponiekörpers auftreten, können diese relativ leicht durch Abdecken mit Inertmaterial erstickt werden. Vorbeugend kann durch eine möglichst hohe Verdichtung und ständige Befeuchtung des Abfalls der potentiellen Gefahr von Bränden Rechnung getragen werden.

   Neben den aufgezeigten Emissionen sind noch eine Reihe von Beeinträchtigungen möglich, die jedoch recht schwer zu quantifizieren sind. Landschaftliche Veränderungen durch eine Deponieanlage, die notwendige Gesamtintegration in das Landschaftsbild und die Beeinträchtigung durch Sichtbeziehungen sollen an dieser Stelle für den gesamten Komplex der nicht quantifizierbaren Faktoren genannt werden.

6.2 Kriterien der Standortwahl

6.2.1 Standortanalyse

Die Ausweisung von Standorten für Entsorgungsanlagen stellt im abfallwirtschaftlichen Gesamtrahmen ein erhebliches Problem dar. Wohl jede Standortausweisung führt in irgendeiner Form zu Protesten seitens betroffener Bürger oder Anwohner und möglicherweise zu langwierigen rechtlichen Verfahren. Politiker, die letztendlich die Entscheidung über Standorte herbeiführen müssen, können nur mit geringer Zustimmung in der Öffentlichkeit rechnen.

So werden Abfallbehandlungsanlagen allgemein nicht als umweltfreundliche Einrichtungen angesehen, sondern allenfalls als Notwendigkeit zur Beseitigung oder Verwertung von Abfallstoffen, die von der Gesellschaft produziert werden.

Die Akzeptanz von Standorten für Abfallentsorgungsanlagen ist keine reine Standortfrage, sie ist immer in Verbindung mit der gewählten oder auch benötigten Entsorgungsmethode zu sehen.[292] So verfügen thermische Behandlungsanlagen über eine geringe Akzeptanz. Auch Deponien werden in der Bevölkerung ebensowenig

292 Vgl. NEUSCHWINGER, B.; u.a.: Abfallbehandlung und Abfallbeseitigung: Bürgerakzeptanz durch intensivere Kommunikation, in: Entsorgungspraxis Spezial, No. 3, 9/90, S.3 f.

angenommen. Größere Akzeptanz ist bei dem Bau von Kompostierungs- und Aufbereitungsanlagen sowie Umladestationen zu verzeichnen. Der Widerstand richtet sich oftmals nicht nur gegen die Standortausweisung, sondern in erster Linie gegen das gewählte Entsorgungsverfahren.

Bevor jedoch eine Abfallentsorgungsanlage geplant wird, muß von der Seite der Körperschaft ein detaillierter Bedarfsnachweis unter Berücksichtigung aller Maßnahmen zur Vermeidung und Verwertung von Abfällen begründet werden. Menge, Zusammensetzung und Entwicklung des zu behandelnden oder deponierenden Restmülls sind zu ermitteln.

Auch die Frage des jeweiligen Einzugbereiches einer Entsorgungsanlage nimmt in diesem Kontext eine entscheidende Rolle ein. So müssen die betroffenen entsorgungspflichtigen Gebietskörperschaften Konzepte oder Methoden erarbeiten, um zum Wohle aller Beteiligten eine solche Anlage zu betreiben.[293] Umfassende Planungen, die gebiets- und kompetenzübergreifend ausgelegt sind, müssen angestrebt werden, um das Abfallproblem auch ökonomisch bewältigen zu können.

Eine Vielzahl von Standortkriterien muß erfüllt sein, um eine solche Anlage errichten zu können. Diese Voraussetzungen werden nach Mindest- und sonstigen Standortkriterien strukturiert. Als Mindestvoraussetzungen sind zwingend notwendig:[294]

1) ausreichender Abstand zur Wohnbebauung
2) Lage außerhalb eines wasserwirtschaftlich schützenswerten Gebietes

Sonstige Standortkriterien können sein:[295]

3) Verfügbarkeit der Fläche
4) gute verkehrstechnische Erschließung
5) günstige Lage im Entsorgungsgebiet / Einzugbereich
6) geringe Immissionsvorbelastung
7) Verträglichkeit mit vorhandener / geplanter Umgebungsnutzung

---

293 Vgl. SCHENKE, W.; u.a.: Entsorgung 2000 - Leitfaden für Kommune, Wirtschaft und Politik, Bonner Energiereport, Bonn 1988, S.166 ff.

294 Vgl. SCHENKE, W.; u.a.: Entsorgung 2000 - Leitfaden für Kommune, Wirtschaft und Politik, Bonner Energiereport, Bonn 1988, S.154.

295 Vgl. MERKEL, E.: Kriterien für die Zulassung von Abfällen zur Ablagerung auf Hausmülldeponien, in: Umweltbundesamt (Hrsg.), Fortschritte der Deponietechnik, Berlin 1983, S.37 ff.

8) Industrie- oder Sondergebietsausweisung
9) günstige Ver-/Entsorgung des Standortes (Wasser-Abwasser)
10) günstige klimatische Verhältnisse, insbesondere im Hinblick auf empfindliche Nutzung im Umfeld des Standortes
11) gesicherter Energieabsatz (Kraft-Wärme-Kopplung).

Diese allgemeinen Standortkriterien werden bei speziellen Entscheidungsvorhaben noch um weitere, detailliertere Kriterien ergänzt. So ist bei der Planung von (Hausmüll-) Deponieanlagen auch noch die Beschaffenheit des Untergrundes von entscheidender Wichtigkeit. Die Akzeptanzproblematik von Standorten für Abfallentsorgungsanlagen wird von verschiedenen Seiten beeinflußt:

- dem Gesetzgeber,
- den entsorgungspflichtigen Gebietskörperschaften bzw. Politikern,
- dem Planungs- und Ingenieurbüro,
- den Fach- und Genehmigungsbehörden sowie
- den Medien bzw. der Öffentlichkeit allgemein.

Einen Beitrag zur Erhöhung der Akzeptanz von Standorten und Verfahren wird wohl durch das neue Abfallgesetz erreicht, das die Grundsätze der Abfallvermeidung, -verminderung und -verwertung vorschreibt.

Ein weiteres Gesetz, das sogenannte Raumordnungsgesetz (ROP) vom 19. Juli 1989,[296] schreibt bei raumbedeutsamen Maßnahmen und Planungen eine Untersuchung vor, die die Auswirkungen auf die Umwelt zum Gegenstand hat.

Das Gesetz über die Umweltverträglichkeitsprüfung vom 21. Dezember 1989 geht in die gleiche Richtung. Vor der Errichtung neuer Abfallentsorgungsanlagen ist diese Anlage auf mögliche Auswirkungen auf die Umwelt genauestens zu untersuchen.[297]

296 Vgl. Raumordnungsgesetz in der Fassung vom 19. Juli 1989.

297 Vgl. Gesetz über die Umweltverträglichkeitsprüfung in der Fassung vom 12. Februar 1990, zuletzt geändert durch Gesetz vom 20. Juli 1990.

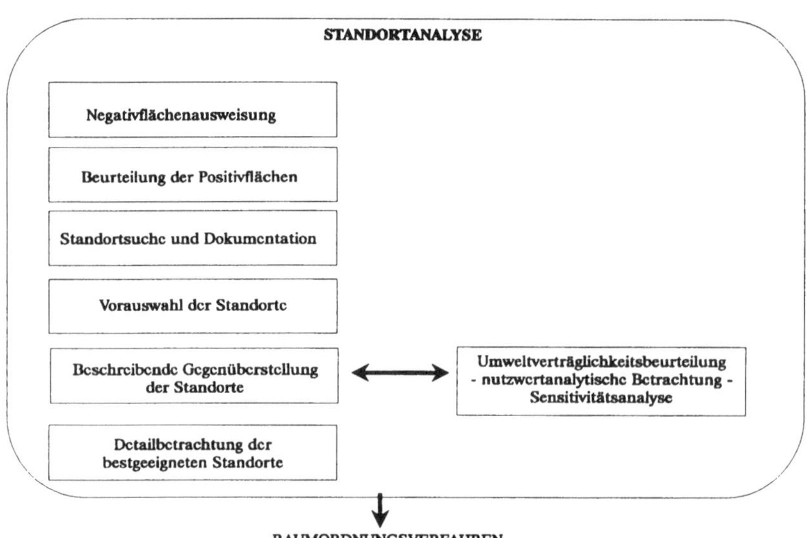

Abbildung 80. Zusammenfassender Überblick über das Raumordnungsverfahren[298].

Die Stadt- und Landkreise haben die Aufgabe, die in ihrem Bezirk anfallenden Abfälle sachgerecht zu entsorgen. Durch fundierte Aufklärungs- und Öffentlichkeitsarbeit (Umweltfibel, Umwelttelefon, usw.) können sie direkt Einfluß auf die Akzeptanz nehmen. Sowohl die abfallwirtschaftliche Situation, wie auch die Planung, müssen in der Öffentlichkeit dargestellt werden. Auch die Konsequenzen einer Nichtrealisierung von potentiellen Standorten (Abfallnotstand) muß den Bürgern bewußt und deutlich gemacht werden.

Die Aufgabe der Ingenieure und Planer von Entsorgungsanlagen besteht darin, transparente und übersichtliche Verfahren vorzuschlagen, die die komplexen Zusammenhänge der Standortfindung berücksichtigen. Einerseits muß die schrittweise Eingrenzung auf einen oder mehrere Standorte für die interessierte Öffentlichkeit nachvollziehbar sein, andererseits müssen die Ergebnisse der beschreibenden Untersuchung durch nutzwertanalytische Betrachtungen untermauert werden. Weiterhin kommt den Planern die Aufgabe zu, Verfahren zu entwickeln, die die Abfallentsorgung mit dem geringsten Risiko für Mensch und Umwelt optimal sicherstellt.

298 Vgl. Rapp, H.P.: Ausweisung von Standorten für Abfallentsorgungsanlagen - eine Akzeptanzfrage ?; in: Entsorgungspraxis 1/2 1990, S.23.

Die Fach- und Genehmigungsbehörden stellen, gemessen am Stand der jeweiligen Technik, Anforderungen an die Maßnahmen oder das Verfahren. Da unterschiedliche Bereiche und auch Kompetenzen berührt werden, ist auch eine Abstimmung der jeweils zuständigen Behörden untereinander notwendig. So können z.B. die Bereiche Raumordnung, Gewässerschutz, Hygiene oder auch Immissionsschutz betroffen sein.

Die Aufgabe der Medien ist recht schwierig zu beschreiben. Einerseits sollen sie eine möglichst genaue und objektive Berichterstattung gewährleisten, andererseits sollte diese auch unter einem kritischen Blickwinkel stattfinden. Tendenziell ist in der überregionalen Presse sowie dem Rundfunk und Fernsehen eine zunehmend objektivere und sachlich fundierte Berichterstattung zu erkennen. Für den Bereich der lokalen Presse die den "Bürger vor Ort" anspricht, fehlt es jedoch oftmals an Fachjournalisten.[299] Hierdurch ist es ungleich schwieriger die Informationsversorgung für die interessierte Öffentlichkeit sicherzustellen.

6.2.2 Bewertung verschiedener Standortalternativen

Bei der Standortsuche für eine Abfallbehandlungseinrichtung ist das gesamte, in Frage kommende Entsorgungsgebiet einer flächendeckenden Prüfung auf mögliche Standorte hin zu untersuchen. Durch schrittweise Eingrenzungen des Planungsgebietes sind die Standorte, die einer eingehenderen Überprüfung nicht standhalten, frühzeitig zu selektieren. Geeingete Flächen sind durch vertiefende Untersuchungen in Form von z.B. Gesteinsbohrungen oder Windmessungen vor Ort auf ihre endgültige Eignung hin zu untersuchen.

Als wichtige Kriterien bei der Standorteingrenzung sind zu berücksichtigen:[300]

- geologische, hydrologische, bodenkundliche und wasserwirtschaftliche Eignung,
- Eingriffe in den Natur- und Landschaftshaushalt,
- klimatische Verhältnisse, wie Windrichtung und -geschwindigkeit, Inversionswetterlagen, Kaltluftabfluß sowie
- Beeinträchtigung umliegender Siedlungs- und Erholungsgebiete durch Lärm, Staub, Geruch und Kraftverkehr.

299 Vgl. Edlinger, R.; u.a.: Bürgerbeteiligung und Planungsrealität, Picus-Verlag, Wien 1989, S.41.

300 Vgl. Zippel, K.: Umweltverträglichkeit von Deponien; in: Stuttgarter Berichte zur Abfallwirtschaft, Band 35, Zeitgemäße Deponietechnik III, Erich Schmidt Verlag, Bielefeld 1989, S.37.

Schon von Beginn der Standortsuche bzw. Standorteingrenzung an, muß mit den beteiligten Fachbehörden (Wasserwirtschaftsämter, Landesämter für Geologie und Boden, Fachplanungsbehörden für Abfall) und betroffenen Gremien zusammengearbeitet werden. Eine Koordination auf allen Entscheidungsebenen ist unabdingbar.[301]

Eine Reihe von Gutachten sind zu erstellen, die einen potentiellen Standort für eine Anlage als umweltverträglich ausweisen können. Ein maßgebender und übergeordneter Untersuchungsteil bei der Feststellung der Umweltverträglichkeit einer Entsorgungsanlage ist die detaillierte Ermittlung der Umweltauswirkungen und deren grundsätzliche Beurteilung. Die Hauptbestandteile der Untersuchung sind die:[302]

- Bestandsaufnahme,
- Prognose,
- Bewertung,
- Überprüfung und
- Auswahl.

Eine wesentliche Bedeutung für die Gesamtuntersuchung liegt in der Bestandsaufnahme. Nur wenn tatsächlich für verschiedene Standortalternativen eine umfassende und detaillierte Bestandsaufnahme erfolgt, die sämtliche umweltrelevanten Bedingungen erfaßt, die durch eine Entsorgungseinrichtung berührt oder beeinflußt werden können, ist darauf aufbauend eine sichere Prognose zu erwartender Wirkungen möglich.

Eine objektive Standortbewertung ist nur dann gegeben, wenn die Alternativen auch auf dieselben Eignungen hin überprüft wurden, da nur Vergleichbares auch verglichen werden kann. Die Informationsbeschaffung und die zielgerichtete Auswertung muß, aufgrund des erheblichen Datenumfangs, in getrennten Gutachten erfolgen. Prognosen für zukünftige Wirkungen der Entsorgungsanlagen sind z.T. im Rahmen gutachterlicher Untersuchungen möglich, zum Teil sind aber noch weiterführende Ausarbeitungen in Form von umfassenden technischen Durchführbarkeitsstudien notwendig. Anhand der erfolgten Bestandsaufnahme und der vorliegenden gutachterlichen Aussagen ist zu diesem Zeitpunkt bereits eine erste

---

301 Vgl. BILETEWSKI, B.; u.a.: Abfallwirtschaft – Eine Einführung, Springer Verlag, Berlin 1990, S.95.

302 Vgl. ZIPFEL, K.: Umweltverträglichkeit von Deponien, in: Stuttgarter Berichte zur Abfallwirtschaft, Band 35: Zeitgemäße Deponietechnik III, Erich Schmidt Verlag, Bielefeld 1989, S.33 ff.

Zwischenstufe einer Vorbewertung zu maßgebenden Umweltauswirkungen möglich. Bei einer größeren Zahl von Standortmöglichkeiten führt dies zu einer Reduzierung über Ausschluß und Eingrenzungskriterien.

Im nächsten Schritt findet eine vergleichende Untersuchung der im ersten Teil in die engere Wahl gekommenen, möglichen Standorte statt. Die intensive Beurteilung eines Standortes erfordert umfassende Voruntersuchungen für jede Alternative. Nach Erarbeitung eines möglichst differenzierten Kriterienkataloges kann eine einheitliche Detailbeurteilung durchgeführt werden.

Der Kriterienkatalog umfaßt alle für die Art der Entsorgungseinrichtung maßgebenden Wirkungs- und Einflußbereiche. Wie umfangreich die Beurteilungstiefe sein kann, läßt sich beispielhaft an dem Auszug wie aus Tabelle 54 ersichtlich aus einem Kriterienkatalog zur Beurteilung verschiedener Standortalternativen nachvollziehen. Von Fall zu Fall ist das Grundschema noch zu ergänzen oder zu modifizieren.[303]

Die Auswertung in der vergleichenden Untersuchung aufgrund des Kriterienkataloges erfordert die Anwendung eines Bewertungsverfahrens. Da sich in der Regel nur wenige Eigenschaften einer Entsorgungseinrichtung vergleichbar quantitativ bewerten lassen, ist eine Kosten-Nutzen-Analyse für eine solche Umweltverträglichkeitsprüfung nicht besonders geeignet. Eine bessere Ausgangsmöglichkeit für eine Bewertung stellt in diesem Zusammenhang die Nutzwertanalyse (NWA) dar. Diese Bewertungsmethode wird in den nachfolgenden Kapiteln noch genauer vorgestellt.

303 Vgl. ZIPFEL, K.: Umweltverträglichkeit von Deponien, in: Stuttgarter Berichte zur Abfallwirtschaft, Band 35: Zeitgemäße Deponietechnik III, Erich Schmidt Verlag, Bielefeld 1989, S.40.

Tabelle 54. Auszug aus einem Kriterienkatalog zur Beurteilung verschiedener Standortalternativen[304].

Nr.	Kriterium
1.	**Wasserwirtschaft**
1.1	Grundwasser
1.1.1	Beeinträchtigung der Grundwasserregeneration
1.1.2	Restrisiko für Wasserschutzgebiete
....	
1.2	Oberflächenwasser
1.2.1	Belastbarkeit des Einleitungsgewässers
1.2.2	Anfallende Sickerwassermengen
....	
2	Natur, Landschaft und Landschaftsnutzung
2.1	Landschaft und Ökologie
2.1.1	Botanik
2.1.2	Zoologie
....	
2.2	Ertragsfunktion der Böden
2.3	Erholungsnutzung
2.3.1	Beeinträchtigung des Landschaftsbildes
2.3.2	Ruhige Erholung
....	
2.4	Historische und volkstümliche Elemente
2.5	Rohstoffsicherung
....	
3	Luftraum, Emissionssituation
3.1	Lufthygienische Vorbelastung
3.2	Lokale Klimafunktion am Standort
3.3	Lärmvorbelastung
....	
4	Infrastruktur und Verkehr
4.1	Regionale Verkehrsanbindung
4.2	Lokale Verkehrsanbindung
4.3	Störungen durch Versorgungs-/Entsorgungsleitungen
....	
5	Durchführbarkeit der technischen Sicherheit
5.1	Bodenmechanische Eignung
5.2	Volumen-Flächen-Verhältnis

304 Vgl. DENZIN, M.: Planung einer Deponie auf der Grundlage eines Ideenwettbewerbes; in: Stuttgarter Berichte zur Abfallwirtschaft, Band 35, Zeitgemäße Deponietechnik III, Erich Schmidt Verlag, Berlin 1989, S.77 ff.

6.3 Ablauf von Genehmigungsverfahren

Nachdem die Entscheidung für den Bau und Betrieb einer Entsorgungsanlage getroffen wurde, durchläuft die weitere Planung festgelegte Arbeitsschritte. Diese statischen Arbeitsschritte werden in der Praxis von einer Reihe von nicht kalkulierbaren Unwägbarkeiten begleitet z.B. Abstimmung mit anderen Behörden, Kompetenzüberschneidungen und die sich daraus ergebenden Zuständigkeiten, die nur bedingt bei der Planung berücksichtigt werden können.

Nach § 7 des Abfallgesetzes bedarf die Zulassung von Abfallentsorgungsanlagen durch die zuständige Behörde der Planfeststellung. Dies ist eine besondere Form der Zulassung oder Genehmigung, die dann vorgeschrieben ist, wenn die Interessen eines größeren Personenkreises berührt werden. So werden beispielsweise für die Bereiche Müllverbrennung und Deponierung unterschiedliche Rechtsbereiche (Raumordnung, Gewässerschutz) und auch Interessenbereiche (z.B. wirtschaftliche, struktur- oder verkehrspolitische) angeschnitten.[305]

Falls es sich bei den Anlagen um kleinere Sortier- oder Kompostieranlagen handelt, bzw. wenn nicht mit Einwendungen gegen den Bau dieser Anlage zu rechnen ist, kann die zuständige Behörde an Stelle des Planfeststellungsverfahrens ein einfaches Genehmigungsverfahren durchführen.

Die Beteiligung der Öffentlichkeit im Rahmen der Planfeststellung erfolgt im Anhörungsverfahren. Dieses beginnt mit der Antragstellung und der Vorlage der prüffähigen Unterlagen, wie Erläuterungsbericht, Berechnungen und Bemessungen von Anlagenteilen, Planunterlagen und Fachgutachten.[306]

Auf Veranlassung der Anhörungsbehörde wird der Plan dann in den Gemeinden ausgelegt, in denen sich das Vorhaben voraussichtlich auswirkt. Jeder, dessen Belange durch das Vorhaben irgendwie berührt werden, hat nun die Möglichkeit, bei der Anhörungsbehörde schriftlich oder zur Niederschrift Einwendungen vorzutragen. Auch werden von der Anhörungsbehörde Stellungnahmen von betroffenen Behörden eingeholt.

Nach Ablauf der Einwendungsfrist ist gesetzlich ein Erörterungstermin vorgesehen, zu dem nochmals die Möglichkeit besteht, Bedenken und Anregungen vorzutragen. Nach nochmaliger Prüfung der neuen oder auch geänderten Gesichtspunkte stellt

---

305 Vgl. SCHENKE, W.; u.a.: Entsorgung 2000 – Leitfaden für Kommune, Wirtschaft und Politik, Bonner Energiereport, Bonn 1988, S.77 ff.

306 Vgl. VOIGT, M.: Deponietechnologie und Deponiestandort müssen zusammenwachsen; in Entsorgungspraxis 4/92, S.181.

die Planfeststellung den Plan dann offiziell fest. Dieser kann mit Auflagen versehen, an Bedingungen geknüpft oder auch mit einem Widerruf versehen werden.

Die Länder haben weitgehend die Mittelbehörden, d.h. den Regierungspräsidenten oder die Bezirksregierungen zu Anhörungs- wie auch Planfeststellungsbehörden ernannt. Da das Planfeststellungsverfahren einen relativ komplexen Ablauf darstellt, lassen sich Planungszeiten für Müllverbrennungsanlagen und Mülldeponien von bis zu 10 Jahren recht einfach erklären. Auch sind Planfeststellungsverfahren nicht selten Gegenstand gerichtlicher Auseinandersetzungen.

6.4 Entscheidungsprozesse bei der Planung von Abfallbeseitigungsanlagen

6.4.1 Veränderung der Rahmenbedingungen

Die Planung von Abfallbehandlungs- und Abfallbeseitigungsanlagen gestaltet sich aktuell als ein zeitaufwendiges Vorhaben. Planungszeiten - wie zuvor erwähnt -von bis zu 10 Jahren sind heutzutage keine Seltenheit mehr. Diese langen Zeiträume vom ersten Planungsschritt bis hin zur Inbetriebnahme einer Entsorgungseinrichtung verstärken den Eindruck eines momentanen Entsorgungsnotstandes. Anlagen, die sich heute im Genehmigungs- oder Planfeststellungsverfahren befinden, werden, wenn überhaupt, erst in der mittel- bis langfristigen Zukunft zur Verfügung stehen. Die Gründe für die langen Planungs- und Genehmigungsverfahren sind erkennbar, wenn man sich vor Augen führt, welche Interessengruppen an der Diskussion über eine Entsorgungseinrichtung beteiligt sind.[307]

Nach Ansicht der meisten Fachwissenschaftler haben Abfallbehandlungs- und -beseitigungstechnologien die Schwelle ihrer physikalisch-wissenschaftlichen, der technisch-industriellen und der wirtschaftlich-kommerziellen Anwendung bereits überschritten. Im Gegensatz zu den (gelösten) technischen Problemen ist das Hauptproblem – die fehlende Akzeptanz gegenüber Entsorgungseinrichtungen – noch nicht zufriedenstellend gelöst. Diese fehlende Akzeptanz in der Öffentlichkeit kann als der dominante Engpaß der Abfall- bzw. Entsorgungswirtschaft angesehen werden.[308]

---

307 Vgl. Der Rat von Sachverständigen für Umweltfragen: Abfallwirtschaft – Sondergutachten, Metzler-Poeschel Verlag, Stuttgart 1991, S.108.

308 In Anlehnung an NOECKE, J.: Bürgerinitiativen im Umweltschutz; in: Heft 18 der Werkstattreihe des Institutes für Umweltschutz, Bormann-Verlag, Dortmund 1989.

Durch Akzeptanzdefizite, in der Vergangenheit oftmals durch mangelnde oder auch falsche Kommunikation- und Informationsversorgung der Öffentlichkeit hervorgerufen, sind die langen Planungszeiten der meisten Anlagen vom ersten Reißbrettentwurf bis hin zur betriebsbereiten Anlage zu erklären.[309]

Aufgrund einer Vielzahl von Einflußfaktoren aus dem engeren wie auch dem weiteren Umfeld einer Müllverbrennungsanlage oder Mülldeponie kann man ein komplexes Spannungsfeld ersehen. Diese zum Teil stark differierenden Aspekte beeinflussen die Handlungsmöglichkeiten der Entsorgungsfirmen in erheblichem Maße. Die weitere Umwelt umfaßt allgemeine Bereiche, in denen Veränderungen stattgefunden, technische Neuerungen geschaffen oder Wertvorstellungen sich geändert haben.

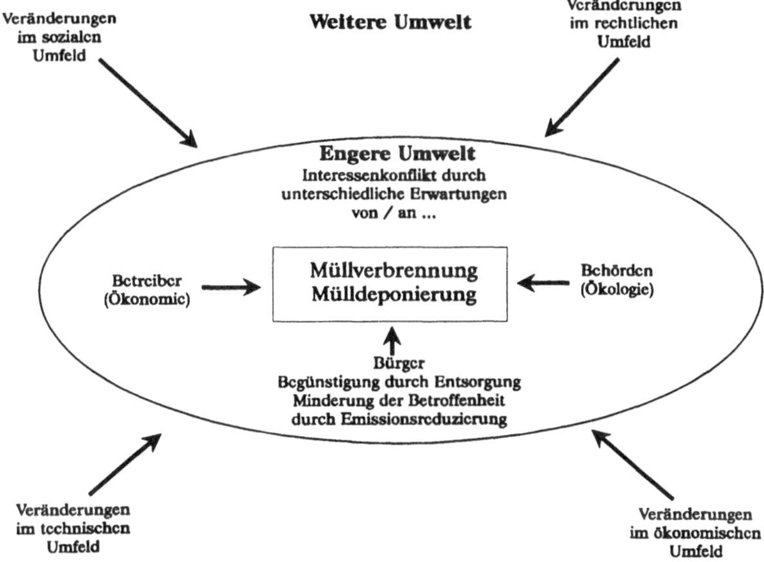

Abbildung 81. Veränderte Rahmenbedingungen der Entsorgungswirtschaft[310].

309 Vgl. Hauber, G.: Wege zur Erhöhung der Akzeptanz von Abfallbeseitigungsanlagen; in: Müll und Abfall 1/89, S.11.

310 Vgl. NEUSCHWINGER, B.; u.a.: Abfallbehandlung und Abfallbeseitigung: Bürgerakzeptanz durch intensivere Kommunikation, in: Entsorgungspraxis Spezial, No. 3, 9/90, S.6.

Da unterschiedliche Vorstellungen von den in diesem Spannungsfeld betroffenen Akteuren verfolgt werden, befindet sich die Entsorgungswirtschaft zwischen den zum Teil stark differierenden Zielvorstellungen. Sie befindet sich in dem Dilemma, indirekt an die verschiedenartigen Vorstellungen und Wünsche der Akteure gebunden zu sein bzw. sich an ihnen zu orientieren.

Veränderungen im rechtlichen Umfeld

Veränderungen im rechtlichem Umfeld werden hervorgerufen durch umweltpolitische Aktivitäten des Gesetzgebers, wie z.B. Novellierung des Abfallgesetzes, Rücknahmepflicht des Handels von Verpackungen, von Altöl und dergleichen. Der Gesetzgeber hat einen wichtigen Schritt unternommen, um nicht den Bürger bzw. den Einzelnen allein, als letztes Glied einer Versorgungs- und Entsorgungskette, Abfallentsorgung aktiv praktizieren zu lassen. Durch die Rücknahmepflicht bestimmter Stoffe sind die Geschäftsleute – und in einem weiteren Schritt die Produzenten – gefordert, sich über die zum Teil unnötig entstehenden Abfallmengen Gedanken zu machen.

Veränderungen im ökonomischen Umfeld

Hier ist an erster Stelle das stark angestiegene Abfallaufkommen zu nennen. Ein Grund hierfür ist in der Kurzlebigkeit einer großen Anzahl von Wirtschaftsgütern zu suchen, z.B. Negativfilme mit eingebauter Linse für den einmaligen Bedarf. Das Schlagwort "Wegwerfgesellschaft" gibt den vorher aufgeführten Sachverhalt recht genau wieder. Da die Kapazitäten der Abfallentsorgung unterproportional zu den Müllbergen anwachsen, wird die "Schere" immer größer. Der Bedarf ist größer als das Angebot; das schlägt sich auch in den Kosten nieder. Auch ausgereiftere Abfallentsorgungsanlagen und -technologien sind für ein Ansteigen der Entsorgungskosten mit verantwortlich.

Für die Unternehmer wird es somit zunehmend lohnender, bereits bei der Produktion oder bei der Produktgestaltung technologische Verfahren zu implementieren, die entweder keine Abfälle entstehen lassen oder zu einer Kreislaufführung mit mehrfacher Wiederverwendung bestimmter Einsatzstoffe führen. Betriebe werden versuchen, diese Kreislaufführung zu optimieren und den letztendlich doch anfallenden Abfall selbst oder mit Hilfe von Dritten zu verwerten. Die zunehmende Berücksichtigung der "Verwertungskomponente" bei der Entwicklung neuer Produkte kann durch:[311]

311 Vgl. FÜLGRAFF, G.: Auf dem Weg zu einer umweltverträglicheren Abfallwirtschaft, in: Abfallwirtschaftsjournal 3/1991, S.789 ff.

- Verwendung umweltfreundlicher Materialien,
- vermehrte freiwillige Rücknahme der Produkte,
- verwertungsfreundliche Produktionsverfahren oder auch
- klare Definition der einsetzbaren Stoffe und
- einheitliche Qualitätsstandards

erfolgen.

Die Rücknahmemöglichkeit eines Produktes (z.B. EDV-Anlage) und die totale Recyclingfähigkeit (z.B. Auto) werden zunehmend auch zu einem Qualitätsmerkmal des Produktes selbst.

Veränderungen im sozialen Umfeld

Durch Umweltskandale größeren Ausmaßes in der jüngsten Vergangenheit, z.B. "Seveso-Gift in Italien", "Tankerünglück der Exxon-Valdez", "Tankerlastzugunglück bei Herborn" oder auch "Vergrößerung des Ozon-Lochs über der Antarktis durch Produktion und Verbrauch von FCKW", ist die Öffentlichkeit gegenüber ökologischen Problemen sensibler geworden. Aktionen, die die Umwelt betreffen, werden mit Interesse aufgenommen und auch entsprechend beachtet. Die früher häufig anzutreffende Einstellung, "Solange ich nicht betroffen bin, geht mich das alles nichts an", ist heutzutage vergleichsweise selten anzutreffen. Der Bevölkerung ist schon teilweise bewußt geworden, daß Umweltprobleme nicht als regionale oder lokale Begebenheiten einzugrenzen sind, sondern überregionale z.T. auch globale Wirkung haben oder zumindest haben können.[312]

Der Trend geht eher hin zu einer aktiven und kritischen Gesellschaft, die auch nicht davor zurückschreckt, sich in ökologischen Belangen zu artikulieren oder auch bei unmittelbarer Betroffenheit in Bürgerinitiativen zu engagieren.

Veränderungen im technischen Umfeld

Neue Produktionsentwicklungen und veränderte Produktionsprozesse führen auf der einen Seite zu einem erhöhten Abfallaufkommen und auch neuen Abfallarten, auf der anderen Seite können durch den technischen Fortschritt jedoch neue konzeptionelle Abfallbearbeitungs- und -beseitigungsverfahren realisiert werden.[313]

---

312 In Anlehnung an NOECKE, J.: Bürgerinitiativen im Umweltschutz; in: Heft 18 der Werkstattreihe des Institutes für Umweltschutz, Bormann Verlag, Dortmund 1989.

313 Vgl. NEUSCHWINGER, B.; u.a.: Abfallbehandlung und Abfallbeseitigung: Bürgerakzeptanz durch intensivere Kommunikation, in: Entsorgungspraxis Spezial, No. 3, 9/90, S.3.

Der Bürger steht den raschen technischen Veränderungen zunehmend kritischer gegenüber. Komplexe Technologien und Verfahren sind für ihn nicht mehr nachvollziehbar, wodurch das gläubige Vertrauen an den technischen Fortschritt schwindet und der Blick für umfassende Zusammenhänge nicht mehr gegeben ist. Viele Bürger bejahen neue Produkte und ihren Konsum, sprechen sich an gleicher Stelle aber gegen die damit verbundene Produktion und Entsorgung aus. Diese Tatsache wird nicht genügend beachtet. Der Entsorgung wird nicht annähernd derselbe gesellschaftliche Stellenwert wie der Produktion und dem Konsum zuerkannt. Die raschen Veränderungen im technischen Umfeld sind stark mit den Veränderungen im ökonomischen Umfeld verbunden. Die Betreiber von Entsorgungseinrichtungen handeln nach ökonomischen Maximen, was gleichzeitig eine gewisse technologische Innovationsbereitschaft und Investitionen in sog. "Zukunftstechnologien" impliziert.

Innerhalb dieser Rahmenbedingungen kann eine engere Umwelt skizziert werden, die sich einerseits aus den Behörden sowie Bürgern auf der anderen Seite den Betreibern von Abfallanlagen zusammensetzt (vgl. Abb.81). Da diese Gruppierungen Entsorgungsanlagen anhand verschiedener Kriterien beurteilen und aus verschiedenen Blickrichtungen betrachten, sind Interessenkonflikte durch differierende Erwartungen von/an eine Abfallanlage vorbestimmt. Es gilt nun, einen Konsens zwischen diesen potentiellen Konfliktparteien zu finden, der die Belange aller Parteien hinreichend berücksichtigt.

6.4.2 Positionierung von Standpunkten

An dieser Stelle wird auf die unterschiedlichen Gruppierungen im Spannungsfeld in der Auseinandersetzung um Müllverbrennungsanlagen und Deponien eingegangen. Die im folgenden aufgezählten Akteure können bei der Planung und Implementierung von Entsorgungsanlagen im Konfliktgeschehen auftreten:[314]

1) Vertreter der Entsorgungsindustrie
2) Vertreter der Genehmigungsbehörde
3) mit der Entsorgung beauftragte Kommune oder Kreis
4) Vertreter politischer Parteien
5) betroffene Bürger und Anwohner

---

314 Vgl. WIEDEMANN, P.-M.; u.a.: Bürgerbeteiligung bei entsorgungswirtschaftlichen Vorhaben: Analyse und Bewertung von Konflikten und Lösungsstrategien, Erich Schmidt Verlag Berlin 1991, S.17 ff.

6) Bürgerinitiativen
7) überregionale Umweltschutzorganisationen
8) Gutachter bzw. Gegengutachter
9) Medien

In der konkreten Auseinandersetzung können sich zwischen diesen potentiellen Interessenkonfliktteilnehmern differenzierte und komplizierte Konfliktkonstellationen ergeben. Dabei lassen sich die Teilnehmer an der Auseinandersetzung um Entsorgungseinrichtungen nicht automatisch einer bestimmten Richtung zuordnen. Das Auftreten der verschiedenen Gruppierungen ist von der örtlichen Situation abhängig. Sie macht eine Guppe je nach Interessenlage zu Befürwortern oder Gegnern des jeweiligen Vorhabens.

Speziell die Position der Vertreter politischer Parteien im Konfliktgeschehen hängt stark von der jeweiligen Stellung im politischen System ab und weniger von dem politischen Programm.

1) Vertreter der Entsorgungsindustrie

Die Vertreter der Entsorgungsindustrie fühlen sich zu Unrecht beschuldigt. Obwohl sie aus eigener Sicht optimale umweltgerechte technische Lösungen für das Entsorgungsproblem präsentieren, werden ihre Bemühungen um den Umweltschutz in der Öffentlichkeit nicht ausreichend gewürdigt. Die Entsorgungsindustrie wird häufig mit der negativen Müllpolitik der vergangenen Jahre identifiziert und gerät somit in die Position des "Sündenbocks". Ihr wird vorgeworfen, nicht an der Abschätzung der von den Entsorgungstechnologien ausgehenden Risiken für Umwelt und Gesundheit interessiert zu sein, sondern vielmehr am Verkauf des eigenen Anlagentyps.

Die möglichen Risiken, z.B. einer MVA oder Mülldeponie, werden bagatellisiert, und nur über die nützlichen Aspekte findet eine eingehende Informationsversorgung der Öffentlichkeit statt. Die Entsorgungsindustrie ihrerseits sieht die Gründe für das Scheitern der früheren "Müllpolitik" nicht in den technischen Konzeptionen, sondern vielmehr in der schwerfälligen und bürokratischen Verwaltung sowie auf der politischen Ebene. Für sie ist durch die teilweise überlangen Genehmigungsverfahren eine zeitliche Kalkulation äußerst schwierig geworden.

2) Vertreter der Genehmigungsbehörde

Die Vertreter der Genehmigungsbehörde versehen ihren Auftrag und ihr Handeln im Namen des Staates. Als Auftragsverwaltung haben sie für den Staat und zum Wohl der Bürger das in Normen festgelegte Recht anzuwenden und durchzusetzen.

Bei der Prüfung und ggf. Zulassung von Planungsvorhaben sind sie darüber hinaus noch gebunden an Erlasse ihrer vorgesetzten Dienstbehörden sowie auch an bereits in vergleichbaren Fällen durch die Verwaltungsgerichte ergangene Entscheidungen. Sofern Prüfungssachverhalte durch die Behörde selbst nicht abschließend beurteilt werden können, bedient man sich spezieller, anerkannter Sachverständiger.

Aus dieser Darstellung ist zu erkennen, daß Vertreter der Genehmigungsbehörde nach öffentlich-rechtlichen oder ministeriellen Vorgaben handeln und für ihre Entscheidungen so gut wie keinen Spielraum haben.[315]

Es kommt noch hinzu, daß der Bereich des Abfallrechtes gemäß Art. 72 und 74 GG in den Bereich der konkurrierenden Gesetzgebung fällt, d.h.[316], daß die Regelungen, die der Bund abschließend trifft, in allen Bundesländern gleichermaßen umzusetzen sind und daß nur in der Länderkompetenz geregelt werden kann, was der Bund nicht einheitlich geregelt hat. So können von den Ländern u.a. selbstverantwortlich die folgenden Bereiche geregelt werden.[317]

- Festlegung, welche Gebietskörperschaften Träger der Abfallentsorgung sind,
- Bestimmung der zuständigen Behörden für Zulassung, Genehmigung und Überwachung von Entsorgungsanlagen sowie
- Regelung über das Verfahren zur Aufstellung von Abfallentsorgungsplänen

3) Mit der Entsorgung beauftragte Kommune oder Kreis

Die Entsorgungsaufgabe der Körperschaften beschränkt sich nicht mehr nur noch auf die bloße Beseitigung, sondern umfaßt mit der erweiterten Aufgabenstellung nach § 3 Abs. 2 AbfG[318] nun auch die vorrangige Verwertung von Abfällen. Landkreise haben die Möglichkeit, bestimmte Aufgaben an kreisangehörige Gemeinden zu delegieren, z.B. das Einsammeln und Befördern von Abfällen.

Die Verwaltung fühlt sich oftmals in eine Art "Zwitterposition" gedrängt, da sie zugleich als Planer und Schlichter zwischen den Konfliktparteien auftreten muß. Sie muß die gesetzlichen Bestimmungen für ihren Einflußbereich durchsetzen, gleichzeitig aber auch eine umweltentlastende Entsorgung gewährleisten. Die Art und

---

315 Vgl. RAPP, H.-P.: Ausweisung von Standorten für Abfallentsorgungsanlagen – eine Akzeptanzfrage ?; in: Entsorgungspraxis 1/2 90, S.24.

316 Vgl. Grundgesetz der Bundesrepublik Deutschland.

317 Vgl. SCHENKE, W.; u.a.: Entsorgung 2000 - Leitfaden für Kommune, Wirtschaft und Politik, Bonner Energiereport, Bonn 1988, S.74.

318 Vgl. Bundesabfallgesetz.

Weise, wie diese Aufgabe durchgeführt wird, ist dabei oftmals von den politischen Mehrheitsverhältnissen in den Stadtparlamenten und betreffenden Ausschüssen abhängig.[319] Da die Entscheidung über großtechnische Lösungen von Abfallproblemen Sachkenntnisse aus verschiedenen Bereichen (Ökonomie, Ökologie, Verfahrens- und Anlagentechnik, Geologie sowie Toxikologie) erfordert, ist die Verwaltung oftmals überfordert. Auch bei der Hinzuziehung von Experten zu verschiedenen Problemkreisen ist häufig keine umfassende und abschließende Abwägung der Nutzen- und Risikoaspekte gegeben.

Die Entsorgungsindustrie ihrerseits sieht oft die Verwaltung als "lästigen Auflagenproduzenten" an. Die Öffentlichkeit wirft der Verwaltung mangelnde Bürgernähe und mangelnde Informationsversorgung vor.

4) Vertreter politischer Parteien

Die politischen Parteien sehen sich selbst als rechtmäßige Entscheidungsträger, die durch einen demokratischen Auftrag legitimiert sind. Aufgrund der komplexen Probleme müßten Vertreter politischer Parteien "Multi-Experten" sein. Da dem nicht so ist, sind auch sie auf die Fachkompetenz anderer Personen angewiesen. So wird den Politikern häufig mangelnde Sachkompetenz und wenig Sachverständis nachgesagt. Auch werden die regierenden Parteien von den Oppositionsparteien in der Regel als die Vertreter des "falschen Entsorgungskonzeptes" angesehen.

Das große und gravierende Problem liegt jedoch im politischen Verhalten im Einzelfall, das, um Mehrheitsentscheidungen treffen zu können, ggf. den einzelnen Abgeordneten drängt, Entscheidungen mitzutragen, von deren Ausgewogenheit oder gar Richtigkeit er nicht überzeugt ist.

Da Entscheidungen in einer Demokratie über Mehrheiten herbeigeführt werden, ist es durchaus denkbar, daß bei Standortentscheidungen der Umwelt- und Sozialverträglichkeitsaspekt in den Hintergrund gedrängt wird. Politische Durchsetzbarkeiten, d.h. notwendige Mehrheitsverhältnisse in lokalen Parlamenten, können so zum ausschlaggebenden Kriterium einer Standortentscheidung werden.

5) Betroffene Bürger und Anwohner

Die Bürger sind prinzipiell Begünstigte der Entsorgungsdienstleistungen, sie sind jedoch auch im Falle der räumlichen Nähe zu einer solchen Anlage direkt Betroffe-

319 Vgl. Minister für Umwelt, Raumordnung und Landwirtschaft des Landes Nordrhein-Westfalen (MURL): Ökologische Abfallwirtschaft in Nordrhein-Westfalen, Argumente, Fakten, Daten, Zahlen, Informationsbroschüre des MURL, S.13 ff.

ne. Aus ihrer Sicht bestimmen die konkreten und befürchteten Emissionen einer Anlage das Maß der Betroffenheit. Normalerweise fühlen und sehen sich die Bürger in der Rolle des Opfers; dies gleich aus mehrfacher Sicht:[320]

- als Opfer einer mißlungenen Entsorgungspolitik in der Vergangenheit,
- als Opfer einer profitorientierten Entsorgungsindustrie sowie
- als Opfer der aktuellen Entsorgungssituation durch die getroffene Standortentscheidung.

Betroffene Bürger fragen sich, warum gerade vor ihrer Haustür der gesamte Müll einer Region verbrannt oder deponiert werden muß. Hinzu kommt, daß den Bürgern tendenziell eine geringe Sachkompetenz zugesprochen wird. Auch wird ihnen ein mangelndes Allgemeininteresse vorgeworfen, da sie nur an der Durchsetzung ihrer eigenen Belange interessiert seien. Nicht selten kommt es vor, daß bei persönlicher Betroffenheit die sachliche Beurteilung einer Situation gegenüber einer emotionalen in den Hintergrund tritt.[321]

6) Bürgerinitiativen

Die Bürgerinitiativen verstehen sich in der Position des Warners oder Mahners und machen aus ihrer Sicht die "eigentliche Aufklärungsarbeit". Hier schließen sich Personen mit gleichen Interessen zusammen. Sie organisieren sich, um Belange bzw. Einwände gegen Planungen oder Entscheidungen massiver vorbringen zu können, in der Hoffnung, daß organisiertes Auftreten einen nachhaltigeren Eindruck hinterläßt als eine Einzeleinwendung. Da der Zusammenschluß häufig nebenberuflich, freiwillig und meist ortsteilgebunden stattfindet, ist die Einflußnahme auf mögliche Entscheidungen relativ gering und schwach. Von den anderen Konfliktparteien werden sie als Angst- oder Panikmacher angesehen. Bürgerinitiativen werden nicht selten durch ihr meistens generelles "Nein" gegen ein Vorhaben als "Konfliktanheizer" und "Dialogverweigerer" abgestempelt.

7) Überregionale Umweltschutzverbände

Die Vertreter o.a. Verbände sehen sich selbst umfassend als Anwälte der Natur. Sie vertreten das Prinzip Ökologie (pro Umwelt) gegen das Prinzip Ökonomie (pro Gewinnmaximierung). Sie setzen sich aus Mitgliedern der unterschiedlichsten

320 Vgl. WIEDEMANN, P.-M.; u.a.: Bürgerbeteiligung bei entsorgungswirtschaftlichen Vorhaben: Analyse und Bewertung von Konflikten und Lösungsstrategien, Erich Schmidt Verlag Berlin 1991, S.19 f.

321 Vgl. RONNEBURGER, J.: Ein Abfallentsorgungskonzept; in: Umweltmagazin 5/87, S.26.

Gesellschaftsschichten zusammen und sind überregional organisiert. Auch verfügen sie i.d.R. über entsprechende Sachkompetenz und finanzielle Mittel, um z.B. Gutachten oder auch Gegengutachten in Auftrag geben zu können. Ihnen wird oft einseitige Betrachtungsweise vorgeworfen, indem sie Planungsvorhaben kategorisch und systematisch zu verhindern suchen. Nicht selten wird auch vermutet, daß sie "gesteuert" seien. Der Nymbus, der sie umgibt oder mit dem sie sich oft umgeben, läßt manchmal an ihrer Seriösität Zweifel aufkommen und sie als vollwertigen Partner bei dem Suchen nach kooperativen Lösungen fraglich erscheinen.

8) Gutachter und Gegengutachter

Die Gutachter sind die technischen Sachverständigen, die eigentlichen Experten. Ihr Urteil nimmt in Diskussionen um Entsorgungstechnologien einen hohen Stellenwert ein. Sie stehen meist neutral einem Interessenkonflikt gegenüber. Sie können jedoch leicht durch die Verflechtung mit den generellen Zielen ihrer Auftraggeber in den Rollenkonflikt eingebunden werden. Gutachter sind an einer sachgerechten und technisch ausgerichteten Lösung des Entsorgungsproblems interessiert. Für sie steht die "optimale technische Lösung" im Vordergrund.[322]

9) Medien

Die Medien nehmen im Rahmen von Entscheidungsprozessen eine wichtige Rolle ein. Journalisten haben die Mittel und damit auch die Verantwortung, den notwendigen Informationsfluß zwischen Betroffenen, Experten und den Entscheidungsträgern sowohl quantitativ als auch qualitativ sicherzustellen.

Allgemein ist in der überregionalen Presse sowie dem Rundfunk und Fernsehen eine zunehmend objektivere und fachlich fundierte Berichterstattung zu erkennen. In der Lokalpresse allerdings, wo es die Problematik von Müllverbrennungsanlagen und Deponien zu vermitteln gilt, fehlen meistens Fachjournalisten. So ist die Berichterstattung nicht selten tendenziös und von einer objektiven Berichterstattung weit entfernt.

---

322 Vgl. WIEDEMANN, P.-M.; u.a.: Bürgerbeteiligung bei entsorgungswirtschaftlichen Vorhaben: Analyse und Bewertung von Konflikten und Lösungsstrategien, Erich Schmidt Verlag Berlin 1991, S.22 f.

Tabelle 55. Gegenüberstellung von Selbst- und Fremdeinschätzung der Akteure[323].

Akteur	Selbsteinschätzung	Fremdeinschätzung
Entsorgungs-industrie	Sündenbock, Anbieter kompetenter Problemlösungen, mangelnde sozialkommunikative Kompetenz, Hilflosigkeit	Umweltverschmutzer, Profitorientierung, Machtposition, Dialogverweigerer, Anlehnung an Müllpolitik, einseitige Darstellung des Nutzens, Bagatellisierung der Risiken
Verwaltung	Planer, Schlichter, Sandwitch-position, mangelnde sozial-kommunikative und Sachkompetenz, Hilflosigkeit	Auflagenproduzent, Industrienähe, mangelnde Bürgernähe, mangelnde Entscheidungskompetenz
Bürgerinitia-tiven	Warner, Mahner, Vertreter von Bürgerinteressen, Expertenkorrektiv, Machtlosigkeit	Angstmacher, Konfliktanheizer, Irrationalität, Hysterie, Verhinderer pragmatischer Lösungen, fehlende Sachkompetenz, einseitige Betrachtung und Überschätzung der Risiken
Vertreter der pol. Parteien	rechtmäßige Mandatsträger, Abhängigkeit von technischer Kompetenz, Überforderung	fehlende Sachkompetenz, falsche Ent-sorgungskonzepte, Mißachtung von Umwelt- und Sozialverträglichkeitsge-sichtspunkten
Anwohner	Benachteiligte, Machtdefizit, Opfer, Verlierer	Irrationalität, Hysterie, Verhaftung an Eigeninteressen, mangelnde Sachkompetenz, Emotionalisierung der Debatten, einseitige Betrachtung der Risiken
Überregionale Umweltschutzgruppen	Anwalt der Natur, Ratgeber für BI´s, Anbieter der richtigen Entsorgungskonzepte, Machtdefizit	Angstmacher, Konfliktanheizer, Vertreter der falschen Entsorgungspolitik, einseitige Betrachtung und Überschätzung der Risiken
Gutachter	technische Experten, Unab-hängigkeit	kompetente Partner in der Auseinandersetzung, Abhängigkeit von Auftraggebern
Gegengutachter	technische Experten, Unab-hängigkeit	kompetente Partner in der Auseinandersetzng, Abhängigkeit von Auftraggebern - Konfliktanheizer, überzogene Forderungen

323 Vgl. WIEDEMANN, P.-M.; u.a.: Bürgerbeteiligung bei entsorgungswirtschaftlichen Vorhaben: Analyse und Bewertung von Konflikten und Lösungsstrategien, Erich Schmidt Verlag Berlin 1991, S.22.

Hinzu kommt, daß die Informationsversorgung der interessierten Öffentlichkeit im Falle der Printmedien leider oft auch unter betriebswirtschaftlichen Randbedingungen und unter dem Gesichtspunkt der Auflagenhöhe erfolgt. Da Medien hohe Betroffenheit erzeugen können, ist eine sachliche und objektive Berichterstattung anzustreben.[324]

6.5 Konflikttypen und -konstellationen

Je nachdem wie die einzelnen Akteure ihre eigene Position im Interessenkonflikt beurteilen oder die potentiellen Gegner ihre Widersacher sehen, können die Gruppierungen in verschiedene Klassen eingeteilt werden. Je größer die Übereinstimmung der eigenen Selbsteinschätzung und die Wahrnehmung durch die jeweils andere Gruppierung, desto besser ist die Basis für eine gemeinsame Kommunikation. Bei ähnlichen Einschätzungen und Beurteilungen können sich die Gruppen an vergleichbaren Erwartungen orientieren und sich so besser aufeinander einstellen.

In der weiteren Diskussion können drei Gruppen von Akteuren unterschieden werden:

- Gruppe 1: Selbst- und Fremdwahrnehmung stimmen kaum überein

Dieser Gruppe kann man grundsätzlich die Vertreter der Entsorgungsindustrie und betroffene Anwohner von Müllverbrennungsanlagen und Deponien zuordnen. Die zum Teil recht erheblichen Differenzen zwischen Selbst- und Fremdeinschätzung beruhen zum einen auf den unterschiedlichen Risiko-Perspektiven sowie den unterschiedlichen Sprachen, die von den Akteuren zur Kommunikation benutzt werden, und zum anderen auf der wechselseitigen Unkenntnis der Gegenposition.

Die Sprache der Entsorgungsindustrie wird durch die Notwendigkeit von Müllverbrennungsanlagen und Deponien und von Kosten- und Nutzenkalkülen dominiert; demgegenüber ist die Sprache der betroffenen Anwohner oft emotionsbetont, worin die Sorgen und Ängste der Betroffenen zum Ausdruck kommen. Was für die eine Seite eine unberechenbare Gefahr darstellt, ist für die andere Seite ein eingegrenztes und kontrolliertes Risiko.

Aufgrund der sehr stark voneinander abweichenden Vorstellungen und Erwartungen ist eine sachbezogene Kommunikation zwischen den Akteuren der ersten Gruppe im Prinzip nicht möglich.

---

324 Vgl. EDLINGER, R.; u.a.: Bürgerbeteiligung und Planungsrealität, Picus Verlag, Wien 1989, S.41 ff.

• Gruppe 2: Mittlerer Grad der Übereinstimmung zwischen Selbst- und Fremdeinschätzung

Dieser Gruppe, der die Vertreter politischer Parteien und der Verwaltung, die Bürgerinitiativen und die überregionalen Umweltschutzorganisationen angehören, sind die jeweiligen Perspektiven ihrer Gegenüber vertraut. In Ansätzen ist zwischen diesen Akteuren eine Sprache zu finden, die zumindest das Kernproblem auf einen gemeinsamen Nenner bringen kann. Detailinformationen des gleichen Sachverhaltes werden von den unterschiedlichen Gruppen allerdings anders interpretiert. Anders als in der ersten Gruppe ist hier unter den Kontrahenten eine Kommunikation normalerweise möglich.

• Gruppe 3: Kaum Differenzen zwischen Selbst- und Fremdeinschätzung

Dieser Gruppe sind die Gutachter und Gegengutachter eines Interessenkonflikts zuzurechnen. Sie verstehen sich selbst untereinander und werden auch von den anderen Akteuren als technische Experten angesehen und i.d.R. auch anerkannt. Ihr Interesse liegt darin, ihrem gutachterlichen Auftrag nachzukommen und eine optimale Lösung des Problems vorzuschlagen.

Aus dem Vorhergesagten lassen sich die folgenden Schlüsse ziehen:

1) dort, wo die Differenzen zwischen Selbst- und Fremdeinschätzung am größten sind (Beispiel: Gruppe 1), sind potentiell Konflikte zu erwarten.
2) da die gegenteiligen Auffassungen in der unter 1) genannten Gruppe stark ausgeprägt sind, sind die Chancen auf eine für alle Akteure gerechte Konsensfindung sehr gering.
3) Bemühungen um konstruktive Konfliktlösungen bedeuten wechselseitige Beziehungsvorschläge und Abbau von Vorurteilen gegenüber den anderen Akteuren.

Im Verlauf der Planung von Entsorgungseinrichtungen treten in der Regel Konflikttypen und -zusammensetzungen auf, die schematisiert werden können. So lassen sich bei der reinen Betrachtung inhaltlicher Gesichtspunkte nachfolgende Konflikttypen abgrenzen.[325]

325 Vgl. WIEDEMANN, P.-M.; u.a.: Bürgerbeteiligung bei entsorgungswirtschaftlichen Vorhaben: Analyse und Bewertung von Konflikten und Lösungsstrategien, Erich Schmidt Verlag Berlin 1991, S.26 ff.

6.5.1 Positionskonflikte

Konflikte entstehen generell durch die verschiedenartigen Einstellungen der Akteure zu einer Entsorgungseinrichtung, wobei die Position nicht immer einheitlich und eindeutig sein muß. Positionskonflikte resultieren aus dem unterschiedlichen Grad der Betroffenheit, der sich durch den Bau oder den Betrieb einer Entsorgungsanlage ergibt. Der häufigste und im Grunde auch "lösungsfeindlichste" Konflikt dieser Art beruht auf dem "NIMBY - Phänomen" (d.h. "Not in my backyard").[326] Dieses Phänomen kann mit dem Slogan "Müllverbrennungsanlage bzw. Mülldeponierung ja, jedoch nicht in meiner Nachbarschaft" beschrieben werden. Die betroffenen Anwohner einer Gemeinde wissen um den Müllnotstand, wehren sich jedoch dagegen, in der Nähe ihres Wohnortes eine Entsorgungsanlage zu akzeptieren.

Hierbei stehen sich häufig Anwohner und die Gemeindeverwaltung gegenüber. Aber auch auf der Verwaltungsebene kann dieses Phänomen beobachtet werden, etwa, wenn sich die Verwaltung einer Standortgemeinde gegen die Planung oder Entscheidung der Kreisverwaltung oder des Regierungspräsidenten zur Wehr setzt. Sogar innerhalb politischer Parteien sind "NIMBY-Phänomene" anzutreffen. So kann es vorkommen, daß evt. auf Kreisebene sich die Mitglieder einer politischen Partei anders entscheiden müssen als auf der Gemeindeebene, wo dieselben Mitglieder direkt Betroffene sind. Direkte Betroffenheit einer Gruppe ist Voraussetzung für das Auftreten des "NIMBY-Phänomens".

6.5.2 Interessen- und Wertekonflikte

Wie gesehen, vertreten die Akteure unterschiedliche Positionen. Vor diesem Hintergrund kann jeder Positionskonflikt auch als Interessen- oder Wertekonflikt verstanden werden. Bei Kontroversen, die sich aus unterschiedlicher Betroffenheit ergeben, können private Interessen einzelner Bürger mit den Interessen der Allgemeinheit kollidieren.[327]

Für die Interessen Einzelner soll hier beispielhaft der Bereich Fremdenverkehr aufgeführt werden. Durch den Bau einer Müllverbrennungsanlage oder Mülldeponie in räumlicher Nähe zu einem Hotel o.ä. Einrichtung können die wirtschaftlichen Interessen und auch Möglichkeiten der Hotelbetreiber enorm eingeschränkt werden.

---

326 Vgl. WIEDEMANN, P.-M.; u.a.: Bürgerbeteiligung bei entsorgungswirtschaftlichen Vorhaben: Analyse und Bewertung von Konflikten und Lösungsstrategien, Erich Schmidt Verlag Berlin 1991, S.29.

327 Vgl. EDLINGER, R.; u.a.: Bürgerbeteiligung und Planungsrealität, Picus Verlag, Wien 1989, S.308 f.

Da jeder einzelne auch gleichzeitig Mitglied der Allgemeinheit ist, ist jeder betroffene Anwohner gleichzeitig auch Begünstigter der Entsorgungseinrichtung. Die Elemente, die sich aus dem Umstand der Begünstigung ergeben, wiegen jedoch oftmals (besser: fast immer) die "Mängel", die sich aus der Betroffenheit ergeben, nicht auf. Ein oft anzutreffender – für diese Sparte schon fast typischer – Konflikt wird zwischen der Entsorgungsindustrie und den Bürgerinitiativen bzw. den Umweltschutzorganisationen ausgetragen. Hier stehen sich ökonomische und ökologische Interessen konträr gegenüber. Eine Müllverbrennungsanlage wird von Seiten der Entsorgungsfirmen als eine gewinnversprechende Investition angesehen. Die Bürgerinitiativen und Umweltschutzorganisationen verbinden hiermit jedoch auch ein relativ großes Risiko für die Umwelt und die Gesundheit der direkten Nachbarn dieser Anlage. Weniger risikoreich ist nach deren Ansicht eine Entsorgungseinrichtung, die auf Müllverwertung abzielt.

Der "Wert der Natur" spielt bei Konflikten dieser Art eine dominierende Rolle. Er ist meistens in die Diskussionen um "das richtige Entsorgungskonzept" eingebunden. Die Frage, welche technischen oder politischen Konzepte zur Lösung des Entsorgungsproblems, in welchem Maße den gesellschaftlichen Nutzen maximieren, ist in Abhängigkeit von den lokalen Gegebenheiten zu sehen. Auch politische Interessen äußern sich in dieser Gattung von Konflikten. Die Regierungspartei wird sich häufig einer Opposition gegenübersehen, die alle Bemühungen der Regierung zur Lösung des Müllproblems als ökologisch riskant einstuft und abzuwehren versucht.

6.5.3 Konflikte, basierend auf Informations- bzw. Wissensmängeln

Konflikte über Informationen, d.h. fehlende oder auch mangelnde Informationen, treten dann auf, wenn:

1) Daten nicht für alle Gruppen gleichermaßen zugänglich sind,
2) widersprüchliche Daten in der Diskussion auftauchen,
3) die Richtigkeit der Daten nicht von allen anerkannt wird,
4) Uneinigkeit über die Bewertung der Daten besteht und
5) ein Mangel an Vertrauen und Glaubwürdigkeit existiert.

Nicht selten wird von betroffenen Bürgern (auch Bürgerinitiativen oder Umweltschutzorganisationen) eine verspätete behördliche, industrielle oder auch politische Informationspolitik beklagt. Dieses Informationsdefizit wird den beteiligten Gruppen in dem Augenblick deutlich, ab dem im Grunde eine angemessene Reaktion auf

Entsorgungsvorhaben nicht mehr erfolgreich sein kann.[328] Dabei ist ein möglicher Zeitverzug für Gegner einer Müllverbrennungsanlage oder Mülldeponie eine strategische Variable. Die Einarbeitung der Defizite in bestehende Konzepte oder auch die Ausarbeitung eines neuen Konzeptes ist mit einem großen Zeitaufwand verbunden. Sofern diese neuen Konzepte noch durch gutachterliche Stellungnahmen gestützt werden müssen, wird unmittelbar deutlich, inwieweit der Zeitfaktor von enormer Wichtigkeit ist. Außerdem entsteht bei nachgeschobenen Informationen häufig der Eindruck, daß Entscheidungen über ein Entsorgungsvorhaben schon getroffen und nicht mehr beeinflußbar sind.

Andererseits wird bei einem Zuviel an Daten schnell gefolgert, daß man mit Informationen "totgefüttert" wird. Müllverbrennungsanlagen aber auch Deponien sind dagegen komplexe technische Einrichtungen, bei deren Beurteilung der Einzelne nicht mehr durchzuschauen vermag. Um die Auswirkungen dann in der Diskussion dennoch angemessen bewerten zu können, ist der Bürger gezwungen, sich auf "Expertenaussagen" zu verlassen, die für den Einzelnen jedoch nicht oder nur sehr schwer nachprüfbar sind.

Kommen der Antragsteller und ggf. auch die Behörden lediglich ihrer gesetzlichen Informationspflicht nach, so stellt sich bei den Betroffenen schnell ein Ohnmachtsgefühl ein. Es entsteht der Eindruck, als könne gegen die Entscheidungen "von oben" ohnehin nichts mehr bewirkt werden.

Ein Problem bezüglich der Aussagen von Experten tritt dann auf, wenn widersprüchliche und stark voneinander abweichende Expertenmeinungen zu ein und demselben Tatbestand bestehen. Hierdurch wird der Bürger dann letztendlich doch überfordert. Eine totale Verunsicherung wird die Folge sein.

Diese Verunsicherung wird noch verstärkt, wenn bei der Auseinandersetzung um Risiken für Umwelt und Gesundheit durch Müllverbrennung und Deponierung von Abfall keine einheitlichen Aussagen über das Gefährdungspotential vorliegen.

Wissenschaftliche Daten werden von den verschiedenen Konfliktparteien unterschiedlich bewertet und gewichtet. So legen die Gegner von Müllverbrennungsanlagen und Deponien einen Maßstab zugrunde, der von einer Konstellation ausgeht, die im allerungünstigsten Fall eintreten könnte ("worst-case-Szenario"), was bei den Befürwortern mit dem Verweis auf mangelnde gesicherte Daten als "Panik-

328 Vgl. Müller, K.; u.a.: Raumordnung und Abfallbeseitigung – Eine empirische Untersuchung zur Standortwahl und -durchsetzung von Abfallbeseitigungsanlagen; in: Schriftenreihe 06 "Raumordnung des Bundesministers für Raumordnung, Bauwesen und Städtebau, Band 065, Bonn 1987, S.351 ff.

mache" eingestuft wird. An dieser Stelle ist nach dem relativen Risiko einer Entsorgungseinrichtung zu fragen. Dies drückt die Hoffnung aus, in einer vergleichenden Untersuchung die riskantere der Alternativen (z.B. Müllverbrennung statt Deponierung) möglichst auszuschließen und die verbleibende Lösung hinsichtlich technischer Sicherheit und Umweltverträglichkeit zu optimieren.

6.5.4 Konflikte über Zumutbarkeiten

Wie häufig bei komplexen großtechnischen Anlagen so kann auch bei Entsorgungsvorhaben nicht immer eine gesicherte und fundierte Datenlage vorausgesetzt werden. Aufgrund des Fehlens gesicherter Daten, z.B. auch für die Bewertung von Deponiealtlasten, basieren eine Reihe von Entscheidungen auf Annahmen und Schätzungen. Die Bewertung von Informationen richtet sich nicht nur nach der Vollständigkeit, der Richtigkeit und der Aussagekraft der Daten, sondern vor allem nach der Zumutbarkeit der hieraus abgeleiteten Konsequenzen. Damit ist dann der Konflikt auf den Punkt gebracht. Unter solchen Voraussetzungen sind begründete Ansätze für Auseinandersetzungen vorprogrammiert. Gerade wenn es um die Abwägungen von Zumutbarkeiten geht, fehlen exakt einzuhaltende Vorgaben. Dies wird nicht nur durch fehlende Daten begründet, sondern auch, weil bei der Bewertung von technischen Konzepten und Planungsvorhaben unterschiedliche Maßstäbe angelegt werden.

Die unmittelbaren Anwohner einer Müllverbrennungsanlage oder Deponie legen dabei "Maximalstandards" an, die im Grunde den Bau einer solchen Einrichtung ausschließen. Ihr Interesse richtet sich auf ein lebenswertes Wohnumfeld, was durch ästhetische (z.B. Grad der Landschaftsbeeinträchtigung durch die Anlage) und gesundheitliche Aspekte (mögliche Gefährdung durch Emissionen) umschrieben werden kann.

Die Entsorgungsindustrie hält sich, etwa für den Bereich der Reinhaltung der Luft, an die gesetzlichen Vorgaben, z.B. Vorgaben des Bundesimmissionsschutzgesetzes[329] und der TA-Luft[330]. Dabei wird der Industrie oft nachgesagt, daß sie nach der Maxime "Was erlaubt ist, ist auch zumutbar" handelt. Darüber hinausgehende Zumutbarkeiten würden ausschließlich unter Kostengesichtspunkten gesehen. Ob und inwieweit dies zutrifft, wird in dieser Arbeit nicht näher thematisiert.

329 Vgl. Gesetz zum Schutz vor schädlichen Umweltauswirkungen durch Luftverunreinigungen, Geräusche, Erschütterungen und ähnliche Vorgänge, in der Neufassung vom 14. Mai 1990, zuletzt geändert durch Gesetz vom 10. Dezember 1990.

330 Vgl. Erste Allgemeine Verwaltungsvorschrift zum Bundes-Immissionsschutzgesetz, in der Fassung vom 27. September 1990.

Die Umweltschutzverbände orientieren sich an den Maximalkriterien des Umweltschutzes. Nach ihrem Verständnis kann der finanzielle Aufwand für die Errichtung und den Betrieb einer Anlage nie zu hoch sein.

Die Bewertung von Zumutbarkeiten ist immer abhängig von der jeweiligen Gruppe und stark subjektiv geprägt. Je nach Interesse und Wertepräferenz fällt die Sicht dessen, was als zumutbares Risiko, als zumutbare Beeinträchtigung der Umwelt oder der Lebensqualität angesehen wird, unterschiedlich aus.

6.5.5 Konflikte über Kompromißbereitschaft

Dieser Konflikttyp ist insbesondere bei dem Einsatz innovativer Konfliktlösungsansätze von großem Interesse, da hier die Fragen der Verhandlungsbereitschaft und Kompromißfähigkeit zentral sind. Bei einer kooperativen Konfliktlösungssuche ist Kompromißfähigkeit aller beteiligten Akteure notwendig, jedoch befürchten die beteiligten Personen oder Personenkreise häufig durch Zugeständnisse ihr Gesicht verlieren zu können. Konflikte dieser Art sind oftmals weniger Konflikte zwischen den streitenden Parteien als vielmehr Auseinandersetzungen zwischen den Meinungsträgern innerhalb der unterschiedlichen Gruppen.

6.5.6 Beziehungskonflikte

Beziehungskonflikte lassen sich auf gegenseitiges Mißtrauen und gegenseitige Vorbehalte zurückführen. Die Öffentlichkeit glaubt der Industrie, der Verwaltung und auch den Politikern, Vertrauen und Glaubwürdigkeit nicht uneingeschränkt entgegenbringen zu können. Hierfür existieren eine Reihe von Negativ-Beispielen.

Unvollständige Informationen und fehlende Kommunikation zwischen diesen Konflikparteien machen es schwer, einen problem- und sachbezogenen Dialog zu führen. Das Zusammenspiel sowie die sich aus Konflikten ergebende Dynamik ist in Abbildung 82 dargestellt.

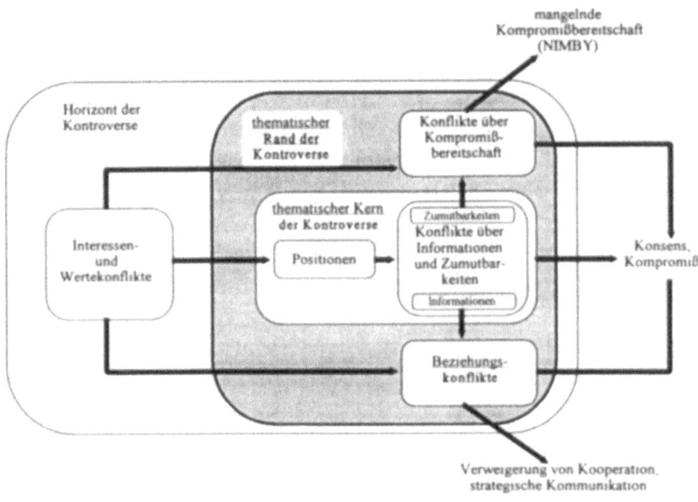

Abbildung 82. Konfliktdynamik bei Kontroversen um Entsorgungstechniken[331].

6.6 Strategien der Konfliktparteien

In der Auseinandersetzung um Entsorgungstechnologien haben sich bestimmte Verhandlungsstrategien herausgebildet. Diese können sowohl von Befürwortern wie auch von Gegnern eines Entsorgungsvorhabens angewendet werden. In der Literatur sind dafür nachfolgende Begriffe geprägt worden:[332]

- "Good guy, bad-guy"-Strategie:

Bei dieser Strategie versucht eine Gruppe durch intern verteilte, unterschiedliche Rollen und Verhandlungspositionen, die Bereitschaft des Konfliktgegners zu Zugeständnissen zu beeinflussen. Dies geschieht derart, daß eine Person die Rolle des sog. "Hardliners" einnimmt, der nicht bereit ist, von seinem Standpunkt abzuweichen. Eine andere Person derselben Gruppe spielt die Rolle des einsichtigen

331 Vgl. WIEDEMANN, P.-M.; u.a.: Bürgerbeteiligung bei entsorgungswirtschaftlichen Vorhaben: Analyse und Bewertung von Konflikten und Lösungsstrategien, Erich Schmidt Verlag Berlin 1991, S.51.

332 Vgl. ROHRMANN, B.; u.a.: Neue soziale und politische Verhaltensformen, in: Frey, D.; u.a. (Hrsg.): Sozialpsychologie – Ein Handbuch in Schlüsselbegriffen, S.475 ff.

Verhandlungspartners und wird dadurch fast automatisch in eine Position ähnlich der eines Schlichters oder Schiedsrichters gedrängt. Dies wird dann für den eigenen Standpunkt ausgenutzt.

- "Snob-job"-Strategie:

Durch ein sog. "information overload", d.h. Bereitstellung kaum zu bewältigender Informations- und Datenmengen, wird versucht, den Diskussionspartner handlungsunfähig zu machen.

- "All-nighter"-Strategie:

Durch künstliches Hinauszögern der Verhandlungen soll der Standpunktgegner in seiner Diskussionbereitschaft eingeschränkt werden, er soll "weich oder mürbe" gemacht werden.

- "Four-for-one"-Strategie:

Die eigene Position soll durchgesetzt werden, indem man in einigen unwesentlichen Details Zugeständnisse macht, ohne in der Grundfrage zu Kompromissen bereit zu sein.

- "Bad-faith"-Strategie:

Man läßt sich zum Schein auf Verhandlungen ein, d.h. es wird Bereitschaft zur Konfliktlösung signalisiert, ohne jedoch ernsthaft an der Ausarbeitung tragfähiger Kompromisse interessiert zu sein.

Diese "Konfliktlösungsstrategien" werden seit geraumer Zeit in den USA mit recht großem Erfolg durchgeführt. Bei einer auf Vertrauen und Ehrlichkeit beruhenden Konfliktlösungssuche mit echter Bürgerbeteiligung sind solche "Scheingefechte" dem Ziel der gemeinsamen Sache jedoch nicht dienlich.

6.7 Informelles Verwaltungshandeln

In der Öffentlichkeit hat sich in den letzten Jahren eine neue Form der Auseinandersetzung bei der Diskussion über Nutzen und Risiken von Entsorgungseinrichtungen durchgesetzt. Es wird nicht mehr wie zur Zeit der Interessenkonflikte um Kernkraftwerke auf der Straße oder in Sitzblockaden demonstriert, vielmehr ist der Protest heute tendenziell durch Sachlichkeit und Sachkundigkeit geprägt. Die Diskussion um Entsorgungseinrichtungen wird auf der Ebene von Expertengremien und Kongressen geführt.

Bürgerinitiativen handeln nicht mehr auf "eigene Faust", sondern kooperieren und arbeiten oftmals mit Ökologieinstituten oder überregionalen Umweltschutzverbänden zusammen. Auch die Seite der Planer und Betreiber von Entsorgungsanlagen hat aus den Fehlern der Vergangenheit gelernt und versucht, die Bürger über entsorgungstechnische Vorhaben direkt und umfassend zu informieren.

So setzt man auch in der Bundesrepublik Deutschland gegenwärtig auf eine neue Art des Verwaltungshandelns, die in den USA schon seit längerer Zeit erfolgreich praktiziert wird. Diese neue Form wird als "informelles Verwaltungshandeln" bezeichnet. Sie verfolgt das Ziel, das bislang einseitige Verwaltungshandeln der Behörden mittels Verwaltungsakt (VA) durch kooperatives Verhandeln zu ersetzen. Hierbei sollen sachgerechte Entscheidungen in enger Zusammenarbeit mit allen Betroffenen herbeigeführt werden.

Es werden Vorverhandlungen geführt, Abmachungen und Verträge geschlossen, die die gesamte Diskussion um Entsorgungseinrichtungen erleichtern sollen.

Der Hintergrund dafür ist folgender: Die komplexer werdenen Sachverhalte lassen sich häufig ohne intensive Vorkontakte mit den Betroffenen nicht mehr sachgerecht entscheiden. Auch die Vielfalt und Komplexität der Gesetze sind weniger geeignet, die umfassenden Lebenssachverhalte so zu erfassen, daß nach einfacher Subsumtion eine sachgerechte Entscheidung vom Schreibtisch aus möglich ist. Um diese relativ neue Form des Verwaltungshandelns erfolgreich zu praktizieren, sind einige Voraussetzungen notwendig:

- die Interessenneutralität staatlicher Entscheidungsträger muß gewährleistet sein,
- eine verstärkte Beteiligung betroffener Gruppierungen am Entscheidungsprozeß muß gegeben sein und
- neutrale Moderatoren, die von der Entscheidungsverantwortung entbunden sind, müssen die Funktion eines Konfliktmittlers oder auch Schiedsrichters übernehmen.

Die Moderatoren müssen, um im Sinne der Sache arbeiten zu können, von allen beteiligten Gruppen als neutral akzeptiert werden. In den USA werden diese innovativen Formen der Konfliktaustragung und kooperativen Formen des Umgangs von Verwaltungen mit Bürgerinteressen immer häufiger genutzt. Dort hat sich zwischenzeitlich schon durch das Einschalten eines unabhängigen Vermittlers bei lokalen und regionalen Konflikten zwischen betroffenen Bürgern und der Industrie oder Behörden ein eigener Berufsstand herausgebildet.

"Negotiation", "Mediation" oder auch "Conflict Management" haben es sich zur Aufgabe gemacht, die Koordination und Moderation von informellen, verbindlichen

Verhandlungen zwischen Konfliktparteien zu leiten.[333] In der Bundesrepublik Deutschland befindet sich dieses informelle Verwaltungshandeln noch in den Anfängen, obwohl die Fragen und Probleme der Bürger-Partizipation schon seit den 70er Jahren Gegenstand sozialwissenschaftlicher Forschung sind. Eine Leitfrage der Partizipationsforschung lautet dabei:[334]

"Wer – will – was – womit – bei wem – für wen – warum – bewirken?"

Unter Partizipationsverhalten werden dabei alle Vorgänge verstanden, die Mitglieder einer Institution, Organisation oder Gesellschaft anstreben, um sich an der Zielbestimmung und Entscheidungsfindung zu beteiligen. Hierdurch wird versucht, Einsicht in komplexe Sachverhalte zu bekommen, möglichen Einfluß zu gewinnen und somit die eigenen Interessen vertreten zu können. Dazu zählen, z.B. rezeptives Verhalten für Wissensvermehrung, kooperative Problemlösungssuche (innovative Ansätze) oder auch Protest zur Verhinderung/Verminderung unerwünschter Maßnahmen oder Sachverhalte.

Innovative Ansätze der Konfliktlösung sind Verfahren, mit denen versucht wird, durch kooperativen Umgang der Konfliktparteien untereinander zu umwelt- und sozialverträglichen Lösungen zu gelangen. Als Beispiele dienen hier:[335]

- Einbeziehung der Öffentlichkeit in den Planungsprozeß
- Mitarbeit von Bürgerinitiativen bei der Risikoabschätzung
- Verhandlungslösungen bei Konflikten
- Einbeziehung von neutralen Vermittlern
- Umfassende Beratung der Öffentlichkeit durch Behörden
- Zusammenarbeit von Behörden mit Experten unterschiedlicher Interessengemeinschaften
- Zusammenarbeit von Experten und Gegenexperten

---

333 Vgl. WIEDEMANN, P.-M.; u.a.: Bürgerbeteiligung bei entsorgungswirtschaftlichen Vorhaben: Analyse und Bewertung von Konflikten und Lösungsstrategien, Erich Schmidt Verlag Berlin 1991, S.4 ff.

334 Vgl. ROHRMANN, B.: Partizipation und Protest, in: Frey, D.; u.a. (Hrsg.): Sozialpsychologie – Ein Handbuch in Schlüsselbegriffen, S.645 ff.

335 Vgl. BULLING, M.: Kooperatives Verwaltungshandeln (Vorverhandlungen, Arrangement, Agreement und Verträge) in der Verwaltungspraxis, in: Die öffentliche Verwaltung, 42. Jhg., 7/89.

Der Begriff "sozialverträglich" erfordert in diesem Kontext eine dialogische Erörterung von Chancen und Risiken geplanter Entsorgungsanlagen, die sowohl eine Aneignung von technischem Wissen durch die Betroffenen als auch die Beteiligung Betroffener bei der Diskussion um Zumutbarkeit und Zulässigkeit umfaßt. Sie führt im optimalen Fall zu einer "akzeptablen Entscheidung" für alle Beteiligten.

Innovativ beschreibt im o.a. Zusammenhang eine Einbeziehung von Bürgern in den Planungs- und Entscheidungsprozeß, die außerhalb des gesetzlich vorgeschriebenen Rahmens der Bürgerbeteiligung (z.B. Planfeststellungsverfahren) anzusiedeln ist.

6.8 Formen der Bürgerbeteiligung

Auf die Bürgerbeteiligung wird an dieser Stelle noch einmal gesondert eingegangen, da durch eine umfassende und fundierte Beteiligung der Bürger in den Planungs- und Entscheidungsprozeß um eine Entsorgungsanlage möglicherweise eine Reihe von Konflikten und Problemen ausgeräumt werden kann.

Inwieweit Betroffene sich an dem Willensbildungsprozeß beteiligen, ist meistens eine Frage des angelegten Maßstabes. Allgemein wird davon ausgegangen, daß nur auf der Ebene der engeren Umgebung, z.B. des eigenen Stadtteils, eine Identifizierung und somit eine Betroffenheit der Bürger stattfindet.

Die Motive für eine allgemein feststellbare steigende Tendenz zur Bürgerbeteiligung sind vielfältig:[336]

- Transparenz politischer Entscheidungen
- Aufkommen von Protesthaltungen
- Multiplikatoreffekte von Protestaktionen durch die Medien, verbunden mit wachsender Tendenz zur Berichterstattung über lokale Ereignisse
- Versuche etablierter politischer Parteien, durch Unterstützung des Engagements von Betroffenen Vorteile gegenüber den politischen Konkurrenten zu erlangen

Eine Form der Bürgerbeteiligung liegt in der zeitgerechten und umfassenden Information. Die sich daraus eventuell ergebenden Folgen, wie Widerstände oder Initiativen, können als bereicherndes demokratisches Element verstanden werden. Basierend auf der umfassenden Informationsversorgung kann in weiteren Schritten noch die Diskussion und Mitbestimmung als Ausprägung der Beteiligung von

336 Vgl. EDLINGER, R.; u.a.: Bürgerbeteiligung und Planungsrealität, Picus Verlag, Wien 1989, S.34 ff.

Bürgern an Entsorgungsprozessen verstanden werden. Bürgerbeteiligung beschränkt sich meist auf Betroffene. Betroffenheit ist sicherlich eine Voraussetzung für eine sinnvolle Beteiligung, jedoch wird sie von den örtlichen Gegebenheiten und dem jeweiligen Informationsstand stark beeinflußt.

Bei Projekten größeren Umfangs kommt noch hinzu, daß nicht nur direkt und indirekt physisch und psychisch berührte Bürger ein Mitspracherecht fordern, sondern auch Personen, die sich im weiteren Sinne materiell oder ideell von dem Entsorgungsvorhaben betroffen fühlen. Dies könnte beispielsweise der Fall sein, wenn ein Hotelier in einer Tourismusregion sich mit der Planung und dem Bau einer Müllverbrennungsanlage auseinandersetzen muß, von der er nicht unmittelbar aber mittelbar beeinflußt werden kann. Die Betroffenheit des einzelnen Bürgers konzentriert sich dort, wo persönliche Interessen berührt oder sogar verletzt werden.

6.8.1 Instrumente der Bürgerbeteiligung

Für eine umfassende und darüber hinaus noch erfolgreiche Bürgerbeteiligung gibt es keine Patentrezepte. Entscheidungsprozesse, hier speziell aus dem Bereich der Planung von Entsorungseinrichtungen, tangieren die Interessen vieler, unterschiedlich motivierter Personengruppen. Es gibt Erfahrungen, die zeigen, daß Bürgerbeteiligungen technisch und demokratisch systematisierbar und durchführbar sind. Im folgenden werden Instrumente der Bürgerbeteiligung unbewertet aufgeführt. Die Zuordnung zu Aufgabengruppen kann als Systematisierungsversuch verstanden werden:[337]

Information:

Postwurfsendungen, Plakate, Berichte in der Lokalpresse, lokale Ausstellungen in Bankfilialen oder Schulen, lokales Fernsehen oder auch Videofilme.

Meinungsforschung:

Repräsentativbefragung, Befragung bei Veranstaltungen.

Meinungsbildung:

Bürgerversammlungen, Podiums- und Straßendiskussionen, Besichtigungen, Unterrichtsprogramme.

---

337 Vgl. HAUBER, G.: Abfall - Ingenieur - Bürger: Gemeinsam das Müllproblem lösen, Verlag C. F. Müller, Karlsruhe 1989, S.126 ff.

Interessenvertretungen:

Büros für Bürgerinitiativen, Planungsbeiräte, Ausschuß-Hearings, Bezirksvertretungen.

Bürgerbeteiligung und das dazu entsprechende Instrumentarium sind nicht statisch, sondern müssen, wollen sie nicht zur Alibifunktion herabsinken, ein sich ständig weiter entwickelnder dynamischer Prozeß sein. Neuerungen und Erfahrungen, unabhängig davon ob positiver oder negativer Natur, müssen ständig in den Beteiligungsprozeß eingearbeitet werden.

6.8.2 Information und Öffentlichkeitsarbeit

Mangel an Vertrauen und Glaubwürdigkeit gegenüber öffentlichen Institutionen haben dazu geführt, daß sich die Fronten in der Auseinandersetzung um Planungsvorhaben für Entsorgungseinrichtungen verstärkt haben. Die Auffassung, daß Öffentlichkeitsarbeit und Bürgerbeteiligung die Planung einer Abfallbehandlungsanlage nur behindern und verzögern kann, war und ist weit verbreitet. In einer Zeit, in der die vorhandenen Entsorgungskapazitäten nicht ausreichen, um der gesetzlichen Entsorgungspflicht nachzukommen, werden erste Versuche unternommen, "aktive Öffentlichkeitsarbeit" zu praktizieren. Nur bei einer frühzeitigen Informationsversorgung und echten Bürgerbeteiligung aller interessierten Teile der Öffentlichkeit kann es gelingen, für notwendige Abfallentsorgungsanlagen eine Akzeptanzbasis zu schaffen. Grundsatz ist eine auf Offenheit und Ehrlichkeit basierende Öffentlichkeitsarbeit, die genügend Raum für wirkungsvolle Bürgerbeteiligung schafft.

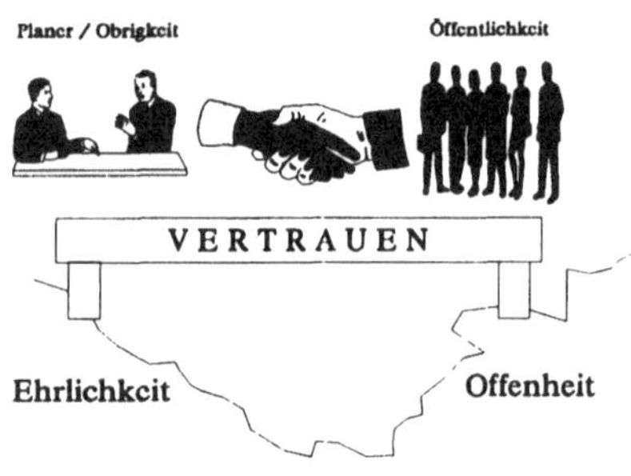

Abbildung 83. Brückenmodell[338].

338 Vgl. HAUBER, G.: Wege zur Erhöhung der Akzeptanz von Abfallentsorgungsanlagen, in: Müll und Abfall, 1/89, S.14.

Für eine umwelt- und sozialverträgliche Planung unter Beachtung der Reihenfolge Vermeiden – Verwerten – Beseitigen läßt sich stets eine breite Basis finden. In den meisten Fällen verbessert eine solche Planung die ökologische Situation gegenüber dem status quo. Um diese Basis zu erreichen, kann im Grunde nicht früh genug mit der "umfassenden Informationsversorgung" der Öffentlichkeit begonnen werden. Schon vor Beginn einer gegen das Entsorgungsprojekt eingestellten öffentlichen Diskussion müssen erste Schritte eingeleitet werden, um die Lücke zwischen Bürger und "Obrigkeit", d.h. Betroffenen und Planungsträgern, zu überbrücken.

Alle Schritte des Planungsprozesses müssen klar und deutlich offengelegt werden. Technische Zusammenhänge, etwa Einzelheiten der Funktionsweise einer Müllverbrennungsanlage, müssen so aufbereitet sein, daß sie für den nicht technisch versierten jedoch interessierten Bürger nachvollziehbar sind. Gemäß eines Fundamentalsatzes der modernen Kommunikationspsychologie akzeptiert ein Mensch ein Angebot nur dann, wenn es zwei Grundvoraussetzungen erfüllt.

1) das Angebot muß ihm vertrauenswürdig erscheinen
2) das Angebot muß ihm geeignet erscheinen, seine Probleme zu lösen (= Kompetenz)

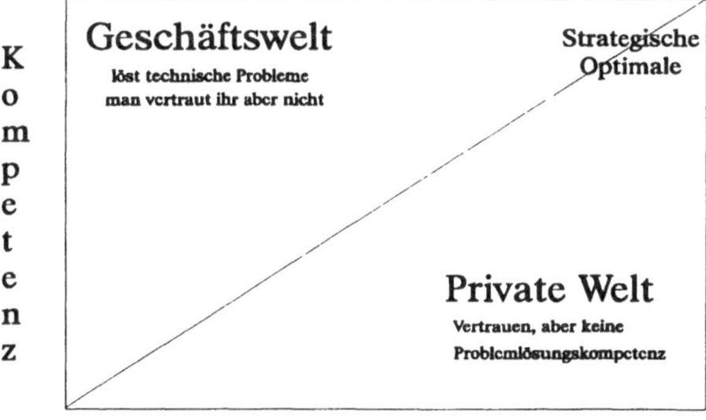

Abbildung 84. Akzeptanzmodell der Sozialpsychologie[339].

339 Vgl. HAUBER, G.: Wege zur Erhöhung der Akzeptanz von Abfallentsorgungsanlagen, in: Müll und Abfall, 1/89, S.11.

Daraus ergibt sich, daß die Zustimmung zu einer Sache nur so stark sein kann, wie der schwächste dieser zwei Parameter. Eine aus der Sozialpsychologie stammende Darstellung veranschaulicht den Zusammenhang bildlich.

Widerstände gegen Abfallentsorgungsanlagen könnten mit Hilfe eines projektbegleitenden Programms für eine umfassende Öffentlichkeitsarbeit auf ein Minimum reduziert werden. Hierbei ist unter Öffentlichkeitsarbeit das bewußte Bemühen um Aufbau und Pflege von Vertrauen in der Öffentlichkeit zu verstehen.

Die Zwei-Wege-Kommunikation ist von enormer Wichtigkeit, da nur im direkten Gespräch etwaige Mißverständisse sofort ausgeräumt werden können. Man lernt sich kennen, erkennt bestehende Zusammenhänge besser und setzt sich intensiv mit einer Sache auseinander. Ziele eines umfassenden Konzeptes zur Öffentlichkeitsarbeit sind:[340]

1) die bestehenden Engpässe in der momentanen Entsorgungssituation aufzuzeigen,
2) die sich daraus ergebende Notwendigkeit von Maßnahmen darzustellen,
3) die Sorgen, Nöte und Wünsche der Betroffenen offenzulegen sowie
4) den gesamten Ablauf der Planung transparent zu gestalten.

Um ein solches Konzept realisieren zu können, müssen nachfolgende Einzelmaßnahmen ergriffen werden:

- Öffentliche Anhörungen
- Arbeitstreffen bzw. Workshops
- Abfallrundbrief, d.h. der Bürger erhält Informationen aus erster Hand, Mißverständnisse können so weitgehend vermieden werden
- Kontaktpersonen, Einrichtung eines Kontakttelefons oder -büros
- Betreuung der Presse
- Betreuung von Schulen
- Besichtigungsfahrten, um interessierte Bürger über den aktuellen Stand der Planung zu informieren
- Informationsstände, Broschüren, etc.[341]

340 Vgl. EDLINGER, R.; u.a.: Bürgerbeteiligung und Planungsrealität, Picus Verlag, Wien 1989, S.271 ff.

341 Vgl. HAUBER, G.: Wege zur Erhöhung der Akzeptanz von Abfallentsorgungsanlagen, in: Müll und Abfall, 1/89, S.17.

Auch mit einer noch so umfassenden Öffentlichkeitsarbeit und Informationsversorgung der Bevölkerung wird es nicht restlos gelingen, alle Vorbehalte gegen eine Deponie oder Müllverbrennungsanlage aus dem Weg zu räumen. Die direkt von dem Standort betroffenen Bürger und Gemeinden bekommen durch Einrichtungen zur Entsorgung des Abfalls einer größeren Region eine überdurchschnittlich hohe Last an Gemeinschaftsaufgaben aufgebürdet.

Inwieweit die Belastungen der Einzelnen durch Vergünstigungen irgendwelcher Art ausgeglichen oder irgendwie kompensiert werden können, hängt entscheidend von der Lage des Einzelfalles ab. Hier ist jedoch mit besonderer Vorsicht und Umsicht vorzugehen, da schnell polemisierende Schlagworte wie "Bestechung", "Käuflichkeit" oder "politische Korruption" die Runde machen können.

7 Empirische Präferenzstudie MVA / Deponie

Nachdem in den vorangegangenen Kapiteln die Verfahren der getrennten Sammlung von Wertstoffen mit einer gebietsspezifisch durchgeführten Präferenzuntersuchung und nachfolgend technische Aspekte bei der Planung von Müllverbrennungs- sowie Deponieanlagen vorgestellt worden sind, wurden im weiteren zwei Befragungen in unterschiedlichen Gebietsstrukturen zu der Problematik der Abfallbeseitigung durchgeführt.

Ziel der folgenden empirischen Untersuchung ist es, Akzeptanz, Meinungen und Einstellungen bezüglich der Entsorgungsalternativen Müllverbrennung bzw. Mülldeponie zu ergründen. Zudem erfolgt ein Präferenzvergleich sowie eine Positionierung anhand subjektiv empfundener Nachteile. Dadurch kann sukzessiv das vorhandene Widerstandspotential der unmittelbar betroffenen Bürger analysiert werden.

Die Befragung wurde in der Stadt Dortmund und in der Stadt Hamm in Wohngebieten, die in einem Umkreis von ca. 0,5 - 2 km zur Müllverbrennungsanlage bzw. Deponie lagen, durchgeführt. Die Besonderheit der ausgesuchten Gebiete lag darin, daß in der Stadt Hamm beide Anlagetypen (MVA und Deponie) schon seit Jahren in Betrieb sind. In der Stadt Dortmund stand zur Zeit der Untersuchung die Deponie kurz vor der Schließung und das Umland wurde als eine Standortalternative für die Errichtung einer MVA genannt. Es wurden in beiden Untersuchungsgebieten 80 Haushalte befragt. Die Befragungen wurden in dem Zeitraum vom 1. März bis 30. Juni 1992 durchgeführt. Die Befragungsvorgehensweise entspricht der in Kapitel 7 vorgestellten Form.

7.1 Vorstellung des Fragebogens

Der Fragebogen umfaßt die fünf Teilbereiche

- Umwelt,
- Müllverbrennung,
- Mülldeponierung,
- Öffentlichkeitsarbeit der Stadt,
- Persönliche Daten

und ist von der Struktur ähnlich dem Fragebogen bei der Akzeptanzfrage zur getrennten Erfassung von Wertstoffen aufgebaut. Für den Teilbereich "Umwelt" werden hinführend zum Zentralthema zunächst allgemeine Fragen gestellt, mit denen das Interesse an Fragen des Umweltschutzes erkannt werden soll. Mit den Fragen 3, 4, 5 und 6 wird der Kontakt zu Menschen allgemein und zu Nachbarn im Besonderen hinterfragt. Aus der Kenntnis über die Kontaktbereitschaft als sozialem Faktor im Gesamtbild kann im weiteren Verlauf der Untersuchung ein Zusammenhang über das Kaufverhalten und die Verwendung bestimmter Produkte erkannt werden. Darüber hinaus sollen sich eventuelle Abhängigkeiten hinsichtlich der Bewertung der Alternativen "Müllverbrennung oder Deponierung" über Korrelationen ergeben.

Die Frage nach dem "finanziellen Opfer" für eine saubere Umwelt ist in den Fragenkatalog aufgenommen worden, um Reaktionen der Befragten auf nahezu "Intimfragen" zu testen. Deshalb kann diese Frage bei der Auswertung nur eine relative Bedeutung haben.

Die Überleitung zu dem Teilbereich Müllverbrennung erfolgt mit Hilfe von Einleitungs- und Grundaussagen. Anschließend werden Fragen zu direkten Ein- und Auswirkungen, die sich aus der räumlichen Nähe zur Müllverbrennungsanlage ergeben, gestellt. In einer abschließenden Frage zum Themenkomplex Müllverbrennung wird überprüft, inwieweit Bedenken, die vor Inbetriebnahme der Müllverbrennungsanlage bestanden haben, sich zerschlagen oder erfüllt haben. Die Beantwortung dieser Frage ist naturgemäß nur von den Personen zu erwarten, die schon vor der Inbetriebnahme der Müllverbrennungsanlage an ihrem jetzigen Wohnort gelebt haben und die damals schon eine gewisse Befürchtung um eine Verschlechterung ihres Wohnumfeldes und ihrer Lebensbedingungen gehabt haben. Sie wird allerdings besonders kritisch gesehen werden müssen, da zu vermuten ist, daß die Erwartungshaltung an die Müllverbrennungsanlage vor der Inbetriebnahme 1986 nur bedingt reflektierbar ist und eher die heutige Grundhaltung zum Ausdruck kommt.

Der Teilbereich Mülldeponierung ist im Aufbau und Inhalt der Fragen an den vorherigen Bereich angelehnt. Diese Übereinstimmung wurde gewählt, damit die Aussagen über die Müllverbrennung und Mülldeponierung vergleichbar sind.

Die Fragen 17 und 18 betreffen sowohl die Müllverbrennung als auch die Mülldeponierung. In der hypothetisch formulierten Frage 17 muß sich der Befragte in die Position eines Planers von Entsorgungsanlagen versetzen. Er befindet sich in der Situation, für die Kommune eine der beiden Alternativen – Müllverbrennungsanlage oder Mülldeponie – wählen zu müssen. Im zweiten Teil der Frage wird ein möglicher Standort der angenommenen Anlage erfragt, wobei davon ausgegangen wird, daß die Frage mit "woanders" relativ unkritisch beantwortet wird. Sie ist trotzdem gestellt worden, damit erkannt werden kann, ob sich die Nachbarn nur vordergründig mit einem "nur nicht bei uns" begnügen, oder ob bei Kenntnis der Ortslage in der Tat bewertbare Alternativvorschläge gemacht werden. Abschließend zu diesem Themenbereich wird um eine gegenüberstellende Bewertung von Müllverbrennungsanlagen und Mülldeponien gebeten.

Der anschließende Teil Öffentlichkeitsarbeit der Stadt versucht herauszufinden, wie weit die Bürger über umweltpolitische Aktivitäten ihrer Stadt informiert sind. Als Einleitungsfrage werden Medien allgemein – regionale wie auch überregionale – angesprochen, mit deren Hilfe sich die Befragten regelmäßig informieren. Die Frage nach Abfallberatungsstellen sowie konkreten städtischen Aktionen zum Thema Umweltschutz runden diesen Teilbereich ab.

Fragen nach dem Familienstand, der Zugehörigkeit zu einer der aufgeführten Altersgruppe, der Schulausbildung, der Berufstätigkeit, der Zugehörigkeit zu einer der aufgeführten Berufsgruppen, der Wohnverhältnisse, des Einkommens sowie der Größe und Art der Haushaltsgemeinschaft bilden den Abschluß dieses Fragebogens. In Abbildung 85 ist aufgezeigt, durch welche unterschiedlichen Einflußfaktoren die Einstellung gegenüber einer Müllverbrennungsanlage oder Deponie beeinflußt werden kann.

Demographische Faktoren, wie z.B. Alter, Familienstand oder auch Beruf (siehe Fragebogen Teilbereich 5 – "Persönliche Daten"), soziale Faktoren, z.B. Kontaktbereitschaft zu Nachbarn oder Menschen allgemein, Zugehörigkeit zu Vereinen, o.ä. (siehe Teilbereich 1 – "Umwelt") und auch situative Faktoren, z.B: Art des Wohnumfeldes oder des Mietverhältnisses (Teilbereich 5 des Fragebogens) haben:

1. einen direkten Einfluß auf die Einstellung zur Müllverbrennungsanlage oder Deponie,
2. einen indirekten Einfluß über den Bereich "psychologische Faktoren".

Über das Umweltbewußtsein und die sich möglicherweise daraus ergebenden Konsequenzen des umweltrelevanten Verhaltens (Verwendung von Mehrwegbehältnissen, Sammlung von Altglas und Altpapier und zweckentsprechende Entsorung) kann sich eine geänderte Einstellung gegenüber der Abfallentsorgungsmethode Müllverbrennungsanlage oder Mülldeponie ergeben.

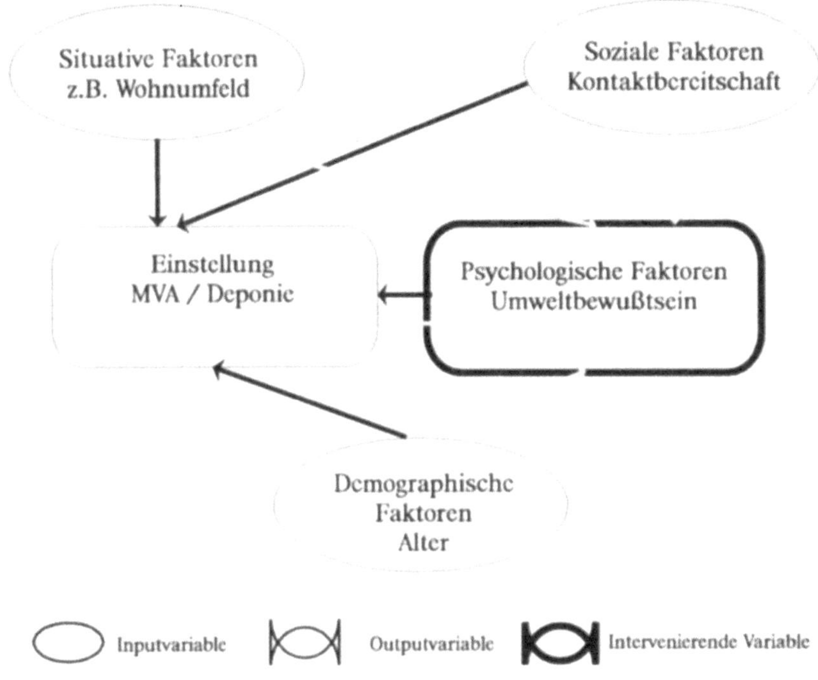

Abbildung 85 Einflußfaktoren auf das Einstellungsverhalten.

7.2 Studie MVA / Deponie in Dortmund

7.2.1 Vorstellung des Untersuchungsgebietes

Die Datenaufnahme fand in Wohngebieten statt, die in unmittelbarer Nähe zur Mülldeponie liegen. Genauere Informationen über das Untersuchungsgebiet liefert Abbildung 86.

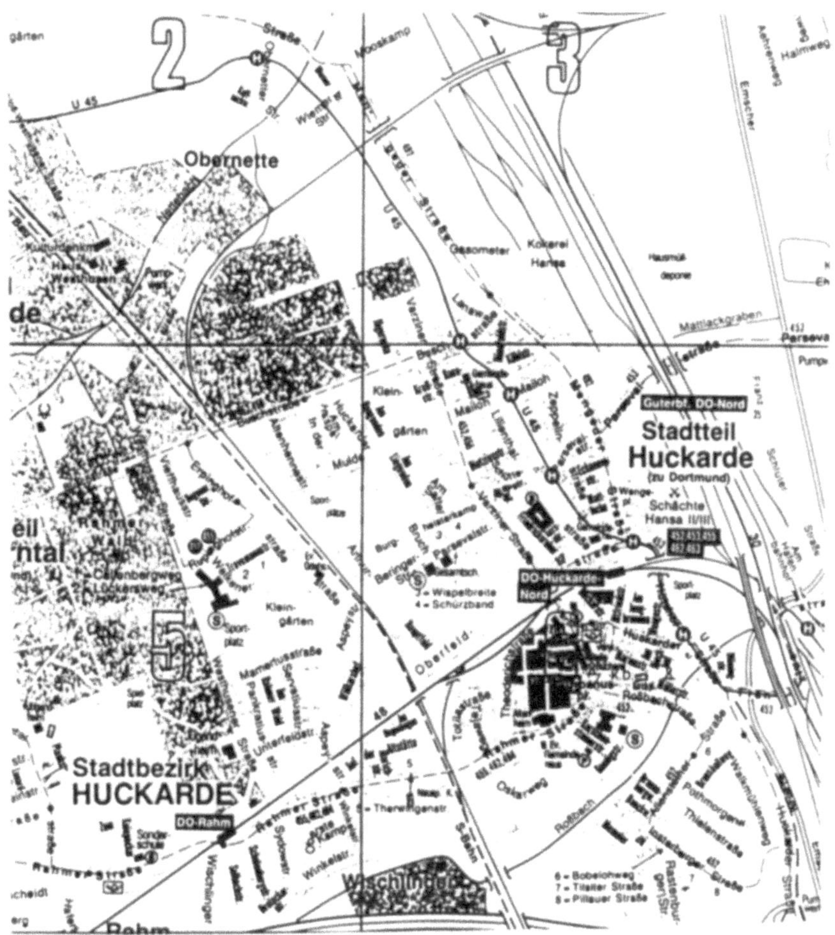

Abbildung 86. Untersuchungsgebiet Dortmund.

7.2.2 Demographische Daten

Um die Validität der empirischen Analyse zu verdeutlichen, sollen vor der Präsentation der Ergebnisse die sozioökonomischen Daten der in die Stichprobe aufgenommenen Personen bzw. Haushalte dargestellt werden.

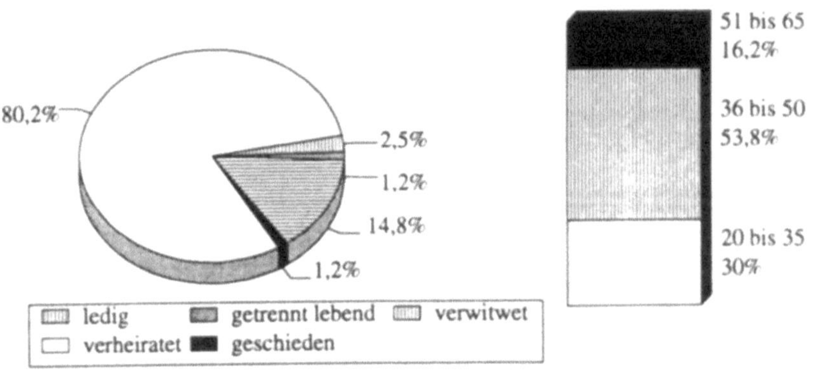

Abbildung 87. Familienstand/Altersgruppe.

Die Tatsache, daß die Altersgruppe bis 20 Jahre und auch die Altersgruppe über 65 Jahre bei dieser Befragung nicht vertreten sind, läßt nicht den Schluß zu, daß diese Personengruppen in dem Erhebungsbereich nicht leben.

Vielmehr wurden die entsprechenden Gruppen bei der Befragung kaum angetroffen bzw. waren mit zunehmenden Alter zu einer Befragung nicht bereit, da sie sich überfordert fühlten. Der Schwerpunkt liegt demnach mit 83,8% im Altersbereich von 20 bis 50 Jahren; eine Altersgruppe, von der ein kritisches umweltpolitisches Verständnis erwartet werden kann.

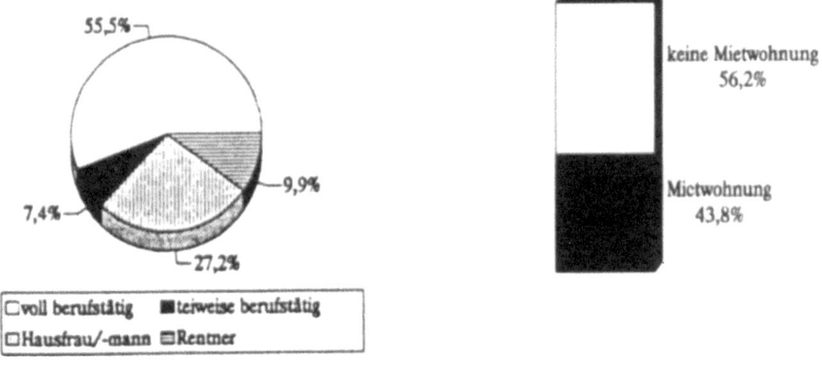

Abbildung 88. Art der Berufstätigkeit/Wohnungsart.

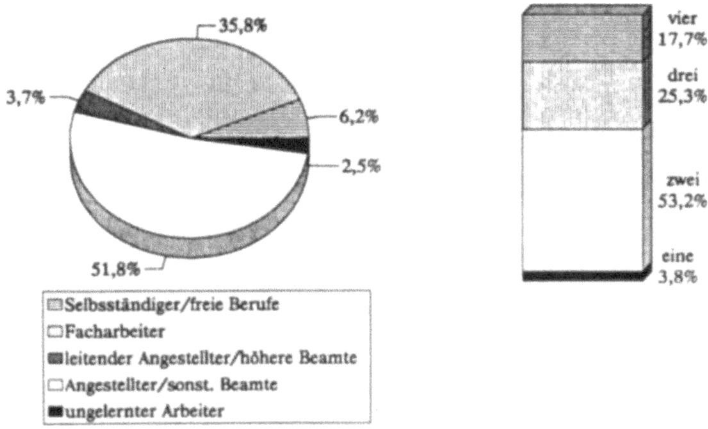

Abbildung 89. Berufsgruppenzugehörigkeit/Haushalts-Personenzahl.

Tabelle 56. Haushaltsnettoeinkommen.

Einkommen (in DM)	absolute Werte	prozentuale Werte
unter 1000	0	0,0
1000 - 2000	1	1,3
2000 - 3000	34	43,0
3000 - 4000	42	53,2
4000 - 5000	1	1,3
über 5000	1	1,3
keine Antwort	2	-

Trotz der relativ geringen Anzahl von 81 befragten Personen kann aufgrund der vorliegenden demographischen Daten vor einer hohen Repräsentativität ausgegangen werden. Um eine vergleichende Analyse der beiden Entsorgungsalternativen zu ermöglichen, werden die verschiedenen Themenkomplexe für beide Alternativen gleichzeitig abgehandelt.

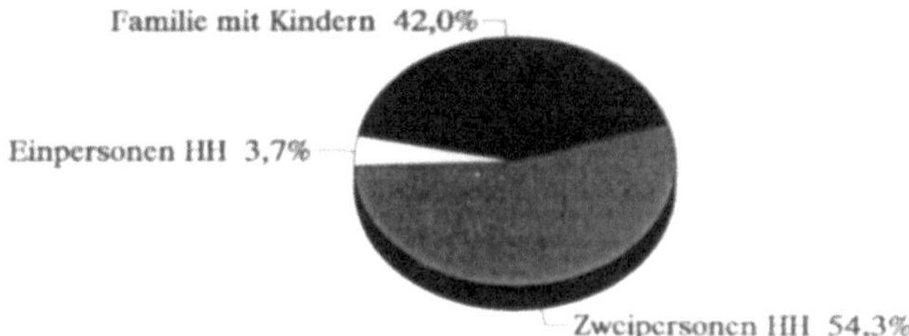

Abbildung 90. Art der Haushalts-Gemeinschaft.

7.2.3 Einstellungen zu Müllverbrennung bzw. Mülldeponierung

Im folgenden wurden die Befragten gebeten, einige Aussagen zum Thema Müllverbrennung bzw. -deponierung auf einer 5er-Rating-Skala anzukreuzen. Aufgrund der spezifischen Aussagenformulierung können an dieser Stelle Erkenntnisse über die Ausprägungen der kognitiven und affektiven Komponente bezüglich der mit den beiden Entsorgungsalternativen verbundenen Problemkomplexe gewonnen werden.

Bei der Aussage "Müllverbrennung ist heute ein wichtiger Teilbereich der Abfallentsorgung" kreuzten 11,4% der Befragten die Antwortkategorie "trifft voll zu" an. Für 79,7% trifft diese Aussage "eher zu". Lediglich 3,8% der Befragten äußerten sich somit zwiespältig bzw. negativ.

38% der Befragten waren der Meinung, daß Müllverbrennungsanlagen überflüssig werden, wenn weniger Müll produziert wird. Wird an dieser Stelle der Anteil derjenigen, die die Antwortkategorie "trifft eher zu" ankreutzen, hinzugefügt, erweitert sich die Zahl auf insgesamt 92,4%.

Der Auffassung, daß Müllverbrennungsanlagen alleine unsere Abfallprobleme nicht lösen können, waren "voll" bzw. "eher" 92,3% der Befragten. Eine geringe Gefährdung durch Müllverbrennungsanlagen aufgrund der technischen Ausreifung sehen (Antwortkategorie "trifft eher zu") lediglich 1,3% der Befragten. Anders formuliert: Fast 80% der Befragten sehen immer noch eine Umwelt- und Gesundheitsgefährdung durch die Müllverbrennung.

Nur 20,5% unterstützen "eher" die Aussage, daß durch Müllverbrennung wertvolle Brennstoffe wie Kohle, Erdöl usw. ersetzt werden. Diese Aussagensysteme sind dem kognitiven Bereich zuzuordnen und lassen folgende Interpretation zu:

Die Wichtigkeit dieser Thematik wird vollends erkannt. Auch die Tatsache, daß eine derartige Entsorgungseinrichtung durch die eigene Verursachung großer Müllberge notwendig wird, ist weit verbreitet. Festzuhalten bleibt, daß sowohl die Effizienz als auch die Sicherheit sehr kritische Parameter nach Meinung der Befragten sind.

Im affektiven Bereich dieses Themenkomplexes wurden folgende Ergebnisse festgestellt: Der Aussage, daß Müllverbrennung überflüssig sei und Abfälle auch auf Deponien abgelagert werden könnten, stimmten "eher" 58,2% der Befragten zu. Der Meinung, Alternativen wie Wiederverwertung und Aufbereitung verstärkt beachten zu müssen, waren "voll" 35,9% bzw. "eher" 55,1%.

Allgemein als "gut", jedoch nicht in ihrem unmittelbaren Wohnumfeld, werteten 14,1% der Personen die Einrichtung einer Müllverbrennungsanlage. Auffällig hierbei ist, daß 46,2% die unsichere Antwortkategorie "teils-teils" ankreuzten. Es bleibt festzuhalten, daß bei diesem Themenkomplex zum einen scheinbar nach Substitutionsmöglichkeiten gesucht wird, zum anderen die persönliche Betroffenheit eine wichtige Determinante der subjektiven Einschätzung ist.

Da die Einstellung zu einer Entsorgungseinrichtung durch die Tatsache geprägt ist, ob die Befragten überhaupt andere Entsorgungseinrichtungen im "awareness set" haben, wurde nach bekannten Alternativen der Müllverbrennung gefragt: Nur 39.2% – d.h. weniger als die Hälfte – der Befragten kennen andere Entsorgungsalternativen, wobei zumeist die Mülldeponierung genannt wurde.

Im kognitiven Bereich des Problemkreises Mülldeponierung ergab sich folgendes Bild: Mülldeponierung als einfachste Möglichkeit, den Abfall zu entsorgen, sehen "voll" 3,7% und "eher" 43,2% der Befragten. Die Antwortkategorie "trifft nicht zu" ist an dieser Stelle gar nicht vertreten.

Zur umweltgerechten Gestaltung halten insgesamt 85,2% (7,4 % "trifft voll zu" und 77,8% "trifft eher zu") der Befragten Sicherheitsvorkehrungen und bautechnische Einrichtungen für notwendig. Dem Statement "Deponien von heute sind die Altlasten von morgen" pflichteten nur 2,5% der Personen bei. 66,7% kreuzten hierbei die etwas relativierende Kategorie "trifft eher zu" an. Unsicherheit zeigten 24,7% der Befragten ("teils-teils").

Der Aussage "Kontrollen auf Mülldeponien müssen stärker und regelmäßiger durchgeführt werden" schlossen sich 45,7% "voll" und 50,6% "eher" an. Der kognitive Bereich zeigt das unzureichende Problembewußtsein der Bevölkerung. Der Müllnotstand und die dringende Suche nach neuen Entsorgungsmöglichkeiten scheinen nicht sehr tief im Bewußtsein der Bevölkerung verankert zu sein. Typisch erscheint, daß weite Teile der Bevölkerung durch Verfahrensregeln (Kontrollen, s.o.) Lösungen des Problems erhoffen.

Der affektive Bereich der Mülldeponierung erbrachte folgende Ergebnisse: 96,3% der Befragten sind der Meinung, daß Personen, die Problemabfälle auf Hausmülldeponien entsorgen, mit harten Strafen belegt werden müssen. Eine Verbesserung der Deponietechnik, damit die bereits vorhandenen Kapazitäten optimaler genutzt werden können, halten 4,9% für "voll" bzw. 55,6% für "eher" notwendig.

12,3% sind der Auffassung, der gesamte Müll sollte verbrannt werden, dadurch würden Deponien überflüssig. 53,1% sind "teils-teils" dieser Meinung. Nur 4,8% sehen in einer Deponie "eher" eine große Belastung für die Umwelt. 84% der Befragten zeigten sich hierbei wiederum sehr unsicher und kreuzten die Antwortkategorie "teils-teils" an.

Es zeigt sich, daß im affektiven Bereich einerseits Deponien als überflüssig bezeichnet werden und andererseits ein großes Vertrauen in die Technik besteht, die Kapazitäten zu erweitern. Von einer Problemeinsicht bzw. kritischen Meinung kann daher nicht gesprochen werden. Umweltsünder und Technik sind die dominierenden Kritikpunkte; die allgemeine Problematik der Entsorgung wird bei diesem Themenkomplex unzureichend erkannt.

7.2.4 Determinanten der Einstellung gegenüber Müllverbrennungs- bzw. Mülldeponierungsanlagen

Um ganz konkret die Ursachen von Widerständen der unmittelbar betroffenen Bevölkerung gegen die Abfallentsorgungssysteme Müllverbrennung und Mülldeponierung aufzudecken, wurden bei diesem Themenkomplex etwaige Beeinträchtigungen durch die Errichtung dieser Anlagen bei den betroffenen Personen erfragt. Allgemeine Bestimmungsfaktoren, wie umweltpolitisches Interesse, allgemeines Umweltbewußtsein etc., sind zwar ebenfalls Bestimmungsfaktoren der Einstellung, sie erklären aber nicht die großen Widerstände der Bevölkerung, die sich bei der Frage eines geplanten Standortes oder laufend während der Betriebstätigkeit dieser Anlagen zeigen. Zudem verdeutlichte die Analyse von Problembewußtsein- bzw. -einsicht, daß zum großen Teil die persönliche Betroffenheit den Wahrnehmungsraum der Befragten determiniert und die Ausprägung der kognitiven und affektiven Komponente beeinflußt.

Daher wurden im Fragebogen einige Aussagen angeführt, die mögliche direkte Ein- oder Auswirkungen der räumlichen Nähe zu diesen Abfallentsorgungssystemen formulieren. Auf einer 5er Rating-Skala sollten die Befragten diese Aussagen je nach Zustimmungsgrad ankreuzen.

Nach dieser Untersuchung beeinflussen die sozialen Faktoren die allgemeine Einstellung zu diesen Entsorgungsalternativen:[342] Personen, denen die Einschätzung durch ihre Mitmenschen überdurchschnittlich wichtig ist, besitzen eine tendenziell positivere Einstellung gegenüber diesen Entsorgungsanlagen als andere Bürger.

Bei den demographischen Faktoren erweisen sich folgende Einstellungsdeterminanten als signifikant: Personen mit mittlerem Haushalts-Netto-Einkommen (2000 - 4000 DM) stehen Müllverbrennungsanlagen tendenziell positiver gegenüber als die Personengruppen in der niedrigeren oder höheren Einkommensklasse. Je höher der Schulabschluß, desto differenzierter werden die einzelnen Aspekte der Einstellung beurteilt. Je höher der Rang der gesellschaftlichen Berufsgruppe, desto kritischer stehen die Befragten den Teilaspekten der Einstellung gegenüber. Hier ergibt sich ein recht heterogenes Bild.

Ein Wohnsitz im Bereich der Hauptwindrichtung zur Mülldeponie beeinflußt entscheidend die allgemeine Einstellung in negativer Hinsicht. Andere demographische, situative oder psychographische Konstrukte erwiesen sich nach dieser Untersuchung als nicht signifikant.

7.2.5 Die Analyse der Präferenzen: Müllverbrennung versus Mülldeponierung

In der Rolle des Planers würden sich unter der Prämisse, daß eine der beiden Alternativen gebaut werden muß, 91,8% der Befragten für eine Müllverbrennungsanlage entscheiden. Demgegenüber würden bei diesem Szenario lediglich 8,2% eine Mülldeponierungsanlage präferieren.

Als Begründung für diese Präferenzstruktur dominierten mit 97% eindeutig die allgemeinen gegenüber den privaten Gründen mit lediglich 3%. Um diese Präferenzstruktur kausalistisch zu überprüfen und zugleich eine einzelne Beurteilung dieser Alternativen zu erhalten, sollten die Befragten "aus ihrem persönlichen Gefühl heraus", diese Anlagen auf einer 5-er Rating-Skala beurteilen. Das Ergebnis bestätigt im großen und ganzen die oben dargestellte Präferenzstruktur und ist der Abbildung 91 zu entnehmen.

342 Folgende Ergebnisse wurden mit Hilfe des Chi-Quadrat-Tests sowie einer Analyse der Häufigkeiten gewonnen.

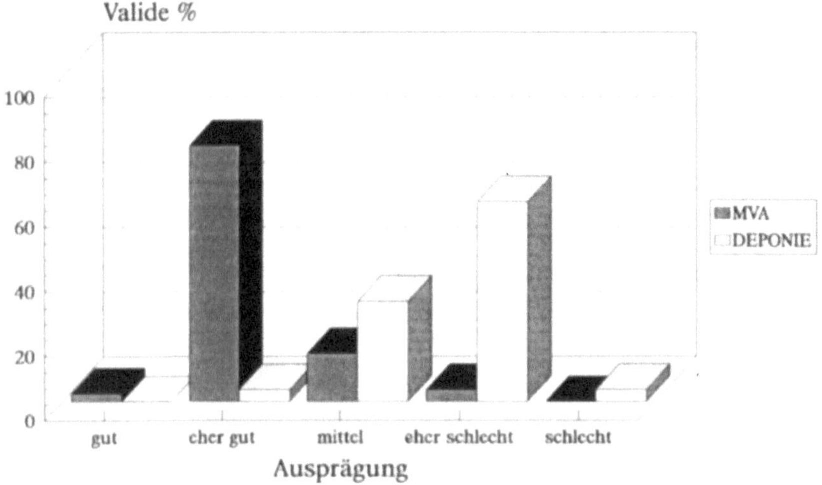

Abbildung 91. Bewertung MVA / Deponie.

7.3 Studie MVA – Deponie in Hamm

Im Rahmen der Untersuchung "Akzeptanzprobleme im Bereich von Müllverbrennungsanlagen und Deponien" am Beispiel der Stadt Hamm wurden insgesamt 80 Haushalte befragt.

7.3.1 Vorstellung des Untersuchungsgebietes der Stadt Hamm

Diese Befragung wurde in Wohngebieten durchgeführt, die in einem Umkreis von ca. 0,5 bis 1,5 km zur Müllverbrennungsanlage und Deponie leben. Nähere Angaben können Abbildung 92 entnommen werden.

Da die in die Untersuchung einbezogenen Wohnbereiche vom äußeren Erscheinungsbild vergleichbar strukturiert sind, war eine weitere Klassifizierung nicht mehr nötig. So kommt ein mehr oder weniger zufälliges Kollektiv zustande.

Abbildung 92. Untersuchungsgebiet Hamm.

7.3.2 Demographische Daten

Als Einstieg in die Auswertung der Untersuchung werden die persönlichen Daten benutzt. Hierdurch kann man einen guten Überblick über die Struktur und den Aufbau der Gesamtheit der befragten Personen erhalten.

Die Beantwortung nach dem Familienstand umfaßt die Alternativen ledig, verheiratet, verwitwet, geschieden und getrennt lebend. Für die Akzeptanzuntersuchung sind die Daten in nachfolgender Grafik zusammengefaßt.

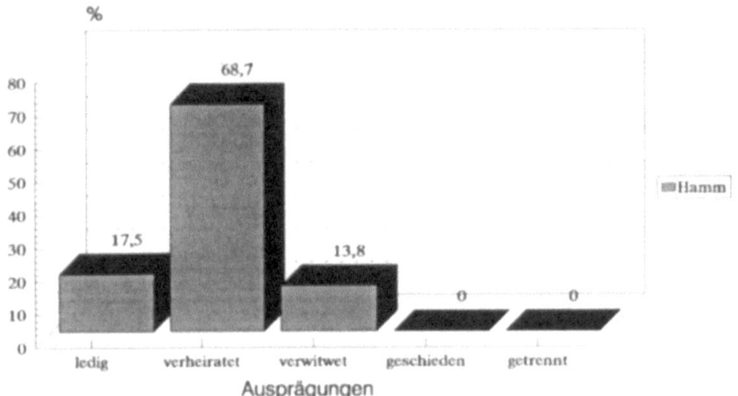

Abbildung 93. Familienstand der befragten Personen.

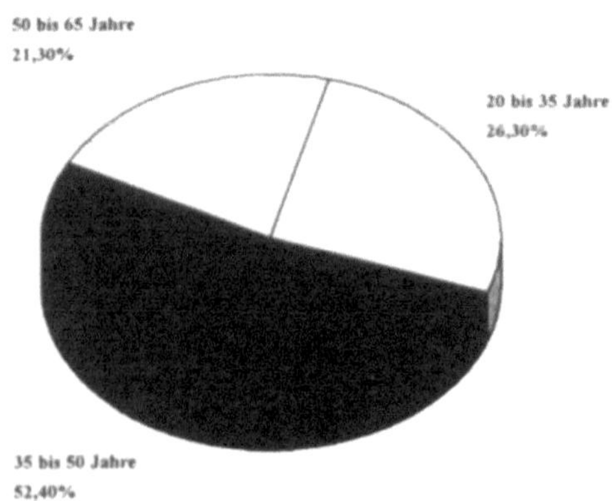

Abbildung 94. Zugehörigkeit zu Altersgruppen.

Mit 52,4% war die Altersgruppe 35 bis 50 Jahre der Befragten am stärksten vertreten; 26,3% gehörten der Altersgruppe von 20 bis 35 Jahren und 21,3% der Gruppe von 50 bis 65 Jahren an. Der Schwerpunkt liegt demnach mit fast 80% im

Altersbereich von 20 bis 50 Jahren; einer Altersgruppe, der aktives umweltpolitisches Verhalten zugemutet werden kann. Die Frage nach dem erreichten Schulabschluß wurde von 42,5% mit der Alternative Mittelschule / Oberschule ohne Abitur / Realschule (mittlere Reife) und von 32,5% mit der Möglichkeit Volks- / Hauptschule beantwortet. 3 Personen besitzen keinen, 5 Personen einen gymnasialen Schulabschluß und 2 Personen haben eine Hochschule oder Universität besucht. Die Frage nach der Berufstätigkeit und auch der Berufsgruppenzugehörigkeit wurde folgendermaßen beantwortet.

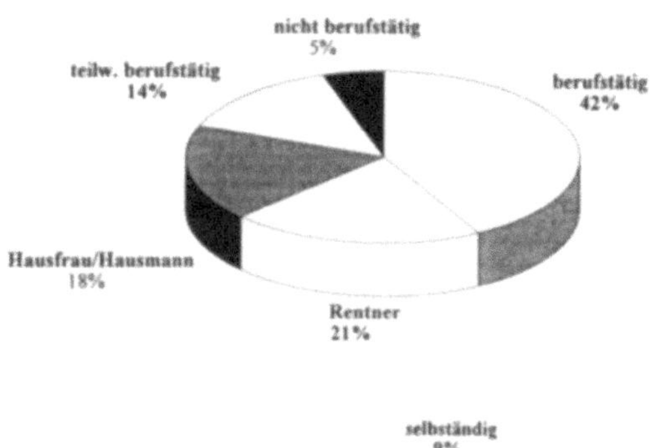

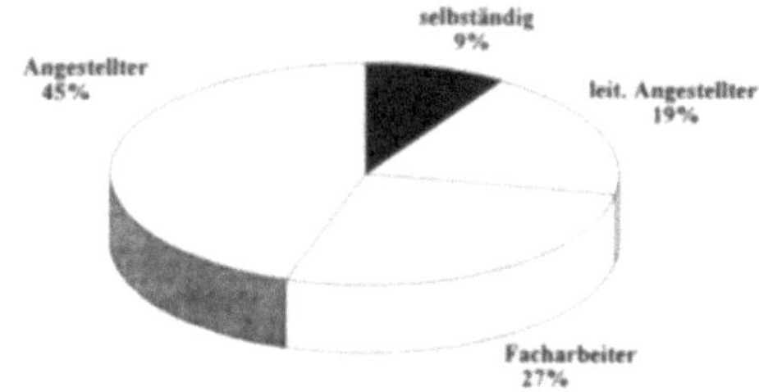

Abbildung 95. Berufstätigkeit und Zugehörigkeit zu einer Berufsgruppe.

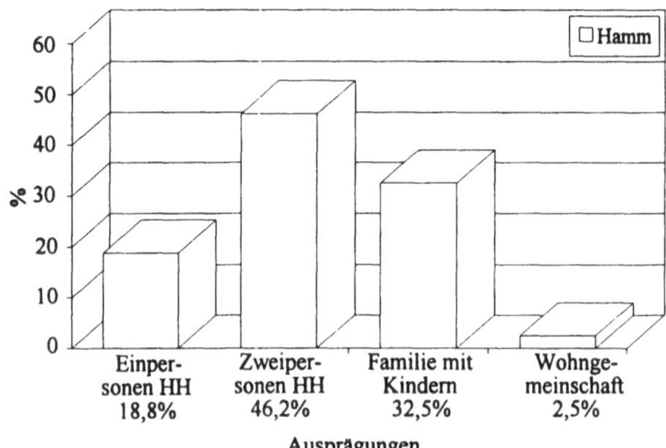

Abbildung 96. Art der Haushaltsgemeinschaft.

90% oder absolut ausgedrückt 72 von 80 Personen wohnen zur Miete. Bei der Art der Haushaltsgemeinschaft dominiert der Zweipersonenhaushalt (46,3%) vor der Familie mit Kindern (32,5%), wobei hier bei 41,3% ständig drei oder mehr Personen in einem Haushalt leben.

Das monatliche Haushalts-Nettoeinkommen liegt zwischen 2000 und 4000 DM. Die konkreten Werte können aus der Tabelle entnommen werden:

Tabelle 57. Haushaltsnettoeinkommen.

Einkommen (in DM)	absolute Werte	prozentuale Werte
unter 1000	0	0,00
1000 - 2000	6	7,50
2000 - 3000	24	30,00
3000 - 4000	36	45,00
4000 - 5000	14	17,50
über 5000	0	0,00

Aus den Informationen über die persönlichen Daten läßt sich folgender Schluß ziehen: Die Befragung hat trotz eines relativ geringen Kollektives von 80 befragten Personen einen relativ hohen repräsentativen Aussagewert, weil

1. von der Altersstruktur her ein kritisch interessierter Personenkreis befragt wurde, weil
2. vom Personenstand ein breites Spektrum schwerpunktmäßig abgedeckt wird und weil
3. erkannt werden kann, daß sich Aus- und Vorbildung sowie der ausgeübte Beruf und das Einkommen weitgehend entsprechen und mit der Zuordnung zum unteren bis mittleren Mittelstand allgemein die in der Bundesrepublik Deutschland am stärksten vertretene Bevölkerungsschicht angesprochen wurde.

7.3.3 Determinanten der Einstellung gegenüber Müllverbrennungs- bzw. Mülldeponierungsanlagen

Die Beantwortung der Fragen zum Themenbereich Umwelt allgemein fiel äußerst unterschiedlich aus. Viele Antwortalternativen tendieren zum Mittelbereich (trifft eher zu – teils/teils – trifft eher nicht zu). Die Identifikation mit einer Aussage – absolute Befürwortung oder volle Verneinung – wird selten vorgenommen. Eine Begründung hierfür könnte in der Tatsache liegen, daß einige Antworten ein gewisses fachliches Verständnis voraussetzen, z.B. die Alternative aus der Frage 1: "Der Treibhauseffekt wird durch die Überproduktion von Kohlendioxid verursacht". Eindeutig dagegen wurde die Aussage "Kinder sollen schon in der Schule zu umweltbewußtem Verhalten erzogen werden" beantwortet. Die folgende Grafik zeigt die Häufigkeitsverteilung.

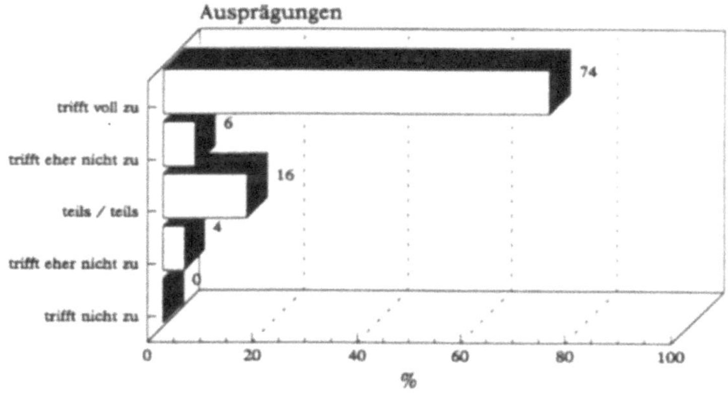

Abbildung 97. Kindererziehung.

Interessant ist die Beantwortung der Frage, ob der Staat den Umweltschutz per Gesetz regeln soll. 92,5 % sprachen sich dafür aus. Die Antworten auf die Fragen 12 und 13 dieses Fragenkomplexes, in denen das persönliche Verhalten, sozusagen das Praktizieren von Umweltschutz abgefragt wird, stellen sich als ein krasser Widerspruch dar.

Einerseits wird der Standpunkt "Bei dem Umweltschutz muß man bei sich selber anfangen" vertreten, andererseits ist man jedoch nicht oder nur bedingt bereit, auf das Auto zu Gunsten von öffentlichen Verkehrsmitteln zu verzichten.

Für den Bereich "Einkauf und Verwendung verschiedener Produkte" sieht das Praktizieren von Umweltschutz offensichtlich ganz anders aus. So scheint sich ein Lernprozeß durchgesetzt zu haben, bewußter einzukaufen und auch Produkte bewußter zu verwenden.

Nach der Umfrage bevorzugen etwa 92,5% der befragten Personen Getränke in Pfandflaschen (obwohl dies oftmals kostenintensiver ist), 77,5% verzichten bei dem Einkauf auf Plastiktüten, 85% verwenden Umweltschutzpapier aus Altpapier und 81,3% bringen Altglas und Altpapier zu den entsprechend bereitgestellten Sammelcontainern.

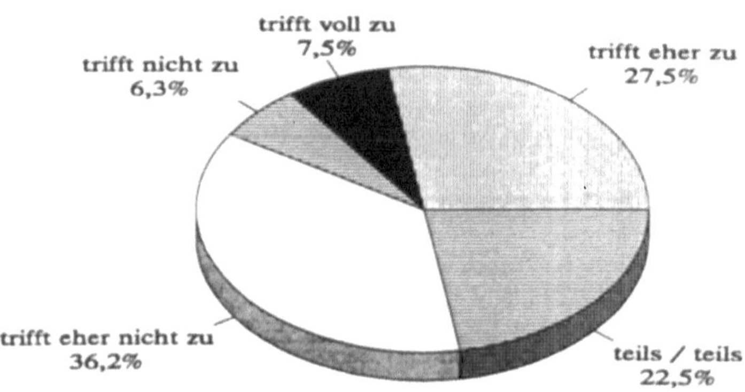

Abbildung 98. Nutzung des Umweltmobils zur Entsorgung von Problemmüll.

Mit Erstaunen muß allerdings in diesem Zusammenhang zur Kenntnis genommen werden, daß der Entsorgung von Problemmüll noch nicht der erforderliche Stellenwert entgegengebracht wird. Es ist davon auszugehen, daß viele Personen sich ihres Problemmülls auf konventionelle Art und Weise entledigen, d.h. entweder über das Abwasser oder über den Hausmüll entsorgen. Daß von dem Angebot der

Stadt, derartigen Müll mit Hilfe des Umweltmobils zu entsorgen, nur zu 35% Gebrauch gemacht wird, ist umso befremdender, zumal bestimmte Standorte im Stadtgebiet nach Fahrplan angefahren werden und kostenlose Entsorgung möglich ist.

Wertet man die Fragen und Antworten zum Allgemeinthema "Umwelt" aus, so läßt sich folgende Bilanz ziehen:

1. Ein Interesse an allgemeinen Fragen des Umweltschutzes ist in der Bevölkerung vorhanden, jedoch sind Hintergrundwissen und detaillierte Informationen noch zu wenig ausgeprägt.
2. Es hat sich die umgangssprachliche Meinung "Umweltschutz ja, aber nicht bei mir" im wesentlichen bestätigt gefunden. Man ist nur bedingt bereit, Umweltschutz bei sich selbst beginnend zu praktizieren.
3. Im Hinblick auf den Teilbereich Einkauf und Produktverwendung ist eine Trendwende zu erkennen. Hier will man mitmachen.
4. Das für die kostenlose Entsorgung von Problemmüll von der Stadt Hamm bereitgestellte Umweltmobil wird nicht in dem gewünschten und erforderlichen Maße angenommen.

7.3.4 Einstellung zur Müllverbrennung bzw. Mülldeponierung

Den Kernpunkt der Untersuchung bilden natürlich die Fragen und Antworten zum Bereich "Müllverbrennung" und "Deponierung". Für den Komplex Müllverbrennung ergibt sich aus der Kombination der Fragen 8/1 und 8/3, daß die Müllverbrennung uneingeschränkt als ein wichtiger Teilbereich der Abfallentsorgung angesehen wird. Man geht sogar in der Einschätzung der Ist-Situation und in dem Allgemeinverständnis soweit, daß weitergreifende Entsorgungstechniken und -methoden unterstützt werden.

Diese prinzipielle Haltung wird auch durch die mit 87,6% vertretene Ansicht bestätigt, daß Müllverbrennungsanlagen nicht überflüssig sind und man statt Müllverbrennungsanlagen nicht einfach, wie bisher, die Abfälle auf Deponien ablagern kann (Frage 8/4). In Korrespondenz dazu ist demnach auch die Beantwortung der Frage 8/6 zu sehen, aus der heraus die verstärkte Beachtung der Wiederverwertung und Aufbereitung als Alternativen und deren Einbindung in bestehende Entsorgungskonzepte gefordert wird.

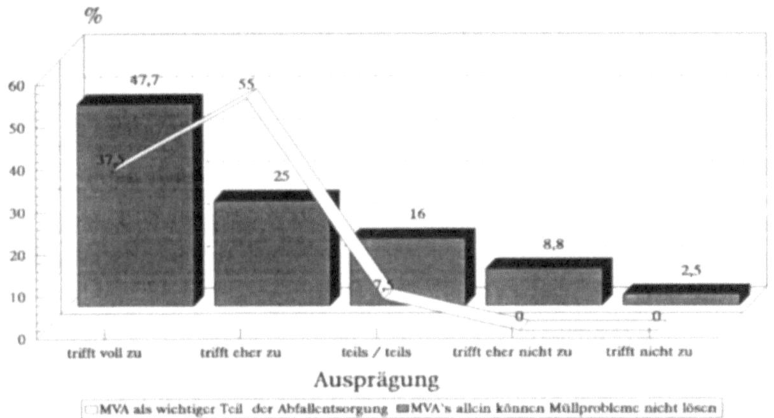

Abbildung 99. Stellenwert der Müllverbrennung im Entsorgungskonzept.

Der technische Standard und die Anlagensicherheit von Müllverbrennungsanlagen wird recht unterschiedlich beurteilt. 52,5% der Befragten halten Müllverbrennungsanlagen für eher umweltgefährdend und 30% geben die Antwort "teils/teils"; aber nur 11,3% glauben, daß Müllverbrennungsanlagen in ihrer heutigen Form nur noch eine geringe Umwelt- und Gesundheitsgefährdung darstellen. Hier liegt sicher ein erhebliches Aufklärungsdefizit.

Das Hinterfragen möglicher Alternativen zur Müllverbrennung fiel äußerst unbefriedigend und nicht auswertbar aus. Gerade in diesem Punkt ist der Bevölkerung die allgemeine Problematik noch nicht ausreichend bewußt geworden. Über die Abfallbeseitigung in der Zukunft wird momentan noch nicht in der gebotenen Weise nachgedacht. Hier müßten alle Verantwortlichen ihrer Informationspflicht gezielter nachkommen.

Direkte Ein- und Auswirkungen durch die räumliche Nähe zur Müllverbrennungsanlage werden in der Frage 10 aufgegriffen. Mit der Beantwortung dieser Frage lassen sich nun konkret die möglichen Nachteile der räumlichen Nähe zu einer Müllverbrennungsanlage nachvollziehen. So haben sich für die Aussage "Verminderung der Wohnqualität" 100% negativ bis unentschieden geäußert (Tabelle 58).

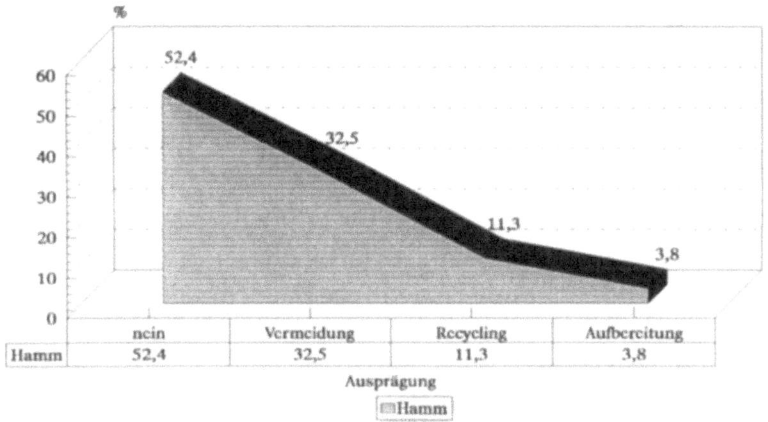

Abbildung 100. Mögliche Alternativen zu Müllverbrennungsanlagen.

Tabelle 58. Verminderung der Wohnqualität.

trifft voll zu	2,5%
trifft eher zu	86,3%
teils/teils	11,2%

Eine der entscheidenden Fragen war die nach der Feststellung möglicher gesundheitlicher Veränderungen. Hier war eine Selbsteinschätzung gefragt. 91,3% haben diese Frage mit einem "nein" beantwortet; der Rest, 8,7%, haben zwar "ja" gesagt, die gesundheitlichen Veränderungen aber nicht spezifiziert, obgleich die Möglichkeit dazu gegeben war. Allerdings ist ein kausaler Zusammenhang zwischen Ursache und Wirkung in der Abschätzung möglicher gesundheitlicher Beeinträchtigungen – wenn überhaupt – auch nur schwer herzustellen.

Anzumerken zu diesem Fragenkomplex bleibt noch, daß die Aussage "Wenn der Wind ungünstig steht, kann man einen Staubfilm (z.B. auf Gartenmöbeln oder an den Fenstern) bemerken" von 66,3% der Befragten mit der Antwort "trifft voll zu" beantwortet wurde.

Unter einem besonders kritischen Blickwinkel ist die Auswertung und Beurteilung der Frage nach den seinerzeitigen Bedenken und den tatsächlich eingetretenen Veränderungen zu sehen. Wie bereits bei der Vorstellung des Fragebogens angedeutet, dürfte hier mehr die "auf heutigen Stand gebrachte" Grundhaltung als die Erwartungshaltung, die vor der Inbetriebnahme der Müllverbrennungsanlage bestanden hat, zum Ausdruck kommen. 66,2 % der Befragten haben danach ihre Bedenken bestätigt gefunden; bei 33,8 % haben sich die Bedenken zerschlagen. Bei denen, die Bedenken haben, werden in der Reihenfolge die folgenden Belästigungen genannt:

Tabelle 59. Belästigungen durch MVA.

Lärm	20,8 %
Gerüche	19,5 %
Stäube	11,3 %

Ob diese Beeinträchtigung jedoch ausschließlich von der Müllverbrennungsanlage oder von anderen in der Nähe angesiedelten Betriebsanlagen stammt, kann im Rahmen dieser Arbeit nicht beantwortet werden. Hierzu wären weitergehende Untersuchungen notwendig.

Als Resümee für diesen Teilbereich kann folgendes Ergebnis festgehalten werden:

1. Müllverbrennungsanlagen werden prinzipiell als Teil eines Gesamtentsorgungskonzeptes akzeptiert und auch als erforderlich angesehen.
2. Gesundheitliche Veränderungen werden nur zu einem relativ unbedeutenden Anteil beklagt; können auch nicht spezifiziert werden.
3. Bedenken und Befürchtungen haben sich nach Inbetriebnahme der Müllverbrennungsanlage bei 2/3 der Befragten bestätigt.

Anders als im vorher analysierten Themenbereich der "Müllverbrennung" kann im Themenbereich "Deponierung" eine eindeutige Tendenz gegen die Mülldeponierung erkannt werden. So trifft für 63,8% die Aussage "Deponien von heute sind Altlasten von morgen" voll zu.

Auch wird von 60% der Befragten richtig erkannt, daß die Mülldeponierung nicht so ohne weiteres als die einfachste Art der Abfallentsorgung angesehen werden darf. In die gleiche Richtung geht auch die Aussage über besondere Sicherheitsvorkehrungen bei der Errichtung und dem Betrieb von Deponien. Hier sehen 71,3% der Personen die Notwendigkeit, hohe und strenge Sicherheitsvorkehrungen zu treffen.

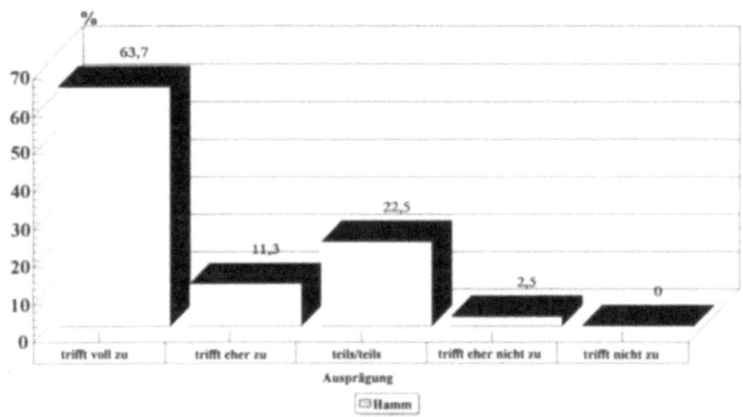

Abbildung 101. Deponien von heute sind Altlasten von morgen.

Bei der Frage, wie man mit "Umweltsündern", die Problemabfälle auf Hausmülldeponien entsorgen, umgeht, wird von 77,5% der Befragten mit "müssen mit harten Strafen belegt werden" beantwortet. Allerdings müssen nach einheitlicher Meinung (85%) die allgemeinen Kontrollen auf Mülldeponien stärker und vor allem regelmäßiger durchgeführt werden. Diese Sachverhalte werden in der Grafik nochmals aufgezeigt.

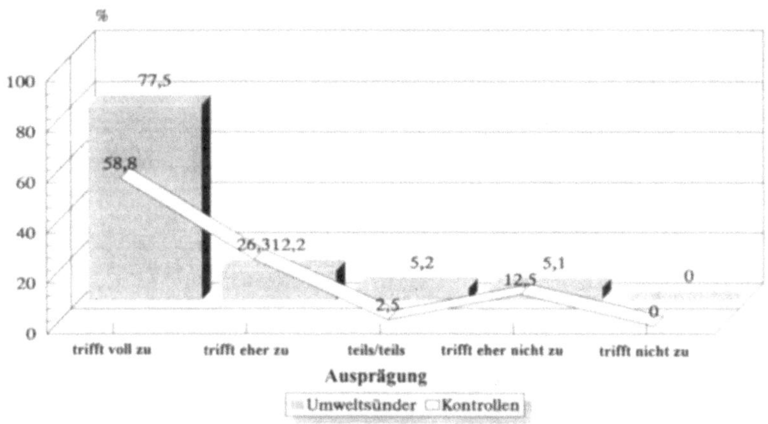

Abbildung 102. Kontrollen allgemein und Bestrafung von Umweltsündern.

Ein Teil der Fragen, insbesondere über direkte Ein- und Auswirkungen, Staubbelästigungen sowie gesundheitliche Veränderungen stimmten in der Fragestellung mit denen aus dem Komplex Müllverbrennungsanlagen überein. Was die Festlegung der Befragten betrifft, so liegt auch hier der Schwerpunkt der Aussagen im Mittelfeld von "trifft eher zu" über "teils/teils" bis "trifft eher nicht zu", so daß klare Erkenntnisse nicht verfügbar sind.

Für den Teil der gesundheitlichen Veränderungen ist allerdings ebenfalls, wie bei den Müllverbrennungsanlagen, mit 88,8% ein eindeutiges "Nein - Votum" abgegeben worden. Die Anmerkungen gerade zu diesem Punkt decken sich mit denen aus dem Bereich der Müllverbrennungsanlagen. Auch die Frage nach sonstigen Auswirkungen wurde mit 98,8% nahezu absolut verneint.

Die Frage nach Vor- oder Nachteilen aus der Nähe zur Mülldeponie dürfte von der Fragestellung an sich eine 100%ige "Nachteil-Aussage" erwarten. Um so mehr verwundert es, daß 12,5% diese Frage anders beantworten. Immerhin 5% sprechen sich für Vorteile durch die Mülldeponie aus. Sie waren allerdings nicht bereit, sich über ihre Gründe schriftlich zu äußern. Hier bleibt lediglich Raum für Spekulationen.

Eine zweite, suggestiv formulierte Frage stellt auf einen Verantwortungsbereich ab, mit dem die Haltung nach Erschöpfung der Deponiekapazitäten abgefragt wurde. Das Ergebnis ist eigentlich nicht zu verstehen, gleichwohl läßt es erkennen, daß nur für den Tag und nicht für die Zukunft gedacht wird. Wie sonst sollten 51,3% sagen, daß sie sich darüber keine Gedanken machen und 26,3% erst darüber nachdenken "wenn es soweit ist".

22,5% der Befragten "denken, daß die Anlage einfach erweitert wird". Ob dieser relativ hohe Anteil auf Resignation oder besserer Einsicht beruht, kann aus den Aussagen nicht näher interpretiert werden.

Somit ergeben sich für den Themenbereich Mülldeponierung folgende Schwerpunktaussagen:

1. Hausmülldeponien werden nicht, wie früher, ohne weiteres akzeptiert. Gleichwohl wird der Erschöpfung "ihrer" Deponie und dem, was danach kommt, nur ein bedingtes Interesse entgegengebracht.
2. Deponien werden heute auch mehr unter dem Gesichtspunkt ihrer Langzeitwirkung gesehen - als Altlasten von morgen.
3. Darum wird eine schärfere Kontrolle dessen, was abgelagert wird, gefordert. Bei Verstößen soll härter durchgegriffen werden.

7.3.5 Die Analyse der Präferenzen: Müllverbrennung versus Mülldeponierung

Die Fragen 17 und 18 sind als "letzte Fragen" auf eine Entscheidungsfindung zwischen den Alternativen Verbrennung oder Deponierung ausgerichtet. Der Befragte soll sich, wenn er im Vorfeld ggf. ausweichend geantwortet hat, jetzt festlegen. Das machen immerhin 81,3%, 65 von 80 Personen, indem sie sich für Müllverbrennungsanlagen entscheiden.

Die abgefragten Begründungen sind mehr oder weniger überzeugend, gehen jedoch tendenziell in dieselbe Richtung. So wurde in der Rangfolge der Häufigkeiten begründet:

- Die Müllberge werden zu groß;
- damit die Müllberge verschwinden;
- Deponien sind die Altlasten von morgen;
- man kann Strom und Wärme gewinnen;
- keine Geruchsbelästigungen bei der Verbrennung.

Für die Hausmülldeponie als Alternative werden als Begründungen aufgeführt:

- Man kann später wieder Bäume anpflanzen;
- Es entweichen nicht so viele schädliche Gase.

Die Aussagen und Begründungen für einen möglichen Standort von Müllverbrennungsanlagen und Deponien sind eindeutig. Selbst wenn 27,5% der Befragten hierzu keine Angaben machten, ist von 67,6% dem Sinne nach die Begründung gegeben worden:

- Außerhalb von Wohn- und Stadtgebieten;
- weit weg,

wobei die letztere Aussage "weit weg" die innere Haltung der Befragten am ehesten ausdrücken dürfte.

Nach einer Beurteilung "Müllverbrennungsanlage oder Deponie" und zwar ebenfalls nach dem Empfinden "aus ihrem persönlichen Gefühl" heraus, war abschließend gefragt. Hier sollte jetzt pauschal und nicht mehr nach sachlichen Erwägungen bestimmt geantwortet werden. Das mit "gut" und "eher gut" zusammengefaßte Ergebnis fällt auch hier mit 73,8% eindeutig zu Gunsten der Müllverbrennungsanlage aus. Nur 13,8% votieren für die Mülldeponie. Allerdings sprechen sich jeweils nur drei Nennungen mit einem uneingeschränkten "gut" aus.

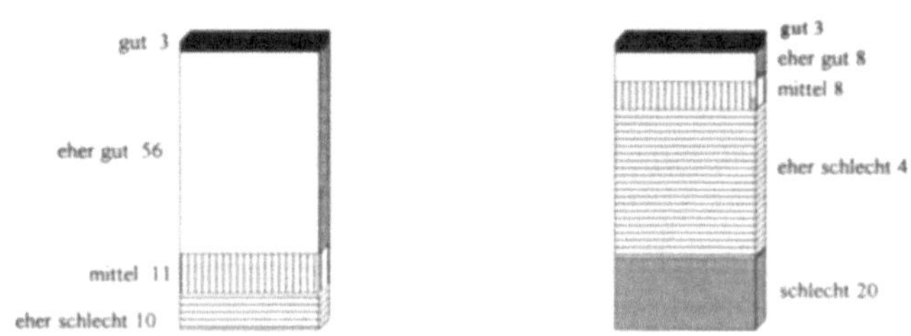

Abbildung 103. Bewertung der Alternativen Müllverbrennung und Deponierung.

Mit der allgemeinen Frage über den Bereich der Medien wird übergeleitet zum Fragenkomplex "Öffentlichkeitsarbeit der Stadt Hamm". Es ist zu erkennen, daß 23,8% der Befragten ihre Informationen über das Fernsehen und 23% über das Radio beziehen. Nur 12,1% informieren sich über die regionale Tageszeitung, wobei im Befragungsgebiet die "Ruhr-Nachrichten" bevorzugt gelesen werden.

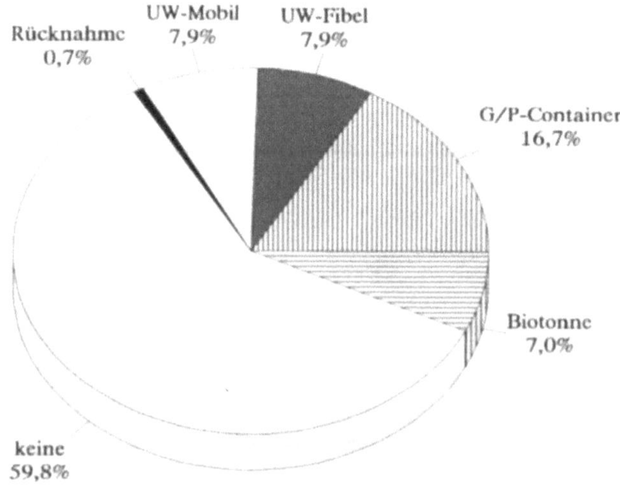

Abbildung 104. Bekannte städtische Aktionen zum Umweltschutz.

Die Beantwortung der Frage nach der Kenntnis städtischer Abfallberatungsstellen läßt weitgehende Rückschlüsse auf die Öffentlichkeitsarbeit der Stadt zu. So konnten 72,5% der Befragten hierüber keine Angaben machen, 27,5% benannten das Stadtreinigungsamt.

Ebenso wenig sind städtische Aktionen zum Umweltschutz bekannt.

- 59,8% kennen überhaupt keine Aktionen oder haben keine Nennungen mitgeteilt,
- 16,7% haben Glas- und Papiercontainer genannt und
- 8,0% jeweils votierten "Umweltmobil" und "Umweltfibel".

Hier wird deutlich, daß die Bevölkerung verstärkt aufgerufen werden muß, die bereitgestellten und initiierten Umweltschutz-aktionen zu unterstützen und mitzutragen. Man wird sich auch bei der Stadt fragen müssen, ob die Öffentlichkeitsarbeit in diesem Bereich vom System her nicht anders gestaltet werden muß. Ist doch deutlich zu erkennen, daß das, was die Stadt mit ihrer Informationspolitik erreichen will, offensichtlich bei dem Bürger nicht ankommt.

7.4 Ergebnis der Gesamtuntersuchung

Zusammenfassend läßt sich feststellen, daß sowohl die Bevölkerung in Dortmund – Standort mit Deponie und geplanter MVA – als auch die Bevölkerug in Hamm – Standort mit Deponie und MVA – in Bezug auf Fragen des Müllnotstandes und der damit verbundenen Entsorgungsfrage ähnliche Ansichten und Meinungen haben. Die befragten Personen tolerierten im wesentlichen die Errichtung und den Betrieb von MVA´s und Deponien als Bestandteile eines integrierten Entsorgungskonzeptes.

Bei dem direkten Vergleich wird die Errichtung einer MVA deutlich der Errichtung einer Deponieanlage präferiert, was aber nicht die grundsätzliche Forderung der Bevölkerung nach innovativen Entsorgungskonzepten verdecken sollte. Indirekt wird diese Forderung durch die – vor allem in Dortmund – geäußerte Besorgnis vor eventuelle Spätfolgen, die heute noch nicht abgesehen werden können, getragen. Mangelnde Sicherheit der Anlage und fehlende Effizienz der Alternative Müllverbrennung werden hier als häufigstes aufgeführt.

Abschließend ist jedoch klar geworden, daß diese vorgestellten und untersuchten Alternativen sicher nicht als ausreichend im Sinne einer endgültigen und abschließenden Konzeption zur Lösung der abfallwirtschaftlichen Probleme angesehen werden kann. Die Bevölkerung ist mit der aktuellen Situation auf lange Sicht sicherlich nicht zufriedenzustellen.

8 Strategische und operative Instrumente in der kommunalen Abfallwirtschaftsplanung

Kommunale Gebietskörperschaften nehmen – speziell für den Bereich der Abfall- oder Entsorgungswirtschaft – eine wichtige Stellung im gesamtwirtschaftlichen Ver- und Entsorgungssystem ein. Sie sind von der gesetzlichen Seite her beauftragt, die Entsorgung in ihren Zuständigkeitsbereichen zu organisieren und durchzuführen.

Die Entsorgung der privaten Haushalte durch die "Hausmüllabfuhr" umschreibt das Hauptbetätigungsfeld kommunaler Entsorgung. Daneben ist auch die fachgerechte Entsorgung von Sperrmüll und Sonderabfall für den Haushaltssektor sicherzustellen. Neben der Hausmüllentsorgung hat die Kommune den Auftrag, die Entsorgung der ansässigen Gewerbeunternehmen sicherzustellen. Hier speziell treten eine Reihe von Besonderheiten auf, die in der Praxis nur durch Auftragsvergabe an Spezialunternehmen bewältigt werden können.

Die Kommune befindet sich – neben den privaten Haushalten und den Unternehmen – als ein Akteur in einem Entsorgungskreislauf, wobei sie nicht nur die Sammlung und den Transport des Abfalls zu gewährleisten hat, sondern vielmehr auch entsprechende Möglichkeiten und Kapazitäten der Abfallverwertung, -beseitigung oder -ablagerung bereitstellen muß.

Hier nun wird die kommunale Abfallproblematik unmittelbar deutlich. Gemäß dem Grundsatz der Abfallvermeidung, der -verminderung bzw. der -verwertung sind entsprechende Entsorgungsalternativen aufzuzeigen.

Die Abfallvermeidung ist der Teilbereich, der seitens der Kommune nur über eine fundierte Informationspolitik beeinflußt werden kann. Öffentlichkeitsarbeit muß betrieben werden, die die Bürger anspricht und zur Abfallvermeidung aufruft. Der Bereich der Abfallverwertung ist zwangsläufig mit einer großen Anzahl von Konflikten und Problemen verbunden. Tendenziell sind immer dann "Probleme" (Einwendungen) seitens der Bevölkerung zu erwarten, wenn die Abfallverwertung konkret organisiert wird.

Die getrennte Erfassung von Wertstoffen ist gerade in der heutigen Zeit wichtiger Bestandteil des Gesamtkomplexes Abfallverwertung. Sinn und Zweck dieser Erfassungsart ist es, bestimmte Stoffe in einem möglichst sortenreinen Zustand einer weiteren Verwendung – in Form von Sekundärrohstoffen – zuzuführen. Die Rückführung von Wertstoffen in den "Produktkreislauf" verfolgt somit ebenfalls das Ziel der Abfallverminderung. Auch eine Schonung der Ressourcen und der ohnehin knappen Entsorgungskapazitäten wird hierdurch erreicht.

Die Organisation der getrennten Wertstofferfassung wird oftmals, auch wegen ihres hohen Grades an Flexibilität, in den Verantwortungsbereich von privaten Entsorgungsunternehmen delegiert. Bereits bestehende Erfassungssysteme sind im Konzept zu berücksichtigen und zu integrieren. Die besonderen Merkmale und Voraussetzungen der Systeme zur getrennten Wert- und Rohstofferfassung sind in nachfolgendem Modell kurz erläutert.

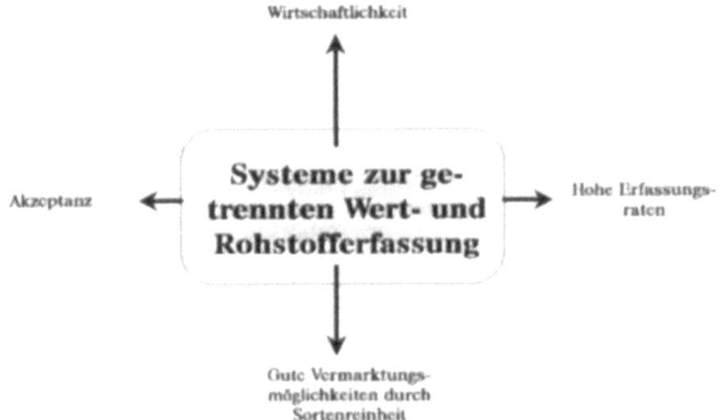

Abbildung 105. Wirtschaftlichkeit / Erfassungsrate / Vermarktungsmöglichkeit / Akzeptanz-Modell.

Das vorliegende WEVA-Modell ist hierbei wie folgt zu interpretieren: Die unterschiedlichen Systeme zur getrennten Wert- und Rohstofferfassung werden von einer Vielzahl von Faktoren beeinflußt. Diese Faktoren lassen sich den Oberbegriffen

- Akzeptanz
- Wirtschaftlichkeit
- hohe Erfassungsraten und
- gute Vermarktungsmöglichkeiten durch Sortenreinheit

zuordnen.

Der Oberbegriff Akzeptanz umfaßt neben der Einsicht der Notwendigkeit der getrennten Wertstoffsammlung auch eine Motivation zur Beteiligung an der Sammlung bzw. Erfassung. Eine Identifikation der Bürger mit den Zielen der getrennten Wert- und Rohstofferfassung ist als Endergebnis anzustreben.

Auch die anderen Oberbegriffe umfassen eine Reihe von Handlungen und Anregungen, so daß insgesamt eine große Anzahl verschiedener Kriterien diese Sammlung beeinflußen.

Abfallverwertungsanlagen stoßen bei der Bevölkerung auf geringe Akzeptanz. Diese Akzeptanz ist – wie schon zuvor erwähnt – bei Kompostier- oder Aufbereitungsanlagen noch relativ hoch; bei Deponie- oder Müllverbrennungsanlagen hingegen ist eine Akzeptanz seitens betroffener Bürger oder Anwohner häufig nicht mehr zu erkennen.[343] Oftmals sind Entscheidungen über die Errichtung und den Betrieb einer Mülldeponie oder einer Müllverbrennungsanlage keine reinen Standortentscheidungen, sondern unterliegen vielmehr politischen Einflüssen.

Die Kommune befindet sich nun in der Situation, einerseits entsprechende Entsorgungsmöglichkeiten schaffen zu müssen und andererseits den "Wohnwert" in ihrem Bereich möglichst attraktiv zu gestalten.

Die in der Vergangenheit praktizierte Entsorgung von Siedlungsabfällen durch bloße Deponierung ist heutzutage nicht mehr uneingeschränkt durchführbar. Knappe Deponiekapazitäten, kaum vorhandene Möglichkeiten der Deponieerweiterung, modernere und umweltfreundlicherere Entsorgungsmethoden, sowie die gesetzliche Maxime (Vermeidung, Verminderung, Verwertung) zeigen das Spannungsfeld der kommunalen Körperschaften auf.

Die Errichtung von überregionalen Entsorgungszentren sowie die Vergrößerung der Einzugsbereiche der jeweiligen Entsorgungsalternativen sind anzustreben. Dies kann in der Praxis nur derart funktionieren, daß sich die Vertreter mehrerer Städte oder Landkreise zusammenschließen und gemeinsam tragfähige Konzepte zu einer umfassenden Entsorgung ausarbeiten.

Nicht jeder Landkreis muß eine eigene Müllverbrennungsanlage oder auch Kompostieranlage betreiben und unterhalten. Unter ökonomischen Gesichtspunkten ist es vielmehr sinnvoll, Entsorgungseinrichtungen für einen größeren Bereich zu planen, zu dimensionieren und zu betreiben.

Zu beachten ist allerdings an dieser Stelle, daß alle beteiligten Gemeinden erstens finanziell und zweitens akzeptanzpolitisch an diesem Entsorgungskomplex mitwirken.[344] Die logistischen Leistungen, z.B. Transport von Rückständen aus der Müllverbrennungsanlage zur Deponie, müssen von einer zentralen Stelle aus koordiniert und überwacht werden. Abbildung 106 zeigt auf, welche Komponenten von einem integrierten Entsorgungskonzept angesprochen werden.

343 Vgl. NEUSCHWINGER, B.; u.a.: Abfallbehandlung und Abfallbeseitigung: Bürgerakzeptanz durch intensivere Kommunikation, in: Entsorgungspraxis, No. 3, 9/1990, S.3 f.

344 Vgl. HAUBER, G.: Wege zur Erhöhung der Akzeptanz von Abfallentsorgungsanlagen, in: Müll und Abfall 1/89, S.

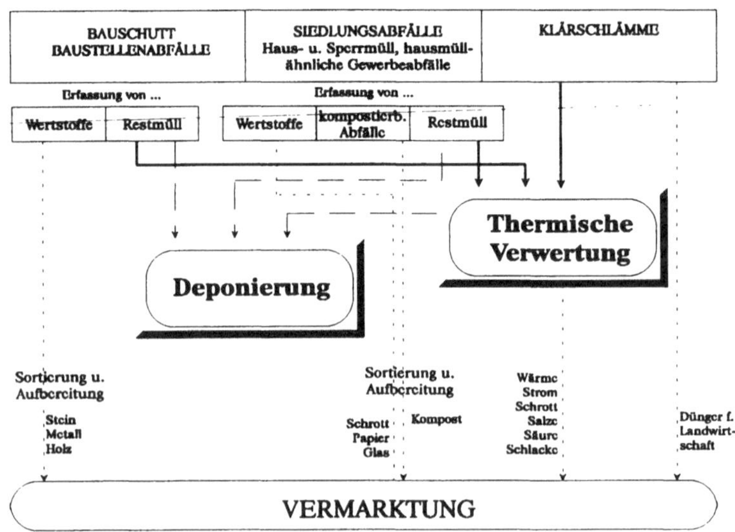

Abbildung 106. Integriertes Abfallwirtschaftskonzept[345].

8.1 Planungsinstrumente für den kommunalen Bereich

Mit Hilfe betriebswirtschaftlicher Modelle wird versucht, die komplexen Zusammenhänge der wirtschaftlichen Wirklichkeit aufzuzeigen und überschaubar darzustellen. Es ist das erklärte Ziel von Modellen, Erkenntnisse von Grundzusammenhängen und Prozessen zu erhalten, die in den konkreten Unternehmen durch eine Vielzahl von Einflußfaktoren nicht offengelegt sind. Modelle sind also nichts anderes als Hilfsmittel, um die wirtschaftliche Wirklichkeit darzustellen.[346] Da allerdings nicht alle Prozesse, Vorgänge, Handlungen und Wechselbeziehungen, die innerhalb einer Unternehmung existieren, abgebildet werden können, sind der Modellbildung Grenzen gesetzt. Jedes Modell muß also mit Abstraktionen arbeiten.[347]

345 Vgl. VEBA Kraftwerke Ruhr AG (VKR): Informationen für Mitarbeiter, 1/90.

346 Vgl. WÖHE, G.: Einführung in die allgemeine Betriebswirtschaftslehre, Verlag Franz Vahlen, München 1986, S.37.

347 Vgl. NIESCHLAG, R.; u.a.: Marketing, 14. Auflage, Duncker und Humbolt Verlag, Berlin 1985, S. 866.

Ferner sind bei der Modellbildung stets Prämissen notwendig, ohne die die Aussagekraft eingeschränkt ist. Diese Prämissen stellen im Grunde die Rahmenbedingungen dar, innerhalb derer das entsprechende Modell auch wirklich anwendbar ist.

Bei der Transformation ursprünglich betriebswirtschaftlicher Modelle in andere Sachgebiete sind diese "Ursprungsmodelle" zu modifizieren. Die jeweiligen fachspezifischen Besonderheiten sind in die "neue" Modellstruktur einzuarbeiten. Hierbei ist die Dimensionierung der Parameter besonders sorgfältig vorzunehmen, damit die prinzipielle Kernaussage des Modells erhalten bleibt.

Die in den letzten Jahren ständig wachsende Komplexität und Dynamik der ökologischen Problemstellungen, verbunden mit einer nicht mehr überschaubaren Verflechtung dieser Probleme untereinander, macht es erforderlich, diesen Bereich in die strategische Unternehmensplanung zu integrieren. Die aus der Betriebswirtschaftslehre bekannten Instrumente der Unternehmensplanung und -führung lassen sich prinzipiell an die Bedürfnisse und Erfordernisse ökologischer Entscheidungsprozesse anpassen.

Ergänzend dazu werden in Zukunft umweltorientierte Planungs-, Informations- und auch Kontrollinstrumente eine nicht zu unterschätzende Rolle spielen. Die Informations- und Planungsinstrumente lassen sich nach unterschiedlichen Kriterien systematisieren.[348]

1) Unterscheidung nach Funktionen in der Anregungs-, Analyse-, Bewertungs- und Kontrollphase.
2) Einteilung nach dem Objektbezug, d.h. produkt-, funktions- oder unternehmensbezogene Planungs- und Informationsinstrumente.
3) Erfassung der Probleme im Sinne einer Partialanalyse oder einer Unternehmensgesamtsicht.
4) Differenzierung in Hinblick auf den Zeithorizont, d.h. Unterscheidung in strategisch oder operativ ausgerichtete Instrumente.

Die folgende Betrachtung der Planungsinstrumente unterstellt eine Differenzierung nach dem Zielhorizont sowie dem Grad der Zunkunftsorientierung. Gerade in dem kommunalen Bereich kommt den Planungs- und Informationsinstrumenten eine besondere Aufgabe zu. Einerseits werden Entsorgungsaufträge, die in den Zuständigkeitsbereich der Kommune fallen, an private Entsorgungsunternehmen wei-

348 Vgl. MEFFERT, H.; u.a.: Marketingorientiertes Umweltmanagement: Grundlagen und Fallstudien, Poeschel Verlag, Stuttgart 1992, S.102.

tergeleitet. Dies geschieht oftmals unter dem Gesichtspunkt der Notwendigkeit spezieller Gerätschaften. Andererseits ist durch eine Delegation von Entsorgungsaufträgen vielfach die Erfüllung des gesetzlichen Auftrages in Frage gestellt. Eine Kontrolle bzw. Überwachung der Entsorgung muß gewährleistet sein. Hier nun nehmen die Informations- und Planungsinstrumente zusätzlich eine spezielle Kontrollfunktion ein (ökologisches Controlling). Es findet eine Unterteilung in strategische und operative Planungsinstrumente statt.

8.1.1 Strategisch orientierte Planungsinstrumente

Als strategische Planungsinstrumente werden im folgenden

- die GAP-Analyse
- die Chancen/Risiken-Analyse
- die Stärken/Schwächen-Analyse
- die Portfolioanalyse sowie
- die Nutzwertanalyse

vorgestellt. Eine entsprechende Modifikation dieser Planungsinstrumente für den Bereich des strategischen Umweltmanagements wird vorgenommen.

8.1.1.1 GAP-Analyse

Die GAP- oder Lücken-Analyse verfolgt den Zweck, strategische Probleme rechtzeitig zu erkennen bzw. die Aufmerksamkeit auf zukünftige Problemstellungen zu lenken. Um dies zu erreichen, wird folgendermaßen verfahren.[349]

Die Zielgrößen werden in gewünschten Entwicklungen abgeschätzt (Soll-Größen). Demgegenüber wird der Zielerreichungsgrad im Zeitablauf ermittelt, d.h. es werden aufgrund einer Extrapolation der Vergangenheitswerte jene Ergebnisse abgeschätzt, die sich ergeben, wenn keine zusätzlichen Unternehmensaktivitäten gestartet werden (IST-Größen). Diese Ist-Größen werden zu den Soll-Größen in Beziehung gesetzt. Als Differenz dieser beiden Entwicklungen ergibt sich dann die strategische Lücke. Diese kann durch neue Produkte oder neue Märkte ausgefüllt werden.[350]

---

349 Vgl. BECKER, J.: Grundlagen der Marketing-Konzeption: Marketingziele, Marketingstrategien, Marketingmix; Verlag Vahlen, München 1983, S.194 ff.

350 Vgl. PICOT, A.: Strukturwandel und Unternehmensstrategie,; in: WiSt 10 Jg. 1981, S.530 ff.

Strategische Lücken können mit Hilfe unterschiedlicher Indikatoren aufgezeigt werden. Die gebräuchlichsten Indikatoren sind Umsätze, Erträge oder Gewinne im Unternehmensbereich. Kommunen können als Indikatoren die Kostendeckung der Entsorgung, Sortenreinheit und Erfassungsquoten von Wertstoffen untersuchen.

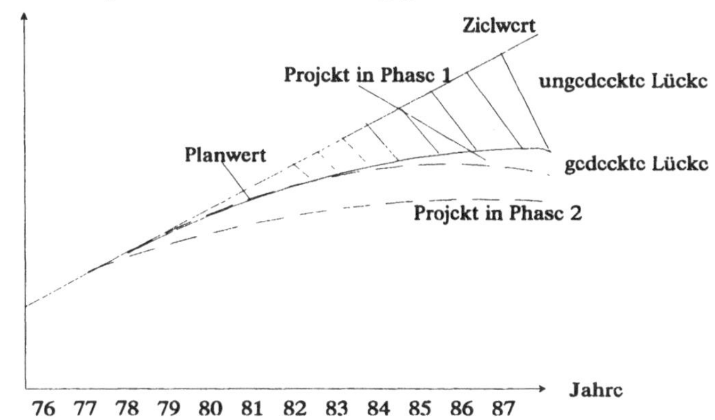

Abbildung 107. Die GAP-Analyse[351].

Wird als Kriterium beispielsweise der Umsatz gewählt, so lassen sich die Soll-Größen oder Zielwerte aus den allgemeinen Wachstumszielen ableiten. Bei der GAP-Analyse wird vorausgesetzt, daß sich die Entwicklung der Vergangenheit in der Zukunft fortsetzen wird. Gerade dieser Aspekt ist allerdings bei der stark zunehmenden Umweltdynamik nicht mehr gegeben. Auch verführt das Extrapolationsdenken dazu, schwache Signale oder vage Vermutungen zu ignorieren. Die GAP-Analyse zeigt weiterhin nur die vorhandenen Lücken auf und liefert keine Aussagen darüber, wie diese Lücken geschlossen werden können.

8.1.1.2 Chancen / Risiken-Analyse

Prinzipiell werden strategische Entscheidungen durch zwei Dimensionen definiert. Einerseits durch die kommunenexternen und andererseits durch die kommuneninternen Einflußfaktoren. Die externen Einflußfaktoren werden z.B. durch ökologische, technische, politische und/oder rechtliche, gesellschaftliche oder auch markt-

351 Vgl. WELGE, M. K.: Unternehmensführung – Band 1: Planung, Poeschel Verlag, Stuttgart 1985, S.319.

bezogene Gegebenheiten festgelegt. Kommunale Körperschaften haben auf diese Bereiche nur bedingt bzw. gar keinen Einfluß. Diese Faktoren werden hauptsächlich durch das Umfeld geprägt.

Mögliche Beeinträchtigungen der kommunal gesetzten Ziele werden durch strategische Risiken gekennzeichnet, demgegenüber tragen strategische Chancen zur Sicherung und Verbesserung der Zielstruktur bei.

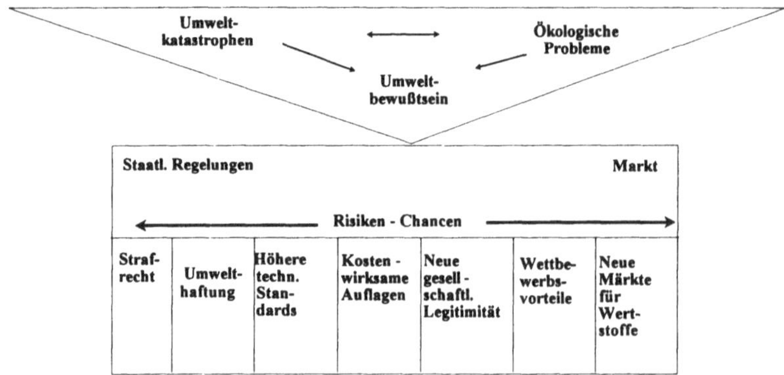

Abbildung 108. Chancen und Risiken[352].

8.1.1.3 Stärken/Schwächen-Analyse

Die kommuneninternen Einflußfaktoren bilden die Grundlage für eine Stärken/-Schwächen-Analyse. Sie resultieren aus der Kommunencharakteristik und determinieren die Fähigkeit zur Antwort auf ökologische Herausforderungen.[353] Hier sind – in Abhängigkeit von der spezifischen Kommunensituation – interne Schlüsselfaktoren von besonderer Bedeutung:

- Flexibilität der Leitungsgremien,
- die finanziellen Mittel für umweltschutzbezogene Maßnahmen,
- technisches Know-How,

352 Vgl. MEFFERT, H.; u.a.: Marktorientiertes Umweltmanagement – Grundlagen und Fallstudien, Poeschel Verlag, Stuttgart 1992, S.104.

353 In Anlehnung an HAMMER, R. M.: Unternehmensplanung, Oldenbourg Verlag, München 1982, S.40 ff.

- Grundausrichtung der Marketingstrategie und auch -philosophie,
- zu Verfügung gestellte finanzielle Ressourcen,
- Nähe des Leistungsprogramms zu den Haushalten.

8.1.1.4 Portfolio-Analyse

Ausgangspunkt einer jeden Portfolio-Analyse ist eine Umwelt- und eine Unternehmensanalyse[354]. Die Umweltanalyse weist auf die gegenwärtigen und zukünftigen Chancen und Risiken hin, demgegenüber stellt die Unternehmensanalyse die internen Stärken und Schwächen heraus.[355]

Die so gefundenen Einflußfaktoren – ob interner oder externer Natur – sind auf zwei, maximal jedoch drei repräsentative Faktoren zu verdichten. Da so nicht die Unternehmung als Gesamtobjekt abgebildet werden kann, erstreckt sich eine Portfolioanalyse auf unterschiedliche strategische Geschäftsfelder.[356]

Die Portfoliomethode ist ein Instrument, das die Ausgangssituation eines Unternehmens in der Form abbildet, daß die Produkte und Dienstleistungen aufgezeigt werden, mit denen das Unternehmen am Markt vertreten ist.[357]

Ergebnis einer solchen Analyse ist ein "IST-Portfolio", mit dem die gegenwärtige Unternehmenssituation, bezogen auf die strategischen Geschäftsfelder, abgebildet wird. Aufbauend auf der IST-Situation kann mit Hilfe des Portfolios eine strategische Neupositionierung erfolgen, mit dem Ziel der Ermittlung derjenigen Geschäftsfelder, die basierend auf Stärken/Schwächen und Chancen/Risiken in Zukunft präferiert aufgebaut werden sollten.

Eine ökologieorientierte Portfolioanalyse kann z.B. in Abhängigkeit von den Dimensionen

- relative Vorteile ökologieorientierter Verhaltensweisen und
- der aus dem Produkt resultierenden Umweltgefährdung

---

354 Vgl. WELGE, M.: Unternehmensführung, Band 1: Planung; Poeschel Verlag, Stuttgart 1985, S.331.

355 Vgl. RAFFÉ, H.: Strategisches Marketing 1, Poeschel Verlag, Stuttgart 1989, S.422.

356 Vgl. BECKER, J.: Grundlagen der Marketing-Konzeption: Marketingziele, Marketingstrategien, Marketingmix, Verlag Vahlen, München 1983, S.198.

357 Vgl. JEHLE, E., u.a.: Produktionswirtschaft, Verlag Recht und Wirtschaft GmbH, Heidelberg 1990, S.47.

aufgestellt werden. Unter relativen Vorteilen ökologieorientierter Verhaltensweisen sind z.B. eine Marktanteilserhöhung oder auch eine Imageverbesserung gegenüber der Konkurrenz zu verstehen.

Die Operationalisierung des Begriffs "Umweltgefährdung" ist mit Vorsicht zu handhaben. Da nur ein Teil der Umwelt durch die entsprechenden Unternehmensaktivitäten erfaßt wird, müssen hier Indizes gebildet werden. Dies kann beispielsweise ausgehend vom Stand der Technik unter Berücksichtigung der gesellschaftsbezogenen Umweltschutzansprüche erfolgen.

Die Portfolio-Methoden können auch im kommunalen Bereich angewendet werden. Dabei werden Erfassungsquoten und Sortenreinheit bei der getrennten Erfassung von Wertstoffen gegenübergestellt und die Erfassungssysteme im Gesamtsystem als Ziel- und Sollgrößen positioniert.

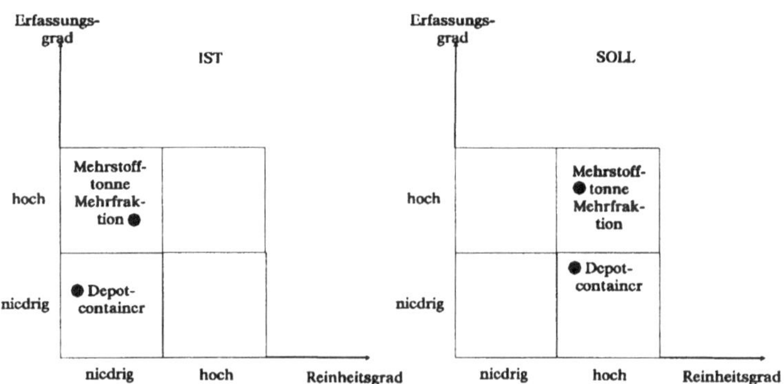

Abbildung 109. Beispiel eines Portfolios.

Diese Analyse kann aufbauend auf die in der empirischen Untersuchung gesammelten Daten für die einzelnen Gebietsstrukturen einzeln durchgeführt werden.

8.1.1.5 Nutzwertanalyse

Da sich in der Regel nur wenige Eigenschaften einer Entsorgungseinrichtung quantitativ bewerten lassen, werden hohe Anforderungen an ein Entscheidungsfindungs-Instrumentarium gestellt. Die sogenannte Kosten-Nutzen-Analyse ist für eine solche Umweltverträglichkeitsprüfung nicht besonders geeignet. Eine bessere Ausgangsmöglichkeit für eine Bewertung stellt in diesem Zusammenhang die Nutzwertanalyse (NWA) dar.

Wie schon erwähnt, nehmen die nicht monetär quantifizierbaren Kriterien, die qualitativen Aspekte, wie z.B. Sicherheit einer geplanten MVA oder Deponie, eine entscheidende Rolle ein. Aspekte, die sich ohne weiteres nicht monetär ausdrücken lassen, sind bei der Beurteilung und Bewertung verschiedener Standortalternativen von großer Wichtigkeit. Darüber hinaus ist es möglich, im Gegensatz zur eindimensionalen monetären Bewertung, den Nutzen einer Alternative in einer dimensionslosen Wertezahl zu messen, durch die die Nutzenhöhe ausgedrückt werden soll.

Die Nutzwertanalyse hat die Aufgabe, das Zielsystem des Entscheidungsträgers systematisch zu entwickeln und die Alternativen bezüglich dieses Zielsystems zu ordnen. Ordnungskriterium ist in diesem Fall der Nutzwert.

Die NWA ist ein Entscheidungs- und Bewertungsverfahren mit interdisziplinärem Charakter. Nicht nur die Ökonomie und Mathematik, sondern auch "benachbarte" Wissenschaften befassen sich mit dieser Materie, um komplexe Entscheidungsprobleme lösen zu können.[358] Die Eigenschaften einer Standortalternative in Verbindung mit der jeweiligen Gewichtung bestimmen den Nutzwert. Das Problem besteht nun darin, zielrelevante Eigenschaften, d.h. Bewertungskriterien, in Nutzwerten abzubilden und diese dann zu einem Gesamtnutzwert zusammenzufassen. Als Verknüpfungsregel der Teilnutzwerte zum Gesamtnutzwert hat sich die sog. "Additivitätsprämisse" in der Praxis durchgesetzt, d.h. daß sich der Gesamtnutzwert einer Alternative aus der Summe der für die einzelnen Bewertungskriterien ermittelten Teilnutzwerte zusammensetzt.

Da nicht alle Bewertungskriterien die gleiche Bedeutung haben, wird jedem Teilziel eine Gewichtungsziffer zugeordnet. Hierdurch kann eine Unterscheidung in wichtige und weniger wichtige Anforderungen getroffen werden.[359] Die Nutzwertanalyse kann in verschiedene Teilschritte untergliedert werden:

1) Festlegung und Strukturierung der Bewertungskriterien
2) Festlegung der Zielgewichtung
3) Bestimmung der Punktwerte für die Alternativen
4) Bewertung der Alternativen; Nutzwert pro Zielkriterium
5) Berechnung der Gesamtnutzwerte einer Alternative

---

358 Vgl. EBERLE, D: Fallbeispiele zur Weiterentwicklung der Standardversion der Nutzwertanalyse, S.11 ff.

359 Vgl. LACKES, R.: in: Wisu-kompakt, Basiswissen – BWL: Die Nutzwertanalyse zur Beurteilung qualitativer Investitionsentscheidungen, Wisu 7/88, S.385 ff.

6) Alternativenauswahl anhand der absoluten Gesamtnutzwerte
7) ggf. Durchführung einer Sensitivitätsanalyse

Abbildung 110 stellt die Teilschritte sowie die logische Reihenfolge grafisch dar.

1. Schritt: Festlegung und Strukturierung der Bewertungskriterien

Die Zielsuche ist ein kreativer Prozeß, in dem alle zur Beurteilung relevanten Kriterien herausgestellt und systematisch geordnet werden. Hierbei müssen die Zielvorstellungen des Entscheidungsträgers vollständig abgedeckt und die Zielkriterien möglichst exakt formuliert werden.

Im Rahmen der Zielstrukturierung werden die Kriterien hierarchisch geordnet. Oberziele werden auf darunterliegenden Ebenen durch Teil- und Unterziele konkretisiert. Eine horizontale und vertikale Strukturierung des Gesamtziels wird vorgenommen.

2. Schritt: Festlegung der Zielgewichtung

Durch Gewichtungsfaktoren wird die unterschiedliche Bedeutung der Ziele ausgedrückt (Summe aller Unterziele = 1.0 bzw. 100 %). Die relativen Teilziele eines Oberziels werden ermittelt. Dazu werden die Teilziele entsprechend ihrer Wichtigkeit angeordnet (= ordinale Reihenfolge). Das wichtigste Kriterium erhält den Wert 1, die übrigen Teilziele Werte zwischen 0 und 1, entsprechend dem Rang der Wichtigkeit und Bedeutung. Jede so festgelegte Bedeutungsziffer wird durch die Summe aller Bedeutungsziffern dividiert. Hierdurch ergibt sich die relative Gewichtung zum Oberziel (= Knotengewicht). Die Summe der Knotengewichte aller Teilziele eines Oberziels ergibt den Wert 1.0 bzw. 100 %. Die absoluten Gewichtsziffern bezeichnet man als Stufengewichte. Diese werden errechnet, indem man das Knotengewicht der Unterziele mit den Stufengewichten der Oberziele multipliziert.

3. Schritt: Bestimmung der Punktwerte für die Alternativen

Für jede Alternative wird jedem Kriterium eine Anzahl von Punkten zugeteilt, deren Zahl mit der Zunahme des Erfüllungsgrades nach dem Prinzip der Standortgunst ansteigt. Innerhalb von 3 bis 5 Stufen, zwischen gar nicht geeignet und sehr gut geeignet, kann jedes Einzelkriterium bewertet werden. Eine Verwendung von weniger Stufen hat dabei den Vorteil der zwar einfacheren, aber auch gröberen Einteilung, während mehr Stufen teilweise zu einer sinnvollen Differenzierung, teilweise aber auch zu einer nicht mehr überschaubaren Aufschlüsselung führen können. Wichtig ist nur, daß jedes Kriterium mit der gleichen Bewertungsstufenzahl behandelt wird und einheitliche Skalenbreiten verwendet werden.

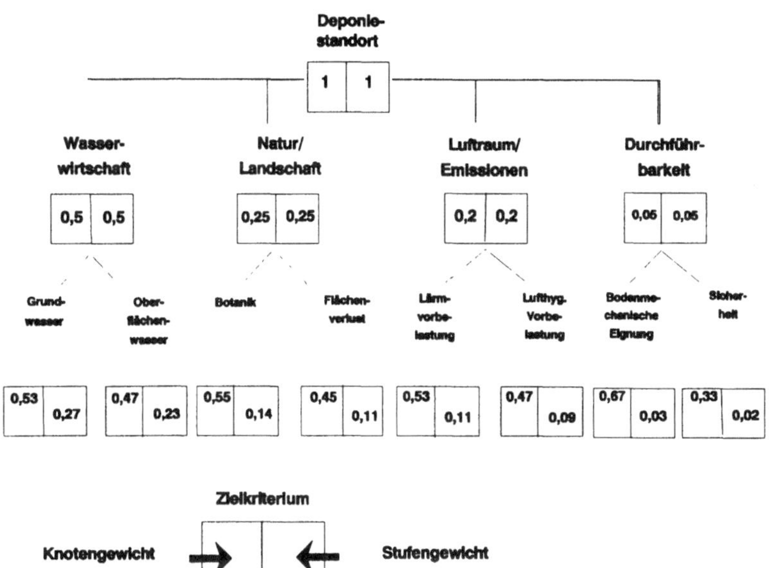

Abbildung 110. Zielstrukturbaum zur Nutzwertanalyse[360].

Tabelle 60. Punktwerte und zugeordnete Eigenschaften.

Punktwert	Eigenschaft
1	gar nicht geeignet
2	wenig geeignet
3	indifferent
4	geeignet
5	sehr gut geeignet

360 Vgl. LACKES, R.: in: Wisu-kompakt, Basiswissen – BWL: Die Nutzwertanalyse zur Beurteilung qualitativer Investitionsentscheidungen, Wisu 7/88, S.385 ff.

4. Schritt: Bewertung der Alternativen

Im vierten Schritt werden die alternativen Objekte für die Realisierung der beabsichtigten Standortentscheidung ermittelt und anhand der für die Bewertungskriterien entwickelten Punktwerte eingestuft. Diese rein verbalen Aussagen sollen an dieser Stelle durch ein Beispiel erläutert werden:

Die Alternativen A, B und C stehen als mögliche Standorte für eine Abfallbehandlungsanlage zur Diskussion. Als Bewertungskriterien wurden für das vorliegende Beispiel Grund- und Oberflächenwasser, Botanik, Flächenverlust, Lärmvorbelastung, lufthygienische Vorbelastung, Sicherheit bei Störfällen und bodenmechanische Eignung ausgewählt. Diese Bewertungskriterien werden entsprechend ihrer Relevanz für die Standortauswahl gewichtet. So wird das Bewertungskriterium Grundwasser mit einem Gewicht von 0,27 (relativ zum Wert 1) gewichtet und erhält die höchste Priorität, wohingegen die Sicherheit bei Störfällen (bezogen auf den Standort) mit einem Faktor von 0,03 gewichtet wird. Für die drei Alternativen wird nun für jedes Bewertungskriterium eine Anzahl von Punkten (1 = gar nicht geeignet bis 5 = sehr gut geeignet) zugeteilt. Für das Kriterium Grundwasser erhält die Alternative A den Punktwert 1 (= gar nicht geeignet), B den Wert 3 (= indifferent) und C den Wert 2 (= wenig geeignet).

Tabelle 61. Beispiel einer Bewertungsbestimmung bei drei Alternativen.

		Alternative		
Bewertungskriterium	Gewicht	A	B	C
Grundwasser	0,27	1	3	2
Oberflächenwasser	0,23	2	5	1
Botanik	0,14	2	4	5
Flächenverlust	0,11	1	2	5
Lärmvorbelastung	0,11	3	3	4
lufthyg. Vorbelastung	0,09	2	4	5
Sicherheit bei Störfällen	0,03	3	4	5
bodenmechanische Eignung	0,02	5	1	1

5. Schritt: Berechnung der Gesamtnutzwerte einer Alternative

Die Gesamtnutzwerte der Alternativen ergeben sich aus der Summe der mit den Stufengewichten multiplizierten Punktwerte aller Bewertungskriterien. Im Beispiel ergibt sich für die Alternative A ein Gesamtnutzwert von 1,82. Dieser setzt sich wie folgt zusammen:

Tabelle 62. Beispielrechnung.

Grundwasser:	Gewicht * Rangfolge:	0,27 * 1
Oberflächenwasser:	Gewicht * Rangfolge:	0,23 * 2
Botanik:	Gewicht * Rangfolge:	0,14 * 2
Flächenverlust:	Gewicht * Rangfolge:	0,11 * 1
Lärmvorbelastung:	Gewicht * Rangfolge:	0,11 * 3
lufthyg.Vorbelastung:	Gewicht * Rangfolge:	0,09 * 2
Sicherheit bei Störfällen:	Gewicht * Rangfolge:	0,03 * 3
Bodenmechechanische Eignung:	Gewicht * Rangfolge:	0,02 * 5

Entsprechend lassen sich auch die Nutzwerte für die Alternativen B (3,57 Punkte) und C (3,08 Punkte) berechnen.

6. Schritt: Alternativenauswahl anhand der absoluten Gesamtnutzwerte

Die Alternative mit dem größten Gesamtnutzwert wird realisiert. Im vorliegenden Beispiel wird die Alternative B mit einem Gesamtnutzwert von 3,57 Punkten vor C (3,08) und A (1,82) gewählt.

7. Schritt: Durchführung einer Sensitivitätsanalyse

Durch Veränderung von Parametern werden eventuell sich ändernde Auswirkungen auf das Ergebnis analysiert. Bei entsorgungswirtschaftlichen Vorhaben sollte die Festlegung der Zielkriterien, der Gewichtungen und der Punktwerte in mehreren Schritten durch verschiedene Akteure (z.B. Arbeitsgruppe von Fachleuten, beteiligte Umweltverbände, Workshops o.ä.) durchgeführt werden, damit anschließend differierende Ergebnisse überprüft und analysiert werden können.

Anhand der eingebrachten unterschiedlichen Erfahrungen und Vorstellungen ist auf diese Weise im Zuge des Bewertungsprozesses eine weitgehende Sicherheit gegen das Durchschlagen subjektiver Wertungen gegeben.

Das Hauptproblem der NWA liegt in der Gewichtung der einzelnen Kriterien, da diese auf subjektive Werturteile aufbauen. Einbruchstellen für subjektive Werturteile können z.B. bei der Festlegung der Gewichte, der Zielkriterien oder auch der Punktwerte auftreten. Eine zusätzliche Entscheidungshilfe kann die parallel zur nutzwertanalytischen Bewertung ermittelte quantitative Analyse ergeben. Dies sind Verfahren aus dem Bereich der Investitionsrechnung. Hierauf wird im Rahmen dieser Betrachtung nicht eingegangen. An dieser Stelle muß noch einmal betont werden, daß die NWA nur dann ein sinnvolles Ergebnis liefern kann, wenn sämtliche erfaßbaren und relevanten Kriterien richtig berücksichtigt worden sind.

8.1.2 Operativ orientierte Planungsinstrumente

Operativ orientierte Planungsinstrumente sind in großer Anzahl vorhanden.

Umweltindikatoren

Die Bildung eines sog. Umweltqualitäts-Index kann vom Prinzip her mit dem Preisindex verglichen werden. Verschiedene Umweltindikatoren werden zusammengestellt und bilden so eine Kennziffer, die die Güte der Umweltqualität abbildet. Probleme treten – ähnlich wie bei der Nutzwertanalyse – bei der Auswahl, Gewichtung und der Aggregation der Einzelindikatoren auf.

Umweltorientierte Checklisten

Checklisten verfolgen den Zweck, möglichst umfassend alle relevanten Informationsbereiche zu erfassen und anhand von entsprechenden Maßnahmenkatalogen Gestaltungsempfehlungen zu geben. Es lassen sich unterschiedliche Arten von Checklisten konzipieren. Diese sind abhängig vom jeweiligen Objektbezug bzw. Detaillierungsgrad.

- funktionsbezogene Checklisten,
- haushaltsbezogene Checklisten,
- Checklisten differenziert nach unternehmensinternen und -externen Informationsbereichen sowie
- Grob- und Detailchecklisten.[361]

Checklisten sollen i.d.R. von Experten erstellt werden, da sie alle umweltrelevanten oder auch kommunenspezifischen Problembereiche umfassen müssen, ohne Gefahr zu laufen, daß sie von der Dimensionierung her zu große Umfänge annehmen (Problem des "Information-overloading").

361 Vgl. MEFFERT, H., u.a.: Marktorientiertes Umweltmanagement – Grundlagen und Fallstudien, Poeschel Verlag, Stuttgart 1992, S. 111.

8.2 Zielformulierung

Die grundsätzlichen Ziele eines kommunalen Abfallwirtschaftsbetriebes, die nahezu vollständig mit den obersten Marketing-Zielen identisch sind, werden durch das zuvor erwähnte Abfallgesetz in der Reihenfolge Abfallvermeidung, stoffliche Verwertung und umweltgerechte Entsorgung von Abfällen festgelegt.[362]

Als weitere Zielinhalte lassen sich Konkretisierungen der gesetzlich vorgesehenen oder selbstgesetzten Ziele wie Vermeidung, Verminderung oder Verwertung für bestimmte Bereiche der kommunalen Abfallwirtschaft verstehen. Dies können beispielsweise

- die Aufdeckung von Abfallvermeidungspotentialen in gewerblichen Betrieben,
- die Steigerung der Erfassung getrennter Hausmüllfraktionen oder Problemabfälle oder
- die Verbesserung der Müllseparierung im Hinblick auf eine sortenreine Erfassung der Abfallfraktionen

sein.

Als reine Zielinhalte können zum Beispiel angesehen werden:

- adäquate Information der Abfallerzeuger bzw. Intensivierung der Abfallberatung,
- Steigerung der Bürgerakzeptanz für die Müllseparierung bzw. für spezielle Abfallerfassungssysteme,
- Erhöhung der Bürgerbeteiligung an der getrennten Müllsammlung.

Die Festlegung des Zielausmaßes erfordert die Definition von Maßstäben, die eine Meßbarkeit der Zielerreichung ermöglichen. Dabei kann es sich um Ausschuß- oder Recyclingquoten für die betriebliche Abfallwirtschaft, um Pro-Kopf-Erfassungsquoten für die Bürgerbeteiligung an der Müllseparierung oder ähnliche Maßzahlen handeln.[363]

---

362 Vgl. NOECKE, J.: Ökologisches Marketing in der kommunalen Abfallwirtschaft – Marketing-Instrumente zur Vermeidung und Verminderung von Abfällen, Erich Schmidt Verlag, Berlin 1991, S.112.

363 Vgl. NOECKE, J.: Ökologisches Marketing in der kommunalen Abfallwirtschaft – Marketing-Instrumente zur Vermeidung und Verminderung von Abfällen, Erich Schmidt Verlag, Berlin 1991, S.115.

Für das Duale System sind beispielsweise konkrete Erfassungs- und Wiederverwertungsquoten für einzelne Verpackungsabfallfraktionen per Gesetz festgelegt.[364]

Für die kommunale Abfallwirtschaft sind Ziele bzw. Maßnahmen zeitlich so festzulegen, daß sie den rechtlichen und technischen Rahmenbedingungen Rechnung tragen. Kommunale abfallwirtschaftliche Zielstellungen unterliegen dabei nur teilweise einem Marktmechanismus[365], da Individuen und Gruppen auf kommunaler Ebene oft versuchen, ihren Einfluß auf den Zielgruppenprozeß einwirken zu lassen und somit die Gefahr der Verstrickung in politologische und philosophische Diskussionen droht.[366] Ein weiterer großer Gefahrenherd besteht meist dann, wenn zugunsten von Wähler- und Interessengruppen anstehende politische Entscheidungen hinausgezögert bzw. nur Lösungen von kurzer Dauer angestrebt werden.[367]

Die gesteckten Ziele dürfen sich zudem nicht nur an den Umsatzzielen – losgelöst von den langfristig zu bewältigenden Umweltbelangen – orientieren[368], da diese kurzfristig sinnvoll erscheinende Lösung zudem die Gefahr von Kreativitätsbeschneidungen in sich birgt.[369]

8.3 Segmentierungsstrategie

Segmentierungsstrategien beruhen auf der differenzierten Betrachtung heterogener Einstellungs- oder Verhaltensstrukturen. Diese spiegeln sich in unterschiedlichen Bevölkerungsschichten wieder. Gerade zur Abfallproblematik existieren unterschiedliche Wissenstände, Meinungen, Einstellungen und auch Motivationen.

---

364 Vgl. Verordnung über die Vermeidung von Verpackungsabfällen in der Fassung vom 12. Juni 1991.

365 Vgl. NOECKE, J.: Ökologisches Marketing in der kommunalen Abfallwirtschaft – Marketing-Instrumente zur Vermeidung und Verminderung von Abfällen, Erich Schmidt Verlag, Berlin 1991, S.114.

366 Vgl. THIEMEYER, T.: Zur ökonomischen Theorie der öffentlichen Unternehmen, in: Eitenmeyer, H., u.a. (Hrsg.), Marketing öffentlicher Unternehmungen, Dortmund 1978, S.20 f.

367 Vgl.: STAUSS, B.: Ein bedarfswirtschaftliches Marketing-Konzept für öffentliche Unternehmen, 1. Auflage, Nomos-Verlag, Baden-Baden 1987, S.22.

368 Vgl. HOMANN, U.: Marketing in Kommunalverwaltungen, in: Homann, U., u.a. (Hrsg.), Marketing in Kommunalverwaltungen, Dortmund 1986, S.36.

369 Vgl. MEISSNER, H.-G.: Marketing für gemeinnützige Wohnungsunternehmen, Stuttgart 1987, S.132.

Hieraus ergibt sich die Akzeptanzproblematik für diesen Bereich. Die Bildung von Akzeptanz, bzw. die Steigerung oder Förderung bereits vorhandener Akzeptanz für abfallpolitische Maßnahmen sind Ansatzpunkte, bei denen Informationspolitik eingesetzt werden muß.[370]

Ein Ziel von Segmentierungsstrategien in der Abfallentsorgung ist es, durch die zielgruppenspezifische Anpassung von Entsorgungslösungen an Bedürfnisse und Verhaltensweisen der Bürger, abfallwirtschaftliche Vorhaben in optimaler Weise zu realisieren. Dies setzt den Einsatz eines adäquaten Marketinginstrumentariums voraus. Diese Strategie entspricht der differenzierten Marktbearbeitung im kommerziellen Marketing bzw. dem Grundprinzip des Marketings, sich auf Kunden einzustellen und das Marketingprogramm entsprechend ihren Motiven und Einstellungen zu gestalten.[371] Die Marktsegmente sollten dabei eine Größe aufweisen, die eine Entwicklung und Realisierung eigenständiger Marketing-Programme rechtfertigt.[372]

Anzustreben ist bei dieser Art des Vorgehens eine Einteilung der Bevölkerung bzw. der Abfallerzeuger in gegeneinander abgrenzbare, jedoch in sich homogene Gruppen. Die Kriterien, anhand derer eine solche Einteilung erfolgen kann, lassen sich durch empirische Analysen ermitteln. Mögliche Segmentierungskriterien können z.B. demographische (Alter, Bildung, Einkommen, etc.), psychographische (Meinungen, Einstellungen, Umweltbewußtsein) oder situative (bestehende Entsorgungssysteme, regionale / kommunale Entsorgungssituation, Wohngebietsstrukturen etc.) Faktoren sein.[373] Die empirisch, mittels multivariater Analysemethoden (z.B. Clusteranalyse) herausgestellten Segmente sollten schließlich durch einen genau abgestimmten und dosierten Einsatz der Instrumente Angebotspolitik, Gegenleistungspolitik, Kommunikationspolitik und Delegationspolitik "bearbeitet" werden. Jedem herausgestellten Segment wird dazu ein spezifisches Mix zugewiesen, d.h. eine festgelegte Kombination der vier genannten Instrumente.[374] Für jedes Segment besteht letzten Endes

---

370 Vgl. NEUSCHWINGER, B; u.a.: Abfallbehandlung und Abfallbeseitigung: Bürgerakzeptanz durch inensivere Kommunikation, in: Entsorgungspraxis Spezial, No 3, 9/90, S.5.

371 Vgl. BECKER, J.: Grundlagen der Marketing-Konzeption: Marketingziele, Marketingstrategien, Marketingmix, Verlag Vahlen, München 1983, S.135.

372 Vgl. NIESCHLAG, R.; u.a.: Marketing, 15. Auflage, Dunker und Humbolt Verlag, Berlin 1988, S.835 ff.

373 Vgl. FRIEDRICHS, J.: Methoden empirischer Sozialforschung, Westdeutscher Verlag, Opladen 1980, S.73 ff.

374 Vgl. BECKER, J.: Grundlagen der Marketing-Konzeption: Marketingziele, Marketingstrategien, Marketingmix, Verlag Vahlen, München 1983, S.139 ff.

- eine spezielle Entsorgungslösung,
- eine dementsprechend angepasste Gebührenregelung,
- ein Kommunikationskonzept(direkte oder indirekte Kommunikation; Werbung, Abfallberatung oder Öffentlichkeitsarbeit, etc.),
- eine der Entsorgungslösung entsprechende Organisation der Entsorgung (kommunal oder privat, Eigen- oder Fremdentsorgung, etc.).

Mit dieser Vorgehensweise gelingt es, bei allen Bevölkerungsgruppen bzw. bei allen identifizierten Segmenten optimales abfallbezogenes Verhalten – wie z.B. Müllvermeidung oder eine entsprechende Beteiligung an der Müllseparierung – zu erreichen. Segmentierungsstrategien sind aus diesem Grunde wesentlich effizienter als global gehaltene, undifferenzierte Vorgehensweisen.[375] Letzten Endes können dadurch finanzielle Mittel und Personalkapazitäten durch gezielten und konzentrierten Einsatz bestmöglich verwendet werden.

Anzumerken bleibt hier, daß Segmentierungsstrategien in der kommunalen Abfallentsorgung nur dann Anwendung finden sollten, wenn die zu erwartenden Erfolge den finanziellen und organisatorischen Aufwand rechtfertigen. Dies wird weniger in – bezüglich der Bevölkerung oder Bebauung – gleichmäßig strukturierten Gebieten der Fall sein (z.B. ländliche, zersiedelte Regionen). Gerade in Ballungsräumen oder Großstädten mit komplexen und stark strukturierten Bevölkerungs- und entsprechenden Entsorgungsinfrastrukturen, führt ein differenziertes Vorgehen in der geschilderten Form zu einer wesentlich effizienteren und damit in der Regel langfristig kostengünstigeren Entsorgung.

Voraussetzung für die operative Umsetzung der Segmentierungsstrategie ist jedoch die konsequente Berücksichtigung der empirisch nachgewiesenen Segmentcharakteristika bei der Auswahl und Gestaltung der einzelnen Handlungsinstrumente. Die Abstimmung der Instrumente zu einem segmentspezifischen Mix ist von überaus großer Wichtigkeit.

8.4 Umsetzung der strategischen Vorgaben

Lag in der Vergangenheit die Planung und Realisierung der kommunalen Entsorgung i.d.R. hauptsächlich in dem Verantwortungsbereich von Ingenieuren, so sind in der heutigen Zeit die Aufgabengebiete der Stadtreinigungsämter bzw. Umweltämter umfangreicher und vielschichtiger geworden. Gerade die strategischen

375 Vgl. BIDLINGMAIER, J.: Marketing 1, 10. Auflage, Westdeutscher Verlag, Opladen 1983, S.173.

Vorgaben sowie die operative Umsetzung verlangen ein interdisziplinäres Team von Mitarbeitern, die sich nicht nur mit den technischen Aspekten, sondern ebenfalls mit betriebswirtschaftlichen und insbesondere Marketingproblemen auseinandersetzen.

Dabei muß mit einer gezielten Öffentlichkeitsarbeit, die neben der Motivationserhöhung zur Teilnahme an der Problemlösung ebenfalls basisnahe, herausfordernde und projektorientierte Elemente[376] enthalten sollte, eine klar nachvollziehbare Linie für die Bürger vorgegeben bzw. erarbeitet werden.

8.4.1 Angebotspolitik

Vor dem Hintergrund ihrer unterschiedlichen Verwendungs- und Verwertungsmöglichkeiten können grundsätzlich folgende Abfallfraktionen unterschieden werden:

- Papier und Pappe
- Glas
- Kunststoffe
- Metalle
- Verbunde
- Vegetabilien
- Restabfall
- Sonderabfall/Problemabfall[377]

Davon sind im Zusammenhang mit der getrennten Erfassung von Verpackungsabfall im Zuge des "Dualen Systems" die ersten fünf Stoffraktionen von besonderer Bedeutung. Unter Berücksichtigung der weiter unten genannten Verfahren und der Anforderungen an die Reststoffqualität bietet sich vor allem Altglas und Altpapier für eine getrennte Erfassung von Wertstoffen an.

Der im Hausmüll enthaltene Eisenanteil läßt sich aus dem "grauen Müll" leicht mit einem Magnetabscheider herauslösen. Bei Kunststoffen ist aufgrund der Sortenvielfalt und der bestehenden Verhältnisse im Absatzbereich ein wirtschaftlicher Einsatz

376 Vgl. SIEBEL, J.: Öffentlichkeitsarbeit: Zielgruppen- und themengerechter Umgang mit dem Abfall, in: Büro für Umwelt-Pädagogik (Hrsg.) Öffentlichkeitsarbeit in der Abfallwirtschaft, Grundlagen, Umsetzungen, Wirkungen, Göttingen 1992, S.67.

377 Vgl. Der Rat von Sachverständigen für Umweltfragen: Abfallwirtschaft – Sondergutachten, Metzler-Poeschel Verlag, Stuttgart 1991, S.156.

von Verfahren der getrennten Sammlung für den hier relevanten Bereich der Siedlungsabfälle nicht in Sicht.

Auf die Darstellung der Systeme zur allgemeinen Wertstofferfassung aus Haushaltsabfällen wird hier nicht weiter eingegangen, da diese bereits zuvor ausführlich vorgestellt wurden.

Zusammenfassend kann hier – vor dem Hintergrund der getrennten Entsorgung von Verpackungsmaterialien im Rahmen des Dualen Systems – nochmals festgehalten werden, daß folgende Systemvarianten besonderes Augenmerk verdienen:

1. Depotcontainer für Papier/Pappe, Glas, evtl. auch für Kunststoffe
2. Mehrkammercontainer für Papier/Pappe, Glas, evtl. auch für Metall und Kunststoffe (sowie div. Problemabfälle)
3. Wertstoffbehälter ("Grüne Tonne") für Papier/Pappe, Glas und Metall, möglicherweise auch für Kunststoff
4. Wertstoffsäcke analog zum Wertstoffbehälter
5. Mehrkammermüllsystem (z.B. für Altpapier, Altglas, Verpackungen und Restmüll)[378]

Angebotspolitische Entscheidungen bei der Abfallerfassung lassen sich aus marketingpolitischer Sicht prinzipiell in drei Bereiche einteilen:

- Angebotsinnovation

Die Angebotsinnovation befaßt sich mit der Einrichtung neuer Sammlungen sowie der Einführung neuer Systeme. Dies geschieht vor dem Hintergrund des jeweils aktuellen Angebotsspektrums.

- Angebotsvariation

Die Angebotsvariation befaßt sich mit der Veränderung und Modifikation bereits bestehender Systeme.

- Angeboteliminierung

Die Angebotseliminierung beinhaltet die Einstellung von Sammlungen, die – aus welchen Gründen auch immer – nicht rentabel sind.[379]

378 Vgl. BILITEWSKI, B.; u.a.: Abfallwirtschaft – Eine Einführung, Springer-Verlag, Berlin 1990, S.66.

379 Vgl. BIDLINGMAIER, J.: Marketing 2, 9. Auflage, Westdeutscher Verlag, Opladen 1982, S.257 ff.

Im Falle der getrennten Erfassung von Verpackungsmaterialien, sonstigen Wertstoffen und Restmüll befinden wir uns in den Bereichen der Innovation bzw. der Variation. In einzelnen Kommunen werden bereits verschiedene Verfahren der Wertstofferfassung angewandt, die im Zuge der Einführung eines dualen Entsorgungssystems variiert werden müssen oder unter Umständen auch unverändert integriert werden können.

Die Forderung nach einem möglichst hohen Erfassungsgrad bei höchstmöglicher Reinheit der gesammelten Reststoffe und das gleichzeitige Bestreben nach einer Kostenminimierung sowie der Wunsch nach Vereinfachung der Sammelverfahren für die Abfallerzeuger macht die Formulierung eines speziellen Anforderungsprofiles nötig und erforderlich:

- Beschränkung des zusätzlichen Aufwands des Abfallerzeugers für die getrennte Sammlung durch ein relativ bequemes System
- geringe Kosten für Abfallerzeuger und Abfallbeseitiger
- möglichst wenige zusätzliche Tätigkeiten im Bereich der kostenintensiven Abfuhr
- Beschränkung der Zahl der getrennt gesammelten Stoffe auf diejenigen, die eine nennenswerte Entlastung der Müllmengen ergeben können
- Flexibilität der Einrichtungen für die getrennte Sammlung, um sich den Veränderungen in der Abfallzusammensetzung und der Verwertungsmöglichkeiten anpassen zu können
- genügend Behältervolumen für die Wertstoffe bei allen Systemen zur getrennten Sammlung und bei integrierten Systemen reichliches Angebot von Behältervolumen für den Restmüll, um die Wertstoffe entsprechend sauber zu halten
- Vermeidung einer gegenseitigen Behinderung und Erschwernis zwischen der Sammlung der Wertstoffe und der Restmüllbeseitigung. Während die getrennte Sammlung von Altglas kein Verfahren der Restmüllbeseitigung behindert, sollte die Altpapiersammlung beispielsweise nicht in Gebieten mit einer thermischen Abfallbehandlung forciert werden.

Ausgehend von der weiter oben dargestellten Gliederung unterschiedlicher Systeme und Verfahren zur getrennten Hausmüllsammlung werden unter besonderer Berücksichtigung der Erfassung von Verpackungen sowie unter Abwägung wirtschaftlicher, technischer und praktischer Aspekte fünf Systemvarianten und -kombinationen vorgestellt, die für eine zukünftige kommunale Abfallentsorgung generell praktikabel sind.

1. Große Container an zentralen Sammelstellen in Wohnungsnähe. Bei dieser Lösung entfällt die graue Restmülltonne völlig. Die Mehrkammercontainer für

die getrennte Müllsammlung stehen in einer Entfernung von höchstens ca. 200 m vom Hauseingang entfernt. Sie sind bautechnisch dem jeweiligem Wohnumfeld angepaßt.

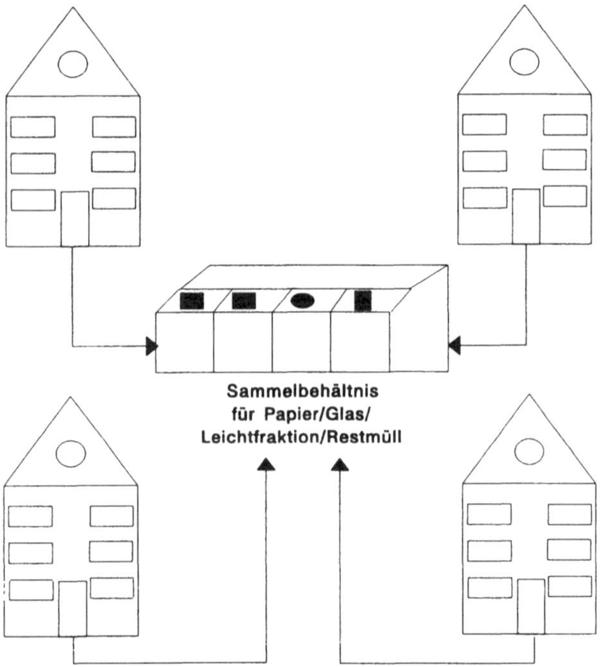

Abbildung 111. Zentrale Sammelstellen in Wohnungsnähe.

2. Mehrere Mülltonnen oder Abfallcontainer zur gemeinsamen Benutzung mit Nachbarn. Bei dieser Version erhält jedes Haus die separate Restmülltonne und eine zusätzliche Tonne. Diese Tonne wird mit den Nachbarn gemeinsam genutzt, wobei an jedem Haus eine spezielle Abfallfraktion (Verpackungen, Glas, Papier oder Biomüll) gesammelt wird.

3. Sammlung der Verpackungabfälle bei dem Kauf bzw. nach Gebrauch im Geschäft. Die Restmüllentsorgung wird nach dem gewohnten Prinzip der grauen Tonne entsorgt. Diese Möglichkeit sieht die Verpackungsverordnung grundsätzlich für den Fall vor, daß sich Hersteller und Vertreiber von Verpackungen und Produkten nicht an einem dualen, die vorgeschriebenen Erfassungsquoten erfüllenden Entsorgungssystem beteiligen.

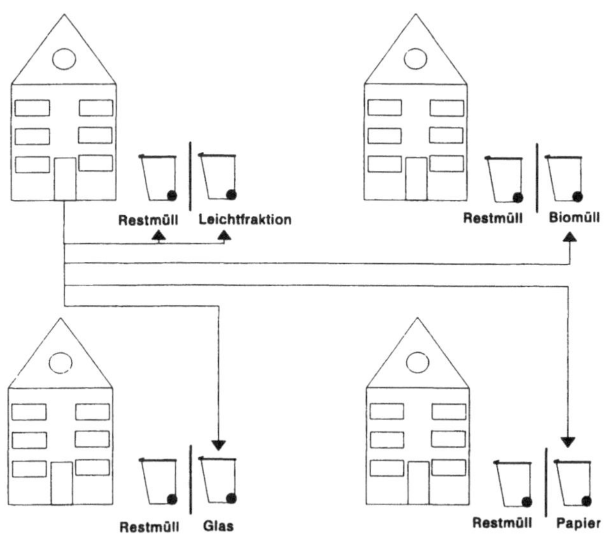

Abbildung 112. Nachbarschaftstonne

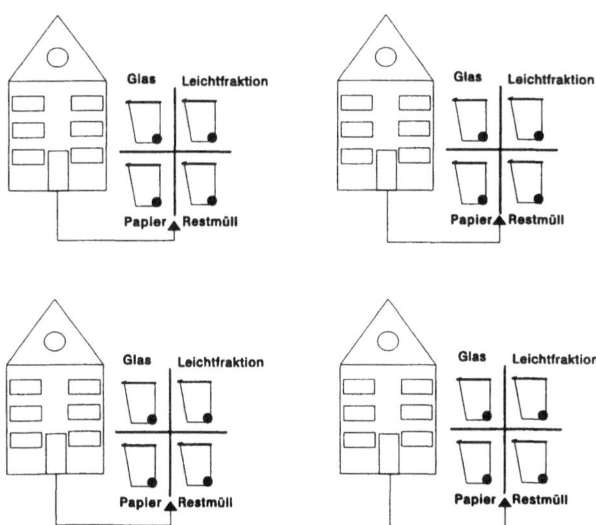

Abbildung 113. Verpackungserfassung in Handelsunternehmen.

4. Mehrere kleine Mülltonnen für verschiedene Müllsorten direkt am Haus. Hierbei erhält jedes Haus neben der Restmülltonne weitere kleine Tonnen für die Sammlung von Verpackungsabfällen und Wertstoffen (z.B. Papier und Glas).

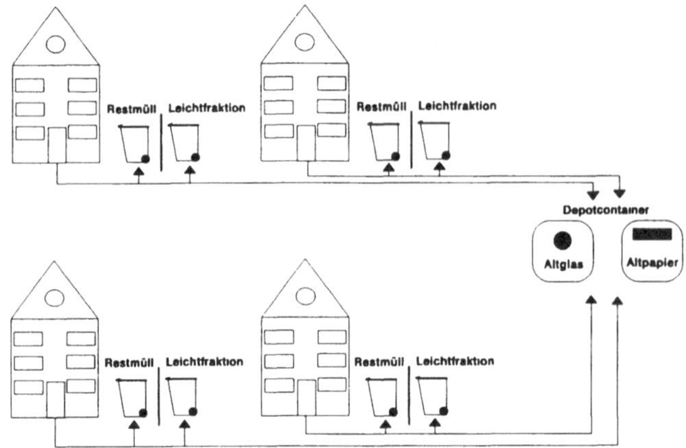

Abbildung 114. Erweitertes Holsystem.

5. Altglas- bzw. Altpapiersammlung in Depotcontainern; darüber hinaus an jedem Haus die graue Restmülltonne mit zusätzlicher Verpackungstonne. Eine Stelldichte von etwa einem Depotcontainer pro 500 Einwohner ist bei dieser Systemvariante anzustreben.

Als Alternative zu der gelben Tonne können jeweils auch Säcke in Betracht gezogen werden. Abschließend ist neben der Akzeptanz, der vorgegebenen Infrastruktur – insbesondere der zeitliche und physische Aufwand zur Nutzung von Erfassungssystemen – zusätzlich noch die Wirtschaftlichkeit eines Sammelsystems zu beachten.

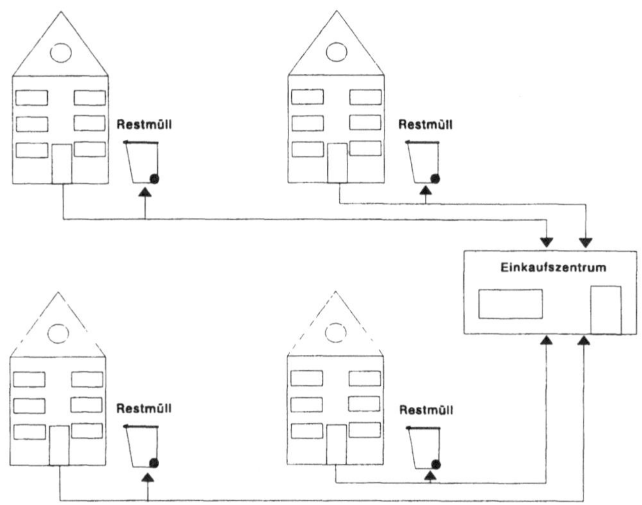

Abbildung 115. Duales System.

Dabei wird die Wirtschaftlichkeit bestimmt durch:

- die Behälterkosten (abhängig von der Anzahl aufgestellter Behälter, Abschreibung, kalkulatorische Zinsen, Versicherung, Wartungs-, Pflege-, Reparaturkosten)
- die Abfuhrkosten (LKW-Kosten als Fix- und Betriebskosten, Personalkosten von Disponent, Fahrer, Lader etc., Wiegekosten)
- die Kosten von Umlade-/Umschlags- und Sortierstationen (Abschreibungen, kalkulatorische Zinsen, Personalkosten)
- Gemeinkosten[380]

8.4.2 Delegationspolitik

Die Verankerung der Sammlung von Siedlungsabfällen als öffentliche Aufgabe im Abfallbeseitigungsgesetz von 1972 machte die Landkreise und die kreisfreien Städte zu entsorgungspflichtigen Körperschaften, (§ 3 Abs.2 AbfG). Diese Aufgabe können sie entweder selbst wahrnehmen oder delegieren. Im nordrheinwestfälischen Landesabfallgesetz heißt es dazu in § 5 Abs. 5:

380 Vgl. GÜNTHER, H.: Gutachten über die Wirtschaftlichkeit des Mehrkammer-Komponenten-Recycling, Braunschweig 1986, S.16 ff.

Wird ein System nach § 6 Abs. 3 Satz 1 der Verpackungsverordnung (VerpackV) vom 12. Juni 1991 errichtet, so sind die öffentlichen Interessen an einer geordneten Entsorgung sicherzustellen; dies ist in der Regel mit der Übernahme der Sammlung und Sortierung durch die entsorgungspflichtigen Körperschaften selbst oder von ihnen beauftragte Dritte gegen ein angemessenes Entgelt gewährleistet. Der Träger des Systems nach § 6 Abs.3 Satz 1 VerpackV kann der Beauftragung beitreten.

Im Falle einer Delegation der Siedlungsabfallsammlung besteht die Möglichkeit, diese Aufgabe entweder einem privaten Unternehmen oder einem kommunalen Entsorgungsunternehmen mit eigener Rechtspersönlichkeit zu übertragen. Dabei kann grundsätzlich davon ausgegangen werden, daß eine privatwirtschaftliche Organisationsform den Anforderungen, die durch die Siedlungsabfallentsorgung vorgegeben wird, am ehesten gerecht wird. Diese wechselnden Anforderungen lassen sich recht prägnant mit den Begriffen Flexibilität, Dynamik und Anpassungsfähigkeit umschreiben.

Im Rahmen der Entscheidungen hinsichtlich der Organisation der Abfallentsorgung ist vorrangig die Frage nach der Wirtschaftlichkeit und Effizienz der zuvor erwähnten Alternativen zu stellen. Hier ist der allgemeine Vergleich zwischen Kommunen und Wirtschaftsbetrieben recht problematisch, da hier große Unterschiede anzutreffen sind. Einerseits findet eine kameralistische Haushaltsführung, andererseits eine auf kaufmännische Regeln basierende Buchführung Anwendung. Dennoch läßt der Bereich der Abfallwirtschaft eindeutige Aussagen zugunsten der zumindest teilweisen Privatisierung zu. Schon relativ früh setzte privates Engagement auf dem Gebiet der Abfallsammlung und des Abfalltransportes sowie bei dem Betrieb von Deponien ein. So wurden schon zu Beginn der 80er Jahre die Abfälle von etwa 50% der Einwohner der damaligen Bundesrepublik durch private Unternehmen entsorgt.

Auch für die Abfallverwertung – die neben der Müllvermeidung das Hauptziel der getrennten Müllsammlung darstellt[381] – ist ein privatwirtschaftlich organisiertes Entsorgungsunternehmen eher geeignet als eine Gemeinde. Dies läßt sich vor allem anhand des Vertriebes von gesammeltem Altglas und Altpapier aufzeigen.

Ungeachtet der Entscheidung über öffentliche oder private Entsorgung oder Aufgabenteilung zwischen öffentlichen und privaten Entsorgern verbleibt den entsorgungspflichtigen Körperschaften die Kontrolle der ordnungsgemäßen Verwertung oder Beseitigung der Abfälle als hoheitliche Aufgabe.

---

381 Vgl. SCHENKE, W.; u.a.: Entsorgung 2000 – Leitfaden für Kommunen, Wirtschaft und Politik, Bonner Energiereport, Bonn 1988, S.55 f.

8.4.3 Gegenleistungspolitik

Unter Gegenleistungspolitik im Sinne eines marketingpolitischen Handlungsinstrumentes ist hier die Gestaltung der Abfallgebühren als ökonomischer Anreiz zur Erreichung der ökologischen Ziele der Abfallwirtschaft (insbesondere der Verwertung) zu verstehen.[382]

Die Berechnung der örtlichen Gebühren für die Müllabfuhr orientiert sich an der kommunalen Abfallgebührensatzung, die sich aus höherrangigen Rechten wie Abfallgesetz, Gemeindeordnung sowie Kommunalabgabengesetz ableitet.[383]

Zwangsmaßnahmen, die z.B. über Verordnungen, Erhebung höherer Gebühren, Bußgelder, etc., die Bestrafung eines den ökologischen Zielen der Abfallwirtschaft nicht entsprechenden Verhaltens zum Inhalt haben, können im Einzelfall den gewünschten Erfolg nach sich ziehen.

Als Elemente einer Marketingkonzeption sind diese Zwangsmaßnahmen allerdings prinzipiell nicht geeignet. Diese verstehen Anbieter und Nachfrager als Partner, die im Rahmen eines Austauschprozesses zur Steigerung des beiderseitigen Nutzens ihr Verhalten nur auf Basis der Freiwilligkeit ändern.

Bei der Konzeption der Gegenleistungspolitik gilt es eine Reihe von rechtlichen, technischen und organisatorischen Aspekten, die auch miteinander verknüpft zum Tragen kommen, im Auge zu behalten. Selbstverständlich weisen die einzelnen Kommunen in dieser Hinsicht unterschiedliche Grundvoraussetzungen auf, so daß keine einheitliche Empfehlung für die Gebührengestaltung in der kommunalen Abfallwirtschaft gegeben werden kann.

Beispiele für eine zielgerichtete Gebührengestaltung lassen sich unter folgenden Stichworten systematisieren:

- Wertmarkenverfahren
- "Freie" Wahl der Behältergröße
- Verwägung
- Änderung des Abfuhrrhythmus

---

382 Vgl. Deutscher Städtetag/Verband kommunaler Städtereinigungsbetriebe (Hrsg.): Leitfassung "Satzung über die Abfallentsorgung in der Stadt ..."; in: Deutscher Bundestag: Bericht der Bundesregierung über den Vollzug des Abfallgesetzes vom 27. August 1986, BT-Drs. 11/756 vom 01.09.87, S.62.

383 Vgl. NOECKE, J.: Ökologisches Marketing in der kommunalen Abfallwirtschaft - Marketing-Instrumente zur Vermeidung und Verminderung von Abfällen, Erich Schmidt Verlag, Berlin 1991, S.200 f.

- Abschläge
- Gemeinschaftliche Nutzung der Behälter

In Anlehnung an eine gemeinsame Studie des Institutes für Umweltrecht (IUR) und der Bremer Umweltberatung (BUB) zu "rechtlichen und praktischen Möglichkeiten der Anpassung von Müllgebühren an die Ziele der Abfallvermeidung und -trennung am Beispiel Bremen" sollen einige in der Bundesrepublik Deutschland bereits praktizierte Anreizmodelle kurz aufgezeigt werden.

Wertmarkenverfahren

Ein Anreizmodell stellt das Wertmarkenverfahrendar. Hierbei werden Wertmarken zur Kennzeichnung der Abfallbehälter ausgegeben. Behälter ohne Wertmarkenkennzeichnung werden nicht entleert. Die Grundstückseigentümer erhalten die Wertmarken für einen ganzen Abrechnungszeitraum gegen entsprechende Gebühren im voraus. Bemessungsgrundlage für die Gebühren ist das Behältervolumen, wobei ein Mindestvolumen entweder durch das kleinste angebotene Behältnis oder eine festgelegte, vorzuhaltende Mindestkapazität pro Einwohner und Woche vorgegeben ist.

Eine Rückvergütung erfolgt zum nächsten Abrechnungszeitpunkt über die nicht genutzten Marken. In der Praxis hat sich eine Begrenzung der Rückvergütungshöhe auf 25 - 50% eingestellt. Die Gebühren werden dabei so kalkuliert, daß selbst bei Ausschöpfung der maximalen Rückvergütung zumindest die im Abrechnungszeitraum anfallenden Fixkosten gedeckt sind. Auf diese Weise haben die angeschlossenen Haushalte die Möglichkeit, die Müllabfuhr nur im Bedarfsfall in Anspruch zu nehmen und auch nur für die tatsächliche Inanspruchnahme Gebühren zu zahlen.[384]

Insofern die Höhe der Rückvergütung vom effektiven Abfallaufkommen abhängt, ist hier ein starker Anreiz zur Müllvermeidung bzw. -verwertung gegeben. Selbstverständlich erfordert dieses Verfahren ein breites, flächendeckendes Angebot an Wertstoffsammelsystemen, wodurch eine Restmüllreduzierung seitens der angeschlossenen Haushalte im gewünschten Umfang erst ermöglicht wird.

Als Anreiz zur Vermeidung kann bei der Wertstoffsammlung im Holsystem das Wertmarkenverfahren parallel eingesetzt werden. Dieses Verfahren bietet sich in Gebietsstrukturen mit Ein- und Zweifamilienhausbebauung bzw. aufgelockerter Bebauung an.

384 Vgl. CHANTELAN, F.; u.a.: Praktische Möglichkeiten der Anpassung von Müllgebühren an die Ziele der Abfallvermeidung am Beispiel Bremen - Ergebnis einer Studie, Institut für Umweltrecht und Bremer Umweltberatung (Hrsg.), Bremen 1989, S.56 ff.

"Freie" Wahl der Behältergröße

Die Wahl des benötigten Behältervolumens wird in das Ermessen des Anschlußpflichtigen gestellt. Wesentliche Voraussetzung ist ein dem unterschiedlichen Bedarf Rechnung tragendes, breites Behältergrößenangebotbei eindeutig festgelegter Untergrenze. Abfallbehälter sind vom Anschlußpflichtigen zahlen- und größenmäßig entsprechend der auf dem Grundstück anfallenden Abfallmenge anzufordern. Gegebenenfalls werden seitens der Stadt zusätzliche Behälter gebührenpflichtig aufgestellt. Gelegentlicher Spitzenmüllanfall kann in Müllsäcken gesammelt werden.

Die zu erhebenden Gebühren werden auf den Restmüllbehälter bezogen, wobei die Grundstücksbewohner durch Müllvermeidung und Verwertung auf die Größe des Behälters und somit auch auf die Höhe der Gebühren selbst Einfluß nehmen können.

Verwägung

Häufig wird über eine abfallgewichtsbezogene Gebührenerhebung nachgedacht. Hierzu ist jedoch eine nach Haushalten separate Müllerfassung und -wiegung notwendig. Unter den zahlreichen technischen Umsetzungsproblemen eines solchen Verfahrens liegt das Hauptproblem bei der Entsorgung von größeren Wohnanlagen. Hier sind die Voraussetzungen für eine separate, nach Haushalten strukturierte Erfassung nicht gegeben. Hohe Fixkosten eines geeigneten Systems relativieren darüber hinaus die Möglichkeiten der Gebührensenkung bzw. des Gebührenanreizes für die Haushalte.

"Freie" Wahl der Behältergröße, Änderung des Abfuhrrhythmus, Abschläge

Das Volumen der Restmüllbehälter kann auf Wunsch des jeweiligen Haushaltes um max. 50% reduziert werden. Voraussetzung hierfür ist ein geringeres Abfallaufkommen bei den zu entsorgenden Haushalten durch Vermeidung bzw. Verwertung. Für ein flächendeckendes Angebot an leistungsfähigen Wertstoffsammelsystemen sowie für eine intensive Beratung ist entsprechend zu sorgen.

Die Volumenreduktion kann auf zwei Arten realisiert werden. Zum einen ist der Einsatz effektiv kleinerer Behälter denkbar, zum anderen die Streckung des Abfuhrrhythmus (z.B. 14-tägig statt wöchentlich) bei gleichbleibender Behältergröße und ggf. farblicher Kennzeichnung der betreffenden Behälter. Die Gebühren reduzieren sich in Relation zum verringerten Behältervolumen. Bei parallelem Einsatz der Biomülltonne/Eigenkompostierung auf freiwilliger Basis kann darüber hinaus die Gewährung von Gebührenabschlägen erwogen werden.

Änderung des Abfuhrrhythmus, Gemeinschaftliche Nutzung der Behälter

Allen Anschlußpflichtigen wird je eine Restmülltonne und eine Wertstofftonne (farblich voneinander zu unterscheiden) bereitgestellt. Alle Tonnen werden mit Gebührenmarken gekennzeichnet. Die Behältergrößen sowie die Mindestkapazität je Einwohner und Woche werden festgelegt, wobei im Bedarfsfall zusätzlich Müllsäcke verwendet werden können.

Während die Restmüllabfuhr in drei aufeinanderfolgenden Wochen je einmal erfolgt, wird die Wertstoffabholung einmal, und zwar in der vierten Woche durchgeführt. Auf Antrag wird der Restmüll nur in 14-tägigem Rhythmus abgefahren und die Volumenkapazität hiermit um ein Drittel gesenkt. Die entsprechenden Tonnen lassen sich durch spezielle Gebührenmarken von den anderen unterscheiden.

Gemeinsame Bemessungsgrundlage für Restmüll- und Wertstoffabfuhrgebühren ist die Zahl und Größe der Behälter. Niedrigere Gebühren können die Anschlußpflichtigen durch Umstellung auf den 14-tägigen Abfuhrrhythmus erreichen. Gemeinschaftliche Nutzung der Wertstofftonnen durch mehrere benachbarte, anschlußpflichtige Grundstücke ist zulässig und kann somit für die betreffenden Haushalte ebenfalls zur Gebührensenkung beitragen.

8.4.4 Kommunikationspolitik

Wie schon erwähnt, ist die Umsetzung neuer Abfallwirtschaftskonzepte im großen Maße von der Akzeptanz der jeweils betroffenen Bürger abhängig. Information und Motivation heißen in diesem Zusammenhang die zentralen Begriffe einer zielgerichteten Kommunikationspolitik.

Eine Planung, die, soweit ökonomische und ökologische Bedingungen es zulassen, die Wünsche der Bürger berücksichtigt, wird erfahrungsgemäß eher akzeptiert als eine Planung, in der die Stimme der Bürger keine Beachtung findet.

Leider wird der Kommunikationspolitik aber in den Kommunen nur ein geringer Stellenwert zugemessen, auch wenn gerade behördliche Einrichtungen mit der Notwendigkeit konfrontiert werden, eine noch intensivere Kommunikationspolitik zu betreiben als andere Unternehmen, da öffentliche Institutionen von der Öffentlichkeit getragen werden und sich auch wieder an diese wenden müssen.[385] So wird zwar auf der einen Seite die Wichtigkeit von kommunikationspolitischen

385 Vgl. MEISSNER, H.-G.: Marketing für die kommunale Wirtschaftsförderung, in: Städte- und Gemeinderat, 1987, S.199.

Instrumenten betont, jedoch bleiben auf der anderen Seite Hinweise auf deren Ausgestaltung offen.[386]

Das Wissen, daß die Akzeptanzbereitschaft für Vermeidungs-, Verminderungs- und stoffliche Verwertungsmaßnahmen nachgewiesenermaßen erheblich größer ist, als für die Einrichtung neuer Verbrennungsanlagen oder Deponien, deutet im vorliegenden Kontext auf Realisierungschancen hin, die genutzt werden sollten. Informationsgrad, Presse, besondere örtliche Gegebenheiten, beteiligte Personen, Bürgerinitiativen etc. können häufig zu Akzeptanzproblemen führen, die in der Planung frühzeitig erkannt und z.T. auch integriert werden müssen.

Unter den vier marketingpolitischen Bereichen ist die Kommunikationspolitik von grundlegender Bedeutung für eine auf Schaffung und langfristige Sicherung der Akzeptanz ausgerichtete Strategie. Sie bildet daher den Schwerpunkt einer Marketingkonzeption für die kommunale Abfallwirtschaft. Bevor auf einzelne Instrumente der Kommunikationspolitik eingegangen wird, ist es zweckmäßig, einige theoretische Grundsatzaspekte herauszustellen. Vor kommunikationspsychologischem Hintergrund muß jedes Handlungsangebot zwei fundamentale Bedingungen erfüllen, um vom Adressaten akzeptiert zu werden:

1. Ehrlichkeit
2. Offenheit[387]

Diese beiden Kriterien ziehen sich idealerweise als "roter Faden" durch die Kommunikationspolitik. Eine psychologische Erkenntnis, die unbedingt beachtet werden muß, besagt, daß der Mensch nur eine begrenzte Anzahl von Informationen aufnehmen und verarbeiten kann. Für den Einsatz des gesamten, weiter unten im Detail erläuterten Kommunikationsinstrumentariums gilt der Grundsatz der Regelmäßigkeit. Es muß jedoch darauf hingewiesen werden, daß keine Informations-Übersättigung (sog. Information-overloading) eintritt. Für das Anliegen, mittels geeigneter Kommunikationsmaßnahmen die Akzeptanz für anstehende abfallwirtschaftliche Planungen zu erhöhen, leiten sich weitere Konsequenzen ab.

Die menschliche Informationsaufnahme funktioniert wegen ihrer Begrenztheit ähnlich einem Filtermechanismus: Nicht die Informationsangebote bestimmen den Meinungsbildungsprozeß, sondern entsprechend seiner Meinung entscheidet der

---

386 Vgl. GALLENKEMPER, B.; u.a.: Getrennte Sammlung von Wertstoffen des Hausmülls - Planungshilfe zur Bewertung und Anwendung von Systemen der getrennten Sammlung, Erich Schmidt Verlag, Berlin 1988, S.248 f.

387 Vgl. HAUBER, G.: Abfall-Ingenieur-Bürger: Gemeinsam das Müllproblem lösen, Verlag C. F. Müller, Karlsruhe 1989, S.86.

Mensch, welche Informationen er aufnimmt. Setzt das Informationsangebot also ein, bevor der Empfänger sich eine inhaltlich entgegengesetzte Meinung gebildet hat, so ist dieser Filter verhältnismäßig leicht zu passieren. Hieraus begründet sich der Vorteil frühzeitiger Information. Soll eine von der bestehenden Meinung der Bürger abweichende Information aufgenommen werden, so ist dies nur durch eine entsprechende Glaubwürdigkeit als Folge von konsequentem Aufbau und Pflege des Vertrauens zu erreichen. Hieraus ergibt sich unter anderem die Notwendigkeit langfristiger und umfassender Kommunikationsplanung.[388]

Ein weiterer genereller Gesichtspunkt, der entsprechend Beachtung finden sollte, ist die Form der Kommunikation. Eine zweigleisige Kommunikation, d.h. die Kommunikation in Form des Dialoges ist vorrangig zu betreiben. Der Dialog in Form des persönlichen Zusammentreffens ist am Besten geeignet, das oben erwähnte Vertrauen entstehen zu lassen. Er bietet durch die Möglichkeit des direkten Nachfragens[389] Gelegenheit, Mißverständnisse sofort aufzuklären und durch den persönlichen Eindruck effektiv etwas im Meinungsbild des Adressaten zu bewegen.

Darüber hinaus kommt der Dialog dem Verlangen der Menschen nach persönlicher Kommunikation, welches sich im Zulauf von Bürgerversammlungen, Hearings etc. widerspiegelt, entgegen. Er stellt mithin die entscheidende Grundlage der Bürgerbeteiligung an Entscheidungsprozessen dar.

Im Sinne der Glaubwürdigkeit ist eine von den Bürgern nachvollziehbare Reaktion der Entsorgungsplaner auf die Befragung unbedingt erforderlich, um die positive Resonanz auf den Dialog dauerhaft zu gestalten. Die leistungsstarke Kommunikationspolitik einer ökologisch ausgerichteten Abfallwirtschaft bezicht alle interessierten Bürger ein. Aus dieser heterogenen Gesamtgruppe lassen sich in einer ersten Annäherung folgende wichtige Teilgruppen unterscheiden:[390]

- von geplanten Maßnahmen unmittelbar betroffene Bürger,
- Meinungsbildner (Personen mit Schlüsselfunktion in der öffentlichen Meinungsbildung),
- Pressevertreter,
- Umweltschützer,

---

388 Vgl. HAUBER, G.: Wege zur Erhöhung der Akzeptanz von Abfallbeseitigungsanlagen; in Müll und Abfall 1/1989, S.11 ff.

389 Vgl. HAUBER, G.: Abfall-Ingenieur-Bürger: Gemeinsam das Müllproblem lösen, Verlag C. F. Müller, Karlsruhe 1989, S.87.

390 Vgl. NEUSCHWINGER, B.; u.a.: Abfallbehandlung und Abfallbeseitigung: Bürgerakzeptanz durch intensivere Kommunikation; in: Entsorgungspraxis Spezial No.3, 9/90, S.30.

- gewählte politische Vertreter der betroffenen Kommune,
- Vertreter berührter Behörden, Einrichtungen und Unternehmen.

Es gilt nunmehr, diese Gruppen nicht nur zu informieren und sie von der Notwendigkeit und der Richtigkeit der geplanten Abfallentsorgungsmaßnahmen zu überzeugen, sondern auch ihre Kommunikation untereinander zu fördern. Als praktische Hilfe für verschiedene, weiter unten beschriebene Maßnahmen sollte zu Beginn der Kommunikationsarbeit eine Mailing-Liste mit den Adressen der wichtigsten Mitglieder dieser Gruppen erstellt werden.

Diese Mailing-Liste kann erweitert bzw. durch zusätzliche Listen ergänzt werden. Die Aufnahme neuer Interessenten in diese Listen erfolgt z.B. durch Eintragung bei Veranstaltungen oder auf persönlichen Wunsch. Es empfiehlt sich auch, ein ansprechend gestaltetes, themenbezogenes Logo zu entwickeln, das auf den unterschiedlich eingesetzten Medien verwendet wird und den Empfängern so eine schnelle Zuordnung von Presseartikeln, Anschreiben, etc. ermöglicht.

Klare Definitionen und ein von vornherein festgelegter, einheitlicher Sprachgebrauch sind erforderlich, um Mißverständnisse zu vermeiden. Werden z.B. die Begriffe "Biotonne", "Komposttonne", "Grüne Tonne" oder "Schadstoffe", "Problemstoffe", "Sonderabfälle" alternierend verwendet, führt dies unter Umständen zu unnötiger Verwirrung. Weiterhin muß die verwendete Sprache von interessierten Bürgern verstanden werden. Es ist der Sache nicht dienlich, wenn Betroffene durch Fremdworte und technische Begriffe "gelähmt" werden.

Der Hinweis auf ausländische Mitbürger und die Berücksichtigung ihrer Sprachen bei der Gestaltung entsprechender Kommunikationsmittel sei an dieser Stelle zu den grundsätzlichen Überlegungen hinzugefügt. Angesichts der Bedeutung der Kommunikationsarbeit und ihrer umfangreichen, z.T. komplexen Struktur liegt es nahe, einen Koordinator einzusetzen. Idealerweise sollte er aus dem Kreis der für Planung und Realisation der zukünftigen Abfallentsorgung zuständigen Mitarbeiter kommen. Der sachliche Inhalt der Kommunikation wäre ihm unmittelbar bekannt. Damit allerdings eine vernünftige Basis für eine Kommunikation überhaupt erst geschaffen werden kann, ist es erforderlich, daß der Koordinator nicht nur von der "offiziellen Seite", sondern auch von den betroffenen Bürgern und Personengruppen akzeptiert wird.

Neben der Terminplanung und -überwachung obliegt ihm u.a. die Organisation von Veranstaltungen, ggf. zusammen mit Ansprechpartnern in den jeweiligen Einrichtungen bzw. an den Veranstaltungsorten, die Abstimmung mit Abfallberatern sowie die Zusammenarbeit mit einer Werbeagentur. Letztere ist für die professionelle Gestaltung bestimmter Werbemittel und -maßnahmen unerläßlich.

8.4.4.1 Ziele der Öffentlichkeitsarbeit

Ziel der Öffentlichkeitsarbeit in der Abfallwirtschaft ist es, auf der Basis des Vertrauens Planungsentscheidungen und -abläufe transparent zu gestalten. Bürgern und Politikern soll es möglich gemacht werden, Engpässe und Sachzwänge zu erkennen und zu verstehen. Der Handlungsbedarf der Entsorgungsindustrie muß allen Beteiligten unmißverständlich aufgezeigt und verdeutlicht werden. Für die entstandene Entsorgungsmisere ist nicht der Einzelne, sondern die Gesellschaft allgemein verantwortlich.

Die Vorstellungen und Erwartungen der professionellen Entsorger müssen ebenso wie die Befürchtungen und Sorgen der Bürger aufgezeigt werden. Auf der Basis des Vertrauens in der Öffentlichkeit muß erreicht werden, daß alle Interessierten in die Lage versetzt werden, denkbare Handlungsalternativen gegeneinander abzuwägen und aus grundlegendem Verständnis der Zusammenhänge gemeinsam entwickelte Lösungen mitzutragen.

Auch verbleibende Probleme, z.B. nicht ausgeräumte Widerstände, werden somit aufgedeckt, bekannt und bewußt gemacht. Sie können rechtzeitig angegangen werden und damit den weiteren Planungs- und Umsetzungsablauf nicht mehr unvorbereitet stören. Von besonderer Wichtigkeit ist dies nicht erst, wenn es um die Notwendigkeit der Kompostierung, Verbrennung oder Deponierung sowie der Wahl geeigneter Standorte für entsprechende Anlagen geht. Schon bei der Entscheidung über die Einführung von Systemen zur getrennten Müllerfassung kann auf diese Weise eine hohe Akzeptanz mit all ihren positiven Konsequenzen bis hin zur Steigerung der Wirtschaftlichkeit eingeleitet werden.

8.4.4.2 Pressearbeit

Besondere Bedeutung kommt im Rahmen der Öffentlichkeitsarbeit der Presse zu. Regelmäßigkeit der Pressekontakte ist zum Aufbau einer vertrauensvollen Zusammenarbeit unerläßlich. Hierin liegt einer der Schlüssel zur öffentlichen Meinungsbildung.[391]

Im vorliegenden Kontext richtet sich das besondere Augenmerk natürlich auf die Lokalpresse. Neben den lokalen Printmedien, Tageszeitungen, Mitteilungs- und Anzeigenblätter, finden die in jüngster Zeit vielerorts entstandenen lokalen Radio- bzw. TV-Sender bei der Bevölkerung wachsenden Zuspruch.

---

391 Vgl.: STAUSS, B.: Ein bedarfswirtschaftliches Marketing-Konzept für öffentliche Unternehmen, 1. Auflage, Nomos-Verlag, Baden-Baden 1987, S.228 ff.

Bereitwilligkeit bei der Versorgung der Journalisten / Redakteure mit glaubwürdigen und übersichtlich aufbereiteten Informationen kennzeichnet die gute Pressearbeit ebenso wie die rechtzeitige Einladung zu allen Veranstaltungen oder die Vermittlung von Kontakten zu eventuell beauftragten Unternehmen.

Pressekonferenzen aus besonderem Anlaß – z.B. Beginn der Umstellung auf neue Entsorgungssysteme, Präsentation erster Erfolgsanalysen, etc. – sind einzuplanen. Ziel der Pressearbeit ist nicht die bedingungslos wohlwollende, sondern die langfristige, sach(dien)liche Berichterstattung. Diese soll als hilfreiches Informationsinstrument die geplanten Änderungen im Entsorgungsbereich auch über die Einführungs- und Umstellungsphase hinaus begleiten. Schließlich hält fortlaufende Berichterstattung in der Presse über Verlauf und erste Ergebnisse der neuen Entsorgungsverfahren mit ständigen Hinweisen auf sachgerechte Handhabung das Interesse der Bürger wach. Probleme sollen dabei nicht beschönigt, sondern aufgedeckt und verständlich gemacht werden, um auf diese Weise ihrer Lösung nähergebracht zu werden.

Zu den unterschiedlichen Formen im Umgang mit der Presse gehören z.B.:

- Pressemitteilung: einfache schriftliche Befragung per Post, Telefax etc.,
- Pressekonferenzen: Einladungen mehrerer Journalisten an einem Ort zum selben Zeitpunkt,
- Pressefahrten / Begehungen: Besichtigungen von Deponieanlagen etc.,
- Pressegespräche: Zielgerichtete und umfassende Informationsveranstaltung mit Vermittlung von Hintergrundwissen, das nicht veröffentlicht werden soll,[392]
- Start der Informationskampagne.

Gemeint ist hier die Bündelung mehrerer nachfolgend erwähnter Maßnahmen als "Initialzündung" der gesamten Kommunikationspolitik. Ein ausreichender zeitlicher Vorlauf vor Beginn des Projektes sollte vorgesehen werden. Wichtig ist dabei die Unterstützung durch die lokale Presse.

Pressegespräche, Anzeigenkampagnen, Aufkleber, Poster, Preisausschreiben, Ausstellungen, Info-Stände u.ä. eignen sich beispielsweise, um zu Beginn in der Bevölkerung Sensibilität für die erforderlichen Veränderungen bei der Abfallentsorgung zu erzeugen. Dabei sollte durchaus schon in dieser frühen Phase eine Veränderung der Meinungen und Einstellungen angestrebt werden, sofern aufgrund der Ergebnisse der Marketing-Planung die Notwendigkeit hierzu gegeben ist.

392 Vgl. HOGREFE, J.: Vom Umgang mit Journalisten: Pressemitteilung und Pressegespräch, in: Büro für Umwelt-Pädagogik (Hrsg.), Öffentlichkeitsarbeit in der Abfallwirtschaft, Grundlagen, Umsetzungen, Wirkungen, Göttingen 1992, S.74.

• Öffentliche Anhörungen

Fragen nach der Bereitschaft, bestimmte Entsorgungssysteme und ggf. damit verbundene Änderungen im Entsorgungsverhalten zu akzeptieren, aber auch Vorstellungen über die Sozialverträglichkeit der Entsorgung können im Rahmen öffentlicher Anhörungen erörtert werden.

Über die Presse kann dazu allgemein und über die Mailing-Liste gezielt eingeladen werden. Es empfiehlt sich, diese Maßnahme ebenfalls schon in der Anlaufphase der Kommunikationspolitik einzusetzen, eignet sie sich doch zur Kompetenzbündelung bei sachlicher Diskussion in überschaubaren Rahmen.

Ein Vorteil dieser Maßnahme liegt darin, daß der Öffentlichkeit signalisiert wird, daß sachlich kompetente Einflußnahme auf die beabsichtigten Änderungen in der Abfallentsorgung einerseits möglich und andererseits durchaus erwünscht ist.

• Arbeitstreffen – Workshops

Je nach Art und Umfang der beabsichtigten Umstellungen der kommunalen Abfallwirtschaft – z.B. wenn die Einführung bestimmter Entsorgungssysteme mit dem Bau von zusätzlichen Kompostierungs- oder Verbrennungsanlagen bzw. Deponien verbunden ist – können Arbeitstreffen oder Workshops vorgesehen werden.

Sie schreiben den mit den öffentlichen Anhörungen bereits aufgenommenen Informations- und Wissensaustausch zwischen den für Planung und Durchführung Verantwortlichen und den Bürgern ständig fort. Alle Interessenten sollten daher prinzipiell teilnahmeberechtigt sein. Eventuelle Einladungen könnten über eine Mailing-Liste verschickt werden.[393]

• Tage der offenen Tür auf Deponien/Besichtigungsfahrten

Großen Einfluß auf das Verständnis für die Notwendigkeit und Richtigkeit der nach ökologischen Gesichtspunkten umgestalteten Abfallentsorgung haben Tage der offenen Tür auf Deponieanlagen, beziehungsweise Besichtigungsfahrten dorthin.

Durch die unmittelbare Veranschaulichung der positiven wie auch negativen Auswirkungen des persönlichen Entsorgungsverhaltens in Verbindung mit ausführlichen Informationen zur getrennten Müllsammlung sind nachhaltige Akzeptanz und Bereitschaft zum Mitmachen besonders gut zu erzeugen.

---

393 Vgl. HAUBER, G.: Abfall-Ingenieur-Bürger: Gemeinsam das Müllproblem lösen, Verlag C. F. Müller, Karlsruhe 1989, S.128.

Andererseits ist mit Besichtigungsfahrten auch die Möglichkeit gegeben, durch Demonstration gut funktionierender Anlagen die Befürchtungen etwa im Zusammenhang mit der ggf. notwendig werdenden Errichtung von Kompostierungs- oder Verbrennungsanlagen abzubauen.

Diese Maßnahmen eignen sich auch hervorragend für Schulklassenfahrten. Auf die Bedeutung von Schulkindern als Informationszielgruppe wird im Zusammenhang mit Maßnahmen der persönlichen Beratung im weiteren noch eingegangen.

- Ausstellungen

Ausstellungen zu den Themen getrennte Müllsammlung, Müllvermeidung, Kompostierung mit Informationen über bereits in ähnlicher Form durchgeführte Projekte sind in stark frequentierten öffentlichen Gebäuden denkbar. Hierdurch wird betroffenen Bürgern die Möglichkeit geboten, die Entsorgungsproblematik auch über die eigene Stadtgrenze hinaus zu verfolgen. So können z.B. große Müllberge bzw. Vergleiche von unterschiedlichen Verpackungsarten eines Gutes am Müllaufkommen dargestellt werden.[394]

- Werbung und Promotion

Durch Werbe- und Promotionmaßnahmen soll in der Abfallwirtschaft auf einfache, phantasievolle Weise Aufmerksamkeit und Neugier für die Ziele der getrennten Sammlung und Entsorgung geweckt werden. Wie auch im kommerziellen Marketing sollen sie die übrigen Kommunikationsinstrumente in ihrer Wirkung verstärken. Umweltentlastendes Entsorgungsverhalten soll mit Hilfe von Werbung und Promotion nicht nur auf sachlich-rationale Weise, sondern auch durch emotionale Ansprache - z.B. stärkere soziale Anerkennung, verbessertes Selbstwertgefühl - nähergebracht werden. Schnell einprägsame Bilder und Visualisierungen spielen in diesem Sinne eine wichtige Rolle. Dabei sollten die Werbebotschaften einfach, aufmerksamkeitsstark und phantasievoll sein.[395] Zudem sollte über die Geschlossenheit und Kongruenz einer Kampagne noch zusätzliche Aufmerksamkeit erzielt werden.[396]

---

394 Vgl. BREINDL, H.: Konzeptionierung und Gestaltung einer Ausstellung zur Abfallvermeidung, in: Büro für Umwelt-Pädagogik (Hrsg.), Öffentlichkeitsarbeit in der Abfallwirtschaft, Grundlagen, Umsetzungen, Wirkungen, Göttingen 1992, S.182 ff.

395 Vgl. TIETZ, B.: Ökologie fordert das Marketing, in: Marketing-Journal 1, 1978, S.47.

396 Vgl. SCHREIBER, R.-L.: Marketing und Werbung im Dienst der Ökologie, in: Akademie für Naturschutz und Ladschaftspflege (Hrsg.): Naturschutz als Ware – Marktaufbereitung und Nachfrageförderung durch Marketingstrategien, Laufener Seminarbeiträge 8/83, Laufen 1983, S.6 ff.

• Anzeigenkampagnen und Zeitungsbeilagen

Auf Anzeigen und Beilagen in Tageszeitungen und Anzeigenblättern wurde im Zusammenhang mit der Pressearbeit und dem Start der Informationskampagne schon hingewiesen. Sie eignen sich gut zur langfristigen, regelmäßigen Information. Besondere Beachtung vedient dabei eine Erkenntnis aus dem kommerziellen Marketing, wonach redaktionell gestaltete Anzeigen, vielfach auch als "PR-Anzeigen" bezeichnet, größere Glaubwürdigkeit genießen.

• Spots in lokalen Kinos / TV / Radio

Preiswerter als häufig angenommen sind lokal geschaltete Film-, Funk- und Fernsehspots. Durch ihre geringen Streuverluste bei gleichzeitig zunehmender Publikumsbeliebtheit der entsprechenden Sendeeinrichtungen zeichnen sie sich sogar als sehr effektive Werbeinstrumente aus. Voraussetzung ist natürlich eine professionelle Gestaltung, die ggf. in Zusammenarbeit mit einer Werbeagentur konzipiert werden sollte.

• Direktwerbung

Briefe seitens der Verwaltung oder mit der Durchführung der Abfallsammlung beauftragter Unternehmen sind bereits zur rechtzeitigen Ankündigung der neuen Entsorgungssysteme und Verfahren an alle betroffenen Haushalte zu schicken. Aus ihnen sollte die Zielsetzung der getrennten Abfallentsorgung, Fragen der Durchführung und die im Zusammenhang mit der sachgerechten Benutzung der neuen Behälter auf die Bürger zukommenden Anforderungen hervorgehen. Der Hinweis auf die Bedeutung für den Umweltschutz darf als Motivationshilfe nicht fehlen.

Termine der Müllabfuhr, Sperrmüll-, Problemstoff- und zusätzlichen Wertstoffsammlungen sollten sie ebenso enthalten wie z.B. Containerstandorte. Dies gilt sinngemäß für weitere Direktwerbematerialien wie z.B. Broschüren, Prospekte, Infoblätter, Faltblätter, Handzettel, Abfallrundbrief, Abfallkalender etc., die regelmäßig aktualisiert und flächendeckend verteilt werden müssen.

Verschiedene der genannten Werbe- und Infomaterialien eignen sich zur Zusammenfassung in einer Mappe, die aus Anlaß spezieller Aktionen an die Interessenten übergeben wird. Ergänzend läßt sich eine spezielle Heftmappe an die Haushalte verteilen, in der Infoblätter thematisch geordnet und gesammelt werden können. Die Bürger hätten damit Gelegenheit, sich ein auf ihre privaten Anforderungen zugeschnittenes Abfallhandbuch zu erstellen.

• Außenwerbung

Mit Plakaten kann sowohl zielgebietsspezifisch wie auch flächendeckend auf die Einführung der neuen Sammelsysteme oder auf Veranstaltungen zum Thema hingewiesen werden. Denkbar ist in diesem Zusammenhang die Verbindung mit einem Plakatwettbewerb, wobei der/die beste/n Entwürfe veröffentlicht werden.

Das folgende Beispiel zeigt, wie die zuvor genannten Eigenschaften präsentiert werden können:

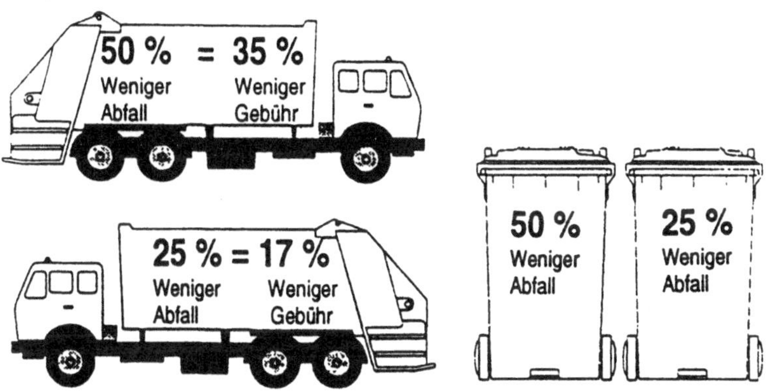

Abbildung 116. Gestaltungsmöglichkeiten von Müllfahrzeugen und Abfallbehältern[397].

Fahrzeugwerbung kann an städtischen Fahrzeugen sowie Bussen und Straßenbahn- oder U-Bahnzügen vorgesehen werden. Ob private Fahrzeughalter, beispielsweise Taxiunternehmen, mitziehen würden ist, zwar fraglich, aber angesichts des großen allgemeinen Interesses an Umweltschutzthemen nicht unwahrscheinlich. Auf jeden Fall sollte sich die Fahrzeugwerbung auf dem Info-Bus wiederfinden, der den/die Abfallberater zu speziellen Informations- oder Promotion-Veranstaltungen in die einzelnen Stadtgebiete begleitet.

397 Vgl. SCHMITZ, H.-G.: Kommunikationskonzepte zum Thema Abfallvermeidung, in: Büro für Umwelt-Pädagogik (Hrsg.), Öffentlichkeitsarbeit in der Abfallwirtschaft, Grundlagen, Umsetzungen, Wirkungen, Göttingen 1992, S.186.

- Werbegeschenke

Aufkleber und Poster erfreuen sich überall großer Beliebtheit. Sie können der oben erwähnten Info-Mappe beigefügt werden. Bei der Werbung für die Ziele der ökologisch ausgerichteten neuen Abfallentsorgung erfüllen sie verschiedene Funktionen. Einerseits können sie den Bekanntheitsgrad des für das Projekt entwickelten Logos steigern, andererseits leisten sie den Haushalten nützliche Dienste bei der Unterscheidung bestimmter Abfallstoffe z.B. durch Verwendung von Piktogrammen. Insbesondere Aufkleber können auf diese Weise zur Kennzeichnung der verschiedenen Behälter dienen.

Weitere Werbegeschenke der unterschiedlichsten Art sind aus dem kommerziellen Marketing ebenfalls als beliebte und größtenteils preiswerte Mittel bekannt. Auch bei der Werbung für die Ziele der getrennten Abfallentsorgung sollte auf ihren Einsatz nicht verzichtet werden. T-Shirts, Miniatur-Müllfahrzeuge/-tonnen,Bastelbögen, Stundenpläne, Buttons, etc. eignen sich beispielsweise vor diesem thematischen Hintergrund. Ein Gefäß zur Vorsortierung von Abfällen im Haushalt wurde in einem konreten Fall anläßlich der Einführung der Bio-Tonne als Geschenk an alle Haushalte bei der persönlichen Austeilung der neuen Tonne überreicht.

- Spezielle Sammelaktionen

Als Begleitmaßnahmen zur Einführung neuer Sammelsysteme sind Sonderabfallsammlungen, Kühlschrank-, Leuchtstoffröhren- oder Medikamentensammelaktionen, verstärkte Wertstoffsammlungen und ähnliches einzuplanen. Sie lassen sich kombinieren mit Informationsverteilung und kleinen Verlosungen (Gegen Abgabe entsprechender Müllobjekte werden Lose ausgegeben. Gewinne könnten etwa Freikarten zur Nutzung attraktiver städtischer Einrichtungen sein.).

Für einzelne Sondersammelaktionen sind möglicherweise kompetente Partner (Kühlschrankhersteller, Elektrohändler, Apotheker etc.) zur Zusammenarbeit bereit. Eventuell treten sie auch als Sponsoren auf.

- Gewinnspiele

Gewinnspiele in ihren verschiedenen Varianten können die Erreichung der im Hinblick auf das individuelle Entsorgungsverhalten gesetzten Ziele durchaus unterstützen: Sei es nun ein Preisausschreiben bzw. Abfallquiz, das den bewußten Umgang mit dem Thema und die spezifische Wissenserweiterung fördert oder ein Plakatwettbewerb, der die Kreativität anregt. In Hechingen, Zollernalbkreis, wurde ein solcher Plakatwettbewerb unter dem Motto "Bevor alles im Eimer ist" kreisweit an allen Schulen durchgeführt.

• Info-Stände

Info-Stände sind als fortlaufende Maßnahme zu betrachten. Sie sollten in verschiedenen Stadien des Umstellungsprozesses und auch darüber hinaus vorgesehen werden. Sie haben den Sinn, gebietsspezifisch über den jeweils aktuellen Stand des Projektes und über Erfolge / Mißerfolge der getrennten Sammlung zu informieren. An diesen Info-Ständen sollte auch Gelegenheit zum Kontakt mit dem Abfallberater gegeben werden.

8.4.4.3 Persönliche Beratung

Über die noch unspezifisch gerichtete, daher verhältnismäßig unpersönliche, eingleisige Kommunikation in Schriftform hinaus, sollte auf jeden Fall eine persönliche, individuell geprägte Abfallberatung im Sinne der oben erwähnten Vorteile des Dialoges mit folgenden Zielsetzungen durchgeführt werden:

- Aufzeigen verschiedenster, den persönlichen Voraussetzungen des Einzelnen Rechnung tragender, Möglichkeiten des sinnvollen Umgangs mit dem Abfall, einschließlich der Beratung über technische Hilfsmittel
- Anregung zu eigenem, kreativen Verhalten hinsichtlich der Ziele von Abfallvermeidung und -verringerung
- Themenbezogene, individuelle Wissensvermittlung, -auffrischung, -korrektur

Fehlendes bzw. mangelhaftes Entsorgungswissen in einzelnen Haushalten hat unvermeidlich falsche Beschickung der Tonnen, Container oder Säcke zur Folge. Hierdurch kann die angestrebte Sortenreinheit bei der getrennten Erfassung von Wertstoffen gefährdet werden. Im direkten, persönlichen Kontakt ist es dem Abfallberater möglich, hier Verbesserungen zu erzielen, wenn nicht sogar Abhilfe zu schaffen.[398]

Der persönlichen Beratung kommt somit innerhalb der Kommunikation besondere Bedeutung zu. Sie sollte langfristig und in Großstädten sowie in weitläufigen, kleineren Kommunen gebietsspezifisch angelegt sein. Sie kann sowohl als gezielte Einzelberatung bei den Haushalten, als auch in Form von Gruppenberatungen bei den jeweiligen Gruppen oder in Bezirksberatungsstellen vorgesehen werden. Bei Bedarf ist die Einrichtung von Stellen für mehrere Bezirksabfallberater ins Auge zu fassen.

---

398 Vgl. GLAUBEN, R.: ...aber wir arbeiten dran! Anmerkungen zu einer neuen Qualität der Öffentlichkeitsarbeit in der Abfallwirtschaft, in: Büro für Umwelt-Pädagogik (Hrsg.), Öffentlichkeitsarbeit in der Abfallwirtschaft, Grundlagen, Umsetzungen, Wirkungen, Göttingen 1992, S.167.

• Allgemeiner Einsatz von Abfallberatern

Neben der Erteilung von Informationen zur getrennten Abfallsammlung ist auch die spezielle Kompostberatung durch den/die Abfallberater sinnvoll. Sie sollte Informationen, Demonstrationen vor Ort sowie auch die Vermietung / Ausleihe von Kompostkästen, -sieben oder Häckslern umfassen.

In Kommunen, die eine Bezuschussung der Eigenkompostierung vorsehen, kann der Abfallberater Hilfe bei der entsprechenden Antragstellung leisten. Persönliches Austeilen der neuen Sammelbehälter (durch Klingeln an allen Haushalten), wo dies möglich ist, bietet dem Abfallberater die Möglichkeit, sich in seinem Einsatzgebiet vorzustellen, ein erstes Beratungsgespräch zu führen und Aufmerksamkeit für die neue Form der Abfallsammlung zu steigern.

• Beratung in Schulen, Gruppen und Vereinen

Im kommerziellen Marketing wird seit einiger Zeit der zunehmende Einfluß von Kindern auf Kaufentscheidungen der Eltern registriert. Diese Beobachtung läßt sich durchaus für das nicht-kommerzielle Marketing in der Abfallwirtschaft nutzen. Kinder im Schulalter stellen eine nicht zu unterschätzende Informationszielgruppe dar. Erfahrungen aus dem pädagogischen Bereich zeigen, daß sie für Umweltthemen allgemein besonders aufgeschlossen sind.[399]

Beratung, Anleitung und Erklärung zur umweltschonenden Abfallentsorgung erreicht hier nicht nur die Erwachsenen von morgen, sondern wichtige Multiplikatoren von heute. Es ist daher zu erwägen, Lehrern Informationsmaßnahmen anzubieten, die ihnen eine gezielte Wissensvermittlung an die Schüler ermöglichen. Alternativ oder ergänzend kann der Abfallberater direkt in die Schulen gehen und diese Wissensvermittlung etwa im Rahmen spezieller Projekttage vornehmen.

Auch bei örtlichen, gesellschaftlich relevanten (etwa kirchlichen oder politischen) Vereinen, Gruppen, Initiativen, etc., die sich mit der neuen Abfallentsorgungssituation beschäftigen wollen, sind vergleichbare Beratungsveranstaltungen vorzusehen. Gerade in ländlichen Gebieten bzw. in kleineren Kommunen, in denen das Vereinsleben stärker ausgeprägt ist, lassen sich entsprechende Maßnahmen besonders effektiv einsetzen.[400]

399 Vgl. BASCHE, I.: Abfallvermeidung und -verwertung als Ziele systematischer Öffentlichkeitsarbeit, in: Büro für Umwelt-Pädagogik (Hrsg.), Öffentlichkeitsarbeit in der Abfallwirtschaft, Grundlagen, Umsetzungen, Wirkungen, Göttingen 1992, S.5.

400 Vgl. HAUBER, G.: Abfall-Ingenieur-Bürger: Gemeinsam das Müllproblem lösen, Verlag C. F. Müller, Karlsruhe 1989, S.132.

Tabelle 63. Effizienz von Medien[401].

Medien	Adressaten	Effizienz	Aufwand
Fernsehen	alle Bürger	schwer ermittelbar große Streubreite	hoch
Video	gezielter Einsatz	Kombination Bild/Text groß	hoch
Rundfunk	alle Bürger	schwer ermittelbar große Sttreubreite	gering
Ton-Dia-Show	zielgruppengerecht	groß	mittel
Pressemitteilungen	alle Bürger	groß	gering
Plakate	zielgruppengerecht	groß	mittel
Merkzettel	alle Bürger	groß	hoch
direct-mailing	alle Bürger	groß	mittel
Aktionen			
Marktplatz	alle Bürger	groß durch persönlichen Charakter	hoch erfordert Organisation und gute Medien
Schulen	gezielt		
Supermärkte	gezielt		
Kompostplatz	alle Bürger		
Bürgerversammlung	gezielt		

- Abfall-Telefonservice

Zu einem umfassenden Beratungsangebot gehört auch ein Telefonservice. Manche Bürger können Informationsveranstaltungen nicht besuchen oder haben Schwierigkeiten, sich dort etwa vor möglichen Zuhörern zu artikulieren. Andere scheuen sich ganz einfach mit ihren persönlichen Fragen und Problemen zur Abfallproblematik vor einem direkten, persönlichen Beratungsgespräch.

Solchen und ähnlichen Schwierigkeiten läßt sich sinnvoll mit der Einrichtung eines Abfall-Telefonservice begegnen. Zu festgelegten Zeiten sollte eine bestimmte, kompetente Person dabei am Telefon präzise Auskünfte erteilen oder, wo dies nicht sofort möglich ist, nach Klärung zurückrufen.

401 Vgl. BAHLKE, A.-M.: Öffentlichkeitsarbeit bei der Einführung eines Getrenntsammelprojektes, in: Büro für Umwelt-Pädagogik (Hrsg.), Öffentlichkeitsarbeit in der Abfallwirtschaft, Grundlagen, Umsetzungen, Wirkungen, Göttingen 1992, S.130.

8.5 Instrumenten-Mix

Innerhalb der vier Hauptbereiche der marketingpolitischen Handlungsinstrumente, aber auch bereichsübergreifend, sind optimale Kombinationen der Einzelinstrumente vor dem Hintergrund der Ziele der getrennten Abfallentsorgung zu bilden.

Entscheidungsfindungen sind durch eine umfangreiche Komplexität gekennzeichnet.[402] Daher ergeben sich Probleme durch:

- Interdependenzen zwischen verschiedenen Instrumenten (zeitlich, sachlich),
- Komplementarität oder Substituierbarkeit der Instrumente,
- Ungewißheit über die Wirkungen der Instrumente,
- Vielzahl denkbarer Instrumentenkombinationen.[403]

Allein im Bereich der Gegenleistungspolitik wird deutlich, daß bereichsübergreifendes Mix in der umweltorientierten Abfallwirtschaft z.T. unumgänglich ist. Gebührenanreize zur Beteiligung an getrennter Abfallsammlung im Sinne eines dualen Systems können notwendig mit entsprechenden Handlungsanreizen verbunden sein. Diese wiederum gehören eindeutig zum Bereich der Angebotspolitik. Bei strikter Betrachtungsweise befinden wir uns also mit den Ausführungen im Abschnitt Gegenleistungspolitik eigentlich schon innerhalb der Kombination der einzelnen Instrumente.

Ein konkretes Beispiel für ein auf hohe Erfassungsquoten und Sortenreinheit durch getrennte Entsorgung ausgerichtetes Angebots-Mix liefert der Kreis Kleve. Hier wird neben der Restmüllerfassung in der üblichen grauen Tonne ein differenzierter Einsatz verschiedener Systeme und Verfahren zur Erfassung anderer Abfallfraktionen praktiziert.

Glaserfassung erfolgt gebietsspezifisch über Sonderbehälter, in ländlichen und Vorstadtgebieten im Holsystem, in verdichteten Siedlungsräumen im Bringsystem. Für Sperrgut und Sonderabfall werden Sammelaktionen durchgeführt. Eine braune Tonne dient zur Erfassung von Garten- und Parkabfällen. Die grüne Tonne für die Papierfraktion nimmt zusätzlich einen Kunststoffsack zur Metallsammlung auf. Je differenzierter die Angebots- und Gegenleistungskombinationen sind, umso mehr bedürfen sie auch spezieller, zielgruppenadäquater Kommunikationsinstrumente.

---

402 Vgl. NOECKE, J.: Ökologisches Marketing in der kommunalen Abfallwirtschaft – Marketing-Instrumente zur Vermeidung und Verminderung von Abfällen, Erich Schmidt Verlag, Berlin 1991, S.263.

403 Vgl. MEFFERT, H.: Marketing: Einführung in die Absatzpolitik, 7. Auflage, Gabler Verlag, Wiesbaden 1986, S.515 ff.

Vorteil solcher Kombinationen gegenüber der isolierten Anwendung einzelner Handlungsinstrumente ist die Ergänzung und gegenseitige Verstärkung der zielgerichteten Wirkungsweise. Es leuchtet ein, daß die Vielzahl von Kombinationsmöglichkeiten keine allgemein gültigen Empfehlungen zuläßt. Vielmehr sind in jedem einzelnen Fall, d.h. in jeder einzelnen Kommune und jedem einzelnen Gebiet aufgrund vorangegangener Untersuchungen die konkreten Entscheidungen zu treffen.

Kriterien für die äußerst komplexen Entscheidungen über die Bildung dieser Kombinationen liefern die Ergebnisse der Untersuchungen aus der Planung. In diesem Zusammenhang wird besonders deutlich, wie wichtig die umfassende Datenerhebung und -auswertung mittels des entwickelten Fragebogens ist: Aufgrund der hoch differenzierten Aussagegenauigkeit dieser Untersuchung kann eine auf die unterschiedlichsten Zielgruppen geradezu maßgeschneiderte Feinplanung sowohl der Handlungsinstrumente wie auch ihrer Kombinationen durchgeführt werden.

Die Präzision dieser Planung hat nicht nur für die unmittelbaren Ziele wie z.B. die Erreichung der gesetzlich vorgeschriebenen Erfassungsquoten und Sortenreinheit eine große Bedeutung. Auch der optimale Einsatz der für die getrennte Entsorgung zur Verfügung stehenden personellen und finanziellen Kapazitäten hängt maßgeblich von ihr ab. Letztlich sind hiermit also auch wichtige Grundlagen für delegationspolitische Entscheidungen verbunden.

8.6 Abfallwirtschaftliche Kontrolle

8.6.1 Gegenstand

Die permanent durchgeführte Kontrolle stellt die Rückverbindung zur Planung dar. In diesem Punkt schließt sich der Regelkreis. Unter Kontrolle wird die ständige, systematische und unvoreingenommene Prüfung und Beurteilung der gesamten Arbeit definiert.[404] Dabei sind folgende Schritte vorzunehmen:

- Festlegung von Soll-Werten bzw. Standards
- Ermittlung der Ist-Werte
- Vergleich der Soll-Werte bzw. Standards mit den Ist-Werten
- Auswertung der Vergleichswerte[405]

---

404 Vgl. STERN, M.-E.: Marketing Planung – Eine System Analayse, Berlin 1975, S.79 f.

405 Vgl. NIESCHLAG, R.; u.a.: Marketing 14. Auflage, Duncker und Humblot Verlag, Berlin 1985, S.876.

Sie beantwortet die Frage, ob sich die grundlegenden strukturellen Voraussetzungen der Planung, also z.B. auch die für den Einsatz der Handlungsinstrumente festgelegten Entscheidungskriterien, als richtig erwiesen haben. Bei Nichtübereinstimmung muß die Planung eventuell teilweise oder völlig neu konzipiert werden. Hierzu dienen die zuvor vorgestellten Planungsinstrumente.

Darüber hinaus überprüft sie die Effizienz der eingesetzten Instrumente und der damit verbundenen Verteilung der verfügbaren personellen und finanziellen Ressourcen vor dem Hintergrund der festgelegten Ziele. Im speziellen Fall der ökologisch orientierten Abfallwirtschaft mit Einführung eines dualen Systems spielen dabei die tatsächlich erzielten Erfassungs- und Verwertungsquoten bei Verpackungen und Wertstoffen eine entscheidende Rolle.

Sinnvollerweise beschränkt sich Marketing-Kontrolle jedoch nicht auf die bloße Feststellung von Zielabweichungen etwa bei diesen Erfassungsquoten, sondern trägt durch Analyse der entsprechenden Ursachen konstruktiv zur kontinuierlichen Diskussion und ggf. Erneuerung der Planung und der politischen Maßnahmen bei.

Ein möglicher Ansatz hierzu liegt im erweiterten Einsatz des Abfallberaters. Bei seinen direkten Kontakten mit den Abfallerzeugern ist es ihm möglich, vor Ort konkrete Ursachen für falsches oder fehlerhaftes Entsorgungsverhalten wahrzunehmen. Er kann damit der Kontrolle entscheidende Hinweise auf gebiets- oder zielgruppenspezifische Verbesserungsmöglichkeiten der Kommunikation, der Handlungsangebote und eventuell sogar der Gebührengestaltung geben.

Eines der grundsätzlichen Probleme der Kontrolle in der kommunalen Abfallwirt schaft liegt darin, daß wegen der Anzahl der Haushalte und der Komplexität der abfallrelevanten Handlungen eine Haushaltseinzelkontrolle nicht durchführbar ist. Mit dem oben angedeuteten, erweiterten Einsatz des Abfallberaters wird dieses Problem kurzfristig keinesfalls ausgeräumt. Langfristig jedoch stellt die kontinuierliche Rückmeldung des Abfallberaters an die Marketing-Kontrolle einen pragmatischen Lösungsansatz dar. Durch regelmäßige Wiederholung bei formaler Aktualisierung der Fragebogenaktion lassen sich Veränderungen insbesondere bei der Einstellung und der Bereitschaft der Haushalte zur Getrenntsammlung (typische qualitative Erfolgsindikatoren) systematisch registrieren. Somit ist auch hierin ein konkreter Ansatz zur konstruktiven Kontrolle zu sehen.

8.6.2 Spezielle quantitative Erfolgsindikatoren

Abfallvermeidung sowie Separierung von Verpackungsmüll und Wertstoffen im Hausmüllbereich schlägt sich nicht nur in den Erfassungsquoten, sondern auch im Rückgang von Deponierungs- und Verbrennungsmengen nieder. Deren Messung liefert also deutliche Hinweise auf den Erfolg der eingesetzten Mittel, wobei zu beachten ist, daß verschiedene Verfahren der Abfallbehandlung auch zu unterschiedlich starker Verringerung des Bedarfs an Deponievolumen führen.

So brauchen bei ausschließlicher Deponierung durch die getrennte Abfuhr ca. 50 kg pro Einwohner und Jahr weniger deponiert zu werden. Bei Anlagen mit Volumenreduktion – z.B. Verbrennung – reduziert sich dieser Wert etwa auf die Hälfte.

Selbstverständlich gibt die Kostenrechnung wichtige Aufschlüsse für die Kontrolle. Die Kosten sind jedoch nicht isoliert, sondern in Verbindung mit Bezugsgrößen zu betrachten. Dies sind wiederum neben den Erfassungsquoten zum einen die Deponierungs- und Verbrennungsmengen, bzw. deren Reduzierung, und zum anderen die Zahl der angeschlossenen Haushalte bzw. Einwohner. Zu präziseren Aussagen kommt man dabei, wenn im Sinne der modernen Kosten- und Leistungsrechnung die Teilkostenrechnung zur Anwendung gelangt und – wie in der Planung – nach Entsorgungsgebieten differenziert wird.

9 Umweltorientiertes Management

9.1 Ausgangsposition

Bei der bisherigen Betrachtung scheinen insbesondere Handelsbetriebe in ihrer Stellung zwischen Produzent und Konsument kaum durch die Umweltproblematik von Verbrauchsgütern betroffen zu sein:

Die Verantwortung für die Umweltbelastung bei der Produktion eines Gutes lag offensichtlich beim Produzenten, die Verantwortung für die Umweltbelastung für den nicht umweltgerechten Gebrauch und die Entsorgung beim Konsumenten oder bei eigens für die Entsorgung geschaffenen Institutionen. Veränderungen für Handelsunternehmen ergaben sich letztendlich bei der Umsetzung der VerpackV in bezug auf die Rücknahmepflicht der Umverpackungen sowie der Beteiligung an Rücknahmesystemen bei der Transportverpackungsentsorgung.

Tabelle 64. Wechselwirkungen und Gegenmaßnahmen im Produktionsbetrieb[406].

Der Produktionsbetrieb			Gegenmaßnahmen
entnimmt	erzeugt	führt zurück	
Rohstoffe Energie Brennstoff Elektrizität Wasser Luft	Produkte Energie	Abgase; Staub, Gase, Dämpfe, Abwärme Abwasser: Stoffe in Lösung Gase in Lösung Abwärme: Abfälle (Industriemüll) Lärm	Abgasreinigung Ausnutzung (hochwertiger) Abwärme Wasseraufbereitung Minimierung der meist minderwertigen Abwärme Geordnete Beseitigung Wiederverwertung Lärmbekämpfung

406 Vgl. GEORGES, H.: Organisation im Umweltschutz; in: Handbuch des Umweltschutzes, 12. Ergänzungslieferung,2/1983, S.2.

Tabelle 65. Wechselwirkungen und Gegenmaßnahmen im Handelsbetrieb[407].

Der Handelsbetrieb		Gegenmaßnahmen
vertreibt	führt zurück	
Investitionsgüter Konsumgüter	Glas Kunststoffe Papier/Pappe Metalle (Verpackungsabfälle) Naßfraktion	getrennte Wertstofferfassung Recyclingmaßnahmen Geordnete Beseitigung

Da das Umweltbewußtsein bei den Verbrauchern von Konsumgütern in der letzten Zeit weiter angestiegen ist, stellt sich jedoch zudem die Frage, welche ökonomischen Gründe für die Berücksichtigung ökologischer Aspekte in der Unternehmenspolitik von Handelsunternehmen eine Rolle spielen.

9.2 Funktionen und Marktstellung des Handels

Vereinfacht ausgedrückt besteht die Aufgabe des Handels in einer Marktwirtschaft darin, Realgüter und Informationen zwischen Produktion und Verwendung zu vermitteln.

Die Besonderheit des Handels liegt deshalb gegenüber den anderen Marktteilnehmern in einer doppelseitigen Ausrichtung der eigenen Aktivitäten. Einerseits muß ein bestehendes Produktangebot durch distributive Maßnahmen bedarfsgeeignet gemacht oder durch Einflußnahme auf produzierende Unternehmen nachfragegerecht modifiziert werden. Andererseits ist auch die Nachfrage durch geeignete Maßnahmen an die Gegebenheiten von Produktangebot und Distribution anzupassen. Für den Handel ergeben sich unter Berücksichtigung dieser bilateralen Ausrichtung drei wesentliche Vermittlungsfunktionen:

1. die Vermittlung von Realgütern, d.h. die Überbrückung der räumlichen und zeitlichen Distanz zwischen Produktion und Verwendung sowie die qualitative und quantitative Warenumgruppierung (Sammeln, Aufteilen, Sortieren, Sortimentieren);

---

407 Vgl. PLÜMER, T.; u.a.: Was muß der Handel beachten bei der Planung von betrieblichen Entsorgungskonzepten?, in: Budde, R. (Hrsg.): Der Einkaufs- und Lagerwirtschaftsberater, 11/91, S.3.

2. die Vermittlung von Information und Kommunikation zur Angebots- und Nachfrageermittlung und -lenkung durch Marktforschung und Werbung;
3. die Vermittlung von Werten in Form von Kreditierung und Vorfinanzierung sowie die Funktion der Preisermittelung.[408]

Die Stellung des Handels zwischen Produzent und Verbraucher ermöglicht ihm zu selektieren, welche Produkte den jeweils von ihm besetzten Absatzkanal passieren oder nicht passieren dürfen. Diese Machtstellung zwischen jeweils einem vor- und einem nachgelagerten Marktteilnehmer wird auch als "Gatekeeper"-Rolle bezeichnet.[409]

Der Gatekeeper ist in der Lage, über das "offen" oder "geschlossen" eines Absatzkanals zu entscheiden und ist für die Weiterleitung von Produkten oder Informationen an den jeweils nächsten Marktteilnehmer zuständig. Vor- und nachgelagerte Marktteilnehmer sind deshalb, sofern sie auf die Form eines indirekten Absatzweges angewiesen sind, in einem gewissen Grade vom Gatekeeper abhängig. Das Ausmaß der Abhängigkeit wird durch das Bestehen und die Anzahl von Ausweichmöglichkeiten determiniert.[410]

An dieser Stelle sollen nicht die Abhängigkeitsverhältnisse zwischen Gatekeeper und anderen Marktteilnehmern untersucht werden. Festzuhalten ist jedoch, daß Handelsbetriebe aufgrund der Gatekeeper-Funktion entscheidenden Einfluß auf das Ausmaß der Durchdringung marktwirtschaftlicher Systeme mit ökologischen Konzepten haben können. Dies bedeutet einerseits große ökologische Verantwortung für die Unternehmensleitung von Handelsbetrieben, die alleine ausreichend Anlaß zu ökologiegerechtem Handeln geben sollte.

Andererseits resultiert aus dieser besonderen Stellung auch die Notwendigkeit zu ökologiegerechtem Handeln aus rein wirtschaftlichen Gründen. Denn es besteht die Möglichkeit, daß Verbraucher ein Zögern oder eine Weigerung des Handels bei der Einführung ökologiegerechter Produktkonzepte als bewußte, nur auf Profitdenken ausgelegte Hemmung dieser Konzepte auslegen. Die Gatekeeper-Rolle kann ein Handelsunternehmen also auch schnell in die Rolle des "Schwarzen Peters" bringen, der eine Versorgung mit umweltverträglichen Produkten ver- oder behindert.

---

408 Vgl. HANSEN, U.: Absatz- und Beschaffungsmarketing des Einzelhandels, 2. Auflage, Göttingen 1990, S.13 ff.

409 Vgl. ZENTES, J.: Grundbegriffe des Marketing, 3. Auflage, Poeschel Verlag, Stuttgart 1992, S.62.

410 Vgl. HANSEN, U.: Absatz- und Beschaffungsmarketing des Einzelhandels, 2. Auflage Göttingen 1990, S.44 ff.

Eine Nichtbeachtung dieser Umstände kann dazu führen, daß bisherige Kunden einfach auf einen anderen Gatekeeper wechseln, der sich ökologiegerechter verhält.

9.3 Entwicklungen in der Unternehmensumwelt und Auswirkungen für den Handel

Als für Handelsunternehmen primär relevante Entwicklungen der letzten Jahre sind zu nennen:

- die Sensibilisierung der Bevölkerung für Beeinträchtigungen der ökologischen Umwelt durch die Produktion und durch bestimmte Eigenschaften von Konsumgütern;
- eine damit einhergehende Änderung des Konsumverhaltens der Verbraucher;
- die im April 1991 verabschiedete Verpackungsverordnung und der geplante Aufbau des dualen Systems durch die deutsche Wirtschaft;
- die Feststellung immer neuer umwelt- und gesundheitsgefährdender Inhaltsstoffe in bestimmten Gebrauchs- oder Verbrauchsgütern durch neue Erkenntnisse und Methoden in Forschung und Technik;
- die Umweltschutzaktivitäten einer immer größer werdenden Anzahl von Produzenten sowie konkurrierender und kooperierender Handelsunternehmen.

Schlagzeilen wie "Ozonloch", "Treibhauseffekt", "Saurer Regen", "Klimakatastrophe", "Verschmutzung der Nordsee" oder "Dioxinskandal" sind in den vergangenen Jahren Überschriften für die öffentliche Umweltdiskussion. Mit der Einsicht um die Gefährdung des ökologischen Gleichgewichts und damit auch der Existenzgrundlage menschlichen Lebens durch Tätigkeiten, die ausnahmslos der Versorgung des Menschen mit Bedarfsgütern oder Energie dienen, entstand und wächst in der Bevölkerung die Bereitschaft und das Bedürfnis der Umweltbeeinträchtigung zu begegnen.

Für die Versorgung mit Wirtschaftsgütern bedeutet dies, daß ein wachsendes Bedürfnis nach Gütern besteht, die in Produktion und Gebrauch die Umwelt nicht oder zumindest weniger als vergleichbare Güter schädigen.[411] Dieses äußert sich konkret z.B. in der Nachfrage nach Kfz mit Katalysator, FCKW-freien Spraydosen, phosphatfreien Waschmitteln, Lebensmitteln aus biologischem Anbau oder umweltschonenden Reinigungsmitteln wie Neutralreiniger o.ä.. Zwar divergieren nach

411 Vgl BALDERJAHN, I.: Das umweltbewußte Konsumentenverhalten, Duncker und Humbolt Verlag, Berlin 1986, S.3 ff.

empirischen Untersuchungen geäußertes Umweltbewußtsein und reales Kaufverhalten von Konsumenten, dennoch ist tendenziell eine steigende Nachfrage nach umweltverträglichen Produkten zu verzeichnen.[412]

Daß auch Politik und Gesetzgebung sich mit umweltpolitischen Aspekten auseinandersetzen, bekommen Handelsunternehmen gerade jetzt in Form der vor kurzem durch Umweltminister Töpfer durchgesetzten und von der Regierung verabschiedeten Verpackungsverordnung zu spüren. Zwar besteht die Möglichkeit, durch die Beteiligung an der dualen Abfallwirtschaft die durch die Verpackungsverordnung vorgesehenen Rücknahme- und Pfandpflichten zumindest für Verkaufsverpackungen zu umgehen. Dennoch bewirken Verpackungsverordnung und Duales System auch für den Handel großen Handlungsbedarf bei der Organisation des zu bildenden Entsorgungs- und Recyclingsystems.

Die Maßnahmen zur Einführung des Dualen Systems bei den Betroffenen sowie die kontrovers geführte Diskussion über die Sinnhaftigkeit der mehrfachen Verwendung von Einwegverpackungen durch Recycling gegenüber echten Mehrwegsystemen, führen zu einer weiteren Erhöhung der Sensitivität der Bevölkerung in Bezug auf die Verpackungsproblematik. Unsicher ist derzeit, inwieweit das Duale System durch die Bevölkerung akzeptiert wird und ob darüber hinaus nicht die Forderung nach einem System entsteht, das bezüglich der Vermeidung von Verpackungsabfällen effektiver ist. Bei mangelnder Beteiligung der Konsumenten an der Rückführung des Verpackungsabfalles und der Nichterfüllung der von Minister Töpfer vorgegebenen Erfassungs- und Wiederverwertungsquoten, könnte deshalb das Duale System scheitern und damit die Verpackungsverordnung 1995 im vollen Umfang in Kraft treten. Diese Entwicklung ist in der langfristigen Unternehmensplanung von Handelsbetrieben zumindest in Betracht zu ziehen.

Abgesehen von der Gesetzgebung im Rahmen der Müllentsorgung sollte auch in anderen Bereichen in Zukunft mit einer Verschärfung der Umweltgesetzgebung gerechnet werden, z.B. das Verbot spezieller Produkte oder bestimmter Inhaltsstoffe in den Produkten. Die Auswirkungen der Öko - Sensibilisierung der Bevölkerung sowie der verschärften Gesetzgebung sind nicht zu unterschätzen. In Zukunft wird das Sortiment von Handelsbetrieben in verstärktem Maße von Konsumenten unter ökologischen Gesichtspunkten betrachtet werden. Umweltverträglichkeit wird zu einem zusätzlich empfundenen Qualitätsaspekt von Produkten werden oder ist es schon heute. Aufgrund der ständig neuen Entdeckung und

---

412 In Anlehnung an MONHEMIUS, K.-C.: Divergenzen zwischen Umweltbewußtsein und Kaufverhalten, Arbeitspapiere des Instituts für Marketing der Universität Münster, Nr. 38, Münster 1990.

Veröffentlichung von Umwelt- und Gesundheitsgefahren in Konsumgütern ist außerdem eine steigende Unsicherheit der Verbraucher bezüglich der zu wählenden Produkte festzustellen, die den Kaufentscheidungsprozeß negativ beeinträchtigt.

Tabelle 66. Erfassungs-, Sortier- und Verwertungsquoten[413]

	Am 1.1.1993			Am 1.7.1995		
Material	Erfassungsquote	Sortierquote	Verwertungsquote	Erfassungsquote	Sortierquote	Verwertungsquote
Glas	60 %	70 %	42 %	80 %	90 %	72 %
Weißblech	40 %	65 %	26 %	80 %	90 %	72 %
Aluminium	30 %	60 %	18 %	80 %	90 %	72 %
Papier/ Pappe/ Karton	30 %	60 %	18 %	80 %	80 %	64 %
Kunststoff	30 %	30 %	9 %	80 %	80 %	64 %
Karton - Verbunde	20 %	30 %	6 %	80 %	80 %	64 %

Fachlich kompetente Information und Beratung durch das Personal hinsichtlich der Umweltverträglichkeit von Produkten werden künftig als Elemente des persönlichen Verkaufs unabdingbar werden, das Vertrauen der Konsumenten in die Umweltpolitik der Handelsbetriebe wird sich voraussichtlich zu einem bestimmenden Faktor für das Unternehmensimage entwickeln.

Passivität oder Zögern von Handelsunternehmen bezüglich der Anpassung des Sortiments unter Umweltaspekten kann zu schwer korrigierbaren Imageschädigungen und damit zu Umsatz- und Gewinneinbußen führen. Vor allem im Zusammenspiel mit den Umweltschutzaktivitäten konkurrierender Unternehmen kann dies zu einer erheblichen Verschlechterung der eigenen Wettbewerbsposition führen. Daß bereits einige Unternehmen diesen Sachverhalt erkannt haben und ernst nehmen, zeigt sich an den Aktivitäten mehrerer großer Handelskonzerne, wie z.B. der Otto-Versand, Tengelmann oder Coop.

Diese berücksichtigen zumeist bereits seit mehreren Jahren Umweltschutz in ihrer Unternehmenspolitik und beweisen, daß praktizierte ökologieorientierte Unternehmensführung durchaus mit ökonomischen Zielen vereinbar ist und darüber

413 Vgl. Verordnung über die Vermeidung von Verpackungsabfällen in der Fassung vom 12. Juli 1991.

hinaus auch wirtschaftlich positive Auswirkungen für das Unternehmen haben kann. Allerdings ist in den meisten dieser Fälle festzustellen, daß der praktizierte Umweltschutz dieser Unternehmen sich auf ein werbemäßiges "Ausschlachten" ökologiegerechter Produkteigenschaften bei einigen Lieferanten beschränkt. Diese Form der Ökologieorientierung läßt sich auch als "ökologisches Trittbrettfahren" bezeichnen und ist langfristig nicht sehr erfolgversprechend (sog. "Pseudo-Ökologie-Konzept").[414]

9.4 Umweltmanagement im Handel

Umweltmanagement läßt sich als integrierte ökologieorientierte Unternehmensführung verstehen. Es ist als System aufzufassen, das mittelbar oder unmittelbar ökologiebedingte Einwirkung auf das Unternehmen wahrnimmt, die Folgen für sie abschätzt und daraus konkrete Maßnahmen zur Sicherung der Überlebensfähigkeit der Unternehmung ableitet.[415] Ausschlaggebend für das Ausmaß der Ökologieorientierung ist dabei die Auffassung von Umweltschutz durch die Unternehmensführung als echtes Ziel oder lediglich als Nebenbedingung sowie die Stärke der Einwirkung externer Einflußgrößen wie Gesellschaft oder Gesetzgeber.

Ökologieorientierung ist somit nur als relative Verhaltensausrichtung zu verstehen. Wie die Unternehmensführung ökologische und ökonomische Gesichtspunkte im Einzelfall vereinbart, hängt von der jeweiligen Unternehmenssituation ab.[416] Zu berücksichtigen sind die Beziehungen ökologischer und ökonomischer Unternehmensziele, die aktuelle und die angestrebte Wettbewerbsposition sowie aktuelle und potentielle Einwirkung externer Größen.

Inwieweit ein Handelsunternehmen von ökologiebedingten Problemstellungen betroffen ist, hängt von der Unternehmensform (Großhandel, Einzelhandel, Fachhandel etc.), der Branche und regionalen bzw. standortbedingten situativen Faktoren ab. Denkbar sind eine Vielzahl von Abstufungen der Betroffenheit und dementsprechend eine Vielzahl unterschiedlicher Handlungsmöglichkeiten um den gestell-

---

414 Vgl. MEFFERT, H.; u.a.: Marketingorientiertes Umweltmanagement: Grundlagen und Fallstudien, Poeschel Verlag, Stuttgart 1992, S.309.

415 Vgl. STEEGER, U.: Umweltmanagement – Erfahrungen und Instrumente einer umweltorientierten Unternehmensstrategie, Gabler Verlag, Wiesbaden 1988, S.134.

416 Vgl. STEEGER, U.: Umweltmanagement – Erfahrungen und Instrumente einer umweltorientierten Unternehmensstrategie, Gabler Verlag, Wiesbaden 1988, S.141 ff.

ten Problemen zu begegnen. Die die Unternehmenssituation determinierenden Faktoren sowie der Grad der Betroffenheit von der Umweltproblematik sind deshalb erst einmal in einer Analyse der Unternehmenssituation zu untersuchen.

9.4.1 Situationsanalyse

Zunächst ist die aktuelle Lage der Unternehmung im Wettbewerb unter besonderer Berücksichtigung ökologischer Gesichtspunkte festzustellen sowie die Folgen geplanter Handlungsschritte zu prognostizieren und abzuwägen. Als Instrument eignet sich für diese Aufgabe die sog. "Key-Issue-Analyse". Diese untersucht auf der einen Seite unternehmensexterne Einflußfaktoren in Form marktbezogener Chancen und Risiken und stellt diese unternehmensinternen Stärken und Schwächen gegenüber. Ziel dieser Analyse ist es, Beziehungszusammenhänge zwischen unternehmensexternen und -internen Faktoren aufzudecken und daraus Handlungsempfehlungen für die strategische Unternehmensführung abzuleiten.

Marktbezogene Chancen und Risiken, die die Betroffenheit der Unternehmung durch Umweltprobleme wiederspiegeln, können sein:

- Aktivitäten von Politik und Gesetzgebung;
- der Stand der Umweltdiskussion in der Öffentlichkeit;
- Einstellungen und Werthaltungen der Verbraucher;
- Aktivitäten der Konkurrenz oder kooperierender Marktteilnehmer;
- Entwicklungen in Forschung und Technik.

Informationen über Entwicklungen in diesen Bereichen lassen sich leicht beschaffen: Tageszeitungen, Zeitschriften, entsprechende Radio- oder Fernsehsendungen, Fachpublikationen, empirische Studien statistischer Institutionen (z.B. Bundesamt für Statistik) sind für jedermann zugänglich und garantieren bei entsprechender Auswertung einen aktuellen und ausführlichen Überblick über die Umweltlage der Unternehmung.[417]

417 Vgl. MEFFERT, H., u.a.: Marketing und Ökologie – Chancen und Risiken umweltorientierter Absatzstrategien der Unternehmungen, in: Die Betriebswirtschaft, 2/86, S.149 ff.

Tabelle 67. Stärken/Schwächen-Analyse[418].

extern / intern	Chancen	Risiken
Stärken	Unter der Voraussetzung einer gewissen Flexibilität der Unternehmensleitung fällt es dem Unternehmen relativ leicht, sein Leistungsprogramm an ökologische Erfordernisse anzupassen. Eine zusätzliche Chance bietet das sich verstärkende Ökologiebewußtsein der Öffentlichkeit bzw. der Konsumenten. Entwicklungen im Bereich Forschung und Wissenschaft erleichtern die Substitution problematischer Sortimentsteile durch weniger bedenkliche.	Das Unternehmen begegnet der Einbeziehung ökologischer Kriterien in Kaufentscheidungen durch das Angebot entsorgungsfreundlicher Produkte und die Elimination bedenklicher Produkte aus dem Sortiment.
Schwächen	In Anbetracht relativ niederiger Margen, insbesondere im Lebensmittelhandel, sind Entsorgungsmaßnahmen mit verhältnismäßig geringen finanziellen Mitteln durchführbar (Bsp.: Beschaffungsmarketing). Gemeinsame Aktionen, beispielsweise . zusammen mit anderen Handelsunternehmungen oder der Industrie, können dazu beitragen, Kosten, die z.B. durch den Aufbau von Retrodistributionskanälen entstehen, zu minimieren.	Konkurrenzaktivität und Auflagen des Gesetzgebers, z.B. durch die Verpackungsverordnung, schränken den Spielraum ein, den eine frühzeitige Adaption an ökologische Erfordernisse im Hinblick auf Wettbewerbsvorteile und Marktanteile bietet.

Die internen Stärken und Schwächen sollten jeder Unternehmensführung bekannt oder zumindest problemlos zugängig sein. Diese sind:

- die finanziellen Ressourcen der Unternehmung;
- das vorhandene Know-How, hier insbesondere das Vertriebs- und Umweltfachwissen;
- die bisher verfolgten Wettbewerbsstrategien;
- die bisherigen Aktivitäten im Bereich des Umweltschutzes;
- die Charakteristik und das Image des Unternehmens;
- die Ausprägung des Sozial- und Umweltengagements bei Mitarbeitern und Führungskräften.

418 In Anlehnung an MEFFERT, H., u.a.: Marktorientiertes Umweltmanagement: Grundlagen und Fallstudien, Poeschel Verlag, Stuttgart 1992, S.106.

Eine für ein Handelsunternehmen typische Key-Issue- Analyse ist in der Tabelle 67 zu sehen.

9.4.2 Ökologische und ökonomische Ziele

Ist mit Hilfe der Key-Issue-Analyse die strategische Ausgangsposition definiert, so sollten aus den gewonnenen Erkenntnissen Ziele und Leitsätze für die künftige Unternehmenstätigkeit abgeleitet und modifiziert werden. Diese sollten explizit in den Unternehmensleitsätzen festgehalten werden. Es empfiehlt sich die Aufnahme ökologischer Ziele als zusätzliche Dimension in die Unternehmensphilosophie, die – soweit vorhanden – allgemeine Zielvorstellungen und Werthaltungen der Unternehmung beinhaltet.[419]

Unternehmensziele sind konkrete Leitlinien für das Unternehmensverhalten. Sie beschreiben im allgemeinen erwünschte Zustände, die mittels der unternehmerischen Tätigkeit erreicht werden sollen. Traditionell wird das unternehmerische Zielsystem aus ökonomischen und sozialen Zielen gebildet, wie z.B.:

- Sicherung der Unternehmensexistenz
- Gewinn
- Rentabilität
- Produktivität
- Kosteneinsparung
- Image
- Marktanteil
- Umsatz / Absatz
- Mitarbeitermotivation
- Erhaltung von Arbeitsplätzen

Aufgrund der Erkenntnisse über die zunehmende Bedeutung der Ökologie als Wettbewerbsfaktor ist festzustellen, daß Umweltschutzziele heute als komplementär zu langfristigen ökonomischen Zielen einzuordnen sind. Konflikte zwischen Umweltschutz und Wirtschaftlichkeit reduzieren sich damit auf das Verhältnis zwischen kurzfristigen ökonomischen und ökologischen Zielen. Durch die Unternehmensführung ist deshalb abzuwägen, ob die Konkurrenz kurzfristiger ökonomi-

---

419 Vgl. BLEICHER, K.; u.a.: Das Konzept Integriertes Management, Campus-Verlag, Frankfurt 1991, S.107 ff.

scher und ökologischer Ziele ein wirklicher Nachteil in Bezug auf die Wettbewerbsfähigkeit der Unternehmung ist oder ob nicht bei langfristiger Betrachtung Wettbewerbsvorteile durch die Berücksichtigung des Umweltschutzes diese Nachteile ausgleichen oder überwiegen.

Wenn Umweltschutz als Ziel in das Unternehmenszielsystem mit einbezogen wird, sollte dies explizit in den Unternehmensgrundsätzen festgehalten und die Ziele durch operationale Sollvorgaben eindeutig definiert werden, d.h. nach Inhalt, Ausmaß und Zeitbezug konkretisiert werden.

Dies bewirken vor allem zwei Dinge:

1. Operationale Sollvorgaben verpflichten die Unternehmensführung zur Durchsetzung der vorgegebenen Leitlinien. Die Erreichung der Ziele kann in Form von Zielabweichungen kontrolliert und einer Nichterfüllung entgegengesteuert werden.[420]
2. Durch die Aufnahme ökologischer Aspekte in die Unternehmensphilosophie demonstriert die Unternehmensführung die Bereitschaft zu umweltgerechtem Handeln nach innen und außen. Dies erhöht die Mitarbeitermotivation und verbessert das Image der Unternehmung.[421]

Die Operationalisierung von Zielen bereitet durch hohen Informationsbedarf einige Schwierigkeiten. Eine denkbare Lösung ist die Bildung sog. Zielkennziffern, bei denen ökonomische und ökologische Größen ins Verhältnis gesetzt werden, z.B. der Unternehmensgewinn im Verhältnis zur angefallenen Menge an nicht-recyclefähigen Abfällen. Vorgegeben werden könnte dann als Ziel:

- das Verhältnis Abfall/Gewinn zu minimieren;
- den angefallenen Abfall bei Einhaltung eines bestimmten Gewinnmindestniveaus zu minimieren,
- oder den Gewinn bei Einhaltung einer Höchstabfallmenge zu maximieren.[422]

Geschieht dies nicht, läuft das Unternehmen Gefahr, Umweltschutz zu einer inhaltslosen Formel werden zu lassen, die keinen Handlungsbedarf schafft und deshalb

420 Vgl. KUDERT, S.: Der Stellenwert des Umweltschutzes im Zielsystem der Betriebswirtschaftslehre; in: WiSu 10/90, S.569 ff.

421 Vgl. TERHART, K.: Die Befolgung von Umweltschutzaufgaben als betriebswirtschaftliches Entscheidungsproblem; in: Grossekelter, H. (Hrsg.); u.a. Schriftenreihe zur wirtschaftswissenschaftlichen Analyse des Rechts, Berlin 1986, S.403.

422 Vgl. KUDERT, S.: Der Stellenwert des Umweltschutzes im Zielsystem einer Betriebswirtschaft, in: WISU, Jg. 1990, Nr. 10, S.569 ff.

auch keine Umweltschutzaktivitäten initiiert. Diese "Pseudo"-Ökologieorientierung, d.h. die geäußerte Umweltschutzbereitschaft bei fehlenden Umweltschutzaktivitäten seitens der Unternehmung, kann bei Aufdeckung dieser Umstände zur Verschlechterung des Images und der Glaubwürdigkeit bei den Abnehmern und dadurch zu einer Verschlechterung der eigenen Wettbewerbsposition führen. Umweltschutz sollte deshalb als eindeutige Vorgabe bei allen Entscheidungen und über alle Funktionsbereiche der Unternehmung hinweg berücksichtigt werden.

Die konzeptionelle Einbeziehung des Umweltschutzes als Unternehmensziel kann als grundsätzliche Ausrichtung der künftigen Unternehmensaktivitäten betrachtet werden. Darauf aufbauend erfolgt die Festlegung langfristig ausgerichteter Verhaltensnormen oder Strategien für die künftige Unternehmenstätigkeit, die die Wettbewerbsfähigkeit des Unternehmens auf lange Sicht erhalten oder verbessern sollen.

9.4.3 Ökologische und ökonomische Strategien

Ausschlaggebend für Art und Ausmaß der Einbeziehung des Umweltschutzes in die Unternehmensaktivitäten und damit für die Strategieformulierung ist die aktuelle Situation der Unternehmen am Markt. Diese setzt sich aus unternehmensinternen und -externen Faktoren zusammen. Interne Faktoren sind hier das Vorhandensein und das Ausmaß der Umweltgefährdung durch die Unternehmen, externe Faktoren die jeweils anzutreffenden Marktverhältnisse durch Aktivitäten von Wettbewerben, Konsumenten und Gesetzgeber.

Als Situationscharakteristik lassen sich vereinfacht zwei Dimensionen definieren:

- als "interne Faktoren" der Grad der Umweltgefährdung durch das Unternehmen,
- als "externe Faktoren" die Vorteilhaftigkeit umweltorientierten Unternehmensverhaltens.[423]

Ordnet man diesen Dimensionen jeweils die Ausprägungen "hoch" oder "niedrig" zu, so ergeben sich vier mögliche Situationsbeschreibungen für die Unternehmung, aus denen sich entsprechend vier mögliche Strategiealternativen ableiten lassen. Diese werden als passive, defensive, offensive oder innovative Strategie bezeichnet.

423 Vgl. MEFFERT, H., u.a.: Marketingorientiertes Umweltmanagement: Grundlagen und Fallstudien, Poeschel Verlag, Stuttgart 1992, S.102 ff.

Unternehmen sollten sich passiv verhalten, wenn diese nur geringe oder keine Umweltbelastung verursachen und die Marktchancen bei ökologieorientiertem Verhalten ebenfalls nur gering oder nicht vorhanden sind.

Eine defensive Strategie sollte ein Unternehmen dann verfolgen, wenn sich bei hoher Umweltbelastung nur geringe Marktchancen durch Umweltschutz ergeben. Das Unternehmen führt deshalb Umweltschutzmaßnahmen erst dann durch, wenn sie durch Gebote, Auflagen oder Sanktionen dazu gezwungen wird. Alternativ zur Anpassung sind im Rahmen einer defensiven Strategie auch der Rückzug von bestimmten Märkten oder Widerstand gegen die eingeleiteten Maßnahmen denkbar.

Im Falle geringer Umweltgefährdung in Verbindung mit der Möglichkeit, durch Umweltschutz langfristig Erfolgspotentiale am Markt zu aktivieren, ist eine offensive Strategie gut geeignet. Dies bedeutet, daß die Unternehmen potentielle Umweltprobleme in ihre Planung miteinbeziehen und somit einer Umweltgefährdung vorbeugend begegnen.

Als letzte Möglichkeit ist die sogenannte Innovationsstrategie denkbar. Diese wird angewandt, wenn trotz hoher Umweltgefährdung durch das Unternehmen Umweltschutz große Marktvorteile bewirkt. Diese lassen sich nutzen, wenn die Umweltgefährdung durch die Verbesserung bestehender oder durch die Einführung umweltverträglicher Produkte und Produktionsverfahren reduziert werden kann. Ein mögliches Instrument zur Ableitung der genannten Strategien ist z.B. das sog. "Ökologie - Portfolio".

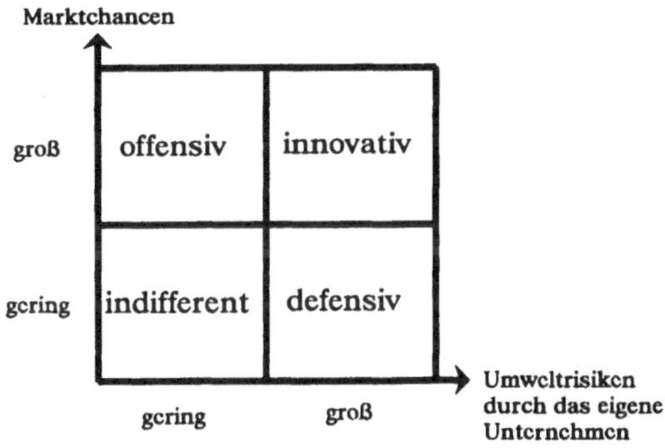

Abbildung 117. Portfolio der Marktchancen – Umweltrisiken – Analyse[424].

424 Vgl. STEGER, U.: Umweltmanagement, Wiesbaden 1988, S. 151.

Unberücksichtigt bleibt bei dieser Art der Betrachtung jedoch, inwieweit die aufgezeigten Strategien mit den bisher verfolgten Wettbewerbsstrategien vereinbart werden können. In Anlehnung an das PORTER'sche System zur Klassifizierung von Wettbewerbsstrategien soll hier in die Differenzierungs-, Kostenführer- und Marktnischenstrategien[425] unterteilt werden.

Eine Differenzierungsstrategie zu betreiben bedeutet, gegenüber Konkurrenzprodukten einen Qualitätsvorteil zu schaffen, der in der betrachteten Branche möglichst einzigartig ist und für den der Abnehmer bereit ist, einen höheren Preis zu zahlen.

Bei einer Kostenführungsstrategie wird versucht, durch Rationalisierungsmaßnahmen die eigenen Kosten unter das Niveau der Konkurrenz zu senken, um ein bestimmtes Produkt zu einem niederigen Preis anbieten zu können. Die Marktnischenstrategie besteht in der Konzentration auf die Bearbeitung ausgewählter Marktsegmente, wodurch Vorteile gegenüber Konkurrenten erzielt werden sollen, die sich auf einen breiteren Markt ausgerichtet haben.[426]

Untersucht man Umweltschutz- und Wettbewerbsstrategien auf ihre Entsprechung, so ergeben sich unterschiedliche Kombinationsmöglichkeiten, die zu einem relativen Wettbewerbsvorteil gegenüber Konkurrenten führen. Diese werden im folgenden aufgeführt.

9.4.3.1 Umweltschutz- und Qualitätsführerstrategie

Wenn Umweltverträglichkeit zu einer durch Verbraucher geforderten Produktionseigenschaft wird und die betroffene Unternehmung das Konzept der Qualitätsführerschaft verfolgt, bieten offensive und innovative Umweltschutzstrategien gute Differenzierungs- bez. Profilierungsmöglichkeit. Die Wahrnehmung der Umweltverträglichkeit als zusätzlicher Nutzen verspricht Image- und Nachfragesteigerung sowie eine erhöhte Preisbereitschaft der Verbraucher.[427] Die antizipative Einbeziehung von Umweltschutzaspekten kann zur Schaffung neuer Standards im Wettbewerb führen und ermöglicht das Setzen von Markteintrittsbarrieren gegenüber der Konkurrenz. Nachteil dieser Strategie, insbesondere der Innovations-

425 Vgl. PORTER, M.-E.: Wettbewerbsstrategien – Methoden zur Analyse von Branchen und Konkurrenten, 3. Auflage, Campus-Verlag, Frankfurt 1985, S.62.

426 Vgl. PORTER, M.-E.: Wettbewerbsstrategien - Methoden zur Analyse von Branchen und Konkurrenten, 3. Auflage, Campus-Verlag, Frankfurt 1985, S.63 ff.

427 Vgl. KIRCHGEORG, M.: Ökologieorientiertes Unternehmensverhalten, Typologie und Erklärungsansätze auf empirischer Grunglage; in: Meffert, H.; u.a. Band 24 der Schriftenreihe Unternehmensführung und Marketing, Wiesbaden 1990, S.110 ff.

strategie, ist die Unsicherheit bezüglich der zu erwartenden Nachfrage nach neuen Produkten sowie der Verzicht auf Margen für bisher gewinnbringende jedoch umweltschädliche Produkte. Bevor die Entscheidung für eine offensive oder innovative Strategie fällt, ist deshalb zu prüfen, ob die jeweilige Strategie zu einem klaren Wettbewerbsvorteil führt. Die Verfolgung einer defensiven Strategie ist im Rahmen der Qualitätsführerschaft nur dann zu raten, wenn der geforderte Qualitätsstandard nicht gehalten werden kann (Rückzug) oder wenn die Forderung nach einer Verbesserung der Umweltqualität unbegründet ist (Widerstand).[428]

9.4.3.2 Umweltschutz- und Kostenführerschaft

Kostenführerschaft ist nicht mit offensiven oder innovativen Strategien kompatibel, solange umweltverträgliche Produkte auf Herstellerseite mehr kosten, als vergleichbare umweltschädliche Produkte und damit durch Preiserhöhung zu einer Reduzierung des eigentlichen Wettbewerbsvorteils führen. Vorteilhaft ist die Umstellung auf umweltverträgliche Produkte nur dann, wenn z.B. umweltschädliche durch günstigere umweltverträgliche Einsatzstoffe substituiert werden können. Im allgemeinen wird ein nach Kostenführerschaft strebendes Unternehmen deshalb eine eher defensive Strategie verfolgen. Zu beachten ist jedoch, daß sich die Kostensituation durch gesetzliche Auflagen verschlechtern kann, so daß bestehende Kostenvorteile gesenkt oder sogar ausgelöscht werden können. Zudem besteht eine Gefahr für die eigene Wettbewerbsposition darin, daß Konkurrenten Umweltschutz als Marktchance auffassen und nutzen. Umweltstrategien eignen sich im Rahmen einer Kostenführerschaft deshalb überwiegend nur für die Verteidigung einer vorteilhaften Kostenposition in Märkten mit hoher Umweltproblematik. Eine Verbesserung der Wettbewerbsposition kann durch ökologieorientierte Strategien in der Regel nicht erreicht werden.[429]

Die Betrachtung der Kompatibilität von Marktnischen- und Umweltschutzstrategien kann hier vernachlässigt werden, da im Rahmen der Marktnischenstrategie Wettbewerbsvorteile durch Differenzierungs- oder Kostenführerstrategien erreicht werden und deshalb das für diese Strategien gesagte auch hier Anwendung findet.

Es verbleibt anzumerken, daß ökologieorientierte Strategien, unabhängig von der

---

428 Vgl. KIRCHGEORG, M.: Ökologieorientiertes Unternehmensverhalten, Typologie und Erklärungsansätze auf empirischer Grunglage; in: Meffert, H.; u.a. Band 24 der Schriftenreihe Unternehmensführung und Marketing, Wiesbaden 1990, S.114.

429 Vgl. KIRCHGEORG, M.: Ökologieorientiertes Unternehmensverhalten, Typologie und Erklärungsansätze auf empirischer Grunglage; in: Meffert, H.; u.a. Band 24 der Schriftenreihe Unternehmensführung und Marketing, Wiesbaden 1990, S.111.

Art der gewählten Strategiekombinationen, alle Unternehmensbereiche betreffen sollten. "Pseudo"- Strategien, die sich nur auf die Äußerung ökologiegerechten Verhaltens beziehen, werden das Unternehmen im Zuge wachsenden öffentlichen Umweltbewußtseins unglaubwürdig erscheinen lassen, was Imageschädigung und letztlich Nachfragesenkung bewirkt. Mittel- und langfristig werden deshalb nur "echte" Ökologiestrategien erfolgversprechend sein, die Umweltschutz über den Produktions- und Verbrauchszyklus hinweg berücksichtigen.

Besonders wichtig erscheint für Handelsunternehmen der Wille zur Kooperation mit Produzenten bzw. Vorlieferanten. Echte ökologieorientierte Strategien am Markt lassen sich nur durchsetzen, wenn die Umweltverträglichkeit von Produkten auch die dem Handel vorgelagerten Beschaffungs- und Produktionsstufen umfaßt.[430]

Wie entscheidend die Zusammenarbeit von Handel und Hersteller sein kann, zeigt sich beim derzeitigen Aufbau des Retrodistributionssytemes für Verpackungsmaterialien für die Errichtung des Dualen Systems. Das Funktionieren oder Scheitern des Dualen Systems hängt wesentlich mit von der Effektivität der Kooperation zwischen den Beteiligten ab.

9.4.4 Organisation des Umweltmanagements

Umweltschutz sollte nicht nur in der Unternehmensphilosophie und im Zielsystem der Unternehmung verbal festgehalten, sondern auch als Institution in der Unternehmensorganisation verankert werden. Dies hat mehrere Gründe:

- Der Umweltschutzbeauftragte oder die Umweltschutzstelle überwacht die Aktivitäten der Unternehmung im Hinblick auf die Erfüllung der selbst oder gesetzlich vorgegebenen ökologischen Ziele, auf ihre Einhaltung, berichtet der Unternehmensleitung und macht Vorschläge zur Korrektur oder Antizipation von Zielabweichungen.
- Die betreffende Institution erfüllt weitgehende Informationsfunktionen bezüglich der Umweltentwicklungen und hält Kontakte zu behördlichen Stellen. Sie fungiert als strategisches Frühwarnsystem für sich abzeichnende ökologisch bedingte und für das Unternehmen relevante Entwicklungen.
- Außerdem erfüllt eine Umweltschutzstelle in der Unternehmung eine Repräsentationsfunktion nach innen und außen. Sie stellt quasi die Verkörperung des Umweltschutzgedankens der Unternehmung dar.

430 Vgl. Meffert, H., u.a.: Marktorientiertes Umweltmanagement: Grundlagen und Fallstudien, Poeschel Verlag, Stuttgart 1992, S.148 ff.

Die Form der organisatorischen Einbindung wird im wesentlichen von vier Faktoren bestimmt und zwar durch:

- gesetzliche Bestimmungen
- die Betriebsgröße
- die bestehende Organisationstruktur
- die Unternehmensziele

Gesetzliche Bestimmungen geben in bestimmten Fällen die Einrichtung einer Stelle als Betriebsbeauftragter für Umweltschutz vor, wie den Immissionsschutzbeauftragten (§§ 53 bis 58 ImSchG;5. und 6. Verordnung zur Durchführung des BImSchG),[431] den Gewässerschutzbeauftragten (§ 21 WHG),[432] den Betriebsbeauftragten für Abfall (§ 11 AbfallG),[433] den Störfallbeauftragten (§ 5 Abs. 2, 12 BImSchV)[434] oder den Gefahrgutbeauftragten (§ 11 Abs. 1, GefStoffV).[435] Der Betriebsbeauftragte ist nach Maßgabe des Gesetzes in der Unternehmenshierarchie weit oben anzusiedeln und möglichst der Unternehmensführung direkt zu unterstellen. Geschieht dieses nicht und tritt eine "Umweltpanne" auf, die hätte vermieden werden können, so trifft das Unternehmen Organisationsverschulden.

Die Betriebsgröße ist als Indikator für Größen wie Personalkapazität, vorhandendes Finanzbudget für Umweltschutzmaßnahmen oder Verfügbarkeit von fachkompetentem Personal zu sehen. In der Regel gilt, daß mit der Betriebsgröße auch das Ausmaß der veranlaßten Umweltschutzmaßnahmen und der diesbezüglich zu treffenden organisatorischen Gestaltungsmöglichkeiten wächst.

Einlinien- oder Mehrliniensysteme, funktionale-, divisionale- oder Matrixorganisationen sind mögliche Formen bestehender Organisationsstrukturen. Die Eignung unterschiedlicher Möglichkeiten der Organisation des Umweltschutzes ist abhängig von der jeweils anzutreffenden Organisationsform und wird im folgenden an ausgewählten Beispielen diskutiert. Weitere wichtige Einflußfaktoren sind die Unternehmensziele. Die Art der Beziehung von ökonomischen und ökologischen

---

431 Vgl. Gesetz zum Schutz vor schädlichen Umweltauswirkungen durch Luftverunreinigungen, Geräusche, Erschütterungen und ähliche Vorgänge in der Neufassung vom 14. Mai 1990.

432 Vgl. Gesetz zur Ordnung des Wasserhaushalts in der Fassung vom 23. September 1986, zuletzt geändert durch Gesetz vom 12. Februar 1990.

433 Vgl. Gesetz über die Vermeidung und Entsorgung von Abfällen in der Fassung vom 27. August 1986, zuletzt geändert durch das Einigungsvertragsgesetz vom 23. September 1990.

434 Vgl 12 BImSchV.

435 Vgl. GefStoffV.

Zielen sowie der Stellenwert ökologischer Ziele im Zielsystem der Unternehmung bestimmt den Umfang der organisatorischen Maßnahmen für Umweltschutz mit.[436] Grundsätzlich ist festzustellen: Je ausgeprägter die Ökologieorientierung der Unternehmensführung ist, desto umfangreicher sind die veranlaßten organisatorischen Maßnahmen und die den Umweltschutzfunktionen zugewiesenen Kompetenzen.

Im folgenden sollen nun vier Möglichkeiten der Verankerung des Umweltschutzes in der Unternehmensorganisation dargestellt und diskutiert werden.

9.4.4.1 Umweltschutz in allen Hierarchieebenen

Umweltschutz wird bereichsübergreifend in den Aufgabenbereich jeder Abteilung oder sogar jedes Mitarbeiters implementiert. Diese Maßnahme gewährleistet eine Durchdringung der Unternehmung mit dem Umweltschutzgedanken und fördert das Umweltbewußtsein und die Motivation, umweltgerecht zu handeln, bei allen Mitarbeitern.

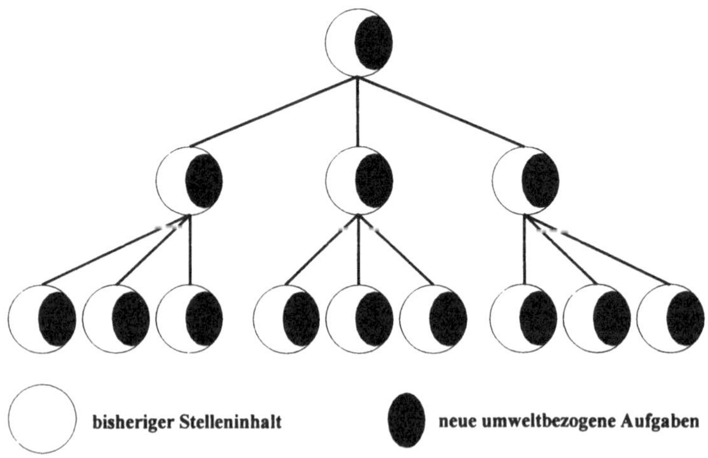

Abbildung 118. Eingliederung nach dem Einliniensystem.

436 Vgl. SCHREINER, M.: Umweltmanagement in 22 Lektionen, Gabler Verlag, Wiesbaden 1988, S.301 ff.

Nachteilig ist jedoch, daß die größte Zahl der Mitarbeiter im Bereich des Umweltschutzes wahrscheinlich fachlich nicht kompetent ist und außerdem die Beauftragung von Abteilungen und Mitarbeitern zu deren Überlastung führen kann.[437] Zudem erschweren in Einliniensystemen lange Kommunikations- und Informationswege durch Einhaltung des Dienstweges die Informationskoordination zwischen den Abteilungen.

9.4.4.2 Umweltschutz als Stabsfunktion

Die Angliederung des Umweltschutzes als Stabsstelle an die Linie der Unternehmung ist die derzeit wohl gängigste Form der Organisation. Umweltschutzbeauftragte werden in der Regel mit Stabsfunktion in ein Unternehmen "eingebaut".

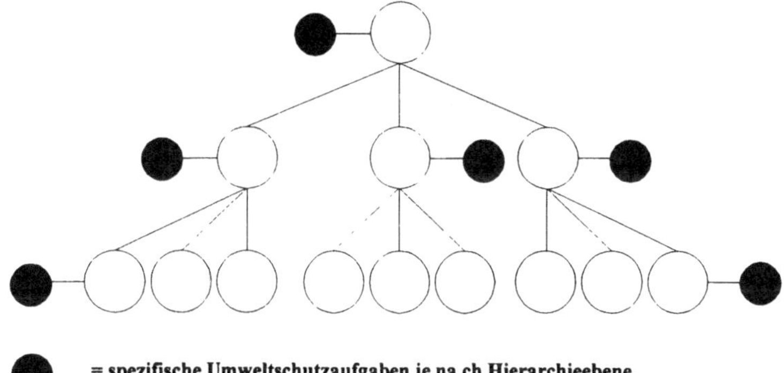

● = spezifische Umweltschutzaufgaben je na ch Hierarchieebene, Abteilung und Stelle

Abbildung 119. Eingliederung von Stabsstellen[438].

Die Stabsstelle übernimmt Analyse- und Beratungsfunktion für die übergeordnete Linieninstanz und bereitet Entscheidungen über Umweltschutzmaßnahmen in Beschaffung, Produktion und Vertrieb vor. Durch die Einrichtung eines Stabes wird eine Überlastung der Linieninstanzen vermieden.[439] Die Unternehmung kann bei

---

437 Vgl. WIENDAHL, H.-P.: Betriebsorganisation für Ingenieure, 2. Auflage, Hanser-Studienbücher, München 1986, S.17.

438 Vgl. GROCHLA, E.: Grundlagen der organisatorischen Gestaltung, Poeschel Verlag, Stuttgart 1982, S.134 ff.

439 Vgl. SCHREINER, M.: Umweltmanagement in 22 Lektionen, Gabler Verlag, Wiesbaden 1988, S.303.

Entscheidungen auf das Spezialwissen von Experten zurückgreifen unter gleichzeitiger Wahrung der Leitungswege der Linie.

Nachteilig am Einsatz von Stabsstellen ist, daß die Wirksamkeit der Stabsarbeit aufgrund fehlender Weisungsrechte vom "Wohlwollen" der Linie abhängig ist. Außerdem ist das Verhältnis zwischen Mitgliedern der Linie und Angehörigen des Stabes aufgrund deren überlegenen Fachwissens oft konfliktbehaftet.[440] Erforderlich für den erfolgreichen Einsatz eines Umweltschutzstabes ist deshalb die eindeutige Regelung der Rechte und Pflichten von Linie und Stab, die genaue Abgrenzung der Stabskompetenzen und die volle Unterstützung der Stabsarbeit durch die Unternehmensleitung.[441]

9.4.4.3 Umweltschutz als Projektgruppen-Organisation

Die Projektgruppenorganisation oder das Projektmanagement ist als Alternative zur Stab-Linien-Organisation zu sehen. Für den Umweltschutz ist nicht ein Umweltschutzexperte oder -expertenteam zuständig, sondern eine Gruppe, die aus Spezialisten aus allen Unternehmensbereichen besteht.

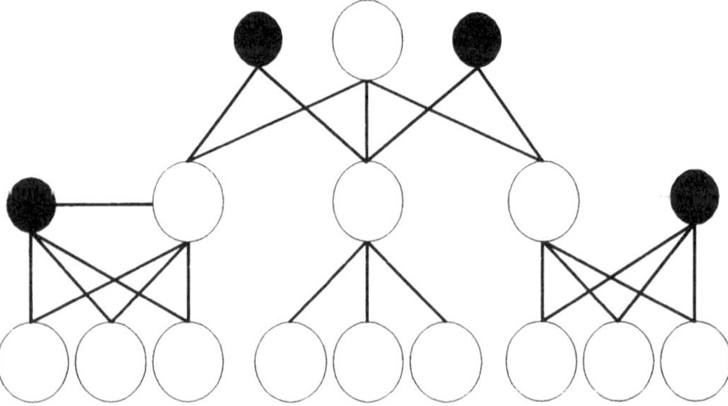

Abbildung 120. Funktionsmeistersystem.

440 Vgl. MEFFERT, H.; u.a.: Marketingorientiertes Umweltmanagement: Grundlagen und Fallstudien, Poeschel Verlag, Wiesbaden 1992, S280 f.

441 Vgl. STAELER, W. H.: Management – eine verhaltenswissenschaftliche Perspektive, 4. Auflage, München 1989, S. 662 ff.

Diese können aus den Reihen der Unternehmung rekrutiert ("task force") oder speziell für die Projektaufgabe eingestellt werden ("project organisation"). Vorteile der Projektgruppenorganisation sind eine hohe ökologieorientierte Innovationskraft, die durch das Zusammenführen von Mitarbeitern mit bereichsspezifischem Spezialwissen entsteht sowie die hohe Flexibilität problemadäquat einzusetzender Problemlösungsgruppen. Als Nachteile sind ein hoher Koordinationsbedarf für die Leitung der Projektgruppe und möglicherweise Wiedereingliederungsprobleme der Mitarbeiter in ihren Abteilungen zu nennen.[442]

9.4.4.4 Umweltschutz in einer Matrixorganisation

Die Integrierung des Umweltschutzes als Funktion in einer Matrixorganisation ist die Verwirklichung des Umweltschutzes als Querschnittsfunktion der ganzen Unternehmung. Nach dem Mehrliniensystem ist der Umweltschutzbereich mit allen produkt- oder marktbezogenen Bereichen verbunden, es bestehen zu jeder Abteilung direkte Informations- und Weisungswege.

Problematisch ist aufgrund dessen jedoch die Überschneidung funktionaler und objektorientierter Kompetenzen, die zu Konflikten zwischen den Unternehmensbereichen führen kann. Die Folge sind oftmals Kompromißlösungen, die weder ökonomischen noch ökologischen Ansprüchen genügen.[443] Unabdingbare Voraussetzung für den Erfolg einer Matrixorganisation ist deshalb die eindeutige Zuordnung und Abgrenzung von Kompetenzen sowie eine hohe Kooperationsbereitschaft der Betroffenen.

Welche Form und Größe die Umweltschutzstelle letzlich in der einzelnen Unternehmung erhält, hängt von den genannten Faktoren ab und liegt letztlich in der Entscheidung der Unternehmensleitung. Wichtig ist jedoch, daß die eingerichtete Stelle möglichst mit allen Unternehmensbereichen in Kontakt steht (Querschnittsfunktion) und daß die Arbeit der dort tätigen Mitarbeiter ausreichend durch die Unternehmensleitung unterstützt wird.[444]

---

442 Vgl. WELGE; M. K.: Unternehmensführung – Band 2:Organisation, Poeschel Verlag, Stuttgart 1987, S.464.

443 Vgl. BLEICHER, K.: Formen und Modelle der Organisation, Wiesbaden 1981, S.280.

444 Vgl. SCHREINER, M.: Umweltmanagement in 22 Lektionen, Wiesbaden 1988, S:301 ff.; BÜHNER, R.: Betriebswirtschaftliche Organisationslehre, 4. Auflage, München, Wien 1989, S.90 ff.

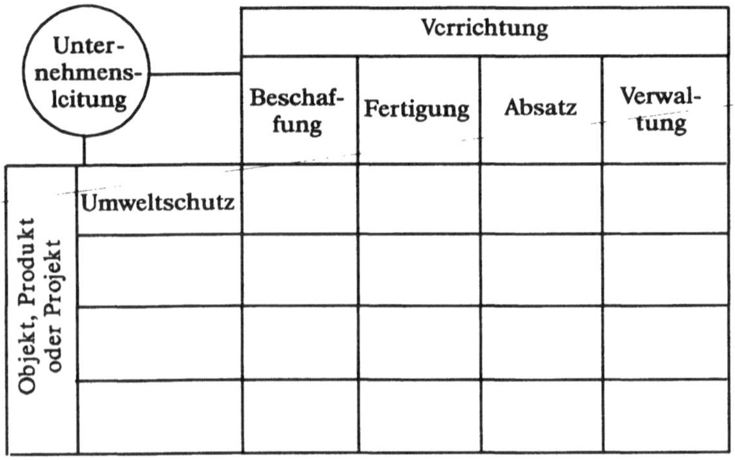

Unternehmensleitung

		Verrichtung			
		Beschaffung	Fertigung	Absatz	Verwaltung
Objekt, Produkt oder Projekt	Umweltschutz				

Abbildung 121. Matrixorganisation[445],

9.4.5 Operatives Umweltmanagement

Die Ökologieorientierung einer Unternehmung kann als zusätzlicher Faktor der marktorientierten Unternehmensführung aufgefaßt werden. Die anschließend aufgeführten operativen Maßnahmen für Handelsunternehmen zur Bearbeitung ökologiebedingter Problemstellungen sind deshalb im Schema des klassischen Marketingmix gehalten. Auf eine Trennung in beschaffungs- und absatzgerichtetes Marketing wird hier verzichtet, weil die geschilderten Implikationen und Maßnahmen i.d.R. voneinander abhängig sind und stufenübergreifenden Charakter besitzen.

9.4.5.1 Sortimentspolitik

Die Sortimentspolitik kann als das wohl wichtigste Marketinginstrument von Handelsunternehmen verstanden werden. Deren Aufgabe ist es, die Produktpalette des Handelsunternehmens so zu gestalten, daß sie der Nachfragestruktur des betroffenen Absatzmarktes weitestgehend entspricht. An dieser Aufgabe hat sich

445 Vgl. NIESCHLAG, R., u.a.: Marketing, 14. Auflage, Dunker und Humbolt Verlag, Berlin 1985, S.917.

auch durch die Einbeziehung ökologischer Aspekte wenig geändert. Die Anpassung der Sortimentspolitik betrifft deshalb nur die Berücksichtigung der Umweltverträglichkeit als neue Produkteigenschaft.[446] Inwieweit diese für die Kaufbereitschaft der Konsumenten für einzelne Produkte relevant ist, kann hier global nicht beantwortet werden. Dies sollte durch Marktforschung und Markttests für die jeweiligen Produktgruppen überprüft werden. Tendenziell ist jedoch zu erwarten, daß sich die Wahrnehmung durch zunehmende Sachkundigkeit der Kunden auf alle Produkteigenschaften beziehen wird, d.h. zu berücksichtigen sind Produktinhaltsstoffe und Verpackungen, aber auch Umwelteinflüsse in der Rohstoffgewinnung, der Produktion und beim Transport der Produkte. Im Rahmen echter ökologieorientierter Strategien sollte der Handel deshalb sicherstellen, daß die geführten Produkte gesetzte Mindeststandards an Umweltverträglichkeit in keinem Bereich unterschreiten.

Dies bedeutet, daß bei der Sortimentsbildung immer umweltverträgliche gegenüber umweltschädlichen Produkten präferiert werden. Voraussetzung dafür ist die Zusammenarbeit mit bisherigen Lieferanten, die nötigenfalls ihre Produkte umweltgerechter modifizieren müssen. Sieht der bisherige Hersteller die Notwendigkeit zu ökologiegerechtem Handeln nicht, muß die Unternehmensführung bereit sein, Waren nur von solchen Lieferanten zu beziehen, die die selbstgesetzten oder nachfragebedingten Standards erfüllen. Instrumente zur Überprüfung der Sortimentspolitik unter ökologischen Kriterien sind beispielsweise die sog. Öko-Bilanz oder die Produktlinienanalyse.

9.4.5.1.1 Öko-Bilanz als Instrument der Sortimentspolitik

Unter einer Öko-Bilanz wird eine unternehmensspezifische Input-Output-Bilanz verstanden, wobei eine Gegenüberstellung aller für die Produktion eines Gutes (als Summierung aller Produktionsprozesse) verwendeten Einsatzstoffe und Energien einerseits, sowie der Erzeugnisse und Emissionen andererseits, gegenübergestellt werden. Weiterentwicklungen der Öko-Bilanz beachten zudem über die Produktion hinausgehende Beeinträchtigungen der Umwelt in Rohstoffbeschaffung, Transport, Vertrieb und Entsorgung.[447]

Dem Handel bietet sich die Öko-Bilanz als Entscheidungsinstrument zur Beurteilung der Umweltverträglichkeit von Produkten an. Mit ihrer Hilfe lassen sich

---

446 Vgl. NIESCHLAG, R., u.a.: Marketing, 14. Auflage, Dunker und Humbolt Verlag, Berlin 1985, S.94.

447 Vgl. MEFFERT, H., u.a.: Marktorientiertes Umweltmanagement: Grundlagen und Fallstudien, Poeschel Verlag, Stuttgart 1992, S.113.

verschiedene Produkte bezüglich der durch sie verursachten Umweltbelastungen vergleichen. Ein ökologieorientiertes Handelsunternehmen kann sich dann für die Produktalternative mit der jeweils geringeren Umweltbelastung entscheiden. Schwierigkeiten bei der Beurteilung von Produktalternativen bereitet jedoch die oftmals unterschiedliche Belastung der Komponenten Boden, Luft oder Wasser durch verschiedene Produkte. Diese Tatsache resultiert aus unterschiedlichen Produktionsverfahren für Produkte mit gleichem Konsumzweck. So führt ein Verfahren zu einer höheren Luft- oder Wasserbelastung.

Neuere Öko-Bilanzen lösen dieses Problem durch Bildung sogenannter Ökofaktoren oder Äquivalenzkoeffizienten, die den Komponenten Boden, Luft und Wasser unterschiedliche Gewichte zuordnen, welche sich i.d.R. an gesetzlich vorgeschriebenen Grenzwerten orientieren. Dieses Verfahren ergibt für jedes Produkt konkrete Maßzahlen, die einen absoluten Vergleich von Produktalternativen und eine definitive Entscheidung für eine der Alternativen zulassen. Kritisch anzumerken ist zu dieser Methodik jedoch, daß nicht für jeden Bereich staatlich festgesetzte Grenzwerte existieren und deshalb in manchen Bereichen subjektive Normen als Belastungsgrenze festgelegt werden. Außerdem gestattet das Verfahren der Bildung von Koeffizienten oder Öko-Faktoren eine mathematische Manipulation der Ergebnisse.

9.4.5.1.2 Produktlinienanalyse als Instrument der Sortimentspolitik

Besonders interessant als Planungs- und Kontrollinstrument für den Handel erscheint die Produktlinienanalyse. In ihrer ursprünglichen Form wurde diese durch die "Projektgruppe ökologische Wirtschaft" entwickelt.

Die Kernfrage der Produktlinienanalyse läßt sich etwa folgendermaßen formulieren: "Wie lassen sich die in einer Volkswirtschaft bestehenden Bedürfnisse so befriedigen, daß die Bedingungen eines sozial- und umweltverträglichen Wirtschaftens beachtet werden".[448]

Die Leitideen der Produktlinienanalyse sind deshalb folgende:

- Bedürfnisorientierung als Ausgangspunkt der Beurteilung von Produkten;
- Ganzheitlichkeit, d.h. die Betrachtung eines Produktes von der Rohstofferschließung bis hin zur Entsorgung;
- Mehrdimensionalität, d.h. die Einbeziehung ökologischer, ökonomischer und sozialer Dimensionen in die Untersuchung der Folgewirkungen;

448 In Anlehnung an ÖKO-INSTITUT (Hrsg.): Produktlinienanalyse, Köln 1987.

- Variantenvergleich, um die am ehesten sozial- und umweltverträgliche Form zu finden.[449]

Der Untersuchungsgang der Produktlinienanalyse erfolgt in mehreren Schritten, von der Auswahl des Anwendungsbereiches, über die Bedürfnisidentifizierung und -betrachtung, die Auswahl der in Frage kommenden Produktvarianten, die Aufstellung der Produktlinienmatrix und deren Überprüfung, den Vergleich der Produktvarianten bis hin zur Auswertung der Ergebnisse und der Ableitung von Konsequenzen. Das eigentliche Kernstück der Produktlinienanalyse ist die oben genannte Produktlinienmatrix:

Auf der Horizontalen dieser Matrix werden die einzelnen Phasen des Produktentstehungs-, -verwendungs- und -entsorgungszyklus sprich der Produktlinie abgetragen. Auf der Vertikalen befinden sich die durch Folgewirkungen betroffenen Dimensionen Natur, Gesellschaft und Wirtschaft.

Durch Markierung der entsprechenden Felder wird dann jede Produktvariante entlang ihrer Produktlinie qualitativ und quantitativ auf Auswirkungen auf die unterschiedlichen Dimensionen überprüft. Schließlich werden die Ergebnisse in einer Auswertungsmatrix zusammengefaßt und den anderen Produktvarianten gegenübergestellt.

Die Produktlinienanalyse vermeidet eindimensionale Betrachtungsweisen oder die Fokussierung auf einzelne Abschnitte der Produktlinie. Dadurch wird eine Überwälzung ökologischer Probleme auf andere Bereiche des Produktlebenszyklus vermieden.[450] Durch Bedürfnisorientierung und Mehrdimensionalität werden die Anwender dazu gebracht, ihre gesellschaftlichen Werthaltungen aufzudecken und nachvollziehbar zu machen. Eine willkürliche Manipulation der Ergebnisse ist deshalb nicht möglich. Ebenfalls fällt die Möglichkeit der Ergebnisverfälschung durch mathematische Manipulation weg.

Die Produktlinienanalyse ist somit eine anspruchsvolle Methode, das eigene Sortiment im Hinblick auf ökologische und Kundenansprüche zu überprüfen und/oder zu bestätigen. Im letzteren Fall kann sie sehr sinnvoll für die Profilierung gegenüber Konkurrenten eingesetzt werden.[451]

---

449 Vgl. MEFFERT, H., u.a.: Marktorientiertes Umweltmanagement: Grundlagen und Fallstudien, Poeschel Verlag, Stuttgart 1992. S.123.

450 Vgl. RUBIK, F.: Die Produktlinienanalyse in der Verbraucher- und Umweltberatung; in: Forschungsinformationsdienst ökologisch orientierter Betriebswirtschaftslehre (FÖB), 8. Ausgabe, März/April 1991, S.11 f.

451 Vgl. Projektgruppe Ökologische Wirtschaft: Produktlinienanalyse, Köln 1987, S.33.

Gegen die Produktlinienanalyse sprechen ein hoher Arbeitsaufwand und Informationsbedarf, hohe Kosten und eine derzeit nur spärlich vorhandene Basis für Datenmaterial. Zumindest sollte jedoch ein solches Instrument in der vereinfachten Form der Öko-Bilanz als Analysemittel für die Sortimentsgestaltung in Betracht gezogen werden.

Wird die Sortimentsgestaltung mit Hilfe der geschilderten Instrumente durchgeführt, empfiehlt sich die besondere Kennzeichnung dieses Sortiments, z.B. durch die Einführung einer Handelsmarke, die dem Verbraucher vermittelt, daß das Produkt gewisse Anforderungen an die Umweltverträglichkeit erfüllt und damit der Unsicherheit bei der ökologiegerechten Produktwahl entgegenwirkt.

9.4.5.2 Kontrahierungspolitik

Es ist zu beobachten, daß für umweltverträgliche Produkte oftmals ein höherer Preis verlangt wird, als für vergleichbare "normale" Produkte. Dies wird zumeist mit höheren Herstellungskosten oder mit dem Zusatznutzen, den ein Produkt durch bessere Umweltverträglichkeit erhält, begründet. Die Argumentation mit den höheren Herstellungskosten trifft in vielen Fällen nicht zu. Oftmals sind substitutiv eingesetzte umweltverträglichere Einsatzstoffe sogar billiger als die vorher verwendeten umweltschädlichen. Die Aufdeckung solcher "Preislügen" kann zu erheblichen Imageschädigungen führen.[452]

Die Argumentation, daß die Umweltverträglichkeit einen zusätzlichen Qualitätsaspekt darstellt, für den der Kunde zu zahlen bereit sein muß, ist aber plausibel. In der Regel besteht bei Konsumenten für ökologiegerechte Produkte auch eine höhere Preisbereitschaft als für umweltschädlichere Produkte. Die öffentliche Umweltdiskussion und staatliche Aktivitäten tendieren heute jedoch dahin, eher für Umweltschädigung höhere Preise zu verlangen (z.B. ist bleihaltiges Superbenzin teurer als bleifreies). Diese Entwicklung sollte zumindest beobachtet werden. Eine Weiterentwicklung des Umweltbewußtseins könnte in der Bevölkerung zu der Einstellung führen, daß Industrie und Handel durch höhere Preise für umweltgerechte Güter die Entwicklung zu umweltbewußterem Konsumverhalten zugunsten kurzfristiger Profiterzielung bewußt hemmen. Die daraus resultierenden Image- und wirtschaftlichen Schäden wären immens.

Um dieser Gefahr zu begegnen, sollte bereits jetzt überlegt werden, wie der Absatz umweltgerechter Güter erhöht werden könnte. In Bereichen, in denen die Marge der Produkte eine Preissenkung nicht zulässt, sollte entweder durch Kooperation

---

452 Vgl. DILLER, H.: Preispolitik, 2. Auflage, Kohlhammer-Verlag, Stuttgart 1991, S.191 ff.

mit dem Hersteller eine Lösung gefunden oder durch eine Mischkalkulation eine Preisminderung für diese Güter erwirkt werden.

Der Gefahr, daß sich dadurch andere Produkte verteuern und Kunden zu billigeren Konkurrenzanbietern fluktuieren, wäre durch horizontale Kooperation mit konkurrierenden Handelsunternehmen zu begegnen. Ist eine Mischkalkulation nicht für alle Produkte möglich, so sollte zumindest versucht werden, ökologisch eher bedenkliche Produkte zugunsten des umweltgerechten Substitutes durch eine Mischkalkulation zu benachteiligen.

9.4.5.3 Distributionspolitik

Die entscheidende Aufgabe der Distributionspolitik von Handelsunternehmen wird in den nächsten Jahren der Aufbau effektiver Retrodistributionssysteme sein.[453] Um die durch die Verordnung zur Vermeidung von Verpackungssystemen notwendig gewordene Rückführung von gebrauchten Verpackungen zu gewährleisten, sind umfangreiche logistische und personelle Voraussetzungen zu schaffen. Anfragen bei Handelsunternehmen haben gezeigt, daß der Handlungsbedarf in diesem Bereich sehr groß ist. Eine Zusammenarbeit von Handel und Industrie ist unabdingbar, um den anstehenden Arbeits- und Investitionsaufwand im gemeinsamen Interesse zu bewältigen.

9.4.5.4 Kommunikationspolitik

Auch auf die Kommunikationspolitik des Handels kommen neue Tätigkeitsbereiche zu. Die ökologiebedingten Aufgaben der Kommunikation werden in Zukunft die Information und Beratung der Konsumenten bezüglich der Umweltverträglichkeit der angebotenen Ware sein. Hinzu kommt die Vermittlung der umweltgerechten Ausrichtung der Unternehmung als Bestandteil der Unternehmenskultur. Besondere Bedeutung kommen in Handelsunternehmen der klassischen Werbung und vor allem dem persönlichen Verkauf zu.

Die hohe Kundennähe vor allem im Einzelhandel schafft die Voraussetzung für effektive Information und Beratung durch entsprechend geschultes Personal. Eine entsprechende Ausbildung zur Umweltfachkraft im Handel bieten bereits mehrere Institutionen an.

---

453 Vgl. MEFFERT, H., u.a.: Marktorientiertes Umweltmanagement: Grundlagen und Fallstudien, Poeschel Verlag, Stuttgart 1992. S.249.

Pressemitteilungen, Firmenzeitungen, Broschüren, Öffentlichkeitsarbeit bei interessierten Gruppen wie Schulen, Hochschulen oder Vereinen sind sinnvolle Public-Relations-Maßnahmen, die der Bildung und Festigung einer corporate identity im Hinblick auf den Umweltschutz dienen. Als "Nebeneffekt" trägt die ökologieorientierte Kommunikation außerdem zur Entwicklung des öffentlichen Umweltbewußtseins bei.

10 Nachwort

Die globalen Umweltprobleme der heutigen Zeit lassen sich sicherlich nicht auf die im Rahmen dieser Arbeit untersuchten Aspekte der Abfallwirtschaft reduzieren. Jedoch ist die Abfallwirtschaft als ein Bereich, mit dem jedes Mitglied unserer Gesellschaft in besonders direktem Maße verbunden ist, geeignet, die Bereitschaft zur Mitwirkung an Problemlösungen im Umweltbereich im Allgemeinen zu untersuchen.

Die erschöpften Kapazitäten der Mülldeponien, der hohe Widerstandsgrad gegen die Müllverbrennung und gegen die Eröffnung neuer Deponien, vor allem in der direkten Nachbarschaft des einzelnen Bürgers, zeigen in besonderer Weise die Grenzen unseres aktuellen Umgangs mit scheinbar unbegrenzten natürlichen Ressourcen auf.

Es ist unschwer vorherzusehen, daß dieselben Grenzen uns in nicht allzuferner Zukunft in vielen anderen Bereichen "einholen" werden, die heute noch nicht Gegenstand einer pressewirksamen Kampagne sind und via Gebührenerhöhungen noch nicht zu signifikanten Beeinträchtigungen des Einkommens führen. Daher ist die Abfallproblematik als Frühindikator einer quantiativen Wachstumsgrenze definierbar und das Verhalten der Beteiligten als symptomatisch für diejenigen Probleme zu werten, die unausweichlich das Erreichen weiterer Grenzen induzieren wird.

Hierbei ist, entgegen allen aktuellen Modellen, die einzige strategische Lösung in einem Kreislaufmodell zu suchen, bei dem der Verbrauch an natürlichen Ressourcen der Entstehung im gleichen Zeitabschnitt entspricht. Subsummiert leben wir heute im Rahmen einer Ressourcenbilanz weit über unsere Verhältnisse.

Erstaunlich an dieser Erkenntnis ist, daß nicht wie schon vor Jahren prognostiziert, ein industriell schwer substituierbarer Einsatzstoff, wie beispielsweise Öl oder Energie, dem quantitativen Wachstum unserer Volkswirtschaft Grenzen setzt, sondern ganz im Gegenteil diejenigen Dinge, derer wir uns nach dem Vollzug der Nutzenstiftung entledigen wollen.

Die Situation hat sich also ökonomisch in der Form verändert, daß die Beschaffung eines Gutes heute nicht mehr ausschließlich eine Funktion des Kaufpreises und der Betriebskosten ist, sondern darüber hinaus die Einbeziehung der – vielfach beim Erwerb noch nicht bekannten – Aufwendungen für die Entsorgung beinhaltet. Daher werden hier die mittlerweile verknappten natürlichen Ressourcen mit steigenden Preisen bewertet und somit ein Prozeß eingeleitet, der aus denselben wirtschaftlichen Gründen wegen deren vor Jahren das Einwegsystem für viele

Verpackungen eingeführt wurde, heute zu Lösungen führt, die eine Wieder- oder Weiterverwendung derselben Verpackung präferiert.

Die Maßnahmen des Gesetzgebers zur Lösung dieses Problems unterstützen den in umweltpolitischer Sicht vielfach zu langsamen Prozeß der Ökonomie. Denn die Umsetzung ehemals freier Güter wie saubere Luft, Land, Wasser... in Wirtschaftsgüter und der damit verbundene sparsamere Umgang, erfolgt aus wirtschaftlichem Eigeninteresse der beteiligten Wirtschaftssubjekte vielfach erst dann, wenn die volkswirtschaftlichen Kosten für die Wiederherstellung dieser Güter unverhältnismäßig gestiegen sind, sodaß eine künstliche Verknappung oder aber abgabeninduzierte Verteuerung durch Maßnahmen der öffentlichen Hand schon im Vorfeld dieser "natürlichen" Entwicklung angezeigt sind.

Sind die aktuellen Kosten der Abfallbeseitigung mit dem "ökonomischen Preis" bezeichnet und leicht berechenbar, so sind die "ökologischen Kosten" wesentlich schwerer bestimmbar und liegen deutlich über den ökonomischen Kosten. Die ökologischen Kosten müßten in kapitalisierter Form die Folgekosten heutiger Abfallbeseitigung beinhalten, wie beispielsweise die Deponienachbetreuung, die Grundwasserüberwachung und -reinigung, die Aufarbeitung von Altlasten. Eine Berechnung dieser Kosten ist gegenwärtig faktisch unmöglich. Eine auch nur annähernd adäquate Verteuerung der Entsorgungskapazitäten hätte jedoch erhebliche Kosequenzen in Bezug auf den Umgang mit Primärressourcen.

Nun kann selbstverständlich aus wirtschaftlichen Gründen eine solche Entwicklung nicht isoliert in einem Land erfolgen, um die Wettbewerbsfähigkeit der dortigen Industrie nicht nachhaltig zu stören. Dennoch scheint mit der Verpackungsverordnung ein erster Schritt in eine Richtung getan, die via Verteuerung der Entsorgungskapazitäten eine Befassung mit dem Thema Abfall auch in entscheidenden Ebenen der Unternehmensleitung bewirkt.

Im Rahmen dieser Arbeit war nun die Entwicklung eines integrierten Konzeptes für die Abfallwirtschaft beabsichtigt, welches eine Optimierung der Entsorgung unter verschiedenen Nebenbedingungen beinhaltet. Somit läßt sich die Zielfunktion der Entsorgungsoptimierung prägnant auf die Fragestellung konzentrieren:

Optimiere die Abfallbehandlung unter den Nebenbedingungen

- technischer Realisierbarkeit,
- hoher Erfassungs- und Verwertungsquoten,
- hoher Sortenreinheit,
- niedriger Entsorgungskosten,

- im Rahmen der gesetzlichen Bestimmungen,
- bei hoher Akzeptanz der Entsorgungsbeteiligten.

Die vorliegende Arbeit verucht, den Stand der technischen Möglichkeiten aufzuzeigen, aktuelle Erfahrungen im Umgang mit diesen Logistiksystemen vorzustellen, die korrespondierenden Kosten zu beziffern, die vorhandenen und geplanten gesetzlichen Bestimmungen zu subsummieren und damit neben einem Überblick den Rahmen zu stecken, in dem sich bisher existierende Entsorgungslösungen bewegen. Auch diese Systeme werden vielfach "integrierte Abfallwirtschaftskonzepte" genannt; eine vom Grundsatz zulässige Bezeichnung, deren integrativer Charakter nach den hier vorliegenden Ergebnissen jedoch in verschiedener Hinsicht unzureichend ist.

Erstens haben bislang bekannte Entsorgungskonzeptionen den Mangel zu kurzer zeitlicher Horizonte, da wegen der hoheitlichen Zuständigkeit staatlicher Institutionen vielfach eine kurzfristige Kostenoptimierung zur Sicherung industrieller Standorte oder aus politischen Überlegungen erfolgt, die hohe Mehrbelastungen zukünftiger Generationen billigend in Kauf nimmt.

Zweitens zeichnen sich viele bestehende Konzepte durch isolierte und aktionistische Vorgehensweisen aus, die an der Fachkompetenz der zuständigen Entscheidungsträger erhebliche Zweifel zulassen. Die Einbeziehung unabhängiger und sachkundiger Beratungsunternehmen ist gerade bei kommunalen Entscheidungsträgern wenig geübte Praxis.

Drittens beschränkt sich die Integration in aller Regel auf wenige der obengenannten Parameter. Die Lösungen werden dadurch vielfach besser als früher geübte Optimierungen einzelner Parameter, jedoch genügen diese Integrationen nicht den heute unabdingbaren Anforderungen an eine zukunftsorientierte Abfallwirtschaft.

Viertens werden Anpassungen alter Konzepte in Form von isolierten Fortschreibungen durchgeführt, deren Suboptimalität hierdurch steigt, anstatt wie beabsichtigt, bessere Konzepte zu produzieren.

Eine Optimierung im Sinne eines integrierten Modells mit Zukunftsorientierung muß jedoch sämliche Parameter interdisziplinär berücksichtigen. Entsorgung ist demnach heute eine Ensembleaufgabe multilateraler Prägung.

Darüber hinaus wird in dieser Arbeit erstmals der "Neben-bedingungsfaktor Mensch" untersucht. Die bekannte These "Recycling lebt vom Mitmachen" bezeichnet eindrucksvoll, daß die gewünschte Optimierung der Entsorgung ohne Einbeziehung dieses Parameters scheitern muß. In der Vergangenheit wurden vielfach technisch hochmoderne Systeme entwickelt, die einen besonderen Reinheitsgrad der gesammelten Sekundärstoffe zu minimalen Kosten ermöglichten.

Diese Systeme scheiterten fast immer an der Beteiligung der Menschen, für die sie entwickelt wurden. Somit mußte ein besonderes Kriterium neuer integrierter Abfallwirtschaftssysteme eine fundierte Untersuchung der Akzeptanz alternativer Konzepte sein.

Diese Akzeptanzuntersuchung wurde in zwei alternativen Bereichen durchgeführt; erstens zum Thema Abfallsammlungssysteme und zweitens zum Thema Müllverbrennung und -deponie. Mit diesen Untersuchungen wurden die zentralen Problempunkte der Abfallwirtschaft in umfangreichen empirischen Untersuchungen statistisch signifikant beleuchtet und in einem weiteren Schritt Maßnahmen aufgezeigt, die strategisch und operativ geeignet sind, somit ermittelte Problempunkte gezielt zu beseitigen.

Hierzu sind verschiedene Ansatzpunkte gegeben; ein wesentlicher liegt in der Kommunikationspolitik von Kommunen und in der Zentralstellung des Handels als Informations- und Selektionsglied zwischen erzeugender Industrie und verbrauchendem Bürger.

Die differenzierte Ergebnisermittlung läßt selbstverständlich keine Globallösung erwarten, sondern dient anhand der vorgestellten Untersuchungen zur Kriterienermittlung, die in vergleichbaren Fällen eine Lösung des Optimierungsproblems Entsorgung gewährleisten kann.

11 Literaturverzeichnis

Adler, R.S.; u.a.: Cajolery or command: Are education campaigns an adequate substitute for regulation, Yale Journal on Regulation, 1984

Alcalay, R.: The impact of mass communication campaigns in the health field, Social Science and Medicine 17, 1983

Anger, H.; u.a.: Kommt gar nicht in die Tüte – Lebensmittelverpackung und Müllvermeidung; Katalyse e.V. (Hrsg); Verlag Kiepenheuer & Witsch, Köln 1991

Anting, D.: Genehmigungs- und Kontrollverfahren für Sonderabfälle am Beispiel der Zentraldeponie Emscherbruch in: Müll und Abfall 1/1975

Allgemeine Verwaltungsvorschrift über genehmigungsbedürftige Anlagen in der Fassung vom 16. Juli 1968

Alsdorf, R.: Die getrennte Sammlung von wiederverwertbaren Abfällen und Schadstoffen mit den Systemen "Grüne Tonne", "Bio-Tonne", "Mobile Schadstoffsammlung"; in: Schmitt-Tegge, J; u.a. Kommunale und private Abfallbeseitigung, Expert-Verlag, Sindelfingen 1987

Arbeitsgemeinschaft Verpackung und Umwelt e.V.: Umweltstrategien der Verpackungswirtschaft – Langfristkonzept der AGVU, 2. Auflage, Bonn 1990

Arbeitsgruppe Umweltstatistik des Fachbereiches Informatik (ARGUS): Bundesweite Hausmüllanalysee 1983 - 1985, Umweltbundesamt Berlin, UBA-Forschungsbericht 103 03 508, Berlin 1986

Bahlke, A.-M.: Öffentlichkeitsarbeit bei der Einführung eines Getrenntsammelprojektes; in: Büro für Umwelt-Pädagogik (Hrsg.) Öffentlichkeitsarbeit in der Abfallwirtschaft, Grundlagen, Umsetzungen, Wirkungen; Göttingen 1992

Balderjahn, I.: Das umweltbewußte Konsumverhalten, Duncker und Humblot Verlag, Berlin 1986

Balderjahn, I.; u.a.: Ökologisches Marketing in der Abfallwirtschaft; in: Büro für Umwelt-Pädagogik (Hrsg.) Öffentlichkeitsarbeit in der Abfallwirtschaft, Grundlagen, Umsetzungen, Wirkungen, Göttingen 1992

Bardtke, D.; u.a.: Biologische Verfahren der Deponiegasreinigung; in: Stuttgarter Berichte zur Abfallwirtschaft, Band 22: Altlastensanierung und zeitgemäße Deponietechnik, Erich Schmidt Verlag, Bielefeld 1986

Bartsch, R.: Abfallwirtschaftskonzept der Stadt Hamm, Entwurf 1991

Basche, I.: Abfallvermeidung und -verwertung als Ziele systematischer Öffentlichkeitsarbeit; in: Büro für Umwelt-Pädagogik (Hrsg.) Öffentlichkeitsarbeit in der Abfallwirtschaft, Grundlagen, Umsetzungen, Wirkungen, Göttingen 1992

Beyer, H.-J.: Kostenvergleichsrechnung Duales System; in: Entsorgungspraxis 5/1992

Baugesetzbuch: ursprüngliche Fassung vom 8. Dezember 1986, zuletzt geändert durch das Einigungsvertragsgesetz vom 23. September 1990

Becker, J.: Grundlagen der Marketing-Konzeption: Marketingziele, Marketingstrategien, Marketingmix, Verlag Vahlen, München 1983

Berekoven, L.; u.a.: Marktforschung: methodische Grundlagen und praktische Anwendungen 4. neu bearbeitete Auflage, Gabler-Verlag, Wiesbaden 1989

Berg, C.C.: Materialwirtschaft, Fischer-Verlag, Stuttgart 1979

Berghoff, R.: Entwicklungsstand und Umweltrelevanz der Pyrolyse von Abfällen; in: Entsorgungspraxis Spezial Nr. 10 12/89

Bidlingmaier, J.: Marketing 1, 10. Auflage, Westdeutscher Verlag, Opladen 1983

Bidlingmaier, J.: Marketing 2, 9. Auflage, Westdeutscher Verlag, Opladen 1982

Biletewski, B.; u.a.: Abfallwirtschaft – Eine Einführung, Springer Verlag, Berlin 1990

Bleicher, K.; u.a.: Das Konzept Integriertes Management, Campus-Verlag, Frankfurt 1991

Blume, H.; u.a.: Sammlung, Umschlag und Transport von Hausmüll; in: Entsorgungspraxis Spezial No. 3, 9/1990

Bothmann, P.: Anpassung an den Stand der Deponieerweiterungen; in: Stuttgarter Berichte zur Abfallwirtschaft, Band 29: Zeitgemäße Deponietechnik II, Erich Schmidt Verlag, Bielefeld 1988

Breindl, H.: Konzeptionierung und Gestaltung einer Ausstellung zur Abfallvermeidung; in: Büro für Umwelt-Pädagogik (Hrsg.) Öffentlichkeitsarbeit in der Abfallwirtschaft, Grundlagen, Umsetzungen, Wirkungen, Göttingen 1992

Bruhn, M., u.a.: Sozial Marketing, Verlag W. Kohlhammer, Stuttgart 1989

Buchholz, E., u.a.: Optimierung der Verbrennung in einem Müllkessel, VGB Kraftwerkstechnik, Heft 9, September 1982

Budde, B.: Umweltverträglichkeitsprüfung von Deponiestandorten mit vereinfachten ökologisch orientierten Bewertungsmethoden; in: Müll und Abfall, 13. Jahrgang Heft 4/,1981

Bühner, R.; u.a.: Betriebswirtschaftliche Organisationslehre, 4. Auflage, Oldenbourg-Verlag, München 1989

Bünnemann, A.: Möglichkeiten und Probleme der Beratung und Öffentlichkeitsarbeit im Dualen System; in: Büro für Umwelt-Pädagogik (Hrsg.) Öffentlichkeitsarbeit in der Abfallwirtschaft, Grundlagen, Umsetzungen, Wirkungen, Göttingen 1992

Bund Deutscher Entsorger (BDE): Duales System in der Praxis – Umsetzen der Verpackungsverordnung; Informations-Sonderausgabe, 04. März 1991

Bulling, M.: Kooperatives Verwaltungshandeln (Vorverhandlungen, Arrangement, Agreement und Verträge) in der Verwaltungspraxis; in: Die öffentliche Verwaltung, 42. Jhg. 7/1989

Chantelan, F.; u.a.: Praktische Möglichkeiten der Anpassung von Müllgebühren an die Ziele der Abfallvermeidung am Beispiel Bremen – Ergebnis einer Studie, Institut für Umweltrecht und Bremer Umweltberatung (Hrsg.), Bremen 1989

Denzin, M.: Planung einer Deponie auf der Grundlage eines Ideenwettbewerbes; in: Stuttgarter Berichte zur Abfallwirtschaft, Band 35: Zeitgemäße Deponietechnik III, Erich-Schmidt Verlag, Berlin 1989

Deutsches Handelsinstitut Köln e.V. (Hrsg.): Verpackungsverordnung und Entsorgung im Handel; aus der Reihe "Enzyklopädie des Handels", Köln 1991

Deutscher Städtetag/Verband kommunaler Städtereinigungsbetriebe: Leitfassung "Satzung über die Abfallentsorgung in der Stadt...", in: Deutscher Bundestag: Bericht der Bundesregierung über den Vollzug des Abfallgesetzes vom 27. August 1986, BT-Drs. 11/756 vom 01.09.1987

Der Rat von Sachverständigen für Umweltfragen: Abfallwirtschaft – Sondergutachten, Metzler-Poeschel Verlag, Stuttgart 1991

Diller, H.: Preispolitik, 2. Auflage, Kohlhammer-Verlag, Stuttgart 1991

Duales System Deutschland GmbH: DSD plant Gebührenänderung: Anreize zur Vermeidung; in Entsorga-Magazin 7/8 1992

Duales System Deutschland GmbH: Geschäftsbericht 1991, Bonn 1992

Eberle, D.: Fallbeispiele zur Weiterentwicklung der Standardversion der Nutzwertanalyse – Exemplarische Ansätze aus dem Bereich der Siedlungsstrukturplaung, Veröffentlichung der Akademie für Raumordnung und Landesplanung, Beitrag 51, Schroedel-Verlag, Hannover 1981

Eder, G.: Entwicklung des Hausmüllaufkommens in der Bundesrepublik Deutschland, Prognoseszenarien Texte 19/89, Forschungsbericht 103 03 223/01 Umweltforschungsplan des Bundesministers für Umwelt, Naturschutz und Reaktorsicherheit: Abfallwirtschaft, Report-Nr. UBA FB 89 073, Berlin 1989

Edlinger, R.; u.a.: Bürgerbeteiligung und Planungsrealität, Picus-Verlag, Wien 1989

Ernst, A.-A.: Absatzmöglichkeiten von Kompost aus Siedlungsabfällen, in: Technische Universität München (Hrsg.), Konzept zur Gewinnung von Wertstoffen aus Hausmüll, Berichte aus Wasserwirtschaft und Gesundheitsingenieurwesen, 9. Mülltechnisches Seminar, München 1986

Erste Allgemeine Verwaltungsvorschrift zum Bundes-Immissionsschutzgesetz in der Fassung vom 27. Februar 1986

Fleischer, G.: Abfallvermeidung in der Abfallwirtschaft; in: Entsorgungspraxis 1-2/1990

Franke, K.-J.: Betriebsaufzeichnungen als Steuerungsinstrument für Deponiebetreiber; in: Umweltbundesamt (Hrsg.) Fortschritte der Deponietechnik 1981, Berlin 1981

Franzius, V.: Gefährdung durch Deponiegas in: Müll-Handbuch, Kennziffer 4589, 62. Lfg. IX/81, Erich-Schmidt Verlag, Berlin 1981

Fricke, K.; u.a.: Gesonderte Einsammlung von organischen Abfällen in Witzenhausen und Hebenhausen/Nordhessen, 2. unveröffentlichter Zwischenbericht 1985

Fricke, K.; u.a.: Erfahrungsbericht über das Entsorgungsmodell Witzhausen; in: Technische Universität München (Hrsg.) Konzepte zur Gewinnung von Wertstoffen aus Hausmüll, Berichte aus Wassergütewirtschaft und Gesundheitsingenieurwesen, 9. Mülltechnisches Seminar, München 1986

Friederichs, J.: Methoden empirischer Sozialforschung, Westdeutscher Verlag, Opladen 1980

Fülgraff, G.: Auf dem Weg zu einer umweltverträglicheren Abfallwirtschaft; in: Abfallwirtschaftsjournal 3/1991

Gallenkemper, B.: Vergleichende Untersuchungen zur Müllabfuhr beim Einsatz verschiedener Behältersysteme unter besonderer Berücksichtigung der örtlichen Begebenheiten, Arbeitskreis Wasser, Abwasser und Abfall e.V., Hannover 1987

Gallenkemper, B.; u.a.: Getrennte Sammlung von Wertstoffen des Hausmülls – Planungshilfe zur Bewertung und Anwendung von Systemen der getrennten Sammlung, Erich Schmidt Verlag, Berlin 1988

Gallenkemper, B.; u.a.: Vergleichende Untersuchungen zum Einsatz verschiedener logistischer Systeme bei der getrennten Erfassung kompostierbarer Stoffe; in: Entsorgungspraxis 10/1991

Gallenkemper, B.; u.a.: Systeme zur Bioabfallerfassung; in: Fachtagung der Fachhochschule Münster – Labor für Siedlungswirtschaft unter Leitung von Gallenkemper, B.; u.a., Münster 3/1992

Gallenkemper, B.; u.a.: Umsetzung neuer Abfallwirtschaftskonzepte – Vermeidung und Recycling von Hausmüll, Bio- und Gewerbeabfällen, Veranstaltung der Fachhochschule Münster - Labor für Siedlungswasser-wirtschaft, Universität Hannover – Institut für Siedlungswasser-wirtschaft und Abfalltechnik, Technische Universität Hamburg-Harburg - Arbeitsbereich Umweltschutztechnik, Münster 1991

Garbe, E.: Verwertungsgerechte Entsorgung von Kunststoffabfällen; in: Entsorgungspraxis 10/91

Geißler, C.: Rechtliche Regelungen der Öffentlichkeitsarbeit im BAbfG und in den Landesabfallgesetzen; in: Büro für Umwelt-Pädagogik (Hrsg.) Öffentlichkeitsarbeit in der Abfallwirtschaft, Grundlagen, Umsetzungen, Wirkungen, Göttingen 1992

Georges, H.: Organisation im Umweltschutz; in: Handbuch des Umweltschutzes 12. Ergänzungslieferung, 2/1983

Gesetz über die Umwelthaftung: in der Fassung vom 10. Dezember 1990

Gesetz über Umweltstatistiken: in der Fassung vom 14. März 1980

Gesetz über die Umweltverträglichkeitsprüfung: in der Fassung vom 12. Februar 1990, zuletzt geändert durch Gesetz vom 20. Juli 1990

Gesetz über die Vermeidung und Entsorgung von Abfällen: in der Fassung vom 27. August 1986, zuletzt geändert durch das Einigungsvertragsgesetz vom 23. September 1990

Gesetz zur Ordnung des Wasserhaushalts: in der Fassung vom 23. September 1986, zuletzt geändert durch Gesetz vom 12. Februar 1990

Gesetz zum Schutz vor schädlichen Umweltauswirkungen durch Luftverunreinigungen, Geräusche, Erschütterungen und ähnliche Vorgänge in der Neufassung vom 14. Mai 1990

Gauben, R.: ...aber wir arbeiten daran! Anmerkungen zu einer neuen Qualität der Öffentlichkeitsarbeit in der Abfallwirtschaft;; in: Büro für Umwelt-Pädagogik (Hrsg.) Öffentlichkeitsarbeit in der Abfallwirtschaft, Grundlagen, Umsetzungen, Wirkungen, Göttingen 1992

Garbe, E.: Verwertungsgerechte Entsorgung von Kunststoffabfällen; in: Entsorgungspraxis 10/1991

Grochla, E.: Grundlagen der organisatorischen Gestaltung, Poeschel-Verlag, Stuttgart 1982

Grundgesetz der Bundesrepublik Deutschland

Hansen, U.: Absatz- und Beschaffungsmarketing des Einzelhandels, 2. Auflage, Vandenhoeck & Ruprecht-Verlag, Göttingen 1990

Hansen, U.; u.a.: Das ökologische Verhalten der Hannoverraner am Beispiel des Abfallverhaltens; in: HANSEN, U.;u.a. (Hrsg.) Der Wirtschaftsraum Hannover, Vorträge am Fachbereich Wirtschatswissenschaften, Band 10, Hannover 1991

Hammer, R.M.: Unternehmensplanung, Oldenbourg-Verlag, München 1982

Härdle, G.; u.a.: Recycling von Kunststoffabfällen; in: Müll und Abfall, Heft 27, Berlin 1986

Hartung, J.: Statistik – Lehr- und Handbuch der angewandten Statistik, Oldenbourg Verlag, 4. Auflage, München 1985

Hauber, G.: Abfall – Ingenieur – Bürger: gemeinsam das Müllproblem lösen, Verlag C.F. Müller, Karlsruhe 1989

Hauber, G.: Wege zur Erhöhung der Akzeptanz von Abfallentsorgungsanlagen; in: Müll und Abfall 1/1989

Haucke, M.: Stoffklassifizierung und Behandlung von Rest- und Abfallstoffen zum Zwecke einer Weiterverwertung; in: VDI (Hrsg.) Industrie- und Siedlungsabfälle, VDI-Berichte 207, Düsseldorf 1973

Helm, W.; u.a.: Der Schatz in der Mülltonne – Ein Leitfaden zum Müll-Vermeiden, Vermindern & Verwerten, Kölner-Volksblatt Verlag, Köln 1985

Hogrefe, J.: Vom Umgang mit Journalisten: Pressemitteilung und Pressegespräch; in: Büro für Umwelt-Pädagogik (Hrsg.) Öffentlichkeitsarbeit in der Abfallwirtschaft, Grundlagen, Umsetzungen, Wirkungen, Göttingen 1992

Homann, U.: Marketing in Kommunalverwaltungen; in: *Homann, U.*; u.a. (Hrsg.) Marketing in Kommunalverwaltungen, Dortmund 1986

Hormuth, E.; u.a.: Psychologische Ansätze zur Müllvermeidung und Müllsortierung, Forschungsbericht für das Ministerium für Umwelt Baden Württemberg; Psychologisches Institut der Universität Heidelberg (Hrsg.), Heidelberg 1990

Horn, A.: Deponiebasisabdichtung – Anmerkungen zum Entwicklungsstand und zur Standardisieriung; in: Stuttgarter Berichte zur Abfallwirtschaft, Band 38: Zeitgemäße Deponietechnik IV, Erich Schmidt Verlag, Bielefeld 1990

Hüttner, M.: Informationen für Marketing-Entscheidungen, Vahlen-Verlag, München 1979

Informationszentrum Weißblech e. V., Düsseldorf, o.J.

Jager, J.; u.a.: Vergleichende Untersuchungen zur Gewinnungen verwertbarer Altstoffe und schadstoffarmen Kompostrohstoffes aus Hausmüll durch 2 bzw. 3 Komponentensammlung, FuE-Bericht 143 03 738 des BMFT/UBA, Berlin 1986

Jansen, R.: Die Verpackungstechnik als integraler Bestandteil der Logistik, Skript

Jehle, E.; u.a.: Produktionswirtschaft – eine Einführung mit Anwendungen und Kontrollfragen, 3. überarbeitete und erweiterte Auflage, Verlag Recht und Wirtschaft, Heidelberg 1990

Jochem, M.: Stand der Rostfeuerungstechnik und Entwicklungstendenzen; in: Entsorgungspraxis Spezial Nr. 10, 12/1989

Jonke, B.; u.a.: Hausmüllverbrennung – ein umweltverträgliche Behandlungsschritt auf einem umweltentlastenden Entsorgungsweg; in: Müll und Abfall 2/1989

Jünemann, R.: Materialfluß und Logistik: Systemtechnische Grundlagen mit Praxisbeispielen, Springer Verlag, 1989

Kayser, R.; u.a.: Ermittlung der Konzentration organischer und anorganischer Inhaltsstoffe von Sickerwasser aus Mülldeponien und dessen biochemische Abbaubarkeit, in: DFG Forschungsbericht, Institut für Städtebauwesen, Technische Universität Braunschweig, Braunschweig 1977

Kehres, B.: Garantierte Qualität für Kompost; in: Entsorga-Magazin 7/8 1992

Keldenich, K.: Großtechnische Anwendung der DBA-Pyrolysetechnik; in: Abfallwirtschaftsjournal (3) 1991 Nr. 12

Kempin, T.; u.a.: Stand der Müllverbrennung und Rauchgasbehandlung in der Bundesrepublik Deutschland; in: Abwassertechnik 5/1985

Kirchgeorg, M.: Ökologieorientiertes Unternehmensverhalten, Typologie und Erklärungsansätze auf empirischer Grundlage; in: *Meffert, H.*; u.a. Band 24 der Schriftenreihe Unternehmensfü'hrung und Marketing, Wiesbaden 1990

Koch, T. C.; u.a.: Ökologisches Müllverwertung – Handbuch für optimale Abfall-Konzepte, 2. völlig überarbeitete und erweiterte Auflage, Verlag C.F. Müller, Karlsruhe 1986

Kottkamp, R., u.a.: Die Verpackungsplanung, in: *Plümer, T.*, u.a.: Die Verpackungsentsorgung

Kudert,S.: Der Stellenwert des Umweltschutzes im Zielsystem der Betriebswirtschaftslehre; in: WiSu 10/1990

Kühn, J.: Repetitorium Methodenlehre deskriptive und induktive Statistik, 4. Auflage, Verlag für Wirtschaftsskripten, München 1987

Lackes, R.: Die Nutzwertanalyse zur Beurteilung qualitativer Investitionsentscheidung; in WiSu-Kompakt Basiswissen, 7/1988

Lahl, U.: Möglichkeiten und Grenzen der Erfassung von Biomüll; in: Entsorgungspraxis 6/1991

Länderarbeitsgemeinschaft Abfall (LAGA): Die geordnete Ablagerung von Deponien (Deponie-Merkblatt), Stand vom 01. September 1979

Landesabfallgesetz des Landes Nordrhein-Westfalen: in der Fassung vom vom 21. Juni 1988, zuletzt geändert durch Gesetz vom 14. Januar 1992

Landratsamt Unterallgäu: Bericht zum Modellversuch Komposttonne Türkheim, Mindelheim 1988

Lehmeier, H.: Grundzüge der Marktforschung, Kohlhammer-Verlag, Köln 1979

Lubisch, G.: Glas-Abfälle, in: Müll-Handbuch, Band 5, Kennzahl 8525, Lfg 2/87, Erich Schmidt Verlag, Berlin 1987

Lubisch, G.: Verwertbarkeit von Altglas; in: Technische Universität München (Hrsg.) Konzepte zur Gewinnung von Wertstoffen aus Hausmüll, Berichte aus Wassergütewirtschaft und Gesundheitsingenieurwesen, 9. Mülltechnisches Seminar, München 1986

Mauch, W.: Kummulierter spezifischer Energieverbrauch von Getränkedosen; in: Abfallwirtschaftsjournal, Nr. 1/2, 2. Jahrgang 1990

Mausch, H.: Motive der Bevölkerung für die Teilnahme an getrennten Hausmüllsammlungen; in: Müll und Abfall, 12/1979

Meffert, H.: Marketing: Einführung in die Absatzpolitik, 6. durchgesehene Auflage, Gabler Verlag, Wiesbaden 1982

Meffert, H.: Marketing: Einführung in die Absatzpolitik, 7. durchgesehene Auflage, Gabler Verlag, Wiesbaden 1986

Meffert, H.: Marktforschung – Grundriß mit Fallstudien, Gabler Verlag, Wiesbaden 1986

Meffert, H.; u.a.: Marktorientiertes Umweltmanagement: Grundlagen und Fallstudien, Poeschel Verlag, Stuttgart 1992

Meffert, H.; u.a.: Marketing und Ökologie – Chancen und Risiken umweltorientierter Absatzstrategien der Unternehmungen; in: Die Betriebswirtschaft 2/1986

Meissner, H. G.: Marketing für die kommunale Wirtschaftsförderung; in Städte- und Gemeinderat, 1987

Meissner, H. G.: Grundlagen des Marketing – Unterlagen zur Veranstaltung im Grundstudium, 6. Auflage, Dortmund 1990

Merkel, E.: Kriterien für die Zulassung von Abfällen zur Ablagerung auf Hausmülldeponien in: Umweltbundesamt (Hrsg.) Fortschritte der Deponietechnik, Berlin 1983

Migge, M.: Abschlußbericht zum Projekt der Förderung der privaten Kleinkompostierung im Kreis Segeberg; Wegezweckverband Kreis Segeberg 1989

Minister für Umwelt, Raumordnung und Landwirtschaft des Landes Nordrhein-Westfalen (MURL): Die Verpackungsverordnung im Rahmen einer ökologischen Abfallwirtschaft (Fachtagung), Düsseldorf 1991

Moxter, A.: Bilanzlehre (1. Band), Einführung in die Bilanztheorie, 3. Auflage, Gabler-Verlag, Wiesbaden 1984

Müller, K.; u.a.: Raumordnung und Abfallbeseitigung – Eine empirische Untersuchung zu Standortwahl und -druchsetzung von Abfallbeseitigungsanlagen; in: Schriftenreihe 06 "Raumordnung des Bundesminister für Raumordnung Bauwesen und Städtebau, Band 065, Bonn 1987

Müller, K.R.: Europäisches Recht, Internationales Recht in: *Schmitt-Gleser*; u.a. (Hrsg.) Handbuch der Abfallentsorgung; ecomed-Verlag, 9. Erg.Lfg. 6/92

Multhaup, R.; u.a.: Entsorgungslogistik, Verlag TÜV-Rheinland 1990

Multhaup, R.; u.a.: Duales System und Bürgerakzeptanz; in: Entsorgungspraxis 5/1992

Murl: Ökologische Abfallwirtschaft in Nordrhein-Westfalen, Argumente, Fakten, Daten, Zahlen; in: Informationsbroschüre des MURL, Düsseldorf 1992

Neuschwinger, B.; u.a.: Abfallbehandlung und Abfallbeseitigung: Bürgerakzeptanz durch intensivere Kommunikation; in: Ensorgungspraxis Spezial No. 3, 9/1990

Nieschlag, R.; u.a.: Marketing, 14. völlig neubearbeitete Auflage, Duncker und Humblot Verlag, Berlin 1985

Noecke, J.: Ökologisches Marketing in der kommunalen Abfallwirtschaft – Marketing-Instrumente zur Vermeidung und Verminderung von Abfällen, Erich Schmidt Verlag, Berlin 1991

Noecke, J.: Bürgerinitiativen im Umweltschutz; in: Heft 18 der Werkstattreihe des Institutes für Umweltschutz, Bormann-Verlag, Dortmund 1989

ÖKO-Institut (Hrsg.): Produktlinienanalyse – Bedürfnisse und ihre Folgen, Projektgruppe ökologische Wirtschaft (Hrsg.), Kölner Volksblatt Verlag, Köln 1987

Pfohl, H.-C.: Logistiksysteme: Betriebswirtschaftliche Grundlagen, Springer Verlag, Berlin 1988

Picot, A.: Strukturwandel und Unternehmensstrategie; in WiSt 10. Jg. 1981

Plümer, T.; u.a.: Recyclingverfahren im Überblick, in: *Plümer, T.*; u.a. (Hrsg.) Die Verpackungsentsorgung, Verlag TÜV-Rheinland, Köln 1992

Plümer, T.: Planung betrieblicher Entsorgungskonzepte im Einkauf; in: *Budde, R.*, (Hrsg.) Der Einkaufs- und Lagerwirtschaftsberater, Heft 34, Wirtschaftsverlag, Wiesbaden 1991

Plümer, T.; u.a.: Verfahren der getrennten Sammlung; in: *Plümer, T.*; u.a. (Hrsg.) Die Verpackungs-Entsorgung; Verlag TÜV-Rheinland 1992

Pohlmann, M.: Endbericht für den Modellversuch Bio-Tonne im Landkreis Schweinfurt, Berlin 1989,

Porter, M.-E.: Wettbewerbsstrategie – Methoden zur Analyse von Branchen und Konkurrenten, 3. Auflage, Campus-Verlag, Frankfurt 1985

Pretz, T.: Zwischenbericht des Modellversuchs "Bringsystem Radevormwald" Edelhoff, Juni 1990

Projektgruppe TA-Siedlungsabfall: Sechste allgemeine Verwaltungsvorschrift zum Abfallgesetz, Entwurf vom November 1991

Rabich, A.: Verfahrenstechniken zur Verringerung der Emission durch Feuerungsanlagen, Technische Mitteilungen, Heft 6 Juli/August 1988

Raffée, H.: Strategisches Marketing 1, Poeschel Verlag, Stuttgart 1989

Rapp, H.P.: Ausweisung von Standorten für Abfallenntsorgungsanlagen - eine Akzeptanzfrage?; in: Entsorgungspraxis 1/2 1990

Rautenbach, R., u.a.: Verfahren zur Nutzung von Deponiegas in: Abfallwirtschaftsjournal (4) Nr. 1 1992

Regierungspräsident Arnsberg: Katasterblatt MHKW Hamm, 1988

Reichmann, T.: Unternehmensrechnung 1 – Unterlagen zur Lehrveranstaltung: Grundlagen einer entscheidungsorientierten Kostenrechnung - Bilanzierung und Bilanztheorie, Dortmund 1991

Reichmann, T.: Controlling mit Kennzahlen, Grundlagen einer systemgestützten Controllingkonzeption, Vahlen-Verlag, München 1985

Reimann, D. O.: Primärmaßnahmen zur Reduzierung von Emissionen am Beispiel der Rostfeuerung, Technische Mitteilungen, Heft 6, Juni/Juli 1988

Rittersberger, G.: Grundlagen der Entsorgungstechnik und Stand der Deponiegasverwertung, in: *Thomé Kozmiensky, K.-J.*, u.a. (Hrsg.), Deponieablagerungen von Abfällen, EF-Verlag, Berlin 1987

Rösch, C.: Verpackungen sollen nicht mehr zu Abfall werden; in: WELTERS, G. (Hrsg.) Die Verpackungsverordnung und ihre Umsetzung (Tagungsband); Berlin 1992

Rogge, H.-J.: Marktforschung – Elemente und Methoden betrieblicher Informationsgewinnung, Hanser Verlag, München 1981

Rohrmann, B.; u.a.: Neue soziale und politische Verhaltensformen; in: *Frey, D.*; u.a., Sozialpschologie - Ein Handbuch in Schlüsselbegriffen, 2. Auflage, Psychologie-Verlags-Union, München 1987

Ronneburger, J.: Ein Abfallentsorgungskonzept; in: Umweltmagazin 5/1987

Rosenbusch, K.: Anforderungen an die Nutzung von Deponiegas – Vorstellung neuer Projekte; in Stuttgarter Berichte zur Abfallwirtschaft, Band 35: Zeitgemäße Deponietechnik III, Erich Schmidt Verlag, Bielefeld 1989

Rubik, F.: Die Produktlinienanalyse in der Verbraucher- und Umweltberatung; in: Forschungsinformationsdienst ökologisch orientierte Betriebswirtschaftslehre (FÖB), 8. Ausgabe, März/April 1991

Rudolph, K.-U.: Stand der Technik, Kosten und Ausblick bei der Sickerwasserreinigung; in: Stuttgarter Berichte zur Abfallwirtschaft, Band 29: Zeitgemäße Deponietechnik II, Erich-Schmidt Verlag, Berlin 1988

Rumberg, E.: Untersuchungen über das Verhalten von Abdichtfolien gegen Nagetiere, Forschungsbericht 10203401 Wasserwirtschaft, BMI 1982

Schäfer, E.; u.a.: Grundlagen der Marktforschung, 5. Auflage, Poeschel-Verlag, Stuttgart 1978

Scheffold, K.-H.: Kompostierung und Altstoffverwertung, in: Entsorgungspraxis-Spezial, No. 6, April 1989

Scheffold, K.-H.: Erfahrungen mit der Getrenntsammlung von Hausmüll; in: Entsorgungspraxis 4/1990

Scheffold, K.-H.: Kosten der getrennen Sammlung; in: Müll und Abfall 4/1985

Schenke, W.; u.a.: Entsorgung 2000 – Leitfaden für Kommunen, Wirtschaft und Politik, Bonner Energiereport, Bonn 1988

Schenkel, W.: Ziele künftiger Abfallwirtschaft; in: Müll und Abfall 2/86

Schlie, O.: Kommunikation und Kommunikationsprozeß – Aufriß grundlegender Fragestellungen; in: Büro für Umwelt-Pädagogik (Hrsg.) Öffentlichkeitsarbeit in der Abfallwirtschaft, Grundlagen, Umsetzungen, Wirkungen; Göttingen 1992

Schmitt-Tegge, J.; u.a.: Kommunale und private Abfallbeseitigung, Expert-Verlag, 1987

Schmitz, H.-G.: Kommunikationskonzepte zum Thema Abfallvermeidung; in: Büro für Umwelt-Pädagogik (Hrsg.) Öffentlichkeitsarbeit in der Abfallwirtschaft, Grundlagen, Umsetzungen, Wirkungen, Göttingen 1992

Schnorr, K.-E.: Bioabfallkompostierung als Entsorgungsmethode; in: Abfallwirtschaftsjournal 4/92, Nr. 7

Schreiber, R. L.: Marketing und Werbung im Dienst der Ökologie; in: Akademie für Naturschutz und Landschaftspflege (Hrsg.): Naturschutz als Ware – Marktaufbereitung und Nachfrageförderung durch Marketingstrategien, Laufener Seminarbeiträge 8/1983, Laufen 1983

Schreiner, M.: Umweltmanagement in 22 Lektionen, Gabler-Verlag, Wiesbaden 1988

Schön, M.: Zu Problemen bei der Kompostierung von Bio- und Grünabfällen; in Abfallwirtschaftsjournal 4/1992

Schönborn, H.: Verwertbarkeit von Kunststoffen; in: Technische Universität München (Hrsg.) Konzepte zur Gewinnung von Wertstoffen aus Hausmüll, Berichte aus Wassergütewirtschaft und Gesundheits-ingenieurwesen, 9. Mülltechnisches Seminar, München 1986

Schütz, H.; u.a.: Individuelles Entsorgungsverhalten und Akzeptanz von Entsorgungstechnologien; in der Reihe: Arbeiten zur Risiko Kommunikation, Heft 22, Jülich 1991

Selle, M.; u.a.: Die Biomüllsammmlung und -kompostierung in der Bundesrepublik Deutschland; in: Schriftreihe des Arbeitskreises für die Nutzbarmachung von Siedlungsabfällen, Heft Nr. 13, Wiesbaden1988

Seligman, C.: Energy consumption, attitudes and behavior; in Saks, M.J; u.a. (Hrsg.) Advances in applied social psychology, Vol. 3 Hillsdale 1986

Siebel, J.: Öffentlichkeitsarbeit: Zielgruppen- und themengerechter Umgang mit dem Abfall; in: Büro für Umwelt-Pädagogik (Hrsg.) Öffentlichkeitsarbeit in der Abfallwirtschaft, Grundlagen, Umsetzungen, Wirkungen, Göttingen 1992

Stadt Bayreuth: Gesonderte Sammlung von Biomüll im Stadtgebiet Bayreuth, AZ R5/BF 636, Bayreuth 1987

Stadt Hamm: Ergebnisse von zwei Hausmüllsortierungen in der Stadt Hamm; Durchführung Fachhochschule Münster 1990

Stadt Hamm: Abfallsatzung der Stadt Hamm vom 01.01.91

Stadt Schweinfurt: Getrennte Sammlung von organischem Hausmüll. Voruntersuchung, Ergebnisfortschreibung vom Januar 1990

Staehler, W.H.: Management – eine verhaltenswissenschaftliche Perspektive, 4. Auflage, München 1989

Statistisches Bundesamt (Hrsg.): Statistisches Jahrbuch 1987 für die Bundesrepublik Deutschland, Verlag W. Kohlhammer, Stuttgart 1987

Stauss, B.: Ein bedarfswirtschaftliches Marketing-Konzept für öffentliche Unternehmen, 1. Auflage, Nomos-Verlag, Baden-Baden 1987

Steger, U.: Umweltmanagement – Erfahrung un Instrumente einer umweltorientierten Unternehmensstrategie, Gabler-Verlag, Wiesbaden 1988

Stegmann, R.: Weiterentwicklung der Deponietechnik – Empfehlungen für die Praxis und Ausblick; in: Stuttgarter Berichte zur Abfallwirtschaft, Band 29: Deponietechnik II, Erich Schmidt Verlag, Bielefeld 1988

Stern, M. E.: Marketing Planung – Eine System-Analyse, Berliner-Verlag, Berlin 1975

Stief, K.: Tendenzen in der Deponietechnik – Fazit der gegenwärtigen Situation; in Stuttgarter Berichte zur Abfallwirtschaft Band 22: Altlastensanierung und zeitgemäße Deponietechnik, Erich Schmidt Verlag, Bielefeld 1986

Stief, K.: Sind Oberflächenabdichtungen bei Hausmülldeponien notwendig?; in: Stuttgarter Berichte zur Abfallwirtschaft, Band 29: Zeitgemäße Deponietechnik II, Erich Schmidt Verlag, Bielefeld 1988

Stober, R.: Wichtige Umweltgesetze für die Wirtschaft; in: *Stober, R.*, (Hrsg.) Wirtschaftsverwaltungsrecht, 7. völlig neu bearbeitete Auflage, Kohlhammer Studienbücher, Stuttgart 1991

Störfall-Verordnung: in der Fassung vom 20. September 1991

Storm, P-C.: Umweltrecht – Einführung, Erich Schmidt Verlag, Berlin 1991

TA-Luft

Tabarasan, O.: Abfallbeseitigung und Abfallwirtchaft, VDI-Verlag, Düsseldorf 1982

Tabarasan, O.: Technische, umwelttechnische und ökonomische Aspekte bei der getrennten Sammlung von Hausmüll in: Technische Universität München (Hrsg.) Konzepte zur Gewinnung von Wertstoffen aus Hausmüll, Berichte aus Wassergütewirtschaft und Gesund-heitsingenieurwesen, 9. Mülltechnisches Seminar, München 1986

Technische Universität München (Hrsg.): Konzept zur Gewinnung von Wertstoffen aus Hausmüll, Berichte aus Wassergütewirtschaft und Gesundheitsingenieurwesen, 9. Mülltechnisches Seminar, München 1986

Terhart, K.: Die Befolgung von Umweltschutzauflagen als betriebs-wirtschaftliches Entscheidungsproblem; in: GROSSEKELTLER, H. (Hrsg.); u.a. Schriftenreihe zur wirtschaftswissenschaftlichen Analyse des Rechtes, Berlin 1986

Thiemeyer, T.: Zur ökologischen Theorie der öffentlichen Unternehmen; in: Eintenmeyer, H.; u.a. (Hrsg.) Marketing öffentlicher Unternehmen, Dortmund 1978

Tietz, B.: Ökologie fordert das Marketing; in: Marketing-Journal 1, 1978

Thomé-Kozmiensky, K.-J.; u.a.: Duale Abfallwirtschaft; in: Duale Abfallwirtschaft und Kompostierung von Bioabfällen, EF-Verlag, Berlin 1992

Thomé-Kozmiensky, K.-J.; u.a.: Recycling von Haushaltsabfällen 1, EF-Verlag, Berlin 1990

Thomé-Kozmiensky, K.-J. (Hrsg.): Deponie – Ablagerung von Abfällen, EF-Verlag, Berlin 1987

Umweltbundesamt (Hrsg.): Daten zur Umwelt 1989/1990, Erich Schmidt Verlag, Berlin 1989

Umweltbundesamt (Hrsg.): Standorte der Abfallverbrennung und Kompostieranlagen in der Bundesrepublik Deutschland, Berlin 1986

VEBA Kraftwerke Ruhr AG: Informationen für die Mitarbeiter, 1/1990

Verband kommunaler Städtereinigungsbetriebe (VkS): Wertstoffe in Siedlungsabfällen, 2. Auflage, Köln 1988

Verband kommunaler Städtereinigungsbetriebe (VkS): Informationsschrift über Wertstoffe aus Siedlungsabfällen, Möglichkeiten der Wiederverwertung; in: *Kumpf*; u.a.(Hrsg.), Handbuch für Müll und Abfall, Erich Schmidt Verlag, Berlin 1988

Vereinigte Kesselwerke (VKW): Müll- und Klärschlammverbrennungsanlage für Stadt und Landkreis Bamberg, Firmenprospekt Düsseldorf 1978

Verordnung über die bauliche Nutzung der Grundstücke: in der Neufassung vom 23. Januar 1990, zuletzt geändert durch das Einigungsvertragsgesetz vom 23. September 1990

Verordnung über die Vermeidung von Verpackungsabfällen: in der Fassung vom 12. Juli 1991

Vertrag zur Gründung der Europäischen Wirtschaftsgemeinschaft: ursprüngliche Fassung vom 25. März 1957; eingefügt durch Art. 23 - 25 der Einheitlichen Europäischen Akte vom 17./28. Februar 1986

Vierte Verordnung zur Duchführung des Bundes-Immissionsschutzgesetzes: in der Fassung vom 24. Juli 1985, zuletzt geändert durch Verordnung vom 28. August 1991

Vogl, J.: Möglichkeiten der getrennten Erfassung von Abfallstoffen und deren Auswirkung auf konventioneller Beseitigungssysteme in: Technische Universität München (Hrsg.) Konzepte zur Gewinnung von Wertstoffen aus Hausmüll, Berichte aus Wassergütewirtschaft und Gesundheitsingenieurwesen, 9. Mülltechnisches Seminar, München 1986

Voigt, M.: Deponietechnologie und Deponiestandort müssen zusammenwachsen; in: Entsorgungspraxis 4/1992

Welge, M. K.: Unternehmensführung – Band 1: Planung, Poeschel Verlag, Stuttgart 1985

Welge, M. K.: Unternehmensführung – Band 2: Organisation, Poeschel Verlag, Stuttgart 1987

Wender, H.: Konzeption einer integrierten Abfallwirtschaft dargestellt am Beispiel des Recyclings von Wertstoffen, Technische Hochschule Darmstadt, Dissertation 1980

Wendt-Nordahl, V.: Einführung in die Betriebswirtschaftslehre, Verlag für Wirtschaftsskripten, München 1985

Wiebe, A.: Einführung des Dualen Systems in Bielefeld; in: *Plümer, T.*; u.a. (Hrsg.) Die Verpackungsentsorgung, Verlag TÜV-Rheinland, Köln 1992

Wiedemann, P.-M.; u.a.: Bürgerbeteiligung bei entsorgungswirtschaftlichen Vorhaben: Analyse und Bewertung von Konflikten und Lösungsstrategien, Erich Schmidt Verlag, Berlin 1991

Wiegel, U.: Aspekte zur Eigenkompostierung; in: Fachtagung der Fachhochschule Münster - Labor für Siedlungswasserwirtschaft unter Leitung von Gallenkemper, B; u.a., Münster 3/1991

Wiemer, K.: Deponietechnik in Deutschland, *Jäger, B.*; u.a. (Hrsg.) Aktuelle Deponietechnik, Abfallwirtschaft an der Technischen Universität Berlin, Band 5, Berlin 1980

Wiemer, K.: Grundlagen zur Abdichtung und Kapselung von Deponie; in: *Thomé-Kozmiensky, K.-J.* (Hrsg.) Deponie-Ablagerung von Abfällen, EF-Verlag, Berlin 1987

Wiendahl, H.P.; u.a.: Betriebsorganisation für Ingenieure, 2. Auflage, Hanser-Studienbücher, München 1986

Willing, E.: Öffentlichkeitsarbeit in der Abfallwirtschaft aus der Sicht des Umweltbundesamtes; in: Büro für Umwelt-Pädagogik (Hrsg.) Öffentlichkeitsarbeit in der Abfallwirtschaft, Grundlagen, Umsetzungen, Wirkungen, Göttingen 1992

Winter, K.: Sicherheitstechnische Kriterien bei baulichen Einrichtungen auf Deponien hinsichtlich der Gefährdung durch Gase, Forschungsvorhaben Abfallwirtschaft 10302103 in: Materialien des Umweltbundesamtes 1/1980, Erich Schmidt Verlag, Berlin 1980

Wöstemann, U.: Umweltrisikoprüfungen – Betriebliche Risikovorsorge auf freiwilliger Basis; in Abfallwirtschaftsjournal 3/1991

Zangenmeister, C.: Nutzwertanalyse in der Systemtechnik – Eine Methodik zur multidimensionalen Bewertung und Auswahl von Projektalternativen, 4. Auflage, Wittemann-Verlag, München 1976

Zentgraf, C.: Auswirkungen der Verpackungsverordnung auf Industrie und Handel; in: Abfallwirtschaftsjournal 3/1991

Zentis, J.: Grundbegriff des Marketing, 3. Auflage, Poeschel Verlag, Stuttgart 1992

Ziesler, M.G.: Entsorgungslogistik – ein Denkmodell für die Zukunft; in: Logistik im Unternehmen, 9/1988

Zipfel, K.: Umweltverträglichkeit von Deponien; in: Stuttgarter Berichte zur Abfallwirtschaft, Band 35: Zeitgemäße Deponietechnik III, Erich Schmidt Verlag, Bielefeld 1989

Zweite allgemeine Verwaltungsvorschrift zum Abfallgesetz: in der Fassung vom 12. März 1991

12 Anhang

FRAGEBOGEN

Wir führen in dem Bereich der Abfallwirtschaft eine Studie zum Thema

"Akzeptanzprobleme im Bereich von Müllverbrennungsanlagen und Deponien"

durch.

Dazu ist eine Befragung von Bürgern notwendig. Insbesondere interessieren wir uns für Ihre ganz persönliche Meinung zu diesem Themengebiet. Es wäre für uns eine große Hilfe, wenn Sie die folgenden Fragen beantworten würden.

Alle von Ihnen in diesem Fragebogen gemachten Angaben unterliegen dem Datenschutz und werden nicht an Dritte weitergereicht.

Ihr Name wird im Zusammenhang mit der Befragung nicht erfaßt.

UMWELT

Frage 1:

Im folgenden sind einige Aussagen zum Thema "Umwelt" angeführt. Bitte kreuzen Sie an, wie Sie diese Aussagen beurteilen.

	trifft voll zu	trifft eher zu	teils/ teils	trifft eher nicht zu	trifft nicht zu
1) Durch die Einführung der Katalysatortechnik wird bei Autos der Kohlendioxidausstoß vermieden.	o	o	o	o	o
2) FCKW bewirkt die Schädigung der Ozonschicht.	o	o	o	o	o
3) Der Teibhauseffekt wird durch die Überproduktion von Kohlendioxid verursacht.	o	o	o	o	o
4) Phosphate senken den Sauerstoffgehalt in Seen und bringen Gewässer so zum "umkippen".	o	o	o	o	o
5) FCKW verursacht sauren Regen.	o	o	o	o	o
6) Der Erhöhung der Mineralölsteuer stimme ich zu, weil damit der Benzinverbrauch gesenkt wird.	o	o	o	o	o
7) Konder sollten schon in der Schule zu umweltbewußtem Verhalten erzogen werden.	o	o	o	o	o
8) Umweltschutzorganisationen wie z.B. Greenpeace sind notwendig, um die Menschen auf die Zerstörung der Umwelt hinzuweisen.	o	o	o	o	o
9) Der Staat sollte Umweltschutz per Gesetz regeln.	o	o	o	o	o
10) Umweltschutz wird in der Presse nur hochgespielt.	o	o	o	o	o
11) Beim Einkauf achte ich nicht auf Produkte, die den Umweltengel tragen.	o	o	o	o	o
12) Ich fahre viel mit öffentlichen Verkehrsmitteln oder dem Fahrrad und verzichte – wenn es geht – auf das Auto.	o	o	o	o	o
13) Beim Umweltschutz muß man bei sich selber anfangen.	o	o	o	o	o
14) Ich kaufe möglichst viele Produkte in Mehrwegverpackungen.	o	o	o	o	o

Frage 2:

Wieviel DM würden Sie pro Monat für eine saubere Umwelt ausgeben ?

DM ....

Frage 3:

Sind Sie Mitglied in Umweltschutzgruppen wie Greenpeace, "Robin Wood" oder "Bürgerinitiativen" ?

o ja, bei ....
....

o nein

Frage 4:

Sind Sie Mitglied in Sport- oder anderen Vereinen ?

o ja, bei ....
....

o nein

Frage 5:

Wie schätzen Sie den Kontakt zu ihren Nachbarn ein ?

o sehr gut   o gut   o teils/teils   o weniger gut   o schlecht

Frage 6:

Haben Sie generell viel Kontakt zu anderen Menschen ?

o sehr viel   o viel   o teils/teils   o wenig   o garnicht

Frage 7:

Die folgenden Aussagen betreffen den Einkauf und die Verwendung verschiedener Produkte. Bitte kreuzen Sie wieder an, inwieweit die Aussagen auf Sie zutreffen oder nicht.

		trifft voll zu	trifft eher zu	teils/ teils	trifft eher nicht zu	trifft nicht zu
1)	Ich bevorzuge Getränke in Pfandflaschen.	o	o	o	o	o
2)	Ich verzichte bei Einkauf auf Plastiktüten und verwende Körbe oder Einkaufstaschen.	o	o	o	o	o
3)	Ich verwende Alu- oder Klarsichtfolie, um Lebensmittel einzupacken.	o	o	o	o	o
4)	Ich verwende Umweltschutzpapier (aus Altpapier).	o	o	o	o	o
5)	Ich kaufe Waschmittel, Haarsprays oder andere Produkte – wenn möglich – im Nachfüllpack.	o	o	o	o	o
6)	Ich bringe Altglas und Altpapier zum Samelcontainer.	o	o	o	o	o
7)	Ich bringe Problemmüll zum Umweltmobil.	o	o	o	o	o
8)	Ich kompostiere (Komposthaufen / Biotonne).	o	o	o	o	o

MÜLLVERBRENNUNG

Frage 8:

Im folgenden nenne ich Ihnen einige Aussagen zum Thema "Müllverbrennung". Bitte kreuzen Sie an, inwieweit die Aussagen auf Sie zutreffen oder nicht zutreffen.

		trifft voll zu	trifft eher zu	teils/ teils	trifft eher nicht zu	trifft nicht zu
1)	Müllverbrennung ist heute ein wichtiger Teilbereich der Abfallentsorgung.	o	o	o	o	o
2)	Wenn wir weniger Müll produzieren, werden Müllverbrennungsanlagen überflüssig.	o	o	o	o	o
3)	Müllverbrennungsanlagen alleine können unsere Abfallprobleme nicht lösen.	o	o	o	o	o
4)	Müllverbrennung ist überflüssig. Man kann die Abfälle mit auf Deponien ablagern.	o	o	o	o	o
5)	Müllverbrennungsanlagen sind heute technisch so weit ausgereift, daß sie nur noch eine geringe Umwelt- und Gesundheitsgefährdung darstellen.	o	o	o	o	o

6)	Neben der Müllverbrennung müssen auch Alternativen, wie Wiederverwertung und Aufbereitung, verstärkt beachtet werden.	o	o	o	o	o
7)	Müllverbrennung ist gut, jedoch nicht in meinem unmittelbarem Wohnumfeld.	o	o	o	o	o
8)	Durch Abfallverbrennung können wertvolle Brennstoffe, wie Kohle, Erdöl, usw. ersetzt werden.	o	o	o	o	o

Frage 9:

Kennen Sie Alternativen zur Müllverbrennung ?

o nein
o ja, und zwar

....

....

....

Frage 10:

Im folgenden sind einige Aussagen aufgeführt, die direkte Ein- oder Auswirkungen der räumlichen Nähe zur Müllverbrennungsanlage ausdrücken. Bitte kreuzen Sie an, inwieweit die Aussagen auf Sie zutreffen oder nicht zutreffen.

		trifft voll zu	trifft eher zu	teils/ teils	trifft eher nicht zu	trifft nicht zu
1)	Durch die Müllverbrennungsanlage hat die allgemeine "Wohnqualität" abgenommen.	o	o	o	o	o
2)	Die Lärmbelästigung ist relativ hoch (z.B. durch ein erhöhtes Verkehrsaufkommen).	o	o	o	o	o
3)	Seit dem Betrieb der Müllverbrennungsanlage ist die Beeinträchtigung durch Gerüche von der Müllverbrennungsanlage sehr stark.	o	o	o	o	o
4)	Der Grad der Verschmutzung (durch flugfähige Teile) ist angestiegen.	o	o	o	o	o
5)	Wenn der Wind "ungünstig" weht, kann man einen Staubfilm (z.B. auf Gartenmöbeln oder an der Fenstern) bemerken.	o	o	o	o	o
6)	Die Müllverbrennungsanlage hat sich auch negativ auf die Grundwasserqualität ausgewirkt.	o	o	o	o	o
7)	Der Wert eines Grundstücks ist durch die Müllverbrennungsanlage gesunken.	o	o	o	o	o

8) Durch die Nähe zur Müllverbrennungsanlage haben sich für mich gesundheitliche Veränderungen ergeben.
o nein
o ja, und zwar: ....

....

Frage 11:

Inwieweit haben sich Bedenken (oder Vermutungen), die Sie vor Inbetriebnahme der Müllverbrennungsanlage gehabt haben, als richtig herausgestellt ?

o Bedenken haben sich zerschlagen
o Bedenken haben sich bewahrheitet, z.B.:

o Lärmbelästigungen
o Geruchsbelästigungen
o Minderung der Wohnqualität
o Minderung des Grundstückwertes
o Grundwasserverschmutzungen
o Beeinträchtigung durch Staub / Verschmutzung
o Einschränkung der "allgemeinen Lebensqualität"
o Beeinträchtigung der Gesundheit, speziell:

. . . .

. . . .

o sonstige Beeinträchtigungen:

. . . .

MÜLLDEPONIERUNG

Frage 12:

Im folgenden nenne ich Ihnen einige Aussagen zum Themenbereich "Mülldeponierung". Bitte kreuzen Sie an, welche Aussagen auf Sie zutreffen oder nicht zutreffen.

		trifft voll zu	trifft eher zu	teils/ teils	trifft eher nicht zu	trifft nicht zu
1)	Mülldeponierung ist die einfachste Möglichkeit, den Abfall zu entsorgen.	o	o	o	o	o
2)	Um die Deponierung umweltgerecht zu gestalten, sind eine Reihe von Sicherheitsvorkehrungen und bautechnischen Einrichtungen notwendig.	o	o	o	o	o
3)	Deponien von heute sind die Altlasten von morgen.	o	o	o	o	o
4)	Die Kontrollen auf Mülldeponien müssen stärker und regelmäßiger durchgeführt werden.	o	o	o	o	o

5)	Personen, die "Problemabfälle" – Altöl – auf Hausmülldeponien entsorgen, müssen mit harten Strafen belegt werden.	o	o	o	o	o
6)	Die Deponietechnik muß sich verbessern, damit die Kapazitäten optimaler genutzt werde.	o	o	o	o	o
7)	Der gesamte Müll sollte verbrannt werden. Dadurch würden Deponien überflüssig.	o	o	o	o	o
8)	Eine Deponie ist eine große Belastung für die Umwelt.	o	o	o	o	o
9)	Deponien verursachen langfristig Grundwasserverschmutzungen.	o	o	o	o	o

Frage 13:

Ergeben sich, für Sie persönlich, aus der räumlichen Nähe zur Mülldeponie Vor- und Nachteile?

o nein
o ja Vorteile, und zwar: ....

....

o ja Nachteile, und zwar: ....

....

Frage 14:

Wohnen Sie im Bereich der Hauptwindrichtung zur Mülldeponie ?

o ja
o nein

Frage 15:

Im folgenden sind einige Aussagen aufgeführt, die direkte Ein- und Auswirkungen der räumlichen Nähe zur Mülldeponie ausdrücken. Bitte kreuzen Sie wieder an, inwieweit die Aussagen aufSie zutreffen oder nicht zutreffen.

		trifft voll zu	trifft eher zu	teils/ teils	trifft eher nicht zu	trifft nicht zu
1)	Durch die Mülldeponie hat die allgemeine "Wohnqualität abgenommen.	o	o	o	o	o
2)	Die Lärmbelästigung ist relativ hoch (z.B. durch ein erhähtes Verkehrsaufkommen).	o	o	o	o	o
3)	Seit dem Betrieb der Hausmülldeponie ist speziell die Beeinträchtigung durch Gerüche von der Deponie sehr stark.	o	o	o	o	o
4)	Der Grad der Verschmutzung (durch flugfähige Teile) ist angestiegen.	o	o	o	o	o
5)	Wenn der Wind "ungünstig" weht, kann man einen Staubfilm (z.B. auf Gartenmöbeln oder an den Fenstern) erkennen.	o	o	o	o	o
6)	Die Mülldeponie hat sich auch negativ auf die Grundwasserqualität ausgewirkt.	o	o	o	o	o
7)	Der Wert eines Grundstücks in der Nähe der Mülldeponie ist durch die Deponie gesunken.	o	o	o	o	o

8) Durch die Nähe zur Mülldeponie haben sich für mich gesundheitliche Veränderungen ergeben.

o nein
o ja, und zwar: . . . .

. . . .

9) Durch die Mülldeponie haben sich sonstige Auswirkungen ergeben.

o nein
o ja, und zwar: . . . .

. . . .

Frage 16:

Haben Sie sich schon einmal gefragt was passiert, wenn die Kapazitäten der Mülldeponie erschöpft sind ? Was passiert danach ?

o Darüber mach ich mit keine Gedanken.
o Darüber denke ich erst nach, wenn es so weit ist.
o Ich denke mir, daß die Anlage einfach erweitert wird.
o
Sonstiges . . . .

. . . .

Frage 17:

Nehmen Sie einmal an, Sie seien Planer für Entsorgungsanlagen. Die Stadt beauftragt Sie, eine Analyse durchzuführen, um eine Müllverbrennungsanlage oder Mülldeponie zu bauen. Eine der beiden Alternativen muß gebaut werden, da die Nachbarkommunen nicht bereit sind, Abfälle aus Ihrer Stadt zu entsorgen.

a) Für welche der beiden Alternativen würden Sie sich entscheiden.

o Müllverbrennungsanlage
o Mülldeponie

Begründung: . . . .

. . . .

b) Wo würden Sie diese Anlage errichten (Standort) ?

. . . .

. . . .

Frage 18:

Bitte bewerten Sie, aus Ihrem persönlichen "Gefühl" heraus, die Alternativen Müllverbrennungsanlage und Mülldeponie. Kreuzen Sie je bei Müllverbrennungsanlage und Mülldeponie eine Möglichkeit an.

Müllverbrennung	gut	eher gut	mittel	eher schlecht	schlecht
Mülldeponierung	gut	eher gut	mittel	eher schlecht	schlecht

ÖFFENTLICHKEITSARBEIT DER STADT

Frage 19:

Mit Hilfe welcher Medien informieren Sie sich regelmäßig ?

o regionale Tageszeitung welche ? ....
o überregionale Tageszeitung
o Fernsehen

o Radio
o Zeitschriften
o sonstige Informationsquellen, wenn ja welche:

. . . .

Frage 20:

Kennen Sie Abfallberatungsstellen der Stadt ?

o nein
o ja, ich kennen folgende:

. . . .

. . . .

Frage 21:

Welche konkreten Aktionen der Stadt zum Thema Umweltschutz sind Ihnen bekannt ?

. . . .

. . . .

PERSÖNLICHE DATEN

Da es für meine Untersuchung ungemeinwichtig ist, einige persönliche Daten der Befragten zu erhalten, möchte ich Sie bitten, auch den letzten Fragenkatalog zu beantworten. Sie können sicher sein, daß die gemachten Angaben nicht mißbräucht oder an andere Personen weitergegeben werden. Alle erfaßten Daten unterliegen dem Datenschutz.

Frage 22:

Wie ist Ihr Familienstand ?

o ledig
o verheiratet
o verwitwet
o geschieden
o getrennt lebend

Frage 23:

Zu welcher Altersgruppe gehören Sie ?

o bis 20 Jahre
o 20 bis 35 Jahre
o 35 bis 50 Jahre
o 50 bis 65 Jahre
o über 65 Jahre

Frage 24:

Welchen Schulabschluß haben Sie ?

o keinen Schulabschluß
o Volksschule / Hauptschule
o Mittelschule / Oberschule ohne Abitur / Realschule (mitlere Reife)
o Fachschule / Handelsschule
o Oberschule / Gymnasium mit Abitur
o Hochschule / Universität

Frage 25:

Sind Sie berufstätig ?

o voll berufstätig
o teilweise berufstätig
o Hausfrau / Hausmann
o zur Zeit nicht berufstätig
o Rentner

Frage 26:

Zu welcher Berufsgruppe gehören Sie ?

o Selbständige / freie Berufe
o leitende Angestellte / höhere Beamte
o Angestellte / sonstige Beamte
o Facharbeiter
o ungelernter Arbeiter
o Bundeswehr / Ersatzdienst

Frage 27:

Wohnen Sie zu Miete ?

o ja
o nein

Frage 28:

Wieviel Personen leben ständig in Ihrem Haushalt ?

.... Personen

Frage 29:

Von welcher Art ist Ihre Haushaltsgemeinschaft ?

o Einpersonenhaushalt
o Zweipersonenhaushalt
o Familie mit Kindern
o Wohngemeinschaft

o ....

Frage 30:

Alle Einkommen Ihres Haushalts zusammengerechnet, wie hoch ist ca. das monatliche Haushalts-Nettoeinkommen ? Wenn Sie es nicht genau wissen, dann schätzen Sie doch einfach mal.

o unter 1000 DM
o 1000 bis 2000 DM
o 2000 bis 3000 DM
o 3000 bis 4000 DM
o 4000 bis 5000 DM
o über 5000 DM

Frage 31:

Geschlecht der befragten Person:

o männlich
o weiblich

FRAGEBOGEN

Wir führen in dem Bereich der Abfallwirtschaft eine Studie zum Thema

"Getrennte Erfassung von Wertstoffen in Haushalten"

durch. Dazu ist eine Befragung von Bürgern notwendig. Insbesondere interessieren wir uns für Ihre ganz persönliche Meinung zu diesem Themengebiet. Es wäre für uns eine große Hilfe, wenn Sie folgende Fragen beantworten würden.

Alle von Ihnen in diesem Fragebogen gemachten Angaben unterliegen dem Datenschutz und werden nicht an Dritte weitergereicht.

Ihr Name wird im Zusammenhang mit der Befragung nicht erfaßt.

ABFALL IN HAMM

Frage 1:

Wissen Sie, ob in Ihrer Nähe Altpapier- oder Altglasbehälter aufgestellt sind ? Wenn ja, wo (Straßenname) ?

o ja, Altglas : .... o nein
Altpapier: : ....

Frage 2:

Wie erreichen Sie diese und wie weit sind diese von Ihrer Wohnung enfernt ?

Altgals: o mit dem Auto o zu Fuß o ....
Altpapier: o mit dem Auto o zu Fuß o ....

Altglas ca. .... min. Altpapier ca ....min.

Frage 3:

Wissen Sie mit welchen Farben Altglas- und Altpapiercontainer gekennzeichnet sind ?

o ja, Altglas : .... o nein
Altpapier : ....

Frage 4:

Was für Müllbehälter haben Sie und wieviele ? (Fotos zeigen)

o große Mülltonne (MGB 2401) Anzahl: . . .
o kleine Mülltonne (MGB 1201) Anzahl: . . .
o Müllcontainer (1,1 kbm) zusammen mit Nachbarn Anzahl: . . .

Frage 5:

Wissen Sie, was man unter dem Begriff "Duales System" versteht ?

o ja, ...

. . . .

. . . .

o nein

UMWELT

Frage 6:

Im folgenden sind einige Aussagen zum Thema "Umwelt" angeführt. Bitte kreuzen Sie an, wie Sie diese Aussagen beurteilen.

	trifft voll zu	trifft eher zu	teils/ teils	trifft eher nicht zu	trifft nicht zu
1) Durch die Einführung der Katalysatortechnik wird bei Autos der Kohlendioxidausstoß vermieden.	o	o	o	o	o
2) FCKW bewirkt die Schädigung der Ozonschicht.	o	o	o	o	o
3) Der Teibhauseffekt wird durch die Überproduktion von Kohlendioxid verursacht.	o	o	o	o	o
4) Phosphate senken den Sauerstoffgehalt in Seen und bringen Gewässer so zum "umkippen".	o	o	o	o	o
5) FCKW verursacht sauren Regen.	o	o	o	o	o
6) Durch die Wiederverwertung von Altglas in der Glasproduktion wird mehr Energie verbraucht.	o	o	o	o	o
7) Der Erhöhung der Mineralölsteuer stimme ich zu, weil damit der Benzinverbrauch gesenkt wird.	o	o	o	o	o
8) Konder sollten schon in der Schule zu umweltbewußtem Verhalten erzogen werden.	o	o	o	o	o
9) Umweltschutzorganisationen wie z.B. Greenpeace sind notwendig, um die Menschen auf die Zerstörung der Umwelt hinzuweisen.	o	o	o	o	o
10) Der Staat sollte Umweltschutz per Gesetz regeln.	o	o	o	o	o
11) Umweltverschmutzung wird in der Presse nur hochgespielt.	o	o	o	o	o
12) Durch die Wiederverwertung von Müll wird die Umwelt entlastet.	o	o	o	o	o
13) Beim Einkauf achte ich nicht auf Produkte, die den Umweltengel tragen.	o	o	o	o	o
14) Ich fahre viel mit öffentlichen Verkehrsmitteln oder dem Fahrrad und verzichte – wenn es geht – auf das Auto.	o	o	o	o	o
15) Beim Umweltschutz muß man bei sich selber anfangen.	o	o	o	o	o
16) Ich kaufe möglichst viele Produkte in Mehrwegverpackungen.	o	o	o	o	o

Frage 7:

Wieviel DM würden Sie pro Monat für eine saubere Umwelt ausgeben ?

DM ....

Frage 8:

Sind Sie Mitglied in Umweltschutzgruppen wie Greenpeace, "Robin Wood" oder "Bürgerinitiativen" ?

o ja, bei ....
....

o nein

Frage 9:

Sind Sie Mitglied in Sport- oder anderen Vereinen ?

o ja, bei ....
....

o nein

Frage 10:

Wie schätzen Sie den Kontakt zu ihren Nachbarn ein ?

o sehr gut o gut o teils/teils o weniger gut o schlecht

Frage 11:

Haben Sie generell viel Kontakt zu anderen Menschen ?

o sehr viel o viel o teils/teils o wenig o garnicht

Frage 12:

Ist Ihnen wichtig, was andere Menschen über Sie denken ?

o sehr wichtig o wichtig o teils/teils o weniger o unwichtig

Frage 13:

Die folgenden Aussagen betreffen den Einkauf und die Verwendung verschiedener Produkte: bitte kreuzen Sie wieder an, inwieweit die Aussagen auf Sie zutreffen oder nicht zutreffen.

	trifft voll zu	trifft eher zu	teils/ teils	trifft eher nicht zu	trifft nicht zu
1) Ich verwende hochweißes Papier	o	o	o	o	o
2) Ich bevorzuge Getränke in Pfandflaschen.	o	o	o	o	o
3) Ich verzichte bei Einkauf auf Plastiktüten und verwende Körbe oder Einkaufstaschen.	o	o	o	o	o
4) Ich verwende Alu- oder Klarsichtfolie, um Lebensmittel einzupacken.	o	o	o	o	o
5) Ich verwende Umweltschutzpapier (aus Altpapier).	o	o	o	o	o
6) Ich kaufe Getränke in Dosen.					
7) Ich vermeide den Einkauf von portionsweise abgepackten Lebensmitteln (z.B. Einzelportion Kaffeesahne).	o	o	o	o	o
8) Ich kaufe lösungsmittelhaltige Lacke oder Ansrichmittel.	o	o	o	o	o
9) Ich kaufe Waschmittel, Haarsprays oder andere Produkte – wenn möglich – im Nachfüllpack.	o	o	o	o	o

GETRENNTE MÜLLSAMMLUNG

Frage 14:

Wir würden nun gerne erfahren, ob und wie Sie Ihren Hausmüll nach verschiedenen Müllsorten trennen.

Trennen Sie Ihren Hausmüll nach verschiedenen Müllsorten ?

o ja o nein

Wenn ja, nach welchen ? .... seit wann ? ....

.... seit wann ? ....

.... seit wann ? ....

Frage 15:

In der Stadt Hamm bestehen verschiedene Möglichkeiten getrennte Müllsorten zu entsorgen. Bitte kreuzen Sie an, inwieweit Sie diese Möglichkeiten nutzen.

		trifft voll zu	trifft eher zu	teils/ teils	trifft eher nicht zu	trifft nicht zu
1)	Ich bringe Altglas zu den Sammelcontainern.	o	o	o	o	o
2)	Ich bringe Altpapier zu den Sammelcontainern.	o	o	o	o	o
3)	Ich lasse Verpackungen – wo möglich – in Geschäften zurück.	o	o	o	o	o
4)	Ich beteilige mich an Altkleidersammlungen.	o	o	o	o	o
5)	Ich bringe Problemmüll zum Umweltmobil.	o	o	o	o	o
6)	Ich kompostiere (Komposthaufen / Biotonne).	o	o	o	o	o
7)	Ich bringe getrennte Abfälle zur Deponie.	o	o	o	o	o

Frage 16:

Sortieren Sie Ihren Müll bereits in der Wohnung ?

o ja o nein

Wenn ja, wo ? .... Raumgröße: ....qm

....qm

Frage 17:

Was für Behälter nutzen Sie zur Müllsortierung in Ihrer Wohnung ?

o mehrere Mülleimer o Abfallsäcke o ....

VERPACKUNGSABFÄLLE

Frage 18:

In naher Zukunft sollen Verpackungsabfälle getrennt gesammelt und wiederverwertet werden. Wir würden nun gerne Ihre persönliche Meinung zu dieser Maßnahme hören. Kreuzen Sie dazu bitte wieder an, inwieweit die folgenden Aussagen Ihrer Meinung nach zutreffen.

		trifft voll zu	trifft eher zu	teils/ teils	trifft eher nicht zu	trifft nicht zu
1)	Durch die Wiederverwertung von Verpackungsabfällen werden Rohstoffe und Energie bei der Herstellung neuer Produkte gespart.	o	o	o	o	o
2)	Die getrennte Sammlung von Verpackungsabfällen ist für eine Wiederverwertung notwendig.	o	o	o	o	o
3)	Verpackungsmüll macht nur einen geringen Anteil des Hausmülls aus, eine getrennte Sammlung und Wiederverwertung lohnt sich nicht.	o	o	o	o	o
4)	Die Sammlung und Wiederverwertung von Verpackungsabfällen ist ein vernünftiger Beitrag zum Umweltschutz.	o	o	o	o	o
5)	Es ist gut, daß der Staat die Vermeidung von Verpackungsabfällen gesetzlich regelt und deshalb Sammlung und Wiederverwertung vorschreibt.	o	o	o	o	o
6)	Die Rückführung von Verpackungsabfällen ist überflüssig und führt zu nichts.	o	o	o	o	o
7)	Ich würde mich an der getrennten Sammlung von Verpackungsabfällen beteiligen.	o	o	o	o	o
8)	Alle Verpackungsabfälle nach verschiedenen Müllsorten getrennt zu sammeln, halte ich für unzumutbar.	o	o	o	o	o
9)	Verpackungen benutzt jeder, also sollte sich auch jeder an der Sammlung von Verpackungsabfälen beteiligen.	o	o	o	o	o

Frage 19:

Im Folgenden möchten wir Ihnen einige denkbare Möglichkeiten vorstellen, mit denen in Hamm Abfälle in Zukunft getrennt gesammelt werden könnten (Darstellung der Möglichkeiten siehe Abbildungen auf der nächsten Seite). Bitte nehmen Sie dazu Stellung: Ich halte es für eine gute Lösung ....

		trifft voll zu	trifft eher zu	teils/ teils	trifft eher nicht zu	trifft nicht zu
1)	... alle Müllsorten zu großen Containern an zentralen Sammelstellen in Ihrer Nähe zu bringen, wie das heute mit Altglas und Altpapier bereits geschieht.	o	o	o	o	o
2)	... mehrere Mülltonnen oder Abfallcontainer gemeinsam mit meinen Nachbarn zu nutzen, wobei in jede Mülltonne / jeden Container eine Müllsorte kommt.	o	o	o	o	o
3)	... alle Verpackungsabfälle in Geschäften zurückzulassen oder nach Gebrauch dirthin zu bringen.	o	o	o	o	o
4)	... mehrere kleinere Mülltonnen vor meinem Haus zu haben und in jede eine Müllsorte zu tun.	o	o	o	o	o
5)	... Altglas und Altpapier weiterhin in Containern und die übrigen Verpackungen in einer zusätzlichen Mülltonne (Verpackungstonne) zu sammeln.	o	o	o	o	o
6)	... Verpackungsmüll überhaupt nicht zu trennen.	o	o	o	o	o

Frage 20:

Welche dieser Möglichkeiten halten Sie für die Beste(n) (maximal 2 Nennungen)?

o 1) Sammelcontainer an zentralen Stellen
o 2) Mülltonnen / Container mit den Nachbarn
o 3) Verpackungen in den Geschäften lassen
o 4) mehrere kleine Mülltonnen
o 5) Verpackungstonne und Container
o 6) keine Trennung

Frage 21:

Angenommen, die getrennte Sammlung von Verpackungsabfällen würde in Hamm in einer der oben geschilderten Formen eingeführt werden. Würden Sie sich an der getrennten Sammlung beteiligen ?

o ja, in jedem Fall
o ja, aber nur bei Möglichkeit Nr.: ....
o nein, in keinem Fall

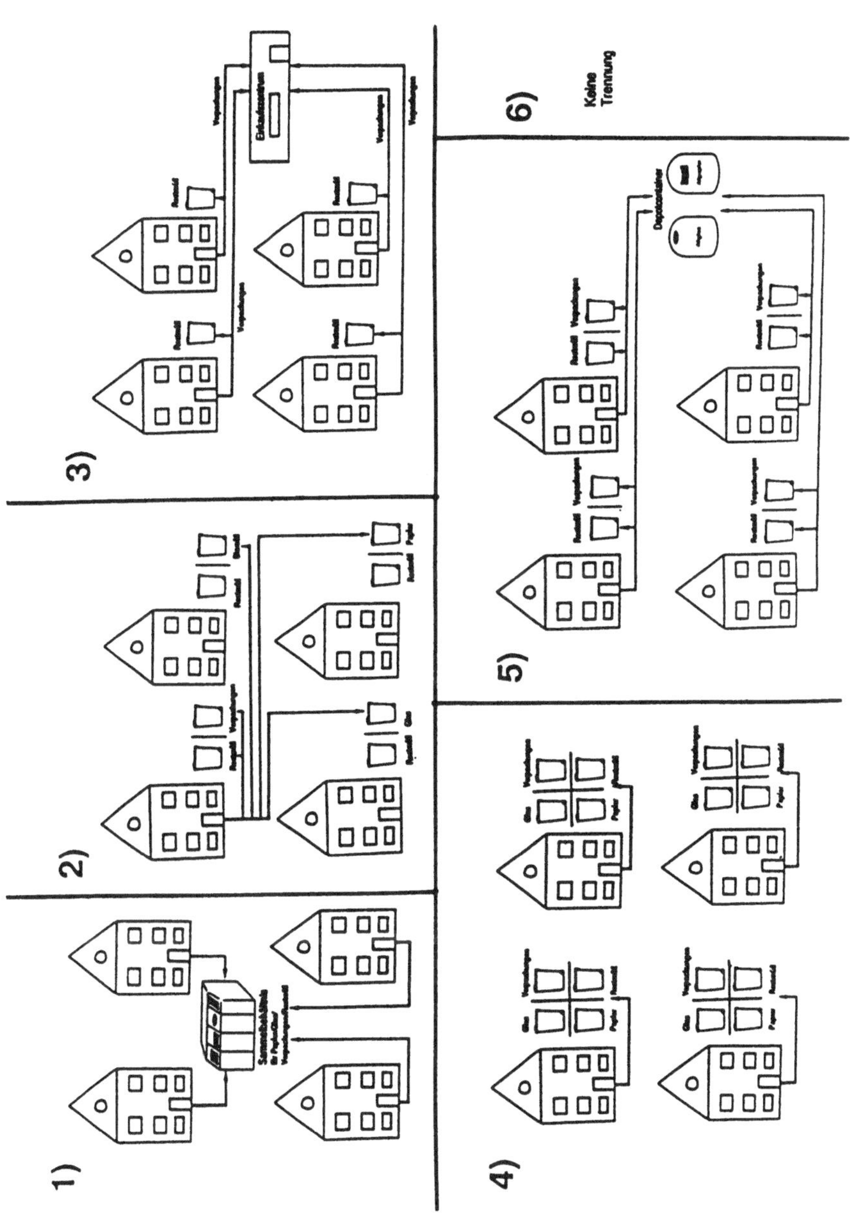
1)
2)
3)
4)
5)
6)
Keine Trennung

Frage 22:

Würden Sie Verpackungsabfälle am Haus lieber in Mülltonnen oder in Abfallsäcken sammeln ?

o Mülltonnen o Abfallsäcke

Frage 23:

Würden Sie sich nur dann an der Mülltrennung beteiligen, wenn Ihnen dafür geldliche Vergünstigungen, wie z.B. eine Senkung der Müllabfuhrgebühren geboten würde ?

o ja o nein

wenn ja, um wieviel DM müßten sich dann die heutigen monatlichen Gebühren Ihrer Meinung nach senken ?

DM ....

ÖFFENTLICHKEITSARBEIT IN DER STADT HAMM

Frage 24:

Mit Hilfe welcher Medien informieren Sie sich regelmäßig ?

o a) regionale Tageszeitung welche ? ....
o b) überregionale Tageszeitung
o c) Fernsehen
o d) Radio
o e) Zeitschriften
o f) sonstige Informationsquellen, wenn ja welche:

. . . .

Frage 25:

Kennen Sie die Abfallberatungsstellen der Stadt Hamm ?

o a) nein
o b) ja, ich kenne folgende:

. . . .

. . . .

Frage 26:

Welche konkreten Aktionen der Stadt Hamm zum Thema Umweltschutz sind Ihnen bekannt ?

. . . .

. . . .

BIOTONNE

Frage 27:

Haben Sie eine Biomülltonne? (wenn nein, können Sie mit Frage 31 forfahren)

o ja o nein

Frage 28:

Nennen Sie mir kurz die Nachteile, die Sie mit der Aufstellung der Biotonne verbinden.

. . . .

. . . .

. . . .

Frage 29:

Nennen Sie mir kurz die Vorteile, die Sie mit der Aufstellung der Biotonne verbinden.

. . . .

. . . .

. . . .

Frage 30:

Glauben Sie die Einführung der Biotonne ist in der Stadt Hamm erfolgreich?

o ja, ein voller Erfolg
o ja, teilweise sind die Möglichkeiten genutzt worden!
o ich weiß nicht!

o nein, weil nur unzureichende Nutzung erfolgt!
o nein, ein totaler Mißerfolg!

PERSÖNLICHE DATEN

Da es für meine Untersuchung ungemeinwichtig ist, einige persönliche Daten der Befragten zu erhalten, möchte ich Sie bitten, auch den letzten Fragenkatalog zu beantworten. Sie können sicher sein, daß die gemachten Angaben nicht mißbraucht oder an andere Personen weitergegeben werden. Alle erfaßten Daten unterliegen dem Datenschutz.

Frage 31:

Wie ist Ihr Familienstand ?

o ledig
o verheiratet
o verwitwet
o geschieden
o getrennt lebend

Frage 32:

Zu welcher Altersgruppe gehören Sie ?

o bis 20 Jahre
o 20 bis 35 Jahre
o 35 bis 50 Jahre
o 50 bis 65 Jahre
o über 65 Jahre

Frage 33:

Welchen Schulabschluß haben Sie ?

o keinen Schulabschluß
o Volksschule / Hauptschule
o Mittelschule / Oberschule ohne Abitur / Realschule (mitlere Reife)
o Fachschule / Handelsschule
o Oberschule / Gymnasium mit Abitur
o Hochschule / Universität

Frage 34:

Sind Sie berufstätig ?

o voll berufstätig
o teilweise berufstätig
o Hausfrau / Hausmann
o noch in der Ausbildung
o zur Zeit nicht berufstätig
o Rentner

Frage 35:

Zu welcher Berufsgruppe gehören Sie ?

o Selbständige / freie Berufe
o leitende Angestellte / höhere Beamte
o Angestellte / sonstige Beamte
o Facharbeiter
o ungelernter Arbeiter
o Bundeswehr / Ersatzdienst

Frage 36:

Wohnen Sie zu Miete ?

o ja o nein

Frage 37:

Wieviel Personen leben ständig in Ihrem Haushalt ?

.... Personen

Frage 38:

Von welcher Art ist Ihre Haushaltsgemeinschaft ?

o Einpersonenhaushalt
o Zweipersonenhaushalt
o Familie mit Kindern
o Wohngemeinschaft

o ....

Frage 39:

Wieviele Mitglieder des Haushalts sind berufstätig?

.... Mitglieder

Frage 40:

Ist bei Ihnen eine bestimmte Person für die Haushaltsführung zuständig?

o ja o nein

Wenn ja, wer ? ....

Frage 41:

Ist in Ihrem Haushalt eine bestimmte Person für die Mülleimerleerung zuständig?

o ja o nein

Frage 42:

Alle Einkommen Ihres Haushalts zusammengerechnet, wie hoch ist ca. das monatliche Haushalts-Nettoeinkommen ? Wenn Sie es nicht genau wissen, dann schätzen Sie doch einfach mal.

o unter 1000 DM
o 1000 bis 2000 DM
o 2000 bis 3000 DM
o 3000 bis 4000 DM
o 4000 bis 5000 DM
o über 5000 DM

Frage 31:

Geschlecht der befragten Person:

o männlich
o weiblich

13 Sachwortverzeichnis